Informática aplicada a estruturas de concreto armado

2ª edição | ampliada e atualizada

informatică aplicată

Informática aplicada a estruturas de concreto armado

2ª edição | ampliada e atualizada

Alio Kimura

oficina de textos

Copyright © 2018 Oficina de Textos
1ª reimpressão 2020 | 2ª reimpressão 2023

Grafia atualizada conforme o Acordo Ortográfico da Língua Portuguesa de 1990, em vigor no Brasil desde 2009.

Conselho editorial Arthur Pinto Chaves; Cylon Gonçalves da Silva; Doris C. C. K. Kowaltowski; José Galizia Tundisi; Luis Enrique Sánchez; Paulo Helene; Rozely Ferreira dos Santos; Teresa Gallotti Florenzano

Capa e projeto gráfico Malu Vallim
Diagramação Set-up Time artes gráficas
Equações Kênia Damasceno Kimura
Gráficos Marta Leite e João Marcelo Ribeiro Soares
Ilustrações Eveline Jacob e Paula Ligo
Revisão de textos Hélio Hideki Iraha
Impressão e acabamento Mundial gráfica

Dados internacionais de Catalogação na Publicação (CIP)
(Câmara Brasileira do Livro, SP, Brasil)

Kimura, Alio
Informática aplicada a estruturas de concreto armado / Alio Kimura. -- 2. ed. ampl. e atual -- São Paulo : Oficina de Textos, 2018.

Bibliografia.
ISBN 978-85-7975-310-7

1. Análise estrutural (Engenharia) 2. Edifícios 3. Estruturas de concreto armado 4. Informática 5. Projeto estrutural I. Título.

18-19407   CDD-624.18340285

Índices para catálogo sistemático:
1. Estruturas de concreto armado : Informática aplicada : Engenharia 624.18340285
2. Informática aplicada : Estrutura de concreto armado : Engenharia 624.18340285

Iolanda Rodrigues Biode - Bibliotecária - CRB-8/10014

Todos os direitos reservados à **Editora Oficina de Textos**
Rua Cubatão, 798
CEP 04013-003 São Paulo SP
tel. (11) 3085 7933
www.ofitexto.com.br   atendimento@ofitexto.com.br

Esta publicação é dedicada, de coração, a
Nelson Covas, a Kênia Damasceno Kimura e
a Felipe Damasceno Kimura.

A publicação de um livro não é tarefa que pode ser realizada
de forma isolada, sem a contribuição de outras pessoas.
Meus sinceros agradecimentos a todos aqueles que contribuíram
de forma direta e indireta na elaboração deste livro, cabendo
destacar tanto pelo incentivo como pelo apoio técnico:
Abram Belk - Adriano de Oliveira Lima - Antônio Carlos Reis
Laranjeiras - Augusto Carlos de Vasconcelos - Bernardo Horowitz
- Fernando Rebouças Stucchi - Gabriela Fernandes De Angelis -
Guilherme De Angelis Covas - Hermes Luiz Bolinelli Júnior - José
Luiz Pinheiro Melges - Luciana A. S. Bonilha - Luiz Aurélio Fortes da
Silva - Luiz Cholfe - Nelson Covas - Ricardo Leopoldo e Silva França
- Roberto Chust Carvalho - Marcus Vinicius Salina - Rodrigo de
Azevêdo Neves - Sérgio Ricardo Pinheiro Medeiros
Todos os amigos de trabalho da TQS
Todos os professores que tive, sem exceção
João Marcelo Ribeiro Soares, pela enorme competência e amizade
Josiani Souza - Eric Cozza (Editora Pini , 1ª edição)
Kênia Damasceno Kimura, minha esposa
Shoshana Signer - Marcel Iha - Malu Vallim - Hélio Hideki Iraha
(Oficina de Textos)
Irma D. Silveira e Lázaro Silveira
Minha família, sobretudo meu pai e minha mãe

Prefácio

Como se aprende a andar?
Este livro estava faltando nas prateleiras dos engenheiros de estruturas. Por que não havia ainda sido escrito? Não se conhecem as respostas possíveis. Só se pode fazer conjeturas.

Os professores de engenharia do concreto não estão capacitados para escrever livros dessa natureza. Não lhes faltam competência nem disposição para o trabalho. É que seu tempo não está dedicado exclusivamente à informática. Em conseqüência, julgam que os alunos precisam seguir o mesmo caminho que eles mesmos haviam feito.

Os estudantes de hoje não se preocupam com cálculos numéricos. Isso é coisa do passado. Se existe uma ferramenta que cuida disso, por que desperdiçar o tempo em cálculos lentos e sujeitos a erros? Os professores, entretanto, julgam, e com razão, que os conceitos precisam ser compreendidos com detalhes. As ferramentas a serem manejadas não constituem matéria de ensino e sim de desembaraço mecânico.

Como se aprende a andar? Não adianta fornecer informações sobre o mecanismo da locomoção. Só se aprende errando. A criança vai percebendo gradativamente o que dá certo e o que não dá. Os tombos constituem o melhor aprendizado. Os principiantes em informática precisam passar pelo mesmo ciclo de aprendizado que as crianças que aprendem a andar. O método de tentativa e erro parece ser o único que funciona.

Poucos sabem transmitir as diversas fases do aprendizado. Não basta possuir amplo conhecimento do assunto. É necessário possuir algo mais: mostrar o óbvio que todos deveriam saber por intuição. Intuição não existe nesse campo: precisa ser explicado, ou aprendido por tentativa e erro. É por isso que adolescentes aprendem mais depressa que os adultos: não possuem inibição. É por isso que os adultos têm tanta dificuldade, muito maior do que os adolescentes, a se acostumar com uma maneira diferente de pensar.

Kimura soube muito bem abordar esse campo de aprendizado de maneira a mostrar aos adultos, sem constrangimento, o que deve ser feito para manipular a nova ferramenta. Sem menosprezo, sem se envergonhar, o adulto vai aprendendo, de erro em erro, o que precisa fazer. É a situação do pai de família que não consegue imprimir uma mensagem em seu computador e chama seu filho de sete anos, que está no andar de cima da casa, para ajudá-lo; o menino vem logo e, sem pestanejar, aperta um botão do computador e a impressora começa a funcionar. Vai embora sem dizer nada, pensando: "Como meu pai é ignorante!".

Kimura evita com este livro que os adultos precisem pedir auxílio para entender o que é simples e que não está escrito nos manuais. Com exemplos bem escolhidos, começa com um caso em que é possível fazer um cálculo manual e compará-lo ao que o computador executa. Verifica que, em casos muito mais complexos, o computador chega aos resultados finais com a mesma simplicidade que aborda os problemas mais corriqueiros. Para o computador não existem dificuldades de processamento numérico. Ele executa o que seria inviável em cálculos manuais em poucos minutos, com menores probabilidades de erro.

Kimura consegue mostrar que a repetição de um cálculo, melhorando o desempenho da estrutura, não constitui uma tarefa complicada, podendo ser feita uma otimização de projeto sem grande dispêndio de tempo e energia.

Parabéns, Kimura, por este enorme serviço prestado aos engenheiros de estruturas!

Eng°. A. Carlos de Vasconcelos
São Paulo, 18 de janeiro de 2007.

"Sensibilidade estrutural"

Os primeiros programas de cálculo de estruturas de concreto reproduziam, de maneira automática, os modelos simples de análise das estruturas.

Esses modelos simples eram os possíveis para as ferramentas de cálculo à disposição dos engenheiros estruturais, calculadoras manuais e réguas de cálculo.

Hoje temos à nossa disposição programas muito mais complexos e completos que permitem análises mais realistas do comportamento estrutural, e o subseqüente detalhamento e desenho das armaduras.

A utilização consciente desses programas requer que o engenheiro de estruturas tenha uma visão completa de várias possibilidades de modelagem estrutural, suas vantagens e deficiências.

Este livro do Engenheiro Alio Kimura vem como uma importante ferramenta de apoio para que os engenheiros iniciantes possam ampliar seu entendimento do comportamento estrutural e desenvolvimento da "sensibilidade estrutural", vitais a um bom projeto.

Por meio de exemplos simples, mas bem pensados e didáticos, o autor vai apresentando ao leitor conceitos importantes que lhe possibilitam dar um salto de qualidade na sua compreensão do funcionamento das estruturas.

São muito importantes e vitais as dicas de cálculos manuais que permitem a conferência dos principais resultados apresentados por esses programas. Isso também auxilia o engenheiro a formar uma ordem de grandeza dos resultados esperados de maneira a evitar erros grosseiros. O texto apresentado auxilia no desenvolvimento da Intuição Estrutural, uma das ferramentas mais valiosas a um engenheiro de estruturas. Esta Intuição é, para mim, uma maneira de sentir a Estrutura, como as cargas "caminham", como a estrutura se deforma, quais são seus pontos críticos, e isso não de uma forma mediada pela linguagem ou pela matemática, e sim com outras partes de nosso cérebro.

Espero que este livro pioneiro seja o primeiro de uma série de livros, que preencham a lacuna existente, não só nas publicações técnicas nacionais como internacionais.

Engº. Ricardo Leopoldo e Silva França
São Paulo, 16 de abril de 2007.

Sumário

Introdução 17

1 A interface entre o projeto estrutural e o sistema computacional 29
   1.1   O projeto estrutural 30
        1.1.1 Concepção estrutural 30
        1.1.2 Análise estrutural 31
        1.1.3 Dimensionamento e detalhamento 32
        1.1.4 Emissão de plantas 32
   1.2   Qualidade do projeto 33
   1.3   Dificuldades no projeto 34
   1.4   O sistema computacional 34
        1.4.1 Vantagens 35
        1.4.2 Formulações adotadas 35
        1.4.3 Ferramenta auxiliar 35
        1.4.4 Tipos de *software* 36
   1.5   O papel do engenheiro 36
        1.5.1 A escolha do *software* 36
        1.5.2 Atendimento às normas técnicas 37
        1.5.3 Critérios de projeto 38
   1.6   Dicas e precauções 39

2 Ações e combinações em edifícios 43
   2.1   Estados-limite 44
        2.1.1 Classificação e exemplos 44
        2.1.2 Importância dos estados-limite 46
   2.2   Ações 47
        2.2.1 Classificação e exemplos 47
   2.3   Coeficiente γ_f 53
   2.4   Combinações 55
        2.4.1 Classificação das combinações 55
        2.4.2 Exemplo 60
        2.4.3 Ação com efeito favorável 64
   2.5   Geração de combinações 66
   2.6   Considerações finais 74

3 Análise estrutural: uma etapa fundamental em todo projeto 75
- 3.1 Importância 76
- 3.2 Modelo estrutural 78
  - 3.2.1 O que é um modelo estrutural? 78
  - 3.2.2 Exemplos de modelos estruturais 79
  - 3.2.3 O modelo "ideal" 88
  - 3.2.4 Modelo atual 92
  - 3.2.5 A modelagem nos *softwares* 95
  - 3.2.6 Exemplo 1 99
- 3.3 Distribuição de esforços 127
  - 3.3.1 Rigidez 127
  - 3.3.2 Exemplo 2 130
- 3.4 Modelagem de edifícios de concreto armado 143
- 3.5 Redistribuição de esforços 145
  - 3.5.1 Exemplo 3 147
  - 3.5.2 Exemplo 4 162
- 3.6 Ligação viga-pilar 165
  - 3.6.1 Trechos rígidos 166
  - 3.6.2 Exemplo 5 167
  - 3.6.3 Flexibilização das ligações 169
  - 3.6.4 Exemplo 6 171
- 3.7 Efeitos construtivos 174
  - 3.7.1 Exemplo 7 179
- 3.8 Futuro da modelagem estrutural de edifícios 182
- 3.9 Considerações finais 183

4 Primeiro edifício: simples, mas importante 185
- 4.1 Entenda o exemplo 186
  - 4.1.1 Pré-dimensionamento 187
  - 4.1.2 Classe de agressividade ambiental 188
- 4.2 Lançamento da estrutura 189
  - 4.2.1 Criação de um novo edifício 189
  - 4.2.2 Modelador estrutural 195
  - 4.2.3 Inserção do desenho de arquitetura 197
  - 4.2.4 Inserção dos pilares 201
  - 4.2.5 Inserção das vigas 203
  - 4.2.6 Inserção da laje 207
  - 4.2.7 Inserção das cargas de alvenaria 209
  - 4.2.8 Cópia de dados para cobertura 211
  - 4.2.9 Visualização 3D 216
- 4.3 Cálculo da estrutura 217
- 4.4 Visualização das armaduras 218
- 4.5 Montagem das plantas 219

4.6	Exportação	222
	4.6.1 Desenhos 2D	223
	4.6.2 Geometria 3D	224
	4.6.3 STL	224
	4.6.4 Dispositivos móveis	225
	4.6.5 BIM	226
4.7	BIM (coautoria de Adriano Lima)	226
	4.7.1 Modelo 3D	227
	4.7.2 *Softwares*	228
	4.7.3 Complexidade	229
	4.7.4 Responsabilidade	230
	4.7.5 Vantagens	230
	4.7.6 BIM no projeto estrutural	231
	4.7.7 Desafios	232
	4.7.8 Cenário atual	233
	4.7.9 Exemplo	234
	4.7.10 O futuro do BIM	249
4.8	Considerações finais	250

5 Verificação de resultados: uma etapa obrigatória 253

5.1	Importância	255
5.2	O que verificar? Como verificar?	256
5.3	Exemplo	266
	5.3.1 Revisão	267
	5.3.2 Entrada de dados	273
	5.3.3 Resumo estrutural	274
	5.3.4 Avisos e erros	278
	5.3.5 Cargas	279
	5.3.6 Estrutura deformada	293
	5.3.7 Estabilidade global	296
	5.3.8 Esforços	297
	5.3.9 Deslocamentos	301
	5.3.10 Armaduras	307
5.4	Resumo dos passos necessários durante a verificação	313
5.5	Considerações finais	315

6 Análise não linear: uma visão prática 317

6.1	Análise não linear	318
	6.1.1 O que é?	318
	6.1.2 O que provoca o comportamento não linear?	321
	6.1.3 Importância	321
	6.1.4 Formulação	324
6.2	**Não linearidade física**	**324**

		6.2.1 Fissuração... 325

      6.2.1 Fissuração 325
      6.2.2 Análise aproximada 326
      6.2.3 Exemplo 1 328
      6.2.4 Diagrama momento-curvatura 336
      6.2.5 Exemplo 2 345
      6.2.6 Diagrama normal-momento-curvatura 350
      6.2.7 Exemplo 3 353
      6.2.8 Comentários 357
  6.3 **Não linearidade geométrica** 358
      6.3.1 Efeitos de segunda ordem 358
      6.3.2 Exemplo 4 361
  6.4 **Não linearidade nos edifícios de concreto armado** 369
  6.5 **Considerações finais** 372

7 Estabilidade global e efeitos de segunda ordem 373
  7.1 **Introdução** 374
  7.2 **Efeitos de segunda ordem** 375
      7.2.1 Definições 375
      7.2.2 Exemplo 1 376
      7.2.3 Nas estruturas de concreto 382
  7.3 **Estabilidade global** 385
      7.3.1 Coeficiente γ_z 386
      7.3.2 Coeficiente α 393
      7.3.3 Exemplo 1: continuação 394
      7.3.4 Estruturas de nós fixos e nós móveis 395
      7.3.5 Em um edifício de concreto armado 396
      7.3.6 Exemplo 2 399
  7.4 **Fatores que influenciam a estabilidade global** 407
      7.4.1 Cargas atuantes 407
      7.4.2 Rigidez da estrutura 409
      7.4.3 Exemplo 3 410
      7.4.4 Exemplo 4 415
  7.5 **Esforços globais finais** 421
      7.5.1 Análise aproximada pelo coeficiente γ_z 422
      7.5.2 Análise P-Δ 424
      7.5.3 Exemplo 5 424
  7.6 **Considerações finais** 426

Referências bibliográficas 427

Sobre o autor 429

Introdução

Tanto nas últimas décadas como nos dias atuais, assistimos e vivenciamos uma verdadeira revolução na área da informática. É um fato incontestável e inimaginável há bem pouco tempo. Novas e diferentes tecnologias são introduzidas a cada dia de uma forma avassaladora.

O acesso às informações globalizadas por meio da internet, a comunicação por meio de e-mails, a produção de processadores cada vez mais velozes, o aumento da capacidade de armazenamento de dados e o desenvolvimento de sistemas computacionais cada vez mais robustos são apenas alguns bons exemplos dessa grande evolução.

▶ Pode-se até dizer que, na informática, parece não haver barreiras!

Esse enorme avanço, ou melhor, revolução tecnológica, teve e tem um papel importantíssimo na Engenharia de Estruturas, influenciando de forma direta e significativa a maneira como os projetos estruturais de edifícios de concreto são hoje elaborados.

Há décadas, as réguas de cálculo (que hoje mais parecem objetos pré-históricos perante as máquinas atuais), os computadores que ocupavam uma sala inteira e as calculadoras programáveis auxiliaram, e muito, os Engenheiros a automatizar simples contas e tarefas isoladas menos complexas. Nessa época, os cálculos levavam dias para serem processados, havia uma enorme limitação de memória e somente modelos mais simples podiam ser analisados.

Atualmente, todas as etapas presentes no projeto de um edifício, desde o lançamento dos dados, passando pela análise estrutural, dimensionamento e detalhamento dos elementos, até a impressão de desenhos, de alguma forma, são influenciadas pela rapidez e precisão que a informática proporciona. Um edifício inteiro é processado em minutos e todos os seus dados armazenados em um pequeno *pen-drive*.

▶ Hoje em dia, fica muito difícil imaginar o cálculo de uma grande estrutura de uma forma 100% manual!

Ignorar os benefícios proporcionados pela utilização de um computador no projeto de edifícios é certamente um enorme passo para trás e que, no contexto atual, não faz mais sentido.

No entanto, é importante ter ciência do seguinte aspecto: os conceitos de Engenharia evoluíram e continuam sendo aprimorados, não há dúvidas. São diversas as pesquisas inovadoras que foram e vêm sendo desenvolvidas com êxito. Porém, na realidade, o que mais avançou nesses últimos anos foi a forma como esses conceitos são aplicados no dia a dia de um Engenheiro. É exatamente nesse contexto que entra em cena o computador. Com ele, cálculos inviáveis há algum tempo passaram a ser resolvidos com grande rapidez e eficiência.

▶ A informática alterou a forma como os conceitos de Engenharia são colocados em prática!

A informática, na sua essência, veio para aperfeiçoar a Engenharia de Estruturas, e jamais substituí-la. Acontece que, devido ao alto grau de complexidade e sofisticação das análises disponíveis nos *softwares* atuais, muitas vezes, os conceitos fundamentais de Engenharia são praticamente colocados de lado, e o verdadeiro papel do computador acaba sendo literalmente confundido.

Diante do panorama que acaba de ser descrito, torna-se então cada vez mais evidente a necessidade de ensinar e preparar os alunos de Engenharia Civil a manipular corretamente um sistema computacional destinado à elaboração de projetos estruturais de edifícios de concreto.

O futuro Engenheiro deve estar apto a utilizá-lo de forma responsável, sabendo distinguir quais os seus benefícios e as suas limitações. E, sobretudo, colocar o conhecimento em Engenharia sempre como sua meta principal.

Apresentação do livro

Esta publicação abrange uma série de assuntos referentes ao projeto estrutural de edifícios de concreto assistido por computador. São abordados temas como:

- Ações e combinações;
- Modelagem estrutural;
- Verificação de resultados;
- Análise não linear;
- Estabilidade global.

O objetivo deste livro não é ensinar como funcionam os comandos de um *software* específico nem explicar conceitos teóricos já apresentados durante um curso de graduação. Mas, sim, apresentar de forma clara como são aplicados em um computador, de modo a fornecer ao futuro Engenheiro subsídios para que a análise dos resultados obtidos em um processamento possa ser realizada corretamente, incentivando-o assim a buscar a chamada "sensibilidade estrutural", isto é, em adquirir ordem de grandeza dos valores emitidos por um computador.

Trata-se de uma iniciativa séria e desafiadora que visa auxiliar o ensino da Engenharia Civil, em especial a Engenharia de Estruturas.

São apresentadas, a seguir, duas frases já bastante difundidas no meio técnico, mas que merecem ser relembradas sempre, pois têm tudo a ver com o real intuito desta publicação:

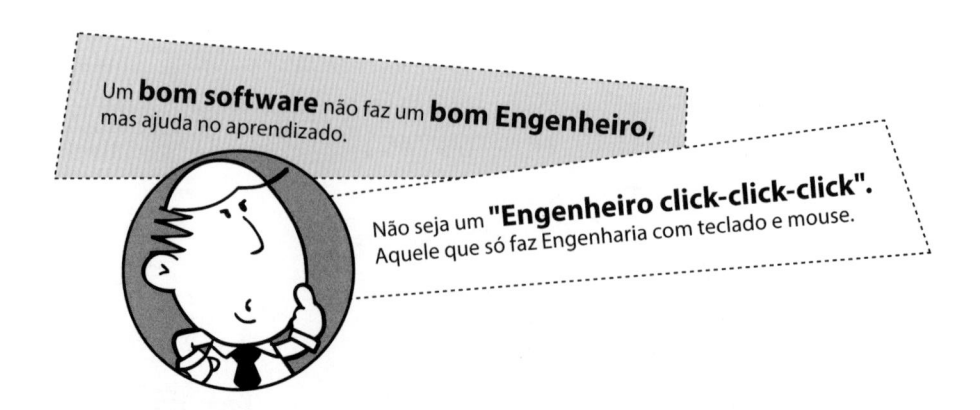

> Um **bom software** não faz um **bom Engenheiro,** mas ajuda no aprendizado.

> Não seja um **"Engenheiro click-click-click".** Aquele que só faz Engenharia com teclado e mouse.

Público-alvo
- Alunos de graduação em Engenharia Civil.
- Professores, especialmente aqueles ligados à área de concreto que necessitam de um material auxiliar para disciplinas que correlacionam projetos estruturais com o uso de uma ferramenta computacional.
- Engenheiros Civis que queiram aprofundar e atualizar seus conhecimentos em determinados tópicos abordados pelo livro.

Conteúdo
Este livro está dividido em sete capítulos. É recomendável que se faça a sua leitura de forma sequencial. No entanto, é possível passar para um determinado tópico diretamente, desde que certos pré-requisitos sejam atendidos. A seguir, é descrito resumidamente o conteúdo de cada capítulo:

1 A interface entre o projeto estrutural e o sistema computacional
Neste capítulo demonstra-se qual é o papel de um sistema computacional na elaboração de um projeto estrutural de um edifício. Apresenta-se uma visão geral das etapas principais de um projeto, salientando a influência do *software* em cada uma delas. Define-se qual é a função do Engenheiro durante esse processo. Fazem-se algumas recomendações quanto ao uso indiscriminado do computador.

2 Ações e combinações em edifícios
Aborda-se neste capítulo um assunto presente no projeto de qualquer estrutura, e que foi fortemente influenciado pelo enorme avanço da *performance* dos computadores nas últimas décadas: a definição das ações e a geração das combinações para o cálculo de um edifício de concreto. Conceitos relevantes são revisados de forma bastante didática. Por meio de um exemplo simples, mostra-se na prática como toda a teoria apresentada é aplicada no computador.

3 Análise estrutural: uma etapa fundamental em todo projeto
Destaca-se aqui a enorme importância da análise estrutural durante a elaboração de um projeto de um edifício de concreto. Apresentam-se alguns conceitos básicos relativos ao assunto. Os modelos estruturais mais comuns são analisados por meio de exemplos, demonstrando a sua evolução ao longo do tempo. Discute-se qual o "modelo ideal" para a análise de edifícios de concreto. Trata-se

de um pontapé inicial que visa incentivar a busca da chamada "sensibilidade estrutural".

4 Primeiro edifício: simples, mas importante

Aqui, faz-se uma abordagem introdutória de como um projeto estrutural é efetivamente elaborado via computador, ou seja, apresenta-se uma visão geral e abrangente do funcionamento de um *software* destinado à elaboração de projetos de edifícios de concreto. Um edifício muito simples é resolvido passo a passo, desde a entrada de dados até a obtenção das armaduras finais. Apesar de simples, o exemplo deixa um recado muito importante.

5 Verificação de resultados: uma etapa obrigatória

Neste capítulo, define-se o que é e como deve ser realizada a verificação de resultados obtidos num computador. Salienta-se a enorme importância dessa tarefa durante a elaboração de um projeto estrutural. Por uma série de contas rápidas e simples, demonstra-se como fazer um *check-up* inicial de uma estrutura calculada por um *software*. O edifício definido no capítulo anterior é utilizado como exemplo.

6 Análise não linear: uma visão prática

Neste capítulo, faz-se uma introdução aos conceitos básicos relativos às não linearidades presentes nos edifícios de concreto. Com uma abordagem prática e exemplos didáticos, demonstra-se o que é análise não linear, bem como quais são os efeitos da não linearidade física e geométrica numa estrutura. Define-se o que é curvatura e a sua relação com o momento fletor. Os diagramas N, M, 1/r usualmente utilizados no dimensionamento de pilares são apresentados e analisados.

7 Estabilidade global e efeitos de segunda ordem

Aqui são apresentados conceitos básicos referentes à estabilidade global de uma estrutura, bem como uma noção introdutória de como os efeitos de segunda ordem atuam em um edifício de concreto. Por meio de um exemplo bem simples, demonstra-se de forma bastante didática toda a eficiência do coeficiente γ_z e da análise P-Δ. Os principais fatores que influenciam a estabilidade global de um edifício são estudados.

▶ Observação importante: existem muitos outros temas importantes relacionados à informática aplicada a estruturas de concreto que necessitariam ser abordados neste livro. Optou-se por aqueles considerados mais relevantes no contexto atual. Encare esta publicação como um pontapé inicial, que se espera que proporcione uma grande motivação para que o assunto, tão importante nos dias atuais, seja cada vez mais difundido.

Software utilizado

Este livro tem um objetivo primordial: ser utilizado na prática, no dia a dia de um Engenheiro. E, para tanto, foi necessário adotar um *software* padrão para a elaboração dos exemplos. O sistema computacional utilizado no decorrer dos capítulos é o TQS, versão V21.

Cabe salientar, no entanto, que grande parte do conteúdo desta publicação pode ser extrapolada para os demais sistemas computacionais disponíveis no mercado. Não é o intuito deste livro servir como um manual de utilização de um determinado *software*.

Um outro aspecto importante a ser lembrado é que o conteúdo do livro pode ser compreendido sem o uso efetivo do *software*, muito embora o aprendizado se torne mais eficaz com o acompanhamento simultâneo dos exemplos nele.

OBS.: podem surgir pequenas diferenças entre as figuras do *software* apresentadas ao longo do livro e as telas visualizadas no computador, devidas às diferentes versões existentes do sistema computacional.

Exemplos

São estudados inúmeros exemplos ao longo deste livro. Apenas em um deles o edifício é definido passo a passo. Nos demais, as estruturas já vêm predefinidas e processadas, de tal forma a focar efetivamente a análise dos resultados emitidos pelo sistema computacional.

Não é objetivo desta publicação ensinar os comandos de um *software* específico, mas sim apresentar como o uso responsável de uma ferramenta computacional pode auxiliar bastante no aprendizado de diversos conceitos relacionados à Engenharia de Estruturas.

Todos os exemplos resolvidos neste livro são compatíveis com os diversos tipos de pacotes do TQS, inclusive o pacote Estudante, que pode ser obtido de forma gratuita no site TQS Store.

Muito embora o uso do sistema internacional de unidades (SI) seja recomendado em qualquer publicação técnica, serão adotadas neste livro as unidades mais comuns na prática de projetos no Brasil.

Instruções básicas

Para executar os exemplos deste livro que são resolvidos no computador, serão apresentadas a seguir algumas instruções básicas sobre o funcionamento do sistema computacional adotado. Se você já o conhece, é muito provável que essas instruções sejam conhecidas. Caso contrário, é fundamental tomar conhecimento prévio de algumas nomenclaturas e comandos básicos que serão utilizados durante a resolução dos exemplos.

Gerenciador

Gerenciador é o nome dado à janela principal do TQS, que é exibida assim que ele é iniciado. Basicamente, o Gerenciador é dividido em cinco regiões: (1) menu superior, (2) árvore de edifícios, (3) painel central, (3) janela de desenho e (5) área de mensagens.

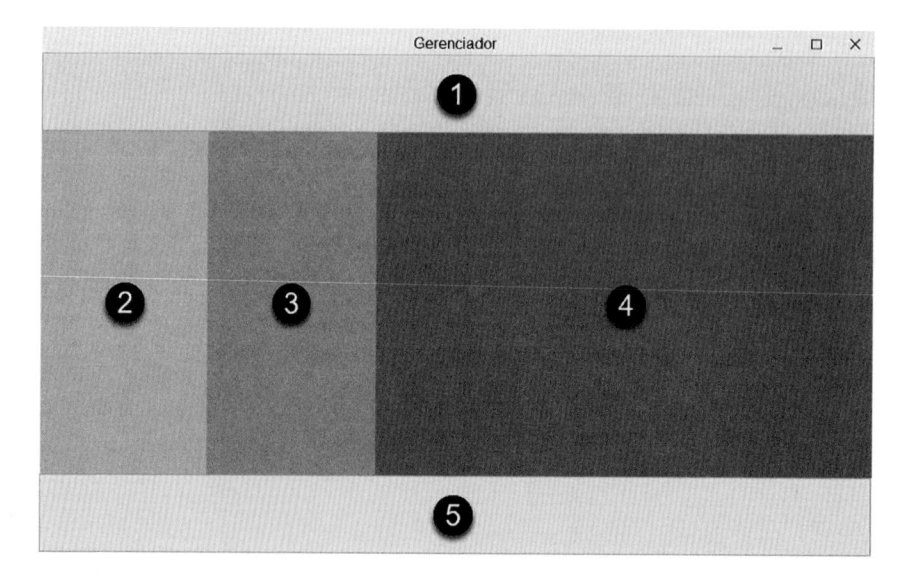

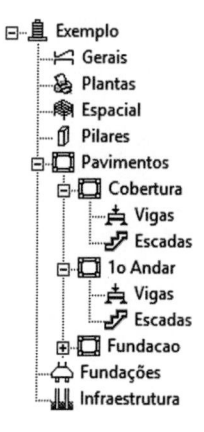

O menu superior contém abas. Cada aba contém botões, que são organizados em grupos.

Cada projeto no TQS é representado por um edifício que fica inserido dentro da árvore de edifícios do Gerenciador. Cada edifício possui ramos próprios dentro da árvore.

A árvore ao lado representa o edifício chamado "Exemplo".

O ramo "Espacial" contém informações globais do edifício, tais como: pórtico espacial, estabilidade global etc.

O ramo "Pilares" contém os dados de todos os pilares do edifício.

O edifício é composto de três pavimentos: Cobertura, 1º Andar e Fundação. No ramo de cada pavimento, há dados da sua respectiva fôrma, da sua respectiva grelha etc.

Sob cada pavimento, há o ramo "Vigas", que contém dados de suas respectivas vigas. Ao selecionar um ramo da árvore do edifício (1), os arquivos existentes nele são exibidos no painel central. Assim que um arquivo é selecionado no painel central (2), sua representação gráfica é visualizada na janela de desenho (3).

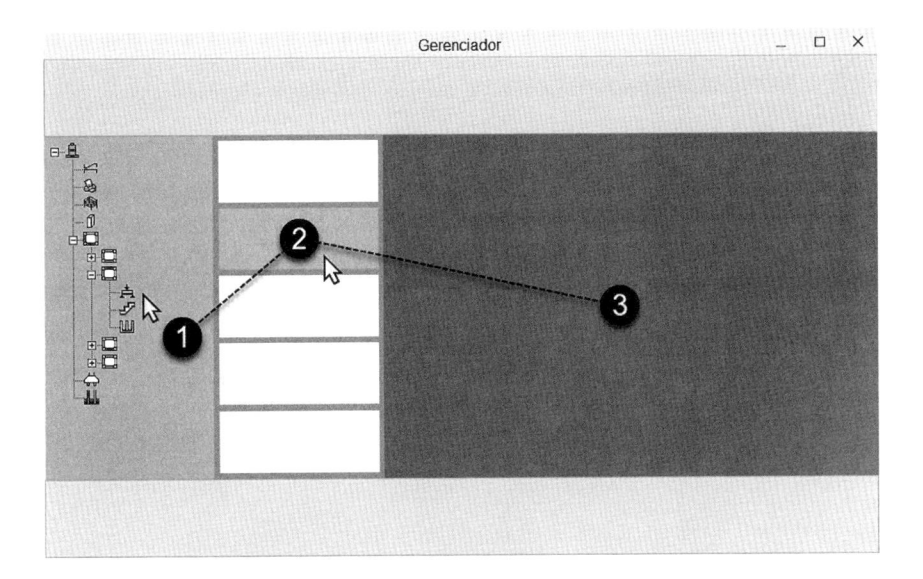

Executando comandos

A apresentação dos comandos executados durante a resolução dos exemplos neste livro é realizada de forma padronizada, da seguinte maneira:

ETAPA A SER REALIZADA
- ▶ "Local 1", "comando A".
- ▶ "Comando B".
- ▶ "Local 2", "comando C".
- ▶ etc.

Os locais podem ser uma janela, uma aba, um grupo etc. Os comandos descrevem uma ação como um clique do *mouse* sobre um botão, a seleção de um ramo na árvore do edifício, a digitação de um valor numa caixa de texto etc.

Veja, a seguir, alguns exemplos.

Exemplo 1:

EDITANDO DESENHO DA VIGA V3 DO PAVIMENTO TIPO
- ▶ Na janela "Gerenciador", selecione o ramo "Vigas" do pavimento "Tipo".
- ▶ No "Painel Central", selecione a viga "V3".
- ▶ Na aba "TQS Vigas", no grupo "Visualizar", clique no botão "Editor Gráfico".

Essa sequência de comandos descreve os passos demonstrados na figura a seguir.

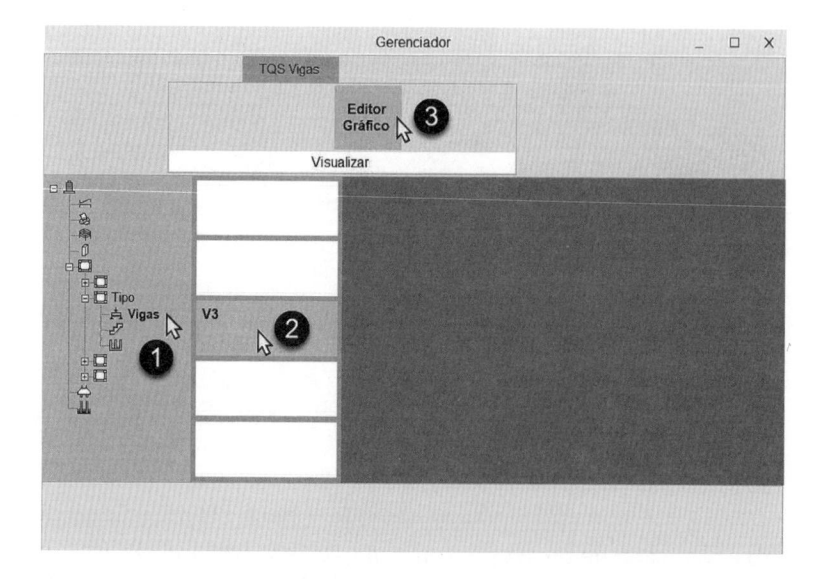

Exemplo 2:

DEFININDO DADOS GERAIS DAS VIGAS
- ▶ Na janela "Dados Gerais da Viga", clique na aba "Modelo".
- ▶ No grupo "Modelo de viga contínua", no dado "Considerar mesa colaborante", clique na opção "Sim".
- ▶ No grupo "Inércia à torção...", no dado "Divisor de inércia à torção", digite o valor "100".
- ▶ Clique no botão "OK".

Essa sequência de comandos descreve os passos demonstrados na figura a seguir.

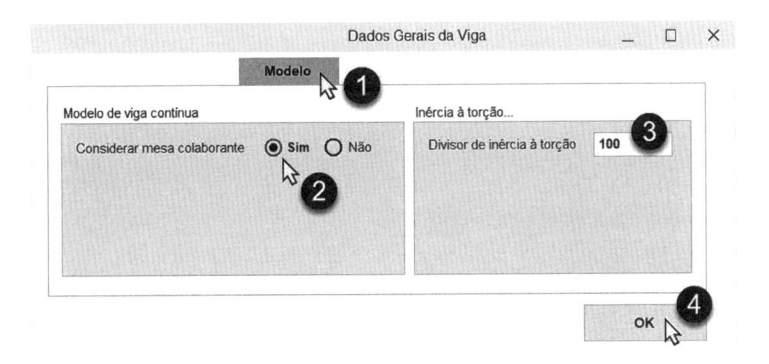

Descompactando um edifício

Conforme já foi colocado anteriormente, somente num único exemplo a estrutura do edifício será lançada desde o início. Os demais edifícios encontram-se disponíveis de forma compactada, com a estrutura previamente lançada e calculada, e serão utilizados para a análise de resultados no computador. Os arquivos dos edifícios compactados (extensão TQS) podem ser acessados na pasta "C:\TQSW\USUARIO\TESTE\LIVRO\(Pleno ou EPP)" ou baixados pela internet no *site* indicado a seguir.

PARA DESCOMPACTAR UM EDIFÍCIO COMPACTADO
- Na janela "Explorador de Arquivos" do Windows®, selecione a pasta "C:\TQSW\USUARIO\TESTE\LIVRO\(Pleno ou EPP)".
- Dê um duplo clique no arquivo "Arquivo.TQS".
- Na janela "Compactador TQS", clique no botão "Restaurar".

Outra alternativa é acessar os edifícios compactados no Painel Central do Gerenciador, conforme mostrado a seguir:

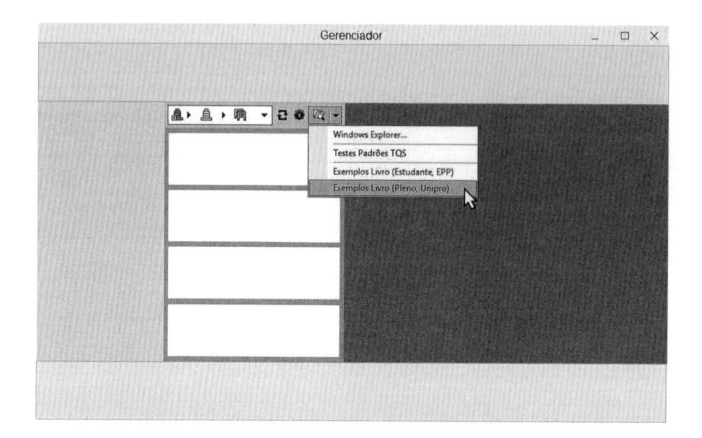

Atualização pela internet

Toda publicação usualmente necessita ser ampliada e atualizada. E a internet, como meio de distribuição para esse fim, é imbatível pela sua eficiência e abrangência. Por isso, não deixe de acessar:

www.ofitexto.com.br/livro/informatica/

no qual novos textos, correções e arquivos podem ser baixados facilmente.

A interface entre o projeto estrutural e o sistema computacional | 1

O objetivo deste primeiro capítulo é demonstrar qual é o verdadeiro papel de um sistema computacional na elaboração de um projeto estrutural de um edifício.

Inicialmente, será apresentada uma visão geral do projeto, destacando as etapas principais, as dificuldades existentes e os requisitos de qualidade necessários, procurando ressaltar a enorme e inevitável influência do *software* neste atual panorama da Engenharia.

Serão abordadas as inúmeras vantagens da utilização de um sistema computacional, mas também serão salientadas suas devidas limitações e as precauções necessárias que devem ser tomadas pelo Engenheiro durante o seu uso.

A seguir, vamos discutir e esclarecer questões como:
- É fácil elaborar um projeto estrutural no computador?
- Será que um *software* garante a boa qualidade de um projeto?
- Quem é o responsável pelo projeto? Qual o papel do Engenheiro?
- Como controlar o funcionamento de um *software* num projeto?

1.1 O projeto estrutural

A elaboração de um projeto estrutural de um edifício é um trabalho diferenciado e que envolve certas particularidades.

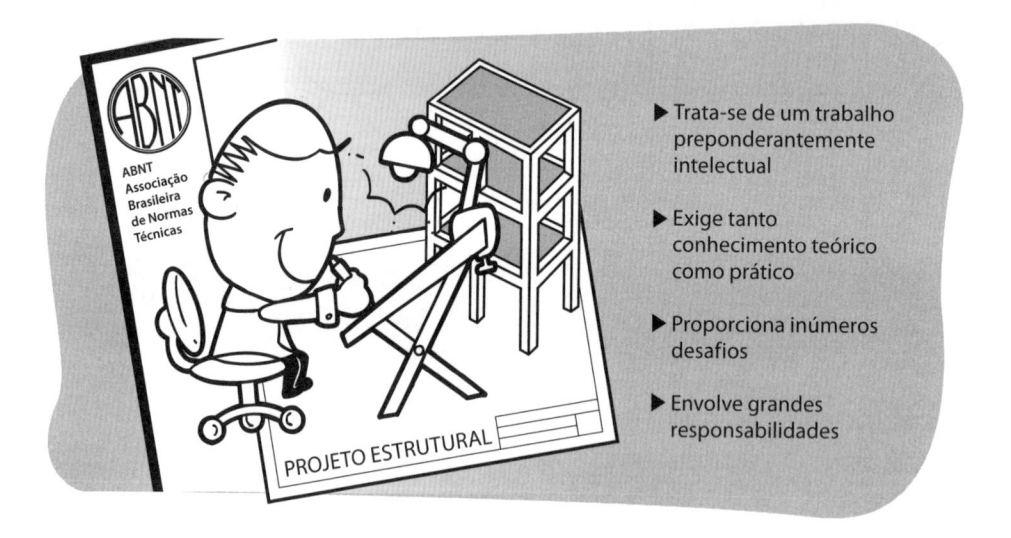

▶ Trata-se de um trabalho preponderantemente intelectual

▶ Exige tanto conhecimento teórico como prático

▶ Proporciona inúmeros desafios

▶ Envolve grandes responsabilidades

De forma simplificada, a elaboração de um projeto estrutural pode ser subdividida em quatro etapas principais: definição de dados ou concepção estrutural, análise estrutural, dimensionamento e detalhamento, e emissão das plantas finais.

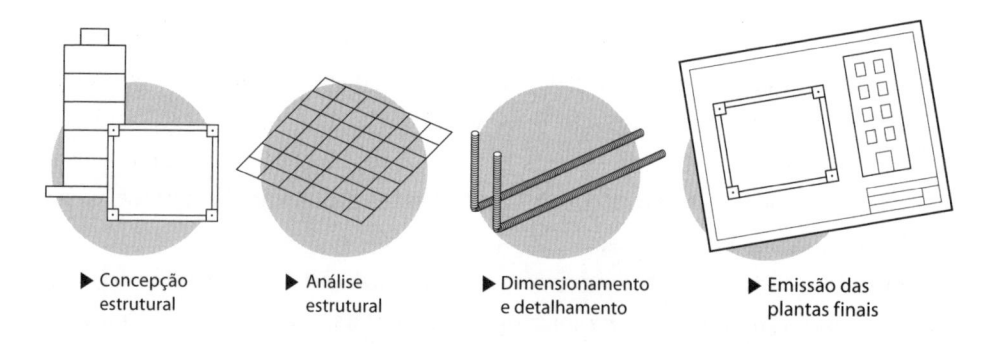

▶ Concepção estrutural
▶ Análise estrutural
▶ Dimensionamento e detalhamento
▶ Emissão das plantas finais

1.1.1 Concepção estrutural

Esta primeira etapa consiste em definir os dados dos materiais a serem empregados, pré-dimensionar os elementos, bem como definir as ações que atuarão sobre a estrutura.

Os sistemas computacionais atuais disponibilizam grandes recursos à entrada de dados, tais como: lançamento 100% gráfico, visualização 3D, geração automática de carregamentos etc.

No entanto, cabe ao Engenheiro conceber a estrutura, isto é, imaginar a solução mais adequada, bem como prever seu respectivo comportamento. Definir as posições e as dimensões dos elementos estruturais não é uma tarefa simples e automática. Exige experiência e, sobretudo, bom senso e raciocínio.

▶ Quem deve definir uma estrutura é sempre o Engenheiro. Não existe *software* que faça isso!

1.1.2 Análise estrutural

Nesta segunda etapa, calculam-se os efeitos das ações ou cargas sobre a estrutura. Em outras palavras, significa calcular os deslocamentos e os esforços solicitantes por meio de um modelo que simulará a estrutura real.

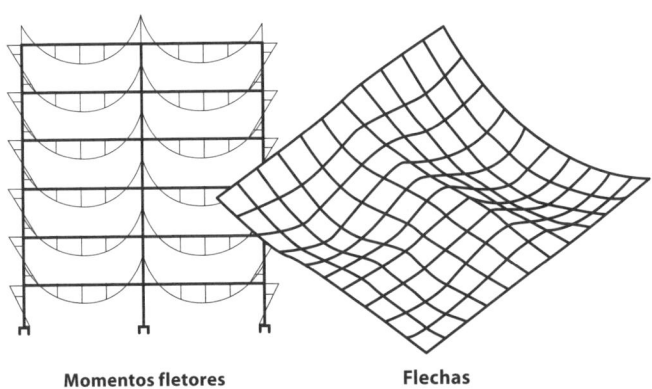

Momentos fletores **Flechas**

Os sistemas computacionais atuais possuem uma série de modelos estruturais disponíveis. Cabe ao Engenheiro decidir qual será o utilizado. Nem sempre o modelo mais refinado é o mais adequado.

No Cap. 3, este assunto será abordado com detalhes. Os modelos mais comuns e recomendados serão, então, apresentados.

▶ A análise estrutural é uma etapa muito importante. De nada adianta dimensionar as armaduras de uma maneira extremamente refinada se os esforços calculados não traduzirem a realidade à qual a estrutura estará sujeita.

1.1.3 Dimensionamento e detalhamento

Nesta terceira etapa, são dimensionadas e detalhadas as armaduras necessárias em todos os elementos estruturais, de acordo com as solicitações calculadas durante a análise estrutural.

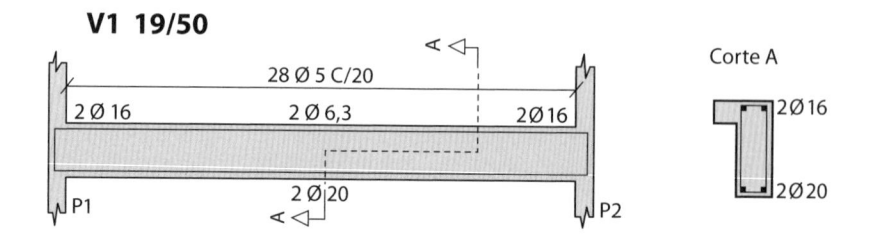

V1 19/50

28 Ø 5 C/20
2 Ø 16   2 Ø 6,3   2 Ø 16
2 Ø 20
P1   P2

Corte A
2 Ø 16
2 Ø 20

Trata-se de uma etapa bastante automatizada, porém de verificação e edição posterior quase indispensável, pois existem diversas condições especiais que podem não ser consideradas de forma automática pelos *softwares*.

1.1.4 Emissão de plantas

O produto final de um projeto estrutural é basicamente composto de desenhos que precisam conter especificações de como executar a estrutura na obra. Nos sistemas computacionais em geral, o processo de impressão em uma *plotter* ou impressora, ou mesmo a montagem do conjunto de plantas com a moldura e o carimbo, é totalmente automatizado.

1.2 Qualidade do projeto

Um projeto estrutural de boa qualidade deve garantir que a estrutura, uma vez executada, atenda a três requisitos principais: capacidade resistente, desempenho em serviço e durabilidade.

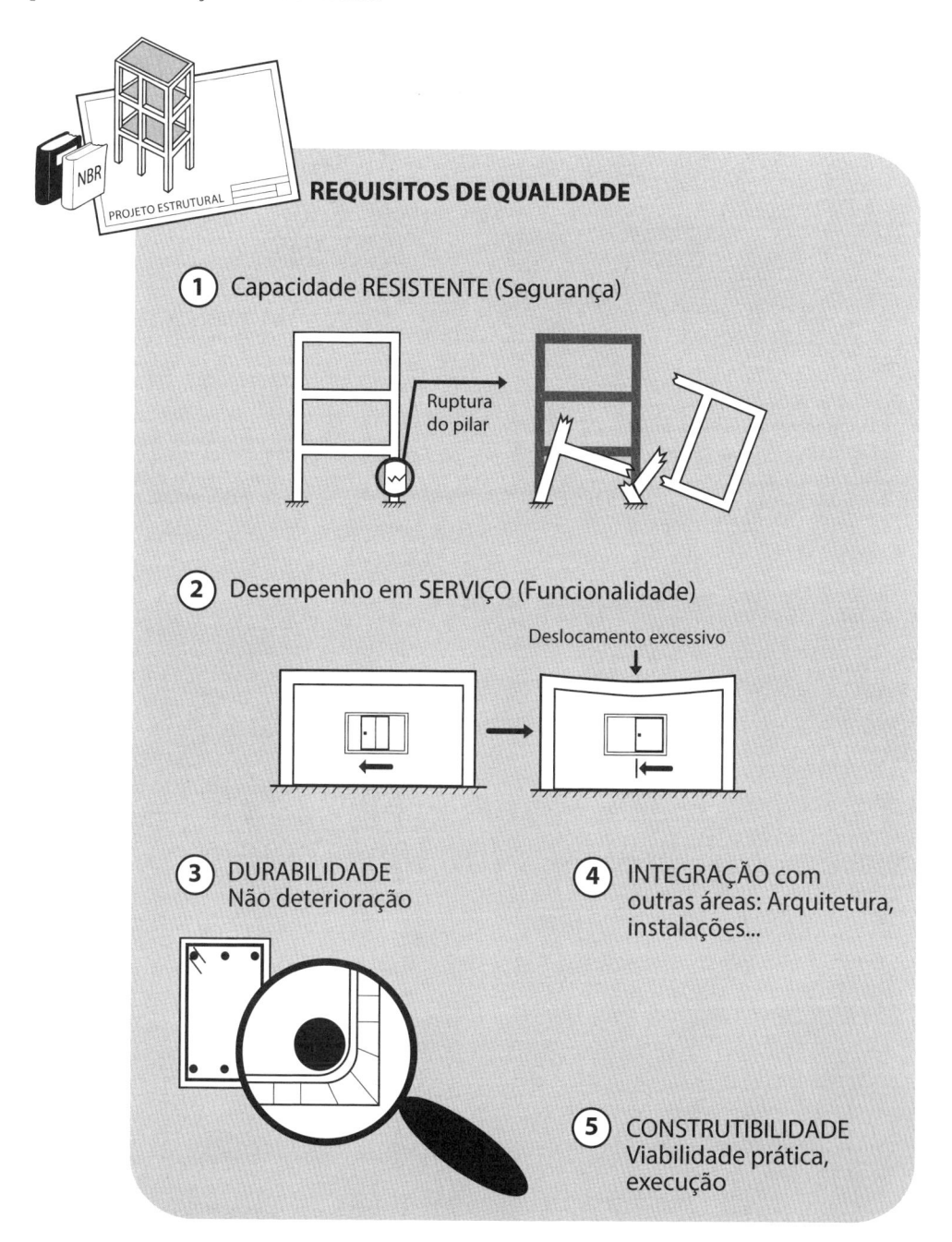

REQUISITOS DE QUALIDADE

(1) Capacidade RESISTENTE (Segurança)

Ruptura do pilar

(2) Desempenho em SERVIÇO (Funcionalidade)

Deslocamento excessivo

(3) DURABILIDADE
Não deterioração

(4) INTEGRAÇÃO com outras áreas: Arquitetura, instalações...

(5) CONSTRUTIBILIDADE
Viabilidade prática, execução

Em outras palavras, um projeto de qualidade deve conceber uma estrutura segura, funcional e durável.

Além disso, a solução estrutural adotada deve considerar os aspectos arquitetônicos e a integração com os demais projetos (instalações elétricas, hidráulicas, de ar-condicionado...).

1.3 Dificuldades no projeto

Seja numa residência simples, seja num edifício alto e complexo, dúvidas e desafios certamente aparecerão ao longo da elaboração do projeto.

▶ Elaborar um projeto estrutural de uma edificação não é uma tarefa fácil, mesmo com o auxílio de um computador.

Essa é uma premissa que deve ser lembrada sempre. A ideia de que os sistemas computacionais passaram a "resolver" os projetos é totalmente equivocada.

1.4 O sistema computacional

A informática em geral está cada vez mais presente no nosso dia a dia. É um fato incontestável. Novos computadores, *softwares* e aparelhos são desenvolvidos e lançados com uma velocidade incrível. Ignorar a existência dessa realidade e de seus benefícios é certamente um enorme retrocesso.

Nos dias de hoje, é praticamente impossível elaborar projetos sem o uso de um sistema computacional. O nível de produtividade exigido é muito grande.

Todas as etapas de um projeto, desde a concepção estrutural, passando pela análise estrutural, dimensionamento e detalhamento, até a impressão de desenhos, são amplamente influenciadas pelo uso de um *software*.

1.4.1 Vantagens

A utilização de uma ferramenta computacional, quando feita de maneira responsável e criteriosa, traz enormes vantagens à elaboração de um projeto, tais como produtividade, qualidade e segurança.

Até há algum tempo, era impossível calcular um edifício diversas vezes, ou mesmo com mais detalhes e requintes. Os processamentos eram extremamente lentos e muitas simplificações tinham que ser adotadas.

Hoje em dia, no entanto, é possível fazer diversas simulações de um mesmo projeto, resultando numa estrutura muito mais eficiente e otimizada.

1.4.2 Formulações adotadas

Todo sistema computacional deve estar baseado em formulações teóricas consistentes. Um *software* nada mais é que uma aplicação direta dos conceitos introduzidos durante a graduação e a pós-graduação em Engenharia. Não existe nenhuma fórmula "mágica" por trás de uma tela de computador.

1.4.3 Ferramenta auxiliar

É fundamental ter em mente que um sistema computacional destinado à elaboração de projetos estruturais, por mais sofisticado que seja, é apenas uma ferramenta auxiliar.

O *software* é como se fosse uma calculadora de mão com um grau de sofisticação maior. De nada adianta possuí-lo se o operador ou usuário não souber realizar os cálculos que estão por trás da ferramenta.

▶ A má utilização de um *software* pode trazer consequências gravíssimas. Não podemos esquecer que, por trás de um projeto estrutural, sempre haverá vidas humanas envolvidas.

> O *software* não substitui e jamais substituirá o papel do Engenheiro. Ele não consegue distinguir a estrutura boa da ruim – serve apenas para automatizar os cálculos e refinar as análises.

1.4.4 Tipos de *software*

É possível classificar os sistemas computacionais destinados à elaboração de projetos estruturais nos seguintes tipos:

- **Software de análise:** serve para calcular os esforços e deslocamentos de uma estrutura. Não executa o dimensionamento das armaduras nem gera as plantas finais. Usual para análise de projetos de estruturas especiais de grande porte.
- **Software de desenho:** serve para gerar desenhos genéricos, não direcionados exclusivamente para a Engenharia Civil. São os *softwares* usualmente chamados de CAD.
- **Software de dimensionamento/verificação de elemento isolado:** serve para dimensionar um elemento (viga, pilar ou laje) de forma isolada da estrutura. Ideal para fazer rápidas verificações.
- **Sistema integrado:** abrange todas as etapas do projeto. Calcula a estrutura, dimensiona e detalha as armaduras, gera e imprime os desenhos finais. É o tipo de *software* mais utilizado para projetar edifícios de concreto no Brasil.

1.5 O papel do engenheiro

Diante das considerações já apresentadas sobre o uso de um sistema computacional num projeto estrutural, qual é, então, o papel do Engenheiro?

Cabe ao Engenheiro executar todas as funções que exigem raciocínio, lógica, perspicácia e discernimento.

> O *software* não faz Engenharia, não faz projeto. Somente o Engenheiro é capaz disso. Toda a responsabilidade pelo projeto estrutural é do Engenheiro Civil que assina o projeto – e não do software.

1.5.1 A escolha do *software*

A variedade de programas computacionais disponíveis no mercado é cada vez maior. É essencial saber diferenciar e escolher o produto que melhor atenderá às suas necessidades. Transparência e confiança são aspectos fundamentais nesse momento.

▶ O *software* jamais pode ser uma caixa-preta. Os resultados intermediários obtidos antes do detalhamento final da estrutura devem estar totalmente disponíveis ao usuário.

Nunca se esqueça também de que a compra de um *software* não termina com o seu pagamento. Outras particularidades, como a disponibilidade de manuais completos e a existência de treinamentos e de um suporte técnico eficiente, também são relevantes.

▶ Desconfie! Não existe *software* "milagroso" capaz de resolver todos os tipos de problema de forma 100% automática.

1.5.2 Atendimento às normas técnicas

Em razão do Código de Defesa do Consumidor, o atendimento às normas técnicas emitidas pela Associação Brasileira de Normas Técnicas (ABNT) tornou-se um requisito bastante importante.

Nos projetos de estruturas de concreto simples, armado ou protendido, a NBR 6118 – *Projeto de estruturas de concreto – Procedimento* deve ser atendida.

Trata-se de uma norma atual e em consonância com as principais normas internacionais similares, como o ACI e o Eurocode. Seu conteúdo é muito bem organizado e procura seguir a sequência das etapas necessárias em um projeto estrutural.

▶ É muito importante ler a NBR 6118 com atenção. Apesar de um pouco extenso, seu texto contém informações fundamentais e relevantes para a elaboração de um projeto estrutural de um edifício de concreto.

Além da NBR 6118, existem inúmeras outras normas técnicas ABNT que devem ser utilizadas como referência na elaboração de projetos estruturais de edifícios. A seguir, são listadas apenas algumas delas.

- NBR 6120 – Cargas para o cálculo de estruturas de edificações – Procedimento;
- NBR 6123 – Forças devidas ao vento em edificações – Procedimento;
- NBR 8681 – Ações e segurança nas estruturas – Procedimento;
- NBR 8953 – Concreto para fins estruturais – Classificação pela massa específica, por grupos de resistência e consistência;
- NBR 15200 – Projeto de estruturas de concreto em situação de incêndio;
- NBR 15421 – Projeto de estruturas resistentes a sismos – Procedimento.

1.5.3 Critérios de projeto

Todas as etapas executadas por um sistema computacional durante a elaboração de um projeto estrutural são controladas por diversos parâmetros, chamados de critérios de projeto. Configurá-los de forma adequada é fundamental.

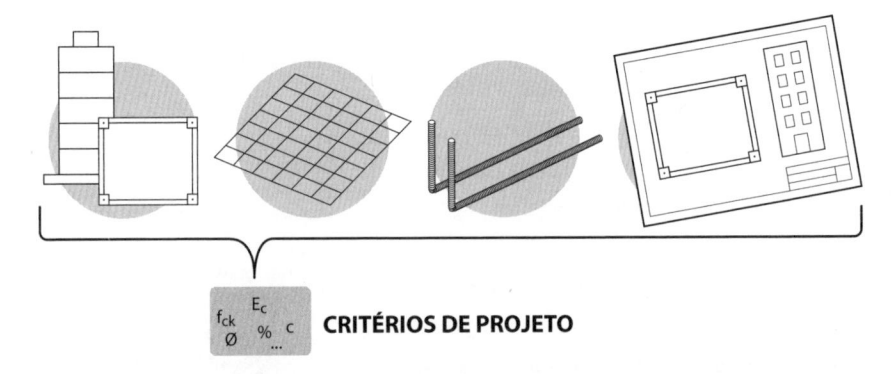

▶ Os manuais devem conter informações detalhadas relativas aos critérios de projeto disponíveis no sistema. A configuração correta dos critérios de projeto é responsabilidade do Engenheiro, e não do *software*.

É por meio dos critérios de projeto que o Engenheiro controla o funcionamento do *software*, podendo, assim, otimizar o seu projeto.

Quanto mais critérios disponíveis, maior será a autonomia e o controle do usuário durante o uso do sistema computacional.

1.6 Dicas e precauções

Diante de todas as considerações já expostas anteriormente, fica evidente que a utilização de um *software* na elaboração de projetos estruturais nos dias atuais é indispensável. Sua manipulação, no entanto, deve ser feita de maneira responsável.

Eis algumas dicas e precauções que sempre devem estar presentes no dia a dia do Engenheiro Estrutural:

Previsão de resultados

Antes de iniciar o cálculo de uma estrutura utilizando um sistema computacional, busque imaginar como será o comportamento dela. Procure antever os resultados. Pense no funcionamento da estrutura como um todo. Uma correta concepção estrutural é muito importante.

Validação manual

Por mais que seja utilizado um modelo complexo para analisar uma estrutura, na grande maioria das vezes, uma simples conta manual pode validar os resultados obtidos. Portanto, nunca deixe de fazer as famosas "contas de padaria".

Visão global

Numa etapa inicial de projeto, procure não se ater a detalhes, e sim ter uma visão global do comportamento da estrutura para evitar erros grosseiros. Não fique preocupado inicialmente se uma determinada viga poderá romper, mas sim se a estrutura inteira ficará em pé.

Visão crítica

Capacidades como raciocínio, lógica, bom senso e, até mesmo, intuição são exaustivamente exercitadas ao longo de toda a graduação em Engenharia. O uso contínuo do computador acaba sendo criticado por se imaginar que essas capacidades não serão mais praticadas. Isso não é verdade.

Sempre duvide dos resultados obtidos por um programa. Nunca os aceite de forma automática. O *software* não raciocina e não sabe distinguir o certo do errado.

Controle

O controle de todo o projeto estrutural deve estar nas mãos do Engenheiro. Ficar totalmente dependente do *software* não é aconselhável. Procure entender o funcionamento da estrutura e saber quais são os pontos críticos do projeto.

Identifique os elementos que são mais importantes na estrutura.

Experiência

Procure sempre escutar os Engenheiros com mais experiência. Eles já passaram por todo o processo de aprendizado e sabem como as estruturas funcionam. Fazer estágios ou mesmo trabalhar em conceituados escritórios de projetos é um grande privilégio.

Gestão dos erros

Erros na elaboração de um projeto estrutural, como em qualquer outra atividade, são muito comuns. Estudos revelam que a grande maioria dos equívocos em um computador deriva de falhas humanas, isto é, decorre da má utilização dos sistemas. Então, tome cuidado e crie seus próprios mecanismos de checagem.

Aprendizado contínuo

Não se aprende a calcular um edifício da noite para o dia. O processo de aprendizado é contínuo e, às vezes, demorado. É extremamente importante estar sempre crescendo e buscando novas informações para entender melhor o funcionamento de uma estrutura. Por isso, dedicar-se aos estudos, ir a congressos e participar de cursos são ações indispensáveis agora e sempre.

▶ O *software* é um excelente veículo para que o aprendizado em estruturas seja mais rápido e eficiente. Procure estudar com o programa processando exemplos simples, e não apenas utilizá-lo na análise de estruturas complexas.

Pós-análise

Nunca se esqueça de que toda a idealização feita num projeto estrutural, se executada posteriormente, acabará se transformando numa edificação real. É aconselhável ir às obras para verificar se tudo o que foi previsto pôde ser colocado em prática.

Investimento para o futuro

A enorme competitividade existente no mercado atual exige um nível de produtividade bastante elevado. A elaboração de projetos precisa ser eficiente. E, por isso, sem sombra de dúvidas, a influência do *software* se tornará cada vez maior. Saber manipular um programa computacional irá, certamente, auxiliar a conquista de uma posição no mercado de trabalho. No entanto, o conhecimento de Engenharia é o que precisa, acima de tudo, ser tomado como meta.

Ações e combinações em edifícios | 2

Neste capítulo, será abordado um tema presente em qualquer projeto estrutural e que foi fortemente influenciado pelo enorme avanço da *performance* dos computadores nos últimos anos. Trata-se da geração das combinações de ações necessárias para o cálculo de um edifício de concreto.

Ao contrário de décadas passadas, uma estrutura atualmente é calculada para dezenas, centenas e, às vezes, até milhares de combinações, o que torna a análise de resultados muito mais trabalhosa e complexa.

Diante desse panorama, fica a cargo do Engenheiro Estrutural a difícil tarefa de não "se perder" diante de tantos carregamentos gerados automaticamente por um sistema computacional. A compreensão dos conceitos básicos que envolvem o assunto torna-se então fundamental para que se possa verificar os resultados emitidos de maneira segura e eficaz.

Inicialmente, será apresentada uma sucinta revisão teórica sobre estados-limite, coeficientes de ponderação, formulações de norma, ação com efeito favorável etc. Serão classificadas as ações mais usuais em edifícios de concreto.

Em seguida, um exemplo resolvido manualmente será processado num sistema computacional, procurando aliar toda a teoria apresentada de forma prática e didática. Será demonstrado todo o potencial de um *software* como ferramenta para o aprendizado desse importante assunto.

Durante este capítulo, serão discutidas e esclarecidas questões como:
- Quais as ações mais comuns em edifícios?
- Para que servem as combinações últimas e de serviço?
- Como os *softwares* geram essas combinações?

2.1 Estados-limite

Inicialmente, vamos recordar alguns conceitos que serão importantes para a compreensão do assunto principal deste capítulo.

Você lembra o que são os estados-limite?

Pois bem, estados-limite são situações em que uma estrutura deixa de atender a requisitos necessários para o seu uso de forma plena e adequada.

Na NBR 6118:2014, esse assunto é abordado em diversas seções, mas principalmente na seção 3 ("Termos e definições") e na seção 10 ("Segurança e estados-limites").

2.1.1 Classificação e exemplos

Basicamente, os estados-limite podem ser classificados em dois grupos principais: estado-limite último (ELU) e estado-limite de serviço (ELS).

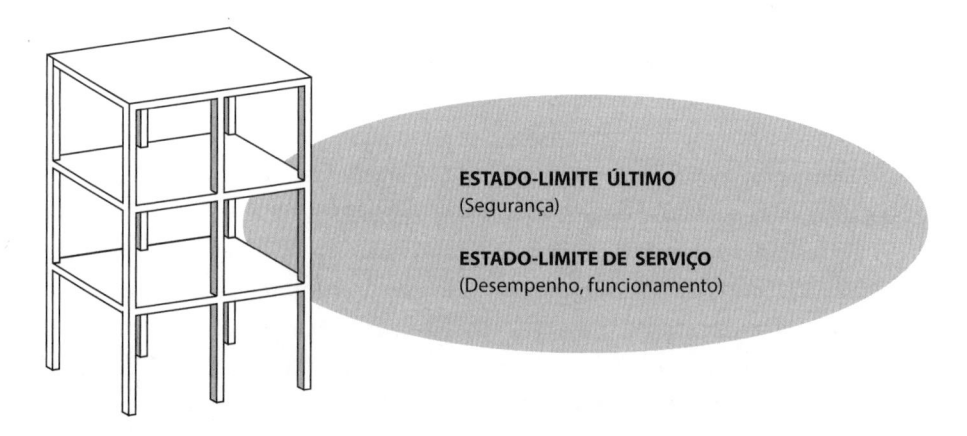

ESTADO-LIMITE ÚLTIMO
(Segurança)

ESTADO-LIMITE DE SERVIÇO
(Desempenho, funcionamento)

Estado-limite último (ELU)

Um estado-limite último é alcançado quando o edifício tem o seu uso interrompido por um colapso parcial ou total da estrutura. Exemplos:
- Um pilar mal dimensionado provoca a ruína de um prédio.
- Uma laje mal dimensionada vem abaixo, assim que o escoramento é retirado.

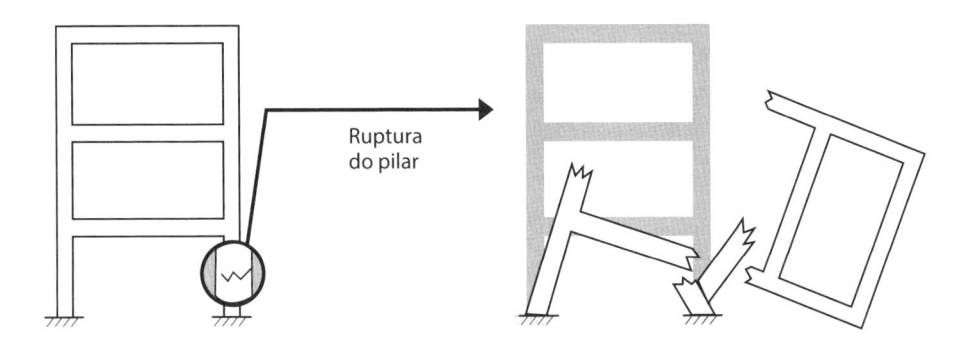

> Trata-se de uma condição última, indesejável para todo Engenheiro. Diversos coeficientes de segurança são definidos ao longo do projeto estrutural de forma a evitar esse tipo de situação.

Felizmente, em nosso dia a dia, não é comum nos depararmos com estruturas que atingem o estado-limite último.

> Um estado-limite último está relacionado à resistência da estrutura.

Estado-limite de serviço (ELS)

Um estado-limite de serviço é alcançado quando o edifício deixa de ter o seu uso pleno e adequado em função do mau comportamento da estrutura, sem que ocorra a sua ruína propriamente dita. Exemplos:

- Fissuras visíveis em uma viga causam sensação de desconforto.
- As alvenarias trincam como consequência de um deslocamento excessivo do prédio.
- Uma janela deixa de abrir devido à deformação excessiva de uma viga.

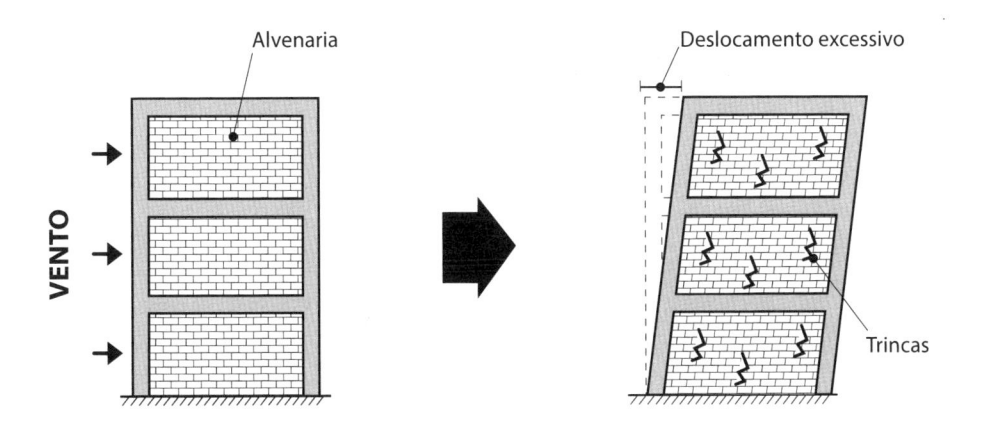

Os estados-limite de serviço procuram retratar o "dia a dia" de uma estrutura, isto é, seu comportamento perante a utilização da edificação. Trata-se de situações mais suscetíveis, com as quais nos deparamos no cotidiano. Quem nunca presenciou uma estrutura com fissuras, flechas ou vibrações que provocam uma sensação desagradável?

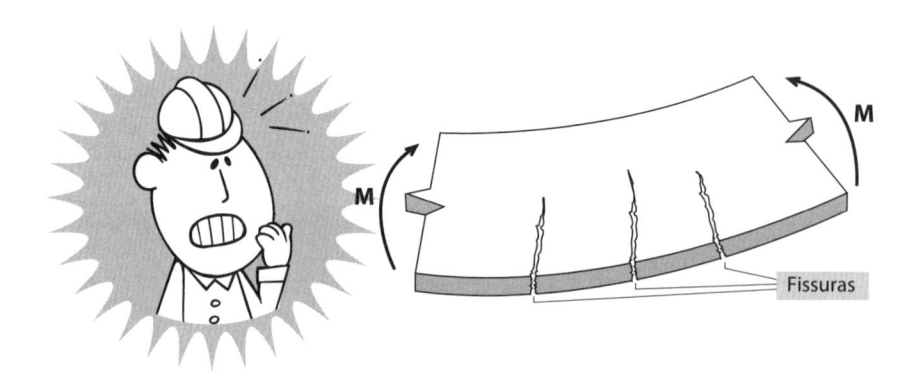

▶ Um estado-limite de serviço está relacionado ao funcionamento da estrutura.

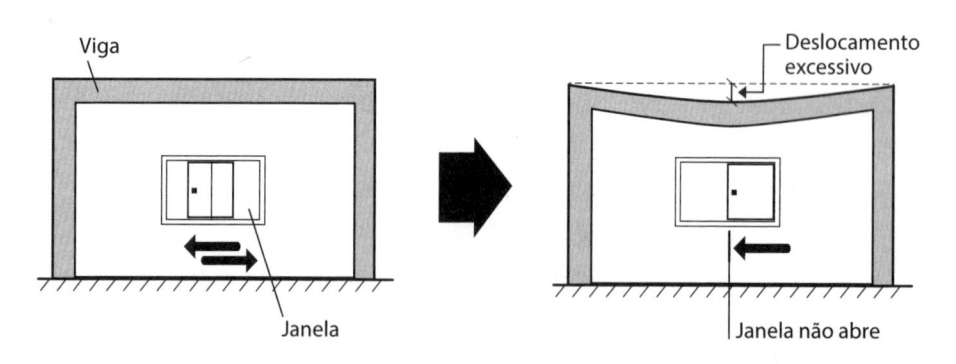

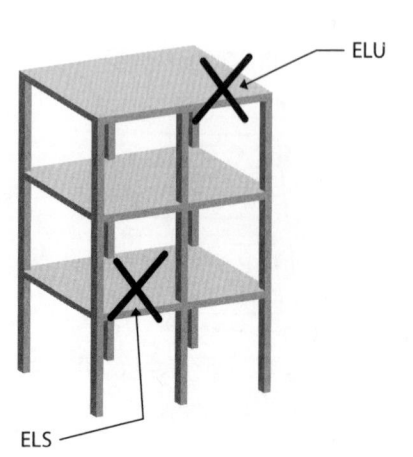

2.1.2 Importância dos estados-limite

Em geral todo Engenheiro se preocupa principalmente em garantir a segurança quanto ao estado-limite último. Afinal de contas, essa condição retrata uma situação de catástrofe. O primeiro cuidado é garantir que a estrutura nunca entre em colapso.

No entanto, é fundamental e obrigatório também verificar o comportamento da estrutura em relação a todos os estados--limite de serviço.

> **Lembre-se:** quando um estado-limite de serviço é alcançado, o uso da edificação pode ser inviabilizado, da mesma forma quando um estado-limite último é atingido.

> Um bom projeto estrutural deve atender simultaneamente a todos os estados-limites últimos e de serviço.

De forma geral, em projetos de estruturas de concreto armado, os estados-limite são utilizados da seguinte maneira:
1. Efetua-se a análise estrutural para o cálculo das solicitações (ou esforços).
2. Dimensionam-se as armaduras nos elementos de modo a atender à segurança no estado-limite último.
3. Finalmente, verifica-se cada um dos estados-limite de serviço.

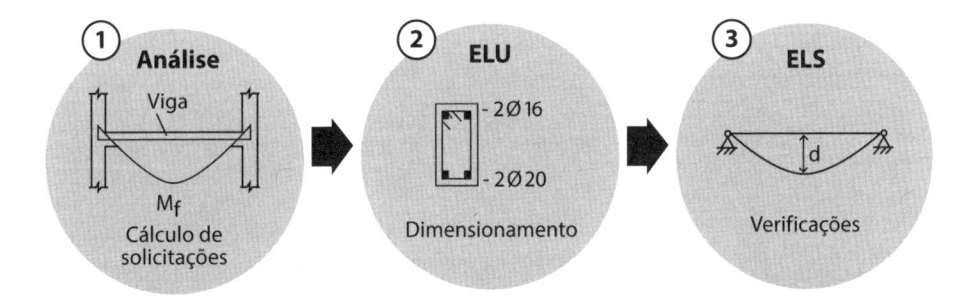

2.2 Ações

No cálculo de um edifício, devem ser consideradas todas as ações que irão produzir efeitos significativos na sua estrutura.

Essas ações não necessariamente são cargas externas aplicadas diretamente ao edifício. Podem ser, por exemplo, características do material (concreto armado) ou da construção da estrutura, que geram esforços adicionais que devem ser considerados no projeto estrutural. Isso se tornará mais claro nos exemplos a seguir.

Na NBR 6118:2014, esse assunto é inteiramente abordado na seção 11 ("Ações"). Para mais detalhes, é aconselhável consultar a norma NBR 8681 –*Ações e segurança nas estruturas – Procedimento*.

2.2.1 Classificação e exemplos

Basicamente, as ações são classificadas em dois grupos principais: ações permanentes e ações variáveis.

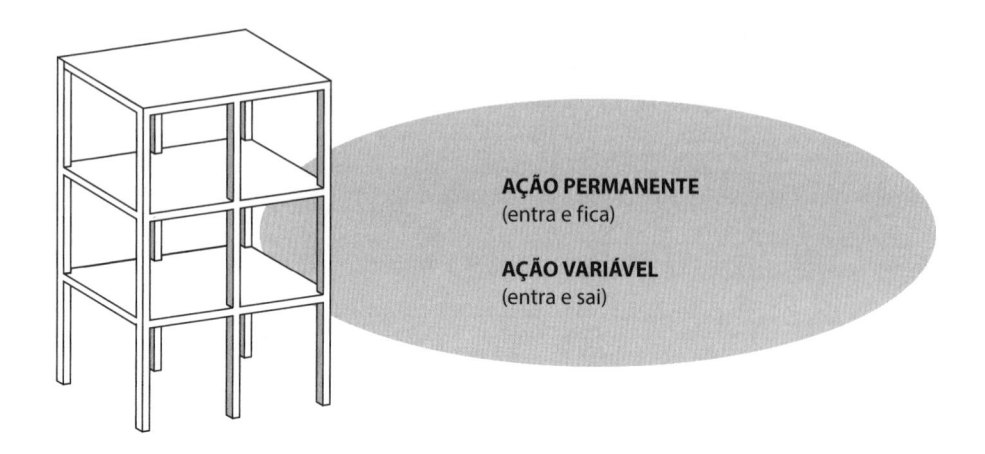

Ações permanentes

As ações permanentes são aquelas que acompanham a utilização do edifício do início ao fim, ou seja, são aquelas que "entram e ficam para sempre".

Exemplos:
- Peso próprio da estrutura.
- Peso de elementos construtivos (alvenarias, revestimentos etc.).
- Empuxos permanentes.
- Retração do concreto.
- Fluência do concreto.
- Deslocamentos de apoio.
- Imperfeições geométricas.
- Protensão.

O peso próprio da estrutura, dos elementos construtivos e o empuxo são classificados como ações permanentes diretas. Os demais itens são considerados ações permanentes indiretas.

AÇÃO PERMANENTE

DIRETA
Peso próprio, peso de elementos construtivos, empuxo

INDIRETA
Retração, fluência, recalques, imperfeições geométricas, protensão

A seguir, alguns tipos de ações permanentes serão explicados com mais detalhes.

Empuxos permanentes

É uma ação provocada pelo solo sobre a parte da estrutura que está enterrada. É muito comum nos subsolos de edifícios.

Retração do concreto

Trata-se de uma diminuição no volume de um elemento, ocasionada pela saída da água do concreto, que provoca o surgimento de deformações e esforços adicionais na estrutura. É mais significativa em peças de dimensões expressivas, como em grandes painéis de laje.

Fluência do concreto

Consiste no aumento das deformações no concreto, que ocorrem ao longo do tempo de vida da estrutura, em virtude da aplicação de ações permanentes.

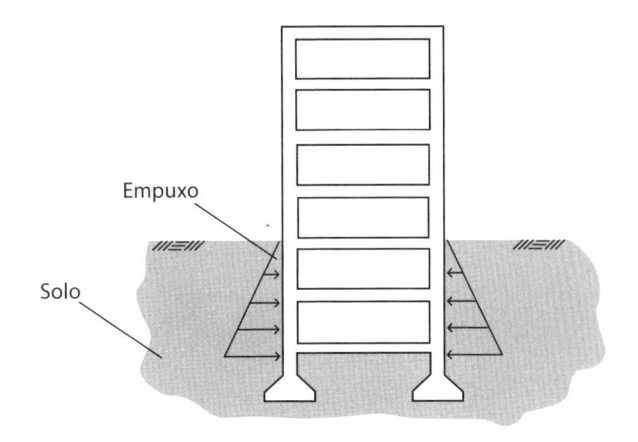

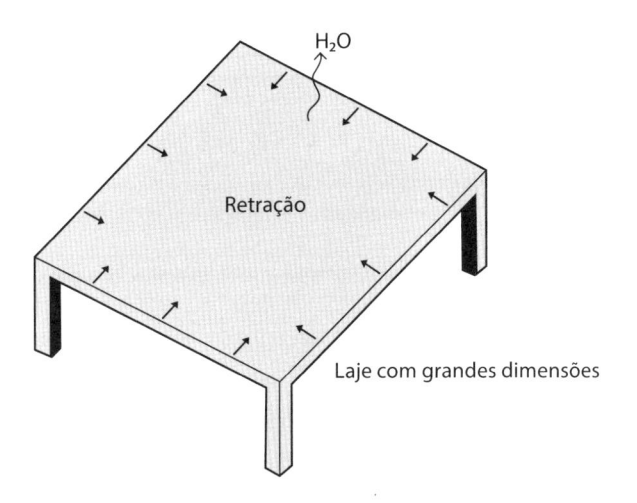

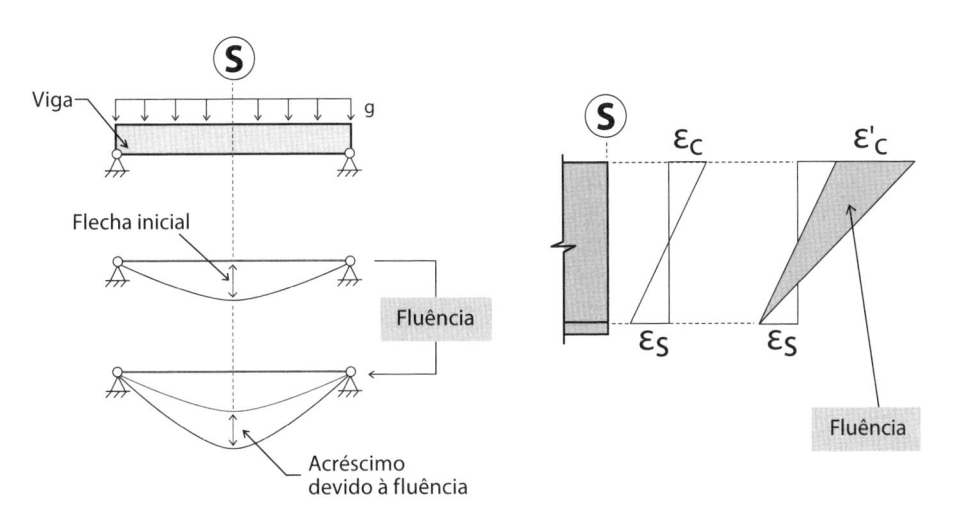

Imperfeições geométricas

Todo edifício, quando executado num canteiro de obra, está sujeito ao aparecimento de desvios geométricos, isto é, distorções na forma e no posicionamento dos elementos estruturais, originados durante a sua implantação.

Essas "falhas" de construção, chamadas de imperfeições geométricas, são praticamente inevitáveis e aleatórias. Podem ser grandes ou pequenas.

▶ Toda estrutura é geometricamente imperfeita.

Essa é uma premissa que deve ser lembrada sempre. Muito embora não tenha o controle direto sobre essa situação da obra, o Engenheiro Estrutural precisa, obrigatoriamente, levar em conta as imperfeições geométricas durante a elaboração do projeto, pois, em certos casos, elas não estão cobertas pelos coeficientes de segurança.

A NBR 6118:2014, item 15.3.2 ("Imperfeições geométricas"), divide essas imperfeições em dois grupos:
- Imperfeições geométricas globais.
- Imperfeições geométricas locais.

As imperfeições geométricas globais se referem ao edifício como um todo. É como se a estrutura inteira ficasse inclinada (em desaprumo) para um dos lados, ocasionando o aparecimento de esforços adicionais devido à presença simultânea da carga vertical.

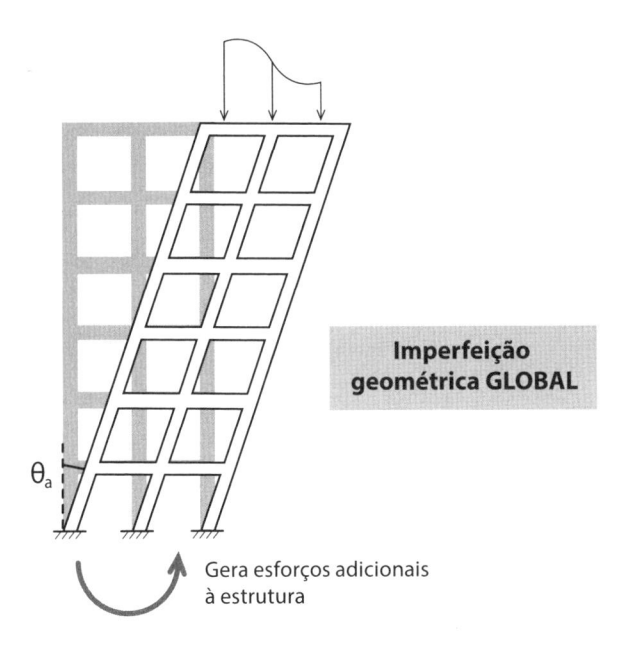

Imperfeição geométrica GLOBAL

Gera esforços adicionais à estrutura

Segundo a NBR 6118:2014, esse desaprumo global deve ser considerado no projeto somente quando for mais desfavorável que uma parcela da ação do vento. Usualmente, isso acontece em edificações baixas com cargas verticais elevadas (exemplo: construções industriais) ou edifícios com face pouco exposta ao vento. Em edifícios usuais, normalmente o vento é sempre preponderante.

As imperfeições geométricas locais, por sua vez, referem-se a um ponto específico da estrutura. Por exemplo, um desvio geométrico num lance de pilar que gera esforços adicionais devido à presença simultânea da carga vertical.

Imperfeição geométrica LOCAL

(Falta de retilinidade no pilar)   (Desaprumo do pilar)

Protensão

É uma ação provocada pela transferência de forças de uma armadura sob tensão (armadura ativa) para o elemento estrutural. Em edifícios de concreto, é comum a existência de vigas ou lajes protendidas.

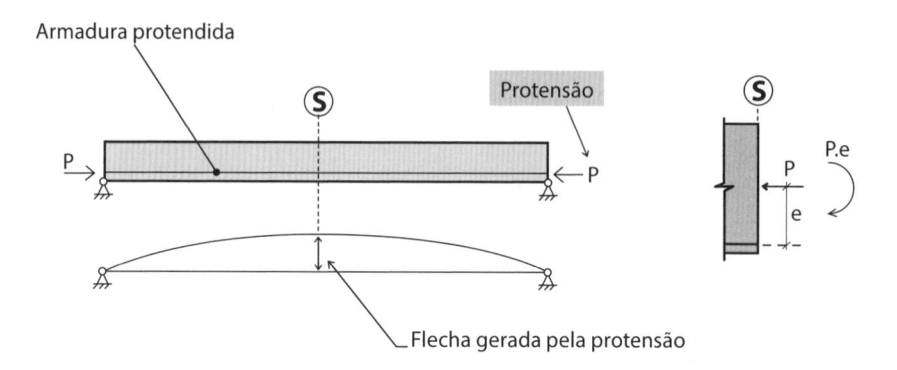

Ações variáveis

As ações variáveis são aquelas que atuam somente durante um período da vida do edifício, ou seja, elas "entram e depois saem".

Exemplos:
- Cargas acidentais de uso
- Vento
- Ações dinâmicas
- Água
- Variações de temperatura

As cargas acidentais de uso, o vento e a água são classificados como ações variáveis diretas. Já a variação de temperatura e as ações dinâmicas como indiretas.

Vento

Segundo o item 11.4.1.2 ("Ação do vento") da NBR 6118:2014, é obrigatória a consideração dos efeitos do vento no cálculo de uma estrutura de concreto.

Os efeitos do vento na estrutura, principalmente em edifícios mais altos, são significativos. Para sua segurança, nunca deixe de considerá-los.

2.3 Coeficiente γ_f

O valor característico de uma ação (F_k), seja ela permanente ou variável, é transformado para o seu respectivo valor de cálculo (F_d) externo por meio do coeficiente ponderador γ_f, comumente chamado de coeficiente de segurança.

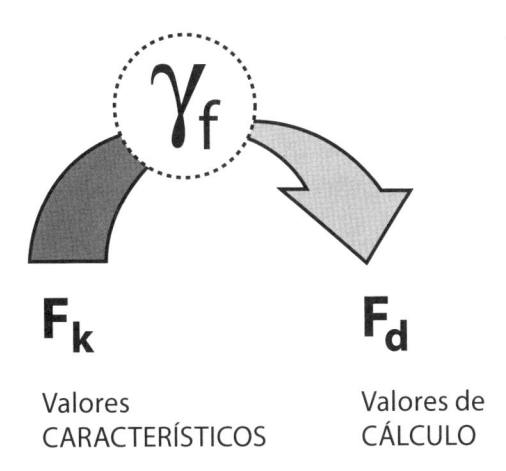

γ_f

F_k F_d

Valores CARACTERÍSTICOS   Valores de CÁLCULO

É muito comum definirmos o valor desse coeficiente como igual a 1,4 e pronto. No entanto, para que as explicações seguintes sejam plenamente compreendidas, é necessário entender que esse valor 1,4 é o resultado final da multiplicação de três fatores.

$$\gamma_f = \gamma_{f1} \cdot \gamma_{f2} \cdot \gamma_{f3} = 1,4$$

- γ_{f3} — Considera as aproximações de projeto
- γ_{f2} — Considera a simultaneidade das ações
- γ_{f1} — Considera a variabilidade das ações

O primeiro fator, γ_{f1}, procura prever a variabilidade do valor da ação, ou seja, considera que o valor da carga efetivamente aplicada à estrutura real não é 100% exato, podendo ser maior ou menor que o valor característico definido no projeto.

O segundo fator, γ_{f2}, procura prever a simultaneidade das ações, isto é, a probabilidade de ações distintas ocorrerem simultaneamente. Por exemplo: na prática, a chance de o vento, com o seu valor característico, atuar juntamente com a carga acidental de uso em todos os andares de um edifício ao mesmo tempo é pouco provável e precisa ser prevista no projeto, de modo que a estrutura seja calculada de forma mais condizente com a realidade.

Já o terceiro fator, γ_{f3}, procura levar em conta as aproximações feitas em projeto. Vale lembrar que todo projeto estrutural, por mais que seja elaborado de forma refinada, é apenas uma simulação aproximada de um edifício real.

A NBR 6118, item 11.7.1 ("Coeficientes de ponderação das ações no estado-limite último (ELU)"), separa, convenientemente, os valores dos coeficientes em duas tabelas:

Tabela 11.1 Coeficiente $\gamma_f = \gamma_{f1} \cdot \gamma_{f3}$

Combinação de ações Normais	$\gamma_{f1} \cdot \gamma_{f3}$							
	AÇÕES							
	Permanentes (g)		Variáveis (q)		Protensão (p)		Recalque/ Retração	
	D	F	G	T	D	F	D	F
	1,4	1,0	1,4	1,2	1,2	0,9	1,2	0

D = Desfavorável / F = Favorável / G = Cargas variáveis em geral / T = Temperatura

Tabela 11.2 Valores do coeficiente γ_{f2}

	AÇÕES	γ_{f2}		
		Ψ_0	Ψ_1	Ψ_2
Cargas acidentais de edifícios	Sem equipamentos fixos ou concentração de pessoas - EDIFÍCIOS RESIDENCIAIS	0,5	0,4	0,3
	Com equipamentos fixos ou concentração de pessoas - EDIFÍCIOS COMERCIAIS	0,7	0,6	0,4
	Bibliotecas, arquivos, oficinas, garagens	0,8	0,7	0,6
Vento	Pressão dinâmica de vento	0,6	0,3	0
Temperatura	Variações uniformes em relação à média local	0,6	0,5	0,3

A razão pela qual existe essa separação em duas tabelas se tornará clara nos itens seguintes. Por enquanto, o importante é entender a definição dos fatores que formam o coeficiente γ_f.

Na segunda tabela, note que o coeficiente γ_{f2} subdivide-se em Ψ_0, Ψ_1 e Ψ_2. Estes são os famosos coeficientes "psi". Seus valores são menores que 1,0 (por isso, são comumente chamados de redutores), pois procuram ponderar a atuação simultânea das ações variáveis numa mesma combinação.

2.4 Combinações

Na vida real, um edifício dificilmente estará sujeito à aplicação de apenas uma ação isolada por vez. Estará, sim, submetido à atuação de várias ações ao mesmo tempo. Por exemplo: o vento nunca atuará num edifício sem que o seu peso próprio esteja atuando simultaneamente ("a estrutura precisa existir para o vento atuar").

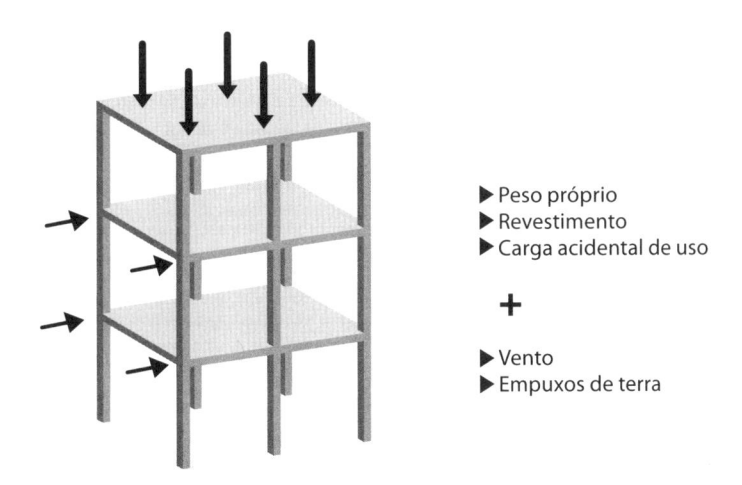

▶ Peso próprio
▶ Revestimento
▶ Carga acidental de uso

+

▶ Vento
▶ Empuxos de terra

Por essa razão, durante a elaboração do projeto estrutural, é necessário saber combinar as ações de forma adequada. Uma edificação precisa ser projetada para atender a diversas combinações de ações ponderadas, de modo que os efeitos mais desfavoráveis possíveis à estrutura sejam levados em conta.

Apesar de os sistemas computacionais estarem preparados para analisar e visualizar os resultados de ações de forma isolada, o que é muito bom para interpretar o comportamento da estrutura perante as ações, para o projeto estrutural em si, o que vale realmente são as combinações. Afinal de contas, todos os elementos que compõem a estrutura devem ser dimensionados e verificados para ações atuando de forma conjunta, como na vida real.

2.4.1 Classificação das combinações

Basicamente, as combinações podem ser classificadas em dois grupos principais: combinações últimas e combinações de serviço.

Conforme a própria nomenclatura já deixa evidente, as combinações últimas se referem à verificação dos estados-limite últimos (resistência da estrutura). Já as combinações de serviço se referem à verificação dos estados-limite de serviço (funcionamento da estrutura).

Formulação

Este é o trecho mais "pesado" deste capítulo, pois envolve fórmulas que, a princípio, parecem ser complicadas. Vamos apresentá-las passo a passo, facilitando a compreensão dos conceitos envolvidos.

Combinações últimas

As combinações últimas usuais em um edifício em concreto armado, chamadas de combinações últimas normais, são definidas pela fórmula apresentada a seguir.

$$F_d = \gamma_g F_{gk} + \gamma_{\varepsilon g} F_{\varepsilon gk} + \gamma_q \left(F_{q1k} + \sum_{j=2}^{n} \psi_{0j} F_{qjk} \right) + \gamma_{\varepsilon q} \psi_{0\varepsilon} F_{\varepsilon qk}$$

À primeira vista, essa fórmula parece complicada. Vamos procurar entendê-la passo a passo. Primeiro, note que ela é dividida em duas partes: uma referente às ações permanentes (com índice "g") e outra referente às ações variáveis (com índice "q").

$$F_d = \underbrace{\gamma_g F_{gk} + \gamma_{\varepsilon g} F_{\varepsilon gk}}_{\text{Permanente}} + \overbrace{\gamma_q \left(F_{q1k} + \sum_{j=2}^{n} \psi_{0j} F_{qjk} \right) + \gamma_{\varepsilon q} \psi_{0\varepsilon} F_{\varepsilon qk}}^{\text{Variável}}$$

Cada parte (permanente e variável), por sua vez, é dividida em direta e indireta, sendo a carga variável direta subdividida em principal e demais.

AÇÕES E COMBINAÇÕES EM EDIFÍCIOS | 57

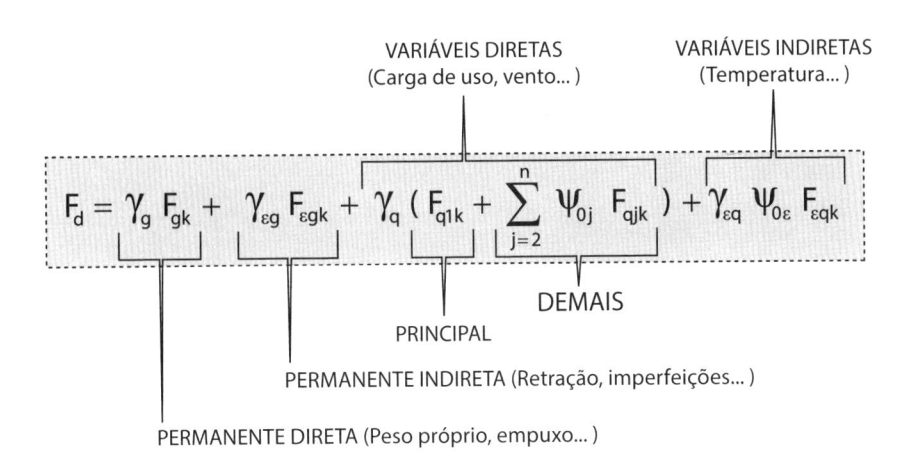

$$F_d = \gamma_g F_{gk} + \gamma_{\varepsilon g} F_{\varepsilon gk} + \gamma_q \left(F_{q1k} + \sum_{j=2}^{n} \psi_{0j} F_{qjk} \right) + \gamma_{\varepsilon q} \psi_{0\varepsilon} F_{\varepsilon qk}$$

- VARIÁVEIS DIRETAS (Carga de uso, vento...)
- VARIÁVEIS INDIRETAS (Temperatura...)
- PRINCIPAL
- DEMAIS
- PERMANENTE INDIRETA (Retração, imperfeições...)
- PERMANENTE DIRETA (Peso próprio, empuxo...)

Observe que as ações permanentes não são afetadas pelo coeficiente γ_{f2} (ou redutor ψ_0), pois, por serem permanentes, atuam sempre de forma simultânea, e não podem ser reduzidas devido à baixa probabilidade de atuação conjunta. Elas devem sempre ser consideradas na sua totalidade ($\gamma_{f2} = 1,0$). O mesmo acontece com a ação variável principal (F_{q1k}), que sempre deve ser tomada pelo valor total.

$$\gamma_{f2} = 1,0 \Rightarrow \gamma_f = \gamma_{f1} \cdot 1,0 \cdot \gamma_{f3} \Rightarrow \gamma_f = \gamma_{f1} \cdot \gamma_{f3} \begin{bmatrix} \gamma_g \\ \gamma_{g\varepsilon} \\ \gamma_q \end{bmatrix}$$

$$F_d = \gamma_g F_{gk} + \gamma_{\varepsilon g} F_{\varepsilon gk} + \gamma_q \left(F_{q1k} + \sum_{j=2}^{n} \psi_{0j} F_{qjk} \right) + \gamma_{\varepsilon q} \psi_{0\varepsilon} F_{\varepsilon qk}$$

As demais cargas variáveis, estas sim, são influenciadas pelo coeficiente γ_{f2} (ou redutor ψ_0), de forma a ponderar a probabilidade de ocorrência simultânea dessas ações.

$$F_d = \gamma_g F_{gk} + \gamma_{\varepsilon g} F_{\varepsilon gk} + \gamma_q \left(F_{q1k} + \sum_{j=2}^{n} \psi_{0j} F_{qjk} \right) + \gamma_{\varepsilon q} \psi_{0\varepsilon} F_{\varepsilon qk}$$

- $\gamma_{f1} \cdot \gamma_{f3}$
- $\gamma_{f2} = \psi_0$
- $\gamma_{f1} \cdot \gamma_{f3}$

$$\gamma_f = \gamma_{f1} \cdot \gamma_{f2} \cdot \gamma_{f3} \qquad \gamma_f = \gamma_{f1} \cdot \gamma_{f2} \cdot \gamma_{f3}$$

Combinações de serviço

A NBR 6118:2014, item 11.8.3.1 ("Classificação"), classifica as combinações de serviço em três tipos: quase permanentes, frequentes e raras.

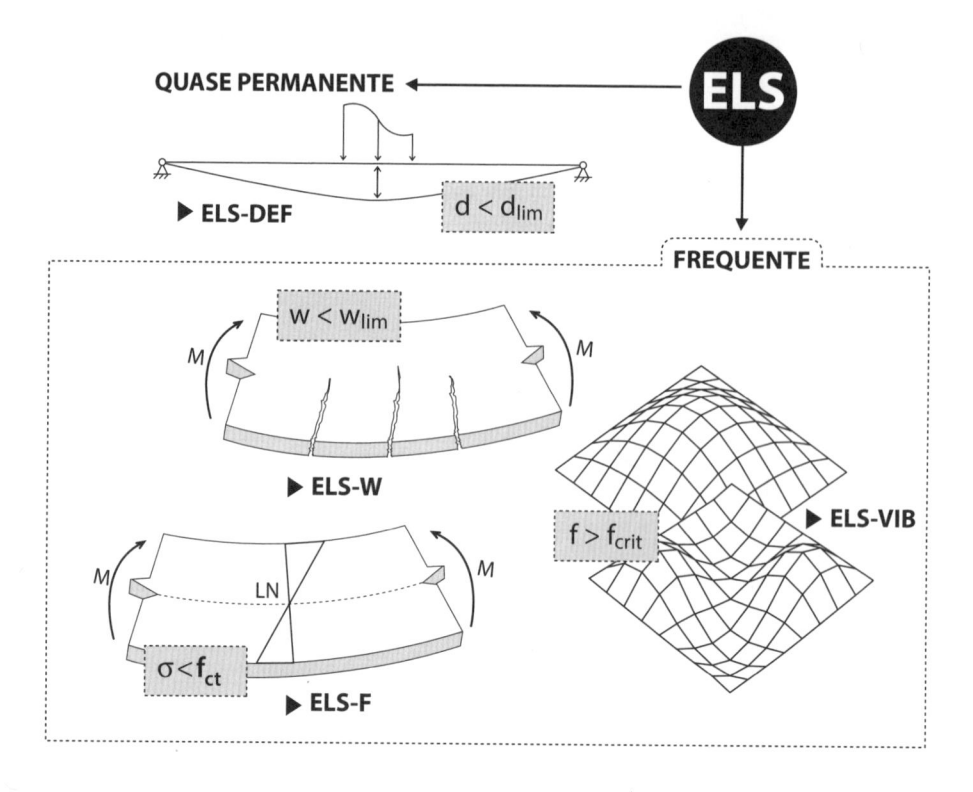

As combinações de serviço comumente utilizadas em edifícios de concreto armado são a quase permanente (CQP) e a frequente (CF). A primeira é necessária na verificação do estado-limite de deformações excessivas (ELS-DEF). Já a segunda é empregada na verificação dos estados-limite de formação de fissuras (ELS-F), abertura de fissuras (ELS-W) e vibrações excessivas (ELS-VIB).

As combinações quase permanente e frequente são definidas pelas seguintes fórmulas:

$$F_{d,ser} = \sum_{j=1}^{n} F_{gjk} + \sum_{j=1}^{n} \Psi_{2j} F_{qjk} \quad \text{(CQP)}$$

$$F_{d,ser} = \sum_{j=1}^{n} F_{gjk} + \Psi_1 F_{q1k} + \sum_{j=2}^{n} \Psi_{2j} F_{qjk} \quad \text{(CF)}$$

AÇÕES E COMBINAÇÕES EM EDIFÍCIOS

Da mesma maneira como fizemos para combinações últimas, vamos procurar entender essa formulação passo a passo.

Em ambas as fórmulas, nota-se claramente que há uma parte referente às ações permanentes (com índice "g") e outra referente às ações variáveis (com índice "q").

$$F_{d,ser} = \sum_{j=1}^{n} F_{gjk} + \sum_{j=1}^{n} \psi_{2j} F_{qjk}$$

$$F_{d,ser} = \sum_{j=1}^{n} F_{gjk} + \psi_1 F_{q1k} + \sum_{j=2}^{n} \psi_{2j} F_{qjk}$$

PERMANENTE   VARIÁVEL

Observe que as cargas permanentes em serviço não são ponderadas e entram diretamente com seus valores característicos.

$$\gamma_f = \gamma_{f1} \cdot \gamma_{f2} \cdot \gamma_{f3} = 1{,}0$$

Não majorados nem minorados

$$F_{d,ser} = \sum_{j=1}^{n} \left(F_{gjk}\right) + \sum_{j=1}^{n} \psi_{2j} F_{qjk}$$

$$F_{d,ser} = \sum_{j=1}^{n} \left(F_{gjk}\right) + \psi_1 F_{q1k} + \sum_{j=2}^{n} \psi_{2j} F_{qjk}$$

PERMANENTE

As cargas variáveis, por sua vez, são reduzidas pelo coeficiente relativo à simultaneidade das ações γ_{f2} (ou redutores ψ_1 e ψ_2).

$$\gamma_f = \gamma_{f1} \cdot \gamma_{f3} = 1,0$$

$$\gamma_{f2} = \Psi_1 \text{ ou } \Psi_2$$

São minorados

$$F_{d,ser} = \sum_{j=1}^{n} F_{gjk} + \sum_{j=1}^{n} \Psi_{2j} \left(F_{qjk}\right)$$

$$F_{d,ser} = \sum_{j=1}^{n} F_{gjk} + \Psi_1 \left(F_{q1k}\right) + \sum_{j=2}^{n} \Psi_{2j} \left(F_{qjk}\right)$$

VARIÁVEIS

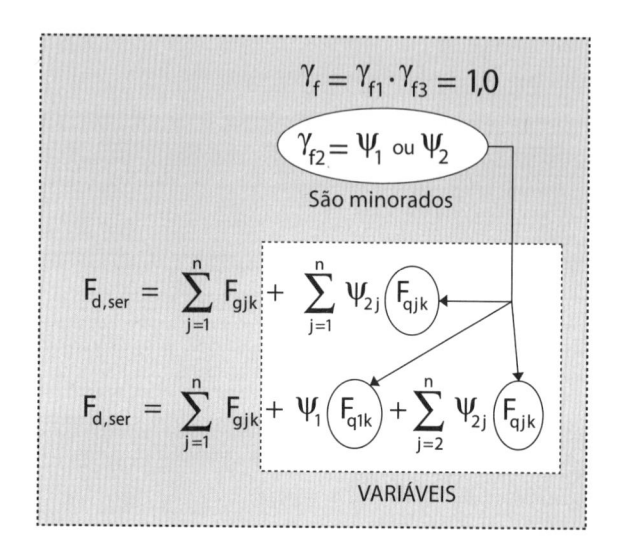

2.4.2 Exemplo

Seja um edifício hipotético de concreto armado de uso residencial submetido às seguintes ações:

- Peso próprio (PP).
- Alvenarias e revestimentos (G).
- Carga variável de uso (Q).
- Vento (V).

Inicialmente, vamos definir quais as combinações últimas normais a serem utilizadas no dimensionamento dos elementos estruturais.

Note que não foram definidas ações permanentes indiretas (retração, imperfeições, ...) nem ações variáveis indiretas (temperatura). Isso simplifica bastante a formulação a ser aplicada.

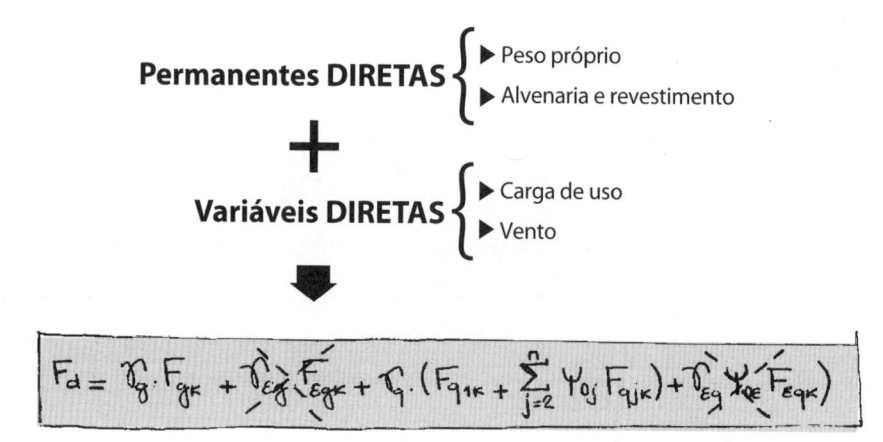

Permanentes DIRETAS
- Peso próprio
- Alvenaria e revestimento

+

Variáveis DIRETAS
- Carga de uso
- Vento

$$F_d = \gamma_g \cdot F_{gk} + \gamma_{\varepsilon g} \cdot F_{\varepsilon gk} + \gamma_q \cdot (F_{q1k} + \sum_{j=2}^{n} \Psi_{0j} \cdot F_{qjk}) + \gamma_{\varepsilon q} \cdot \Psi_{0\varepsilon} \cdot F_{\varepsilon qk})$$

AÇÕES E COMBINAÇÕES EM EDIFÍCIOS | 61

> **Perguntas:** Qual é a carga variável direta principal (F_{q1k})?
> É a carga de uso ou o vento?

Como fica difícil de antemão dar essa resposta, é necessário fazer duas simulações: uma com o vento como carga principal e outra com a carga acidental de uso como carga principal.

Vamos definir os coeficientes ponderadores (majoradores e redutores) de acordo com as tabelas 11.1 e 11.2 da NBR 6118:2014.

$PP \Rightarrow \gamma_g = 1,4$ (tabela 11.1, carga permanente direta)

- $G \rightarrow \gamma_g = 1,4$ (tabela 11.1, carga permanente direta)
- Q e $V \rightarrow \gamma_q = 1,4$ (tabela 11.1, carga variável direta)
- $Q \rightarrow \psi_0 = 0,5$ (tabela 11.2, edifício residencial)
- $V \rightarrow \psi_0 = 0,6$ (tabela 11.2, vento)

Considerando o vento como ação variável principal, temos:

$$F_d = \underbrace{\gamma_g \cdot F_{gk}}_{\gamma_g \cdot PP + \gamma_g \cdot G \,=\, \gamma_g \cdot (PP + G)} + \gamma_q \left(\underbrace{F_{q1k}}_{\gamma_q \cdot V} + \sum_{j=2}^{n} \underbrace{\psi_{0j} F_{qjk}}_{\gamma_q \cdot \psi_0 \cdot Q} \right)$$

Resultando numa primeira combinação:

$$F_d = 1,4\,(PP + G) + 1,4 \cdot V + 1,4 \cdot 0,5 \cdot Q \qquad (CELU_1)$$

Agora, considerando a carga variável de uso como ação variável principal, temos:

$$F_d = \underbrace{\gamma_g \cdot F_{gk}}_{\gamma_g \cdot PP + \gamma_g \cdot G \,=\, \gamma_g (PP+G)} + \gamma_q \left(\underbrace{F_{q1k}}_{\gamma_q \cdot Q} + \sum_{j=2}^{n} \underbrace{\psi_{0j} F_{qjk}}_{\gamma_q \cdot \psi_0 \cdot V} \right)$$

Resultando numa segunda combinação:

$$F_d = 1{,}4\,(PP+G) + 1{,}4\cdot Q + 1{,}4\cdot 0{,}6\cdot V \quad (\text{CELU2})$$

Portanto, para esse edifício residencial hipotético, é necessário fazer o dimensionamento para duas combinações últimas.

Agora, vamos definir as combinações de serviço (quase permanente e frequente) a serem utilizadas na verificação dos elementos estruturais.

Novamente, fica difícil definir, de antemão, qual é a carga variável principal (F_{q1k}). E, portanto, é necessário fazer duas simulações: uma com o vento como carga principal e outra com a carga acidental de uso como carga principal.

Vamos definir os coeficientes ponderadores (redutores) de acordo com a tabela 11.2 da NBR 6118:2014.

$$Q \rightarrow \psi_{1Q} = 0{,}4 \quad e \quad \psi_{2Q} = 0{,}3 \quad (\text{tabela 11.2, edifício residencial})$$
$$V \rightarrow \psi_{1V} = 0{,}3 \quad e \quad \psi_{2V} = 0 \quad (\text{tabela 11.2, vento})$$

Considerando inicialmente o vento como ação variável principal, temos:

$$F_{d,\text{ser}} = \underbrace{\sum_{j=1}^{n} F_{gjk}}_{(PP+G)} + \underbrace{\sum_{j=1}^{n} \psi_{2j} F_{qjk}}_{\psi_{2V}\cdot V + \psi_{2Q}\cdot Q} \quad (\text{CQP})$$

$$F_{d,SER} = \underbrace{\left[\sum_{j=1}^{n} F_{gjk}\right]}_{(PP+G)} + \overbrace{\left[\Psi_1 \cdot F_{q1k} + \sum_{j=2}^{n} \Psi_{2j} \cdot F_{qjk}\right]}^{\Psi_{1v} \cdot V + \Psi_{2Q} \cdot Q} \quad (CF)$$

Resultando nas duas primeiras combinações:

$$F_{d,SER} = (PP+G) + 0{,}0V + 0{,}3Q = PP + G + 0{,}3Q \quad (CQP_1)$$
$$F_{d,SER} = (PP+G) + 0{,}3V + 0{,}3Q = PP + G + 0{,}3V + 0{,}3Q \quad (CF_1)$$

Agora, considerando a carga variável de uso como ação variável principal, temos:

$$F_{d,SER} = \underbrace{\left[\sum_{j=1}^{n} F_{gjk}\right]}_{(PP+G)} + \overbrace{\left[\sum_{j=1}^{n} \Psi_{2j} F_{qjk}\right]}^{\Psi_{2v} \cdot V + \Psi_{2Q} \cdot Q} \quad (CQP)$$

$$F_{d,SER} = \underbrace{\left[\sum_{j=1}^{n} F_{gjk}\right]}_{(PP+G)} + \overbrace{\left[\Psi_1 F_{q1k} + \sum_{j=2}^{n} \Psi_{2j} F_{qjk}\right]}^{\Psi_{1Q} \cdot Q + \Psi_{2v} \cdot V}$$

Resultando em mais duas combinações, sendo uma repetida:

$$F_{d,SER} = (PP+G) + 0{,}0V + 0{,}3Q = PP + G + 0{,}3Q \quad (= CQP_1)$$
$$F_{d,SER} = (PP+G) + 0{,}4Q + 0{,}0V = PP + G + 0{,}4Q \quad (= CF_2)$$

Portanto, para esse edifício residencial, seria necessário fazer a verificação para três combinações de serviço (CQP_1, CF_1 e CF_2).

2.4.3 Ação com efeito favorável

A tabela 11.1, já apresentada neste capítulo, define valores de ponderadores – γ_{f1}. γ_{f3} – diferenciados para cargas desfavoráveis (D) e favoráveis (F). O que é isso? Para que serve isso?

Quando pensamos numa ação, sempre imaginamos que ela provoca efeitos desfavoráveis ao edifício, de tal modo que os resultados proporcionem um dimensionamento da estrutura sempre a favor da segurança.

Porém, isso pode não ocorrer, ou seja, uma determinada ação pode produzir efeitos favoráveis numa edificação.

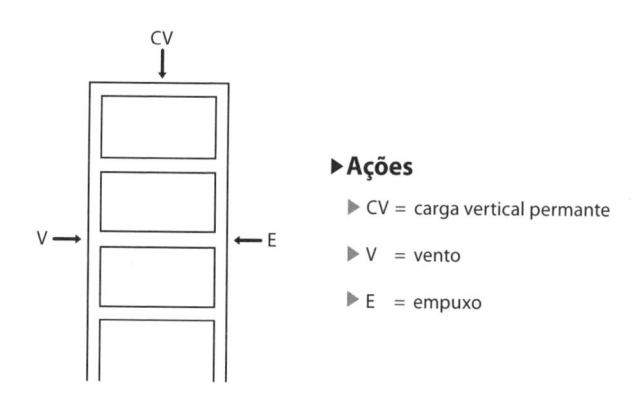

Vamos ilustrar essa situação com um exemplo.

Seja um edifício hipotético submetido às ações indicadas ao lado.

▶ **Ações**
 ▶ CV = carga vertical permanente
 ▶ V = vento
 ▶ E = empuxo

Imagine que a análise estrutural resulte em esforços normais característicos (N_k) para um determinado lance de pilar, conforme mostra a figura a seguir:

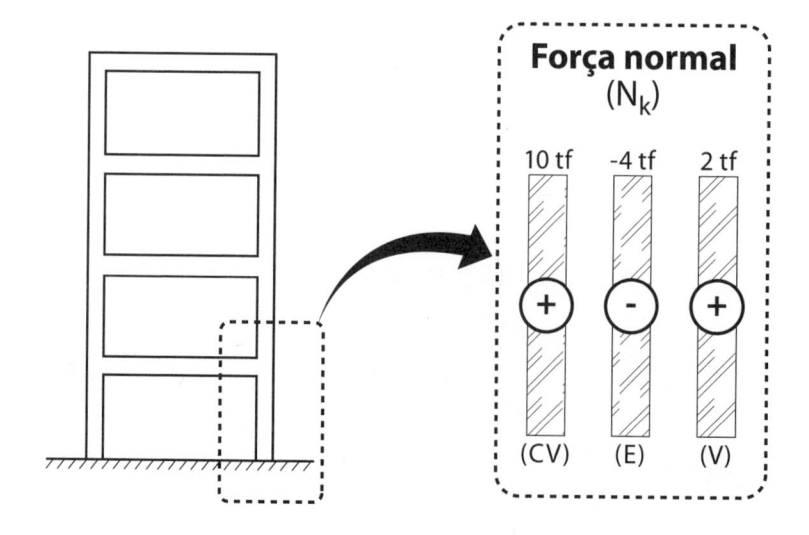

Força normal (N_k)

10 tf (CV) +
-4 tf (E) −
2 tf (V) +

AÇÕES E COMBINAÇÕES EM EDIFÍCIOS

Lembrando que o empuxo é uma carga permanente direta e, na presença de apenas uma carga variável (vento V), temos uma única combinação última normal a ser considerada:

$$F_d = 1{,}4 \cdot CV + 1{,}4E + 1{,}4V = 1{,}4(CV + E + V)$$

Isso resulta no seguinte esforço a ser levado em conta no dimensionamento:

$$F_d = 1{,}4 \cdot (10 - 4 + 2) = 11{,}2\,tf$$

Perceba que o esforço provocado pelo empuxo é oposto ao vento V, diminuindo o efeito total sobre o pilar e tornando a estrutura menos solicitada (favorecida).

O empuxo, nesse caso, é uma ação cuja condição de efeito favorável tem que ser levada em conta. Isso significa dizer que, além da combinação anterior, é necessário considerar mais uma, na qual o coeficiente γ_g seja tomado com seu valor favorável.

$$\text{EMPUXO} \rightarrow \gamma_g = 1{,}0 \text{ (tabela 11.1, carga permanente favorável)}$$

$$F_{d(\text{EMPUXO FAVORÁVEL})} = 1{,}4\,CV + 1{,}0E + 1{,}4V = 1{,}4(CV + V) + 1{,}0E$$

Isso resulta num esforço maior a ser levado em conta no dimensionamento:

$$F_{d(\text{EMPUXO FAVORÁVEL})} = 1{,}4(10 + 2) - 1{,}0 \cdot 4 = 12{,}8\,tf > 11{,}2\,tf$$

Num edifício de concreto armado real, fica difícil prever se uma determinada ação deve ter ou não sua condição favorável considerada, já que a estrutura é submetida a diversos tipos de carga. Na dúvida, sempre considere a condição de efeito favorável, lembrando que o número de combinações poderá crescer substancialmente, tornando a análise mais demorada e trabalhosa.

2.5 Geração de combinações

Toda a formulação apresentada nos itens anteriores ficará mais clara a partir de agora. Por meio de um exemplo bastante simples, resolvido de forma didática, será demonstrado como a geração de combinações é efetuada em um sistema computacional. Trata-se de uma aplicação direta e prática dos conceitos apresentados até então.

DESCOMPACTAÇÃO DO EDIFÍCIO
- Descompacte o edifício "Combinações.TQS".

INICIANDO O TQS
- Inicie o TQS.

EDITANDO EDIFÍCIO
- No "Gerenciador", selecione o edifício "Combinações".
- Clique na aba "Edifício".
- No grupo "Edifício", clique no botão "Editar".

VERIFICANDO PONDERADORES DAS CARGAS PERMANENTES
- Na janela "Dados do edifício...", clique na aba "Cargas".
- No grupo "Cargas permanentes", clique no botão "Avançado".
- Na janela "Ponderadores de carga permanente", no grupo "Peso-Próprio", verifique "GamaF - ponderador de ações" = 1,4.
- No grupo "Cargas Permanentes", verifique se "GamaF - ponderador de ações" = 1,4.
- Clique no botão "OK".

VERIFICANDO PONDERADORES DAS CARGAS VARIÁVEIS
- Na janela "Dados do edifício...", no grupo "Sobrecargas", clique no botão "Avançado".
- Na janela "Ponderadores e redutores de sobrecargas", no grupo "Ponderadores ELU", verifique "GamaF - ponderador de ações" = 1,4.
- No grupo "Fatores de redução ELU e ELS", verifique se "Psi0" = 0,5, "Psi1" = 0,4 e "Psi2" = 0,3.
- Clique no botão "OK".

VERIFICANDO PONDERADORES DO VENTO
- Na janela "Dados do edifício...", na aba "Cargas", clique na aba "Vento".
- Na tabela, verifique que há um caso definido.
- Clique no botão "Avançado".
- Na janela "Ponderadores e redutores de vento", no grupo "Ponderadores ELU", verifique "GamaF - ponderador de ações" = 1,4.
- No grupo "Fatores de redução ELU e ELS", verifique se "Psi0" = 0,6, "Psi1" = 0,3 e "Psi2" = 0.
- Clique no botão "OK".

AÇÕES E COMBINAÇÕES EM EDIFÍCIOS 67

LISTANDO AS COMBINAÇÕES
▶ Na janela "Dados do edifício...", na aba "Cargas", clique na aba "Combinações".
▶ Clique na opção "Combinações ELU com valores de cálculo".
▶ Clique no botão "Listar combinações".
▶ Clique no botão "Sim".

Na listagem aberta, verifique as ações que estão definidas.

```
Casos de carregamento simples
-----------------------------

Sufixo "_R"  Carga acidental reduzida
Sufixo "_V"  Vigas de transição c/inércia normal
Sufixo "_E"  Engastado, com caso correspondente articulado

Num Prefixo  Título
  1 TODAS    Todas permanentes e acidentais dos pavimentos
  2 PP       Peso Próprio
  3 PERM     Cargas permanentes
  4 ACID     Cargas acidentais
  5 VENT     Vento
```

Depois, observe as combinações que foram geradas.

```
Combinações geradas
-------------------
Num     Número da combinação
AC      Marcado se carga acidental reduzida
VT      Marcado se viga de transição com inércia normal
Título  Título gerado pelo sistema

Num AC VT  Título
  6        ELU1/PERMACID/1.4PP+1.4PERM+1.4ACID
  7        ELU1/ACIDCOMB/1.4PP+1.4PERM+1.4ACID+0.84VENT
  8        ELU1/ACIDCOMB/1.4PP+1.4PERM+0.7ACID+1.4VENT
  9        FOGO/PERMVAR/1.4PP+1.4PERM+0.42ACID
 10        ELS/CFREQ/PP+PERM+0.4ACID
 11        ELS/CFREQ/PP+PERM+0.3ACID+0.3VENT
 12        ELS/CQPERM/PP+PERM+0.3ACID
 13        COMBFLU/COMBFLU/PP+PERM+0.3ACID
```

Note que:
- Foram geradas seis combinações, sendo três para a verificação do estado-limite último (ELU) e três para a verificação dos estados-limite de serviço (ELS).

Agora, vamos alterar os valores dos coeficientes γ_{f2} para as ações verticais variáveis e verificar a influência nas combinações resultantes.

ALTERANDO PONDERADORES DAS CARGAS VARIÁVEIS
▶ Feche a janela da listagem.
▶ Na janela "Dados do edifício...", na aba "Cargas", clique na aba "Verticais".

- No grupo "Sobrecargas", clique no botão "Avançado".
- No grupo "Cargas acidentais de edifícios", clique na opção ""Locais em que há predominância de pesos...".
- Clique no botão "OK".

LISTANDO AS COMBINAÇÕES
- Na janela "Dados do edifício...", na aba "Cargas", clique na aba "Combinações".
- Clique no botão "Listar combinações".
- Clique no botão "Sim".

Repare que a ponderação das ações variáveis foi coerentemente alterada.

```
Combinações geradas
--------------------
Num      Número da combinação
AC       Marcado se carga acidental reduzida
VT       Marcado se viga de transição com inércia normal
Título   Título gerado pelo sistema

Num AC VT Título
  6        ELU1/PERMACID/1.4PP+1.4PERM+1.4ACID
  7        ELU1/ACIDCOMB/1.4PP+1.4PERM+1.4ACID+0.84VENT
  8        ELU1/ACIDCOMB/1.4PP+1.4PERM+0.98ACID+1.4VENT
  9        FOGO/PERMVAR/1.4PP+1.4PERM+0.56ACID
 10        ELS/CFREQ/PP+PERM+0.6ACID
 11        ELS/CFREQ/PP+PERM+0.4ACID+0.3VENT
 12        ELS/CQPERM/PP+PERM+0.4ACID
 13        COMBFLU/COMBFLU/PP+PERM+0.4ACID
```

Vamos adicionar mais casos de vento.

ADICIONANDO CASOS DE VENTO
- Feche a janela da listagem.
- Na janela "Dados do edifício...", na aba "Cargas", clique na aba "Vento".
- Clique três vezes no botão "Inserir" sob a tabela.

LISTANDO AS COMBINAÇÕES
- Na janela "Dados do edifício...", na aba "Cargas", clique na aba "Combinações".
- Clique no botão "Listar combinações".
- Clique no botão "Sim".

Na listagem aberta, perceba que foram definidas mais ações de vento.

```
Casos de carregamento simples
------------------------------

Sufixo "_R"   Carga acidental reduzida
Sufixo "_V"   Vigas de transição c/inércia normal
Sufixo "_E"   Engastado, com caso correspondente articulado

Num Prefixo  Título
  1 TODAS    Todas permanentes e acidentais dos pavimentos
  2 PP       Peso Próprio
  3 PERM     Cargas permanentes
  4 ACID     Cargas acidentais
  5 VENT1    Vento (1) 90°
  6 VENT2    Vento (2) 270°
  7 VENT3    Vento (3) 0°
  8 VENT4    Vento (4) 180°
```

Depois, verifique as combinações que foram geradas.

```
Combinações geradas
-------------------
Num     Número da combinação
AC      Marcado se carga acidental reduzida
VT      Marcado se viga de transição com inércia normal
Título  Título gerado pelo sistema

Num AC VT Título
  9        ELU1/PERMACID/1.4PP+1.4PERM+1.4ACID
 10        ELU1/ACIDCOMB/1.4PP+1.4PERM+1.4ACID+0.84VENT1
 11        ELU1/ACIDCOMB/1.4PP+1.4PERM+1.4ACID+0.84VENT2
 12        ELU1/ACIDCOMB/1.4PP+1.4PERM+1.4ACID+0.84VENT3
 13        ELU1/ACIDCOMB/1.4PP+1.4PERM+1.4ACID+0.84VENT4
 14        ELU1/ACIDCOMB/1.4PP+1.4PERM+0.98ACID+1.4VENT1
 15        ELU1/ACIDCOMB/1.4PP+1.4PERM+0.98ACID+1.4VENT2
 16        ELU1/ACIDCOMB/1.4PP+1.4PERM+0.98ACID+1.4VENT3
 17        ELU1/ACIDCOMB/1.4PP+1.4PERM+0.98ACID+1.4VENT4
 18        FOGO/PERMVAR/1.4PP+1.4PERM+0.56ACID
 19        ELS/CFREQ/PP+PERM+0.6ACID
 20        ELS/CFREQ/PP+PERM+0.4ACID+0.3VENT1
 21        ELS/CFREQ/PP+PERM+0.4ACID+0.3VENT2
 22        ELS/CFREQ/PP+PERM+0.4ACID+0.3VENT3
 23        ELS/CFREQ/PP+PERM+0.4ACID+0.3VENT4
 24        ELS/CQPERM/PP+PERM+0.4ACID
 25        COMBFLU/COMBFLU/PP+PERM+0.4ACID
```

Note que agora foram geradas 15 combinações, sendo nove para a verificação do estado-limite último (ELU) e seis para a verificação dos estados-limite de serviço (ELS).

Vamos adicionar dois casos de empuxo.

ADICIONANDO EMPUXO
▶ Feche a janela da listagem.
▶ Na janela "Dados do edifício...", na aba "Cargas", clique na aba "Adicionais".
▶ Clique na aba "Empuxo".
▶ No grupo "Casos a considerar", defina "Número de casos independentes" = 2.

LISTANDO AS COMBINAÇÕES
▶ Na janela "Dados do edifício...", na aba "Cargas", clique na aba "Combinações".
▶ Clique no botão "Listar combinações".
▶ Clique no botão "Sim".

Na listagem aberta, veja que foram definidas mais ações relativas ao empuxo.

```
Casos de carregamento simples

Sufixo "_R"   Carga acidental reduzida
Sufixo "_V"   Vigas de transição c/inércia normal
Sufixo "_E"   Engastado, com caso correspondente articulado

Num Prefixo  Título
  1 TODAS    Todas permanentes e acidentais dos pavimentos
  2 PP       Peso Próprio
  3 PERM     Cargas permanentes
  4 ACID     Cargas acidentais
  5 EMPU1    Empuxo (1)
  6 EMPU2    Empuxo (2)
  7 VENT1    Vento (1)  90°
  8 VENT2    Vento (2) 270°
  9 VENT3    Vento (3)   0°
 10 VENT4    Vento (4) 180°
```

Depois, verifique as combinações que foram geradas.

```
Combinações geradas

Num     Número da combinação
AC      Marcado se carga acidental reduzida
VT      Marcado se viga de transição com inércia normal
Título  Título gerado pelo sistema

Num AC VT Título
 11       ELU1/PERMACID/1.4PP+1.4PERM+1.4EMPU1+1.4ACID
 12       ELU1/PERMACID/1.4PP+1.4PERM+1.4EMPU2+1.4ACID
 13       ELU1/ACIDCOMB/1.4PP+1.4PERM+1.4EMPU1+1.4ACID+0.84VENT1
 14       ELU1/ACIDCOMB/1.4PP+1.4PERM+1.4EMPU1+1.4ACID+0.84VENT2
 15       ELU1/ACIDCOMB/1.4PP+1.4PERM+1.4EMPU1+1.4ACID+0.84VENT3
 16       ELU1/ACIDCOMB/1.4PP+1.4PERM+1.4EMPU1+1.4ACID+0.84VENT4
 17       ELU1/ACIDCOMB/1.4PP+1.4PERM+1.4EMPU2+1.4ACID+0.84VENT1
 18       ELU1/ACIDCOMB/1.4PP+1.4PERM+1.4EMPU2+1.4ACID+0.84VENT2
 19       ELU1/ACIDCOMB/1.4PP+1.4PERM+1.4EMPU2+1.4ACID+0.84VENT3
 20       ELU1/ACIDCOMB/1.4PP+1.4PERM+1.4EMPU2+1.4ACID+0.84VENT4
 21       ELU1/ACIDCOMB/1.4PP+1.4PERM+1.4EMPU1+0.98ACID+1.4VENT1
 22       ELU1/ACIDCOMB/1.4PP+1.4PERM+1.4EMPU1+0.98ACID+1.4VENT2
 23       ELU1/ACIDCOMB/1.4PP+1.4PERM+1.4EMPU1+0.98ACID+1.4VENT3
 24       ELU1/ACIDCOMB/1.4PP+1.4PERM+1.4EMPU1+0.98ACID+1.4VENT4
 25       ELU1/ACIDCOMB/1.4PP+1.4PERM+1.4EMPU2+0.98ACID+1.4VENT1
 26       ELU1/ACIDCOMB/1.4PP+1.4PERM+1.4EMPU2+0.98ACID+1.4VENT2
 27       ELU1/ACIDCOMB/1.4PP+1.4PERM+1.4EMPU2+0.98ACID+1.4VENT3
 28       ELU1/ACIDCOMB/1.4PP+1.4PERM+1.4EMPU2+0.98ACID+1.4VENT4
 29       FOGO/PERMVAR/1.4PP+1.4PERM+1.4EMPU1+0.56ACID
 30       FOGO/PERMVAR/1.4PP+1.4PERM+1.4EMPU2+0.56ACID
 31       ELS/CFREQ/PP+PERM+EMPU1+0.6ACID
 32       ELS/CFREQ/PP+PERM+EMPU2+0.6ACID
 33       ELS/CFREQ/PP+PERM+EMPU1+0.4ACID+0.3VENT1
 34       ELS/CFREQ/PP+PERM+EMPU1+0.4ACID+0.3VENT2
 35       ELS/CFREQ/PP+PERM+EMPU1+0.4ACID+0.3VENT3
 36       ELS/CFREQ/PP+PERM+EMPU1+0.4ACID+0.3VENT4
 37       ELS/CFREQ/PP+PERM+EMPU2+0.4ACID+0.3VENT1
 38       ELS/CFREQ/PP+PERM+EMPU2+0.4ACID+0.3VENT2
 39       ELS/CFREQ/PP+PERM+EMPU2+0.4ACID+0.3VENT3
 40       ELS/CFREQ/PP+PERM+EMPU2+0.4ACID+0.3VENT4
 41       ELS/CQPERM/PP+PERM+EMPU1+0.4ACID
 42       ELS/CQPERM/PP+PERM+EMPU2+0.4ACID
 43       COMBFLU/COMBFLU/PP+PERM+EMPU1+0.4ACID
 44       COMBFLU/COMBFLU/PP+PERM+EMPU2+0.4ACID
```

Note que agora foram geradas 30 combinações, sendo 18 para a verificação do estado-limite último (ELU) e 12 para a verificação dos estados-limite de serviço (ELS).

Vamos definir uma possível condição favorável para os casos de empuxo.

DEFININDO PONDERADOR FAVORÁVEL PARA EMPUXO

▶ Feche a janela da listagem.
▶ Na janela "Dados do edifício...", na aba "Cargas", clique na aba "Adicionais".
▶ Clique na aba "Empuxo".
▶ No grupo "Majoradores", ative a opção "Ponderador favorável".

LISTANDO AS COMBINAÇÕES

▶ Na janela "Dados do edifício...", na aba "Cargas", clique na aba "Combinações".
▶ Clique no botão "Listar combinações".
▶ Clique no botão "Sim".

```
Combinações geradas
-------------------
Num      Número da combinação
AC       Marcado se carga acidental reduzida
VT       Marcado se viga de transição com inércia normal
Título   Título gerado pelo sistema

Num AC VT  Título
 11        ELU1/PERMACID/1.4PP+1.4PERM+1.4EMPU1+1.4ACID
 12        ELU1/PERMACID/1.4PP+1.4PERM+EMPU1+1.4ACID
 13        ELU1/PERMACID/1.4PP+1.4PERM+1.4EMPU2+1.4ACID
 14        ELU1/PERMACID/1.4PP+1.4PERM+EMPU2+1.4ACID
 15        ELU1/ACIDCOMB/1.4PP+1.4PERM+1.4EMPU1+1.4ACID+0.84VENT1
 16        ELU1/ACIDCOMB/1.4PP+1.4PERM+1.4EMPU1+1.4ACID+0.84VENT2
 17        ELU1/ACIDCOMB/1.4PP+1.4PERM+1.4EMPU1+1.4ACID+0.84VENT3
 18        ELU1/ACIDCOMB/1.4PP+1.4PERM+1.4EMPU1+1.4ACID+0.84VENT4
 19        ELU1/ACIDCOMB/1.4PP+1.4PERM+EMPU1+1.4ACID+0.84VENT1
 20        ELU1/ACIDCOMB/1.4PP+1.4PERM+EMPU1+1.4ACID+0.84VENT2
 21        ELU1/ACIDCOMB/1.4PP+1.4PERM+EMPU1+1.4ACID+0.84VENT3
 22        ELU1/ACIDCOMB/1.4PP+1.4PERM+EMPU1+1.4ACID+0.84VENT4
 23        ELU1/ACIDCOMB/1.4PP+1.4PERM+1.4EMPU2+1.4ACID+0.84VENT1
 24        ELU1/ACIDCOMB/1.4PP+1.4PERM+1.4EMPU2+1.4ACID+0.84VENT2
 25        ELU1/ACIDCOMB/1.4PP+1.4PERM+1.4EMPU2+1.4ACID+0.84VENT3
 26        ELU1/ACIDCOMB/1.4PP+1.4PERM+1.4EMPU2+1.4ACID+0.84VENT4
 27        ELU1/ACIDCOMB/1.4PP+1.4PERM+EMPU2+1.4ACID+0.84VENT1
 28        ELU1/ACIDCOMB/1.4PP+1.4PERM+EMPU2+1.4ACID+0.84VENT2
 29        ELU1/ACIDCOMB/1.4PP+1.4PERM+EMPU2+1.4ACID+0.84VENT3
 30        ELU1/ACIDCOMB/1.4PP+1.4PERM+EMPU2+1.4ACID+0.84VENT4
 31        ELU1/ACIDCOMB/1.4PP+1.4PERM+1.4EMPU1+0.98ACID+1.4VENT1
 32        ELU1/ACIDCOMB/1.4PP+1.4PERM+1.4EMPU1+0.98ACID+1.4VENT2
 33        ELU1/ACIDCOMB/1.4PP+1.4PERM+1.4EMPU1+0.98ACID+1.4VENT3
 34        ELU1/ACIDCOMB/1.4PP+1.4PERM+1.4EMPU1+0.98ACID+1.4VENT4
 ..        ........
 57        ELS/CFREQ/PP+PERM+EMPU2+0.4ACID+0.3VENT1
 58        ELS/CFREQ/PP+PERM+EMPU2+0.4ACID+0.3VENT2
 59        ELS/CFREQ/PP+PERM+EMPU2+0.4ACID+0.3VENT3
 60        ELS/CFREQ/PP+PERM+EMPU2+0.4ACID+0.3VENT4
 61        ELS/CQPERM/PP+PERM+EMPU1+0.4ACID
 62        ELS/CQPERM/PP+PERM+EMPU2+0.4ACID
 63        COMBFLU/COMBFLU/PP+PERM+EMPU1+0.4ACID
 64        COMBFLU/COMBFLU/PP+PERM+EMPU2+0.4ACID
```

Observe que foram geradas 48 combinações, sendo 36 para a verificação do estado-limite último (ELU) e 12 para a verificação dos estados-limite de serviço (ELS).

Além disso, nas combinações ELU em que o empuxo tem a condição favorável, este fica pré-multiplicado por 0,71, de tal maneira que essa condição seja respeitada posteriormente durante o dimensionamento (γ_f (empuxo favorável) = 0,71 . 1,4 = 1,0), conforme especificado na tabela 11.1 da NBR 6118:2014.

Finalmente, vamos definir mais quatro casos de vento e um de empuxo.

ADICIONANDO CASOS DE VENTO

▶ Feche a janela da listagem.
▶ Na janela "Dados do edifício...", na aba "Cargas", clique na aba "Vento".
▶ Clique quatro vezes no botão "Inserir" sob a tabela.

ADICIONANDO EMPUXO

▶ Na aba "Cargas", clique na aba "Adicionais".

▶ Clique na aba "Empuxo".
▶ No grupo "Casos a considerar", defina "Número de casos independentes" = 3.

LISTANDO AS COMBINAÇÕES
▶ Na janela "Dados do edifício...", na aba "Cargas", clique na aba "Combinações".
▶ Clique no botão "Listar combinações".
▶ Clique no botão "Sim".

Na listagem aberta, repare que foram definidas mais ações relativas ao vento e ao empuxo.

```
Casos de carregamento simples

Sufixo "_R"   Carga acidental reduzida
Sufixo "_V"   Vigas de transição c/inércia normal
Sufixo "_E"   Engastado, com caso correspondente articulado

Num Prefixo  Título
  1 TODAS    Todas permanentes e acidentais dos pavimentos
  2 PP       Peso Próprio
  3 PERM     Cargas permanentes
  4 ACID     Cargas acidentais
  5 EMPU1    Empuxo (1)
  6 EMPU2    Empuxo (2)
  7 EMPU3    Empuxo (3)
  8 VENT1    Vento (1)  90°
  9 VENT2    Vento (2) 270°
 10 VENT3    Vento (3)   0°
 11 VENT4    Vento (4) 180°
 12 VENT5    Vento (5)  45°
 13 VENT6    Vento (6) 135°
 14 VENT7    Vento (7) 225°
 15 VENT8    Vento (8) 315°
```

```
Combinações geradas

Num    Número da combinação
AC     Marcado se carga acidental reduzida
VT     Marcado se viga de transição com inércia normal
Título Título gerado pelo sistema

Num AC VT Título
 16       ELU1/PERMACID/1.4PP+1.4PERM+1.4EMPU1+1.4ACID
 17       ELU1/PERMACID/1.4PP+1.4PERM+EMPU1+1.4ACID
 18       ELU1/PERMACID/1.4PP+1.4PERM+1.4EMPU2+1.4ACID
 19       ELU1/PERMACID/1.4PP+1.4PERM+EMPU2+1.4ACID
 20       ELU1/PERMACID/1.4PP+1.4PERM+1.4EMPU3+1.4ACID
 21       ELU1/PERMACID/1.4PP+1.4PERM+EMPU3+1.4ACID
 22       ELU1/ACIDCOMB/1.4PP+1.4PERM+1.4EMPU1+1.4ACID+0.84VENT1
 23       ELU1/ACIDCOMB/1.4PP+1.4PERM+1.4EMPU1+1.4ACID+0.84VENT2
 24       ELU1/ACIDCOMB/1.4PP+1.4PERM+1.4EMPU1+1.4ACID+0.84VENT3
 25       ELU1/ACIDCOMB/1.4PP+1.4PERM+1.4EMPU1+1.4ACID+0.84VENT4
 26       ELU1/ACIDCOMB/1.4PP+1.4PERM+1.4EMPU1+1.4ACID+0.84VENT5
 27       ELU1/ACIDCOMB/1.4PP+1.4PERM+1.4EMPU1+1.4ACID+0.84VENT6
 28       ELU1/ACIDCOMB/1.4PP+1.4PERM+1.4EMPU1+1.4ACID+0.84VENT7
 29       ELU1/ACIDCOMB/1.4PP+1.4PERM+1.4EMPU1+1.4ACID+0.84VENT8
 30       ELU1/ACIDCOMB/1.4PP+1.4PERM+EMPU1+1.4ACID+0.84VENT1
 31       ELU1/ACIDCOMB/1.4PP+1.4PERM+EMPU1+1.4ACID+0.84VENT2
 32       ELU1/ACIDCOMB/1.4PP+1.4PERM+EMPU1+1.4ACID+0.84VENT3
 33       ELU1/ACIDCOMB/1.4PP+1.4PERM+EMPU1+1.4ACID+0.84VENT4
 34       ELU1/ACIDCOMB/1.4PP+1.4PERM+EMPU1+1.4ACID+0.84VENT5
 35       ELU1/ACIDCOMB/1.4PP+1.4PERM+EMPU1+1.4ACID+0.84VENT6
 36       ELU1/ACIDCOMB/1.4PP+1.4PERM+EMPU1+1.4ACID+0.84VENT7
 37       ELU1/ACIDCOMB/1.4PP+1.4PERM+EMPU1+1.4ACID+0.84VENT8
 ..       ...........
143       ELS/CFREQ/PP+PERM+EMPU3+0.4ACID+0.3VENT1
144       ELS/CFREQ/PP+PERM+EMPU3+0.4ACID+0.3VENT2
145       ELS/CFREQ/PP+PERM+EMPU3+0.4ACID+0.3VENT3
146       ELS/CFREQ/PP+PERM+EMPU3+0.4ACID+0.3VENT4
147       ELS/CFREQ/PP+PERM+EMPU3+0.4ACID+0.3VENT5
148       ELS/CFREQ/PP+PERM+EMPU3+0.4ACID+0.3VENT6
149       ELS/CFREQ/PP+PERM+EMPU3+0.4ACID+0.3VENT7
150       ELS/CFREQ/PP+PERM+EMPU3+0.4ACID+0.3VENT8
151       ELS/CQPERM/PP+PERM+EMPU1+0.4ACID
152       ELS/CQPERM/PP+PERM+EMPU2+0.4ACID
153       ELS/CQPERM/PP+PERM+EMPU3+0.4ACID
154       COMBFLU/COMBFLU/PP+PERM+EMPU1+0.4ACID
155       COMBFLU/COMBFLU/PP+PERM+EMPU2+0.4ACID
```

AÇÕES E COMBINAÇÕES EM EDIFÍCIOS | 73

Note que agora foram geradas 132 combinações, sendo 102 para a verificação do estado-limite último (ELU) e 30 para a verificação dos estados-limite de serviço (ELS).

FINALIZANDO EDIÇÃO DE EDIFÍCIO
- Feche a janela da listagem.
- Na janela "Dados do edifício...", clique no botão "OK".

Conclusão do exemplo

Por meio do exercício que acabou de ser realizado, foi possível notar que o acréscimo de ações consideradas no cálculo de um edifício produz um aumento significativo e desproporcional do número de combinações a serem processadas.

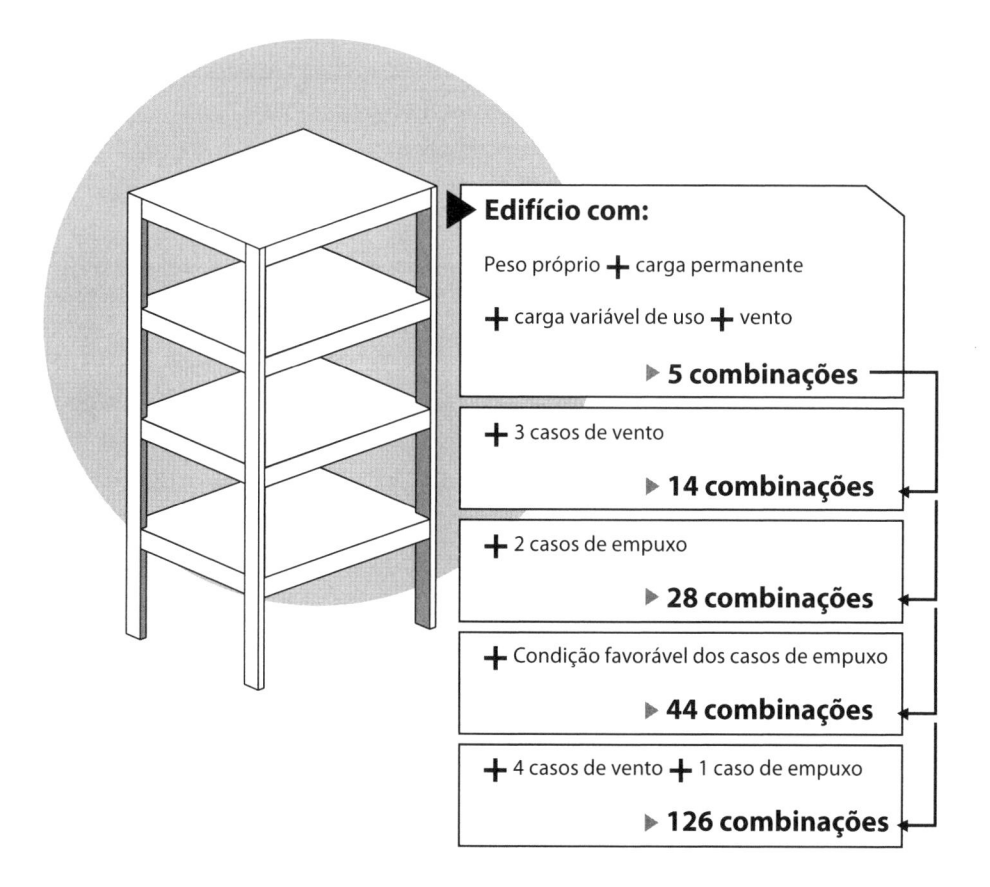

Edifício com:

Peso próprio **+** carga permanente **+** carga variável de uso **+** vento

▶ **5 combinações**

+ 3 casos de vento

▶ **14 combinações**

+ 2 casos de empuxo

▶ **28 combinações**

+ Condição favorável dos casos de empuxo

▶ **44 combinações**

+ 4 casos de vento **+** 1 caso de empuxo

▶ **126 combinações**

▶ Foi possível perceber também a enorme agilidade proporcionada por um sistema computacional na geração das combinações necessárias para o cálculo de um edifício. Imagine como seria definir todas as 132 combinações manualmente. A chance de errar seria enorme!

2.6 Considerações finais

Neste capítulo, foi revisado o que são os estados-limite. É fundamental saber diferenciar o estado-limite último (ELU) do estado-limite de serviço (ELS). São contextos totalmente distintos. O primeiro diz respeito à resistência da estrutura e é utilizado no dimensionamento dos elementos estruturais. Já o segundo se refere ao funcionamento da edificação e é empregado na verificação de flechas, fissuração e vibração.

Inúmeras ações presentes numa estrutura de concreto foram classificadas e exemplificadas. É muito importante saber diferenciar uma ação permanente ("aquela que entra e fica") de uma ação variável ("aquela que entra e sai").

Toda a formulação relativa à geração de combinações presente na NBR 6118:2014 foi explicada com detalhes. Diversos conceitos importantes também foram apresentados: parcelas do coeficiente γ_f, ação com efeito favorável etc.

Após o exemplo resolvido manualmente, e depois processado num sistema computacional, foi possível demonstrar o potencial de um *software* como ferramenta para o aprendizado da teoria que envolve a geração de combinações.

▶ Apesar da automatização proporcionada por um *software*, é fundamental que o Engenheiro saiba verificar e tenha o controle de toda a geração das combinações de ações.

Análise estrutural: uma etapa fundamental em todo projeto | 3

Este capítulo será inteiramente dedicado à análise estrutural, etapa fundamental em todo projeto de edifícios, mas que muitas vezes não é tratada com a devida atenção e os cuidados necessários quando se faz uso de uma ferramenta computacional.

Inicialmente, serão colocadas as razões pelas quais uma análise estrutural bem-feita e precisa é fundamental para a obtenção de um projeto seguro e de qualidade.

Serão apresentados alguns modelos estruturais usualmente empregados no cálculo de edifícios de concreto, listando as vantagens e limitações de cada um deles. Um edifício bem simples será então calculado por um sistema computacional com quatro modelos estruturais distintos, mostrando na prática como eles são gerados e processados no computador.

Em seguida, será feita uma explanação a respeito da distribuição de esforços ao longo da estrutura de um edifício.

Serão estabelecidos os critérios relevantes para que a escolha do modelo estrutural a ser adotado no cálculo de um edifício seja realizada de forma consciente, procurando definir aquele que seria o "modelo ideal" em um projeto.

Finalmente, diversos aspectos fundamentais e particulares à modelagem de edifícios de concreto armado serão demonstrados com exemplos simples. Conceitos relativos à rigidez das ligações entre as vigas e os pilares de uma estrutura e à redistribuição dos esforços solicitantes serão abordados de forma bastante didática.

Enfim, espera-se que o conteúdo deste capítulo sirva como estímulo na busca da chamada "sensibilidade estrutural", incentivando o Engenheiro a avaliar o comportamento de um edifício sempre da forma mais realista possível.

Neste capítulo, serão discutidas e esclarecidas questões como:
- O que é um modelo estrutural?
- Quais os modelos usuais no cálculo de edifícios?
- Qual é o modelo mais adequado?
- Quais as particularidades da análise de edifícios de concreto armado?
- Por que ocorre a redistribuição de esforços em estruturas de concreto armado?
- Como as ligações entre as vigas e os pilares precisam ser consideradas durante a modelagem?
- O que podemos esperar dos modelos futuros?

Pré-requisitos

Para que os conceitos apresentados neste capítulo sejam plenamente compreendidos, é necessário que os Caps. 1 e 2 tenham sido previamente estudados.

Diversos assuntos já abordados nesses capítulos, tais como as etapas presentes em um projeto e os estados-limite últimos e de serviço, não serão novamente explicados com detalhes.

3.1 Importância

A análise estrutural consiste na obtenção e avaliação da resposta da estrutura perante as ações que lhe foram aplicadas. Em outras palavras, significa calcular e analisar os deslocamentos e os esforços solicitantes nos pilares, nas vigas e nas lajes que compõem um edifício.

Trata-se, com toda a certeza, de uma das etapas mais importantes de todo o processo de elaboração de um projeto estrutural, pois é com seus resultados que o dimensionamento e o detalhamento dos elementos são realizados, bem como o comportamento em serviço do edifício é avaliado.

Momentos fletores   **Flechas**

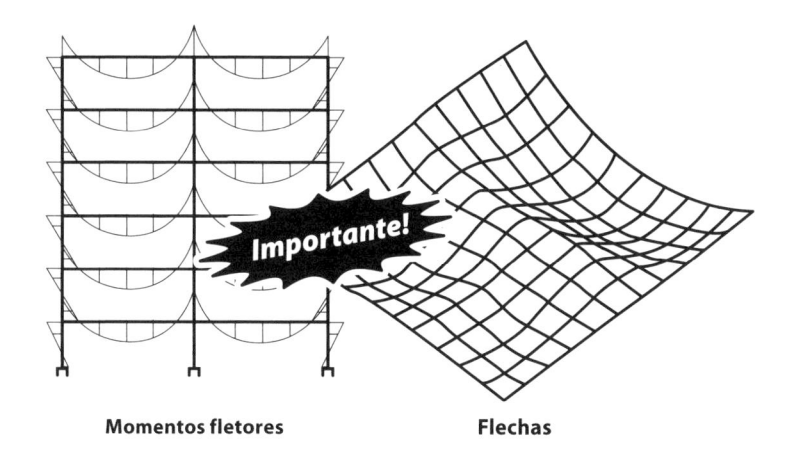

▶ Pode-se até dizer que calcular a estrutura de um edifício, na sua essência, é fazer a sua análise estrutural.

Devido ao grande poder de processamento dos computadores e *softwares* atuais, que possibilitam que uma estrutura seja inteiramente calculada em poucos minutos, e também à enorme produtividade exigida pelo mercado, muitas vezes a análise estrutural de um edifício é deixada de lado durante o projeto, prestando-se atenção apenas ao dimensionamento e detalhamento das armaduras finais.

Isso está errado! Trata-se de uma atitude totalmente equivocada!

▶ É pela análise estrutural que se "enxerga" realmente como o edifício está se comportando.

Muito embora o produto final do projeto de uma estrutura seja composto de desenhos das armações nos elementos (o cliente não está interessado nos diagramas de esforços e deslocamentos), a análise estrutural de um edifício deve ser realizada sempre de forma muito cuidadosa e criteriosa. É necessário ter ciência de que essa etapa é fundamental na qualidade final do produto.

▶ Procure investir mais tempo estudando o comportamento da estrutura, e não se preocupe apenas em obter as armaduras finais. Uma vez bem elaborada a análise estrutural de um edifício, "meio caminho estará andado" para que o projeto seja um sucesso.

Vale lembrar que de nada adianta dimensionar e detalhar as armaduras de forma extremamente refinada se os esforços solicitantes calculados durante a análise estrutural estiverem imprecisos e não traduzirem a realidade à qual a estrutura estará sujeita.

> Uma análise estrutural mal feita resulta num posicionamento de armaduras inadequado. Se a distribuição dos esforços for calculada de forma errada, as armaduras serão posicionadas em lugares incorretos da estrutura.

Lembre-se sempre: o cálculo das armaduras é reflexo direto da análise estrutural. Quando surgirem problemas nas armações dimensionadas em um sistema computacional, como por exemplo um lance de pilar ficar com uma taxa de armadura incoerente, é quase certo que o porquê dessa ocorrência será encontrado na análise estrutural do edifício. Nesse caso, é necessário reavaliar a distribuição dos esforços, e não tentar "consertar" o problema apenas focando o dimensionamento em si.

Na NBR 6118:2014, o assunto é abordado de forma bastante completa na seção 14 ("Análise estrutural"). Vale a pena ler essa seção com atenção.

3.2 Modelo estrutural

Toda análise estrutural de um edifício realizada num computador é baseada na adoção de um certo modelo estrutural (ou modelo numérico).

3.2.1 O que é um modelo estrutural?

Trata-se de um protótipo que procura simular um edifício real no computador.

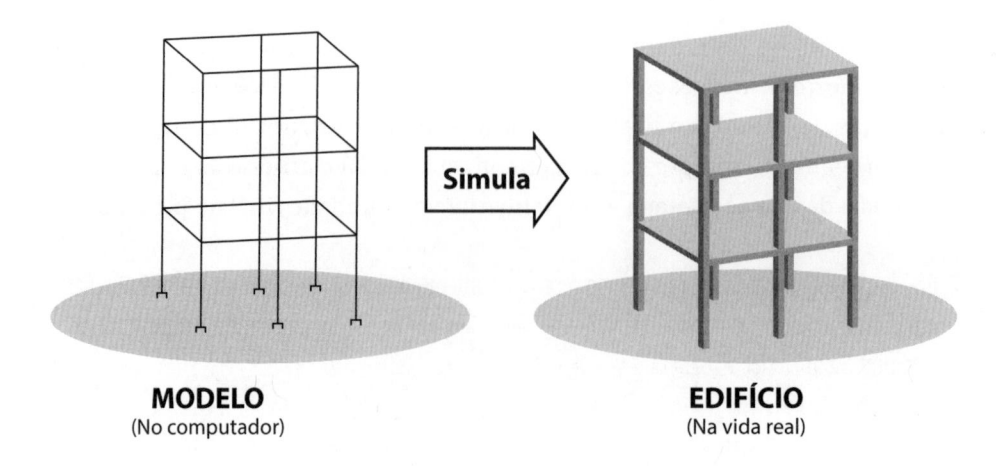

MODELO
(No computador)

Simula

EDIFÍCIO
(Na vida real)

3.2.2 Exemplos de modelos estruturais

Existem inúmeros modelos estruturais que podem ser empregados na análise de edifícios de concreto armado. Alguns mais simples, outros mais complexos. Alguns bastante limitados, outros mais abrangentes.

A seguir, serão apresentados alguns dos modelos existentes, procurando retratar de forma bastante resumida como foi a sua evolução ao longo dos últimos anos.

Métodos aproximados + Vigas contínuas

É o primeiro modelo estrutural destinado ao cálculo de edifícios de concreto armado com que nos deparamos durante a graduação em Engenharia Civil.

A análise estrutural baseada nesse modelo é realizada da seguinte maneira:
a. Os esforços e as flechas nas lajes são calculados a partir de tabelas baseadas em diversos métodos aproximados consagrados. Exemplos: Marcus, Czerny etc.
b. As cargas das lajes são transferidas para as vigas por área de influência (esquema "telhado").
c. Os esforços e as flechas nas vigas são calculados por meio do modelo clássico de viga contínua com apoios simples que simulam os pilares.
d. A reação vertical obtida nos apoios das vigas é transferida como carga concentrada para os pilares.

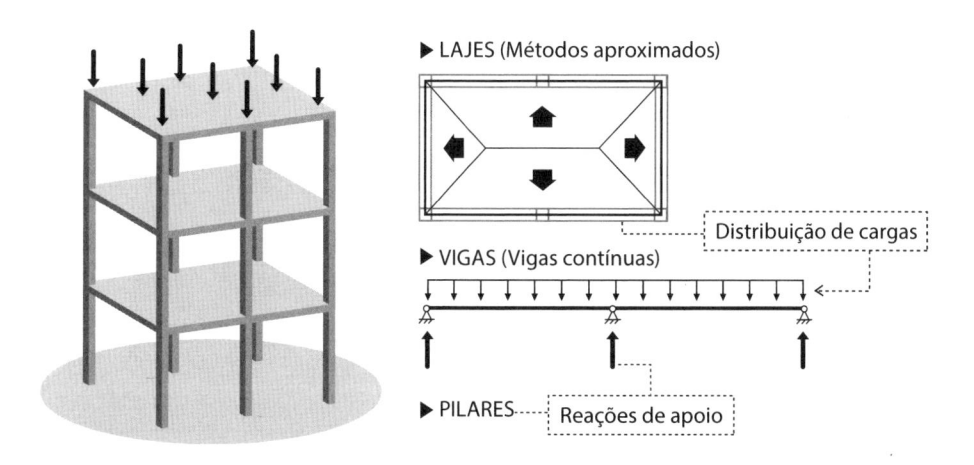

Trata-se de um modelo estrutural extremamente simples, de fácil compreensão e que permite uma visualização muito clara do percurso das cargas verticais aplicadas ao edifício até as fundações.

No entanto, possui certas aproximações que limitam o seu uso para o cálculo de estruturas mais complexas. São elas:

- As lajes, as vigas e os pilares são calculados de forma totalmente independente. Não é considerada a interação entre esses elementos. Vale lembrar que um edifício de concreto armado na vida real é monolítico, e os seus elementos trabalham de forma conjunta.
- As ligações entre as vigas e os pilares são articuladas. E, por isso, não há a transferência de momentos fletores entre eles.
- Somente lajes simples com geometria regular e condições de apoio muito bem definidas podem ser calculadas pelos processos aproximados. Painéis de lajes complexos, muito comuns nos projetos atuais, não podem ser analisados por esses métodos.
- A distribuição de cargas por área de influência somente é válida para lajes com geometria regular, distribuição de carga uniforme e condições de apoio bem definidas.
- Os efeitos provocados pelas ações horizontais no edifício (ex.: vento, empuxo) não são considerados nesse modelo. Somente são tratadas as cargas verticais.

Na prática atual, devido a essas limitações, esse modelo não é mais utilizado em projetos profissionais elaborados com o auxílio de uma ferramenta computacional.

Contudo, por se tratar de um modelo estrutural no qual é possível fazer os cálculos inteiramente à mão, e de forma fácil e rápida, ele ainda é (e deve ser) muito utilizado para a validação de resultados.

Viga + Pilares (Pórtico H)

Trata-se de uma evolução direta do modelo clássico de viga contínua utilizada para a análise de vigas.

Em vez de apoios simples, os lances inferior e superior dos pilares são modelados juntamente com a viga, formando um pórtico plano.

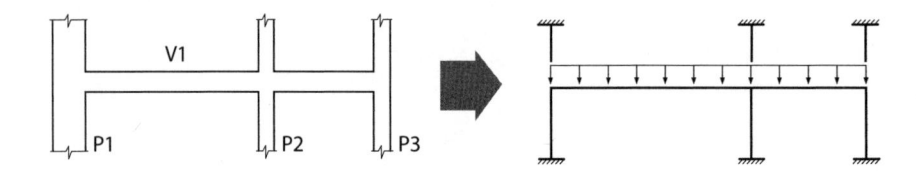

Também é um modelo simples e de fácil interpretação, mas que possui basicamente as mesmas limitações do modelo estrutural apresentado anteriormente. A única vantagem é a consideração da interação entre as vigas e os pilares.

Na prática atual, esse modelo é muito pouco adotado na elaboração de projetos profissionais com o auxílio de uma ferramenta computacional.

Grelha somente de vigas

Trata-se de um modelo direcionado para a análise estrutural de um pavimento, no qual é levada em conta a interação entre todas as vigas presentes nele.

É composto de elementos lineares, chamados de barras, que simulam as vigas. Essas barras são dispostas no plano horizontal da laje e estão submetidas a cargas perpendiculares a esse plano (cargas verticais), oriundas da transferência das lajes por área de influência.

Os pilares são representados por apoios simples. As lajes não são consideradas no modelo e precisam ser analisadas à parte (normalmente, por processos aproximados).

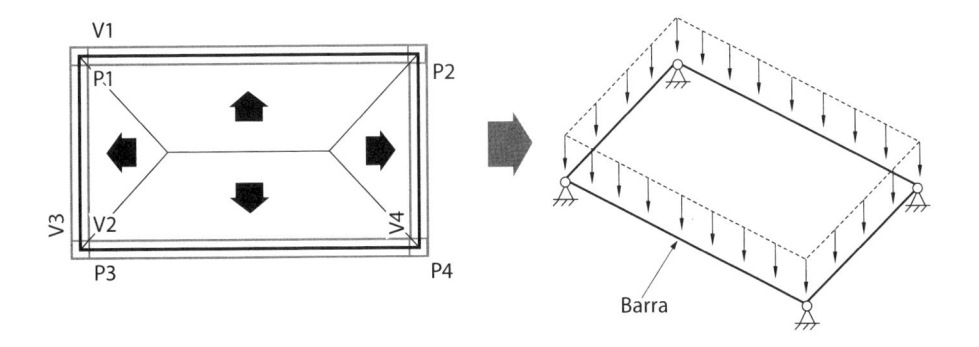

Cada barra do modelo possui uma seção (área, inércias) e um material (módulos de elasticidade longitudinal e transversal), que são definidos de acordo com a geometria (seção transversal) e o material (concreto) da viga, respectivamente.

Em cada interseção entre as barras é definido um nó que possui três graus de liberdade (uma translação e duas rotações), possibilitando a obtenção dos deslocamentos e esforços (força cortante, momento fletor e momento torsor), oriundos da aplicação de ações verticais, em todas as vigas do pavimento, bem como da carga nos pilares por meio das reações de apoio.

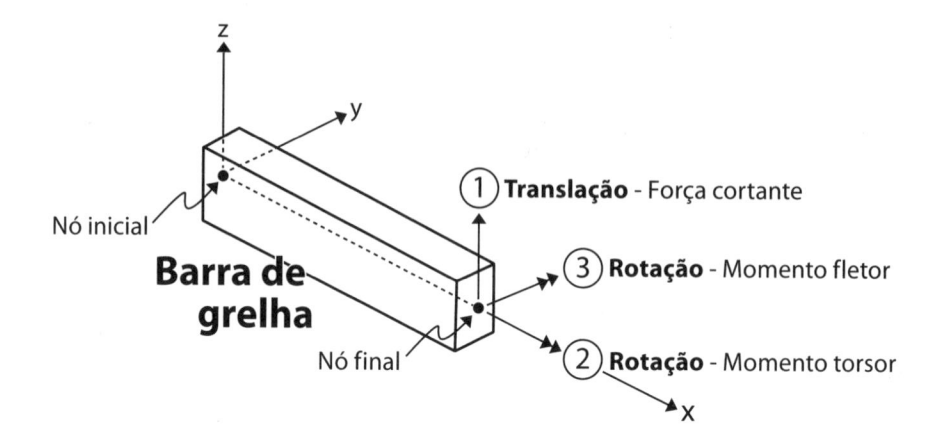

Por meio desse modelo, não é possível analisar os efeitos das ações horizontais no edifício (ex.: vento, empuxo).

A interpretação e a análise dos resultados obtidos são bastante simples, principalmente quando se dispõe de recursos gráficos em um sistema computacional.

Na prática atual, o modelo de grelha somente de vigas ainda é utilizado na análise das vigas de um pavimento, mas foi praticamente substituído pela grelha de vigas e lajes, que será apresentada a seguir.

Grelha de vigas e lajes

Trata-se de um modelo direcionado para a análise estrutural de um pavimento. Também é denominado análise de pavimentos por "analogia de grelha".

É composto de elementos lineares dispostos no plano horizontal do piso que simulam as vigas e as lajes, formando uma malha de barras submetida a cargas verticais. Os pilares são representados por apoios simples.

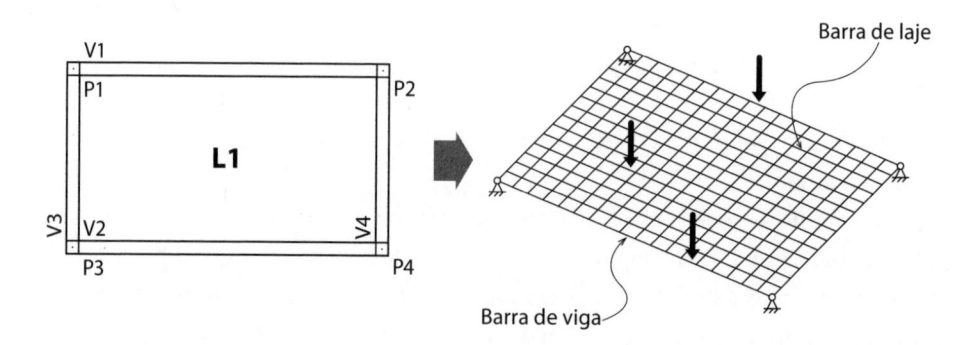

Cada painel de laje é subdividido em diversos alinhamentos de barras, usualmente posicionadas na direção principal e secundária da laje. Essa subdivisão, também chamada de discretização, faz com que cada barra represente um trecho do pavimento. Usualmente, adotam-se barras de laje com comprimento máximo igual a 50 cm. Em regiões com grande concentração de esforços, e que necessitam de uma análise mais detalhada, pode-se refinar a discretização gerando uma malha de barras mais densa nesses locais.

Os dados das barras que representam as vigas são definidos de acordo com as suas próprias características (seção transversal e material), como no modelo de grelha somente de vigas. Já os dados das barras que simulam as lajes dependem também da discretização adotada.

Nesse modelo, a interação entre todas as lajes e vigas do pavimento é considerada de forma bastante precisa. A transferência de cargas das lajes para as vigas não é mais feita por área de influência. Uma vez aplicadas as cargas verticais nos elementos, a distribuição dos esforços nas lajes e vigas é feita automaticamente de acordo com a rigidez de cada barra. O esforço migrará automaticamente para as regiões de maior rigidez (esse conceito será abordado com detalhes nos itens seguintes).

Como no modelo de grelha somente de vigas, em cada interseção entre as barras é definido um nó que possui três graus de liberdade (uma translação e duas rotações), tornando-se possível obter os deslocamentos e os esforços (força cortante, momento fletor e momento torsor), oriundos da aplicação de ações verticais, em todas as vigas e lajes do pavimento, bem como a carga nos pilares por meio das reações de apoio.

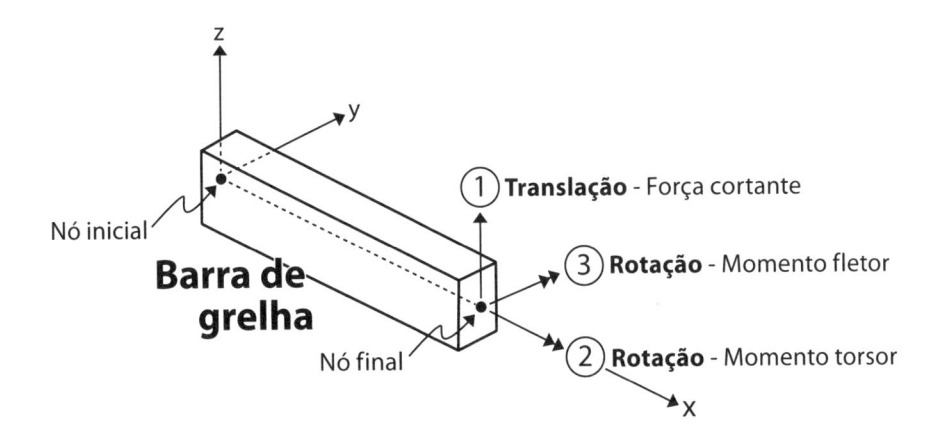

Por meio desse modelo, não é possível analisar os efeitos das ações horizontais no edifício (ex.: vento, empuxo).

A interpretação e a análise dos resultados obtidos são simples, desde que se disponha de recursos gráficos em um sistema computacional.

Na prática atual, o modelo de grelha de vigas e lajes é muito utilizado na análise de pavimentos de concreto armado. Abrange praticamente todos os tipos de lajes utilizados nas edificações, tais como lajes maciças convencionais, lajes nervuradas, lajes treliçadas, lajes planas e lajes-cogumelo.

Pórtico plano

Trata-se de um modelo direcionado para a análise do comportamento global de um edifício, e não apenas de um único pavimento. Admite a aplicação de ações tanto verticais como horizontais.

Nesse modelo, uma parte da estrutura é analisada por barras dispostas num mesmo plano vertical que representam um conjunto de vigas e pilares presentes em um mesmo alinhamento do edifício. A laje não faz parte do modelo.

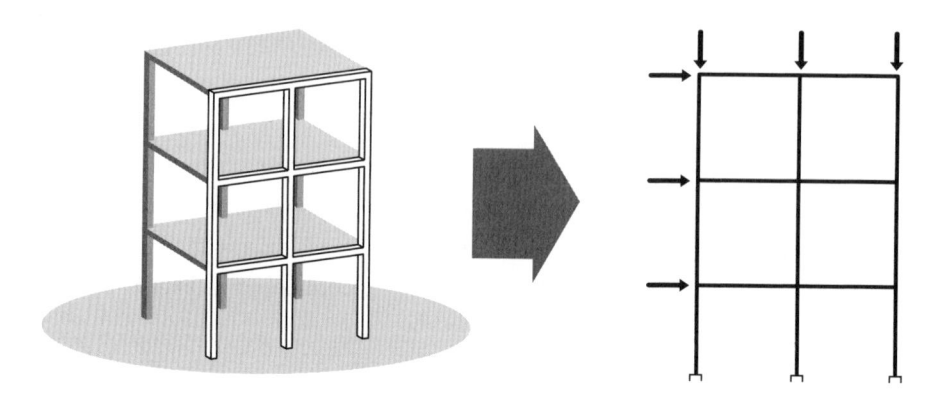

Cada nó entre os elementos lineares possui três graus de liberdade (duas translações e uma rotação), possibilitando a obtenção dos deslocamentos e esforços (força normal, força cortante e momento fletor) em todas as vigas e pilares.

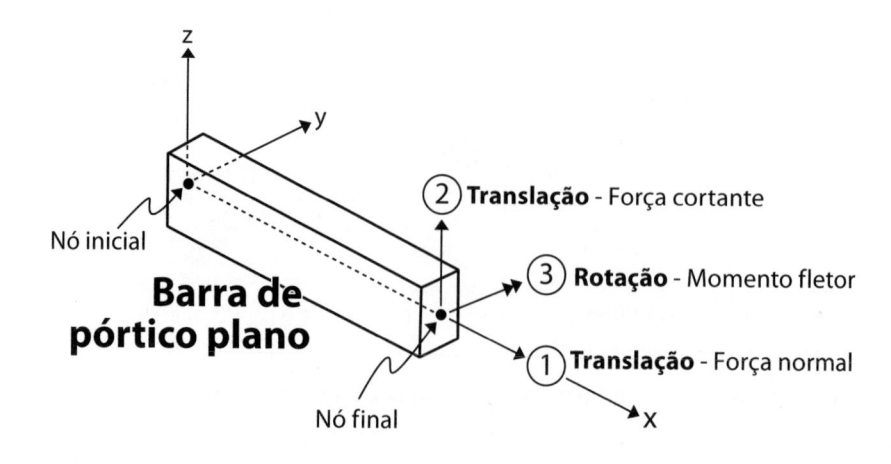

A interpretação e a análise dos resultados obtidos por esse modelo são simples, principalmente quando se dispõe de recursos gráficos em um sistema computacional.

Há vários anos, o modelo de pórtico plano foi utilizado com muito sucesso na análise dos efeitos do vento, bem como na avaliação da estabilidade global de edifícios. Na prática atual, ele foi plenamente substituído pelo modelo de pórtico espacial, que será apresentado a seguir.

Pórtico espacial

Consiste num modelo tridimensional composto de barras que representam todos os pilares e vigas presentes num edifício, possibilitando uma avaliação bastante completa e eficiente do comportamento global da estrutura.

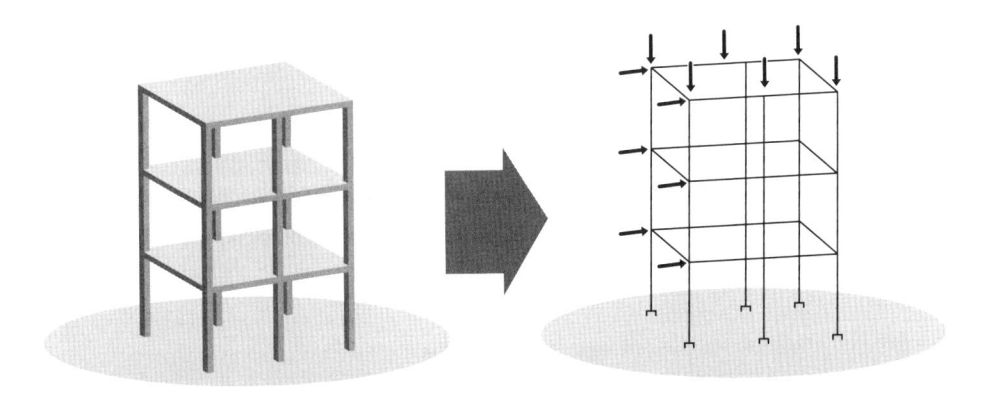

As lajes usualmente não estão presentes no modelo, pois são tratadas como elementos que possuem elevada rigidez no plano horizontal, capaz de compatibilizar o comportamento em todos os pontos do mesmo pavimento de uma forma equivalente. Esse tratamento dado às lajes é designado como diafragma rígido, e pode ser simulado facilmente no modelo de diversas formas (enrijecendo lateralmente as vigas, criando elementos especiais no modelo ou por manipulação interna nos cálculos matriciais).

O modelo de pórtico espacial admite a aplicação simultânea de ações verticais e horizontais, podendo ser avaliado o comportamento do edifício em todas as direções e sentidos.

Cada nó entre os elementos lineares possui seis graus de liberdade (três translações e três rotações), possibilitando a obtenção dos deslocamentos e esforços (força normal, forças cortantes, momentos fletores e momento torsor) em todas as vigas e pilares.

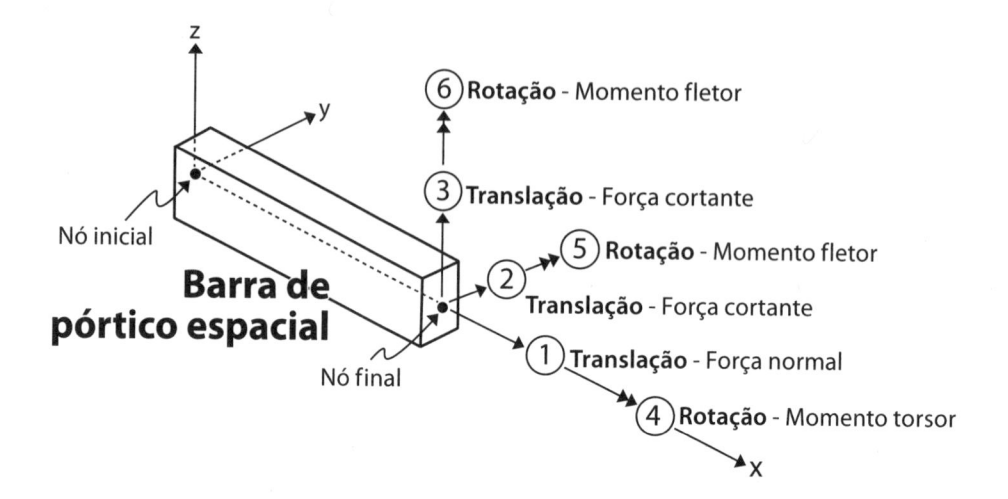

Barra de pórtico espacial

- Nó inicial
- Nó final
- ① Translação - Força normal
- ② Translação - Força cortante
- ③ Translação - Força cortante
- ④ Rotação - Momento torsor
- ⑤ Rotação - Momento fletor
- ⑥ Rotação - Momento fletor

A interpretação e a análise dos resultados obtidos por esse modelo são relativamente simples, desde que se disponha de recursos gráficos em um sistema computacional.

Na prática atual, o modelo de pórtico espacial é amplamente utilizado em projetos profissionais elaborados com o auxílio de uma ferramenta computacional. É bastante abrangente, pois admite o cálculo tanto de edifícios altos e complexos como de estruturas de pequeno porte.

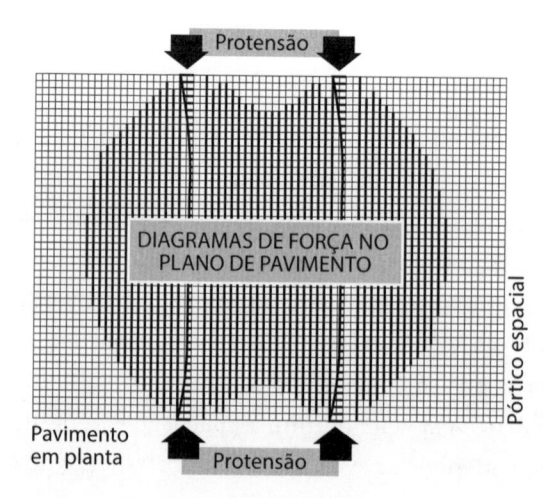

DIAGRAMAS DE FORÇA NO PLANO DE PAVIMENTO

- Protensão
- Pavimento em planta
- Pórtico espacial

Além da sua aplicação no estudo do comportamento global da estrutura (vigas + pilares), o modelo de pórtico espacial também vem sendo muito utilizado na análise de pavimentos de concreto armado (vigas + lajes). Isso porque, por meio dele, torna-se possível avaliar a distribuição dos esforços horizontais presentes no plano do piso oriundos de ações como a retração e a protensão, que, por sua vez, não podem ser analisadas no modelo de grelha (que possui apenas três graus de liberdade).

Elementos finitos

O Método dos Elementos Finitos (MEF) é um método numérico consagrado e eficiente que pode ser plenamente utilizado na análise de inúmeros tipos de estruturas de concreto armado. Com ele, uma estrutura ou parte dela é representada por um conjunto de elementos ou malha.

Cada elemento finito possui um comportamento particular pré-definido que, uma vez superposto aos demais elementos da malha, simula a estrutura analisada.

Existem inúmeros tipos de elementos finitos já desenvolvidos e testados, cada qual com a sua formulação particular. Na realidade, pode-se dizer que as barras utilizadas nos modelos de grelha e pórtico espacial são elementos finitos lineares (elementos de barra). Existem também elementos finitos bidimensionais (placa, chapa, casca, membrana, ...), bem como elementos finitos tridimensionais (sólidos).

Assim como a grelha de vigas e lajes, um modelo composto de elementos finitos de placa pode ser utilizado na análise de pavimentos. As vigas são representadas por barras, como na grelha. Porém, as lajes não são mais simuladas por elementos lineares, mas sim por elementos bidirecionais chamados de placas. Cada laje é subdividida ou discretizada em diversas placas.

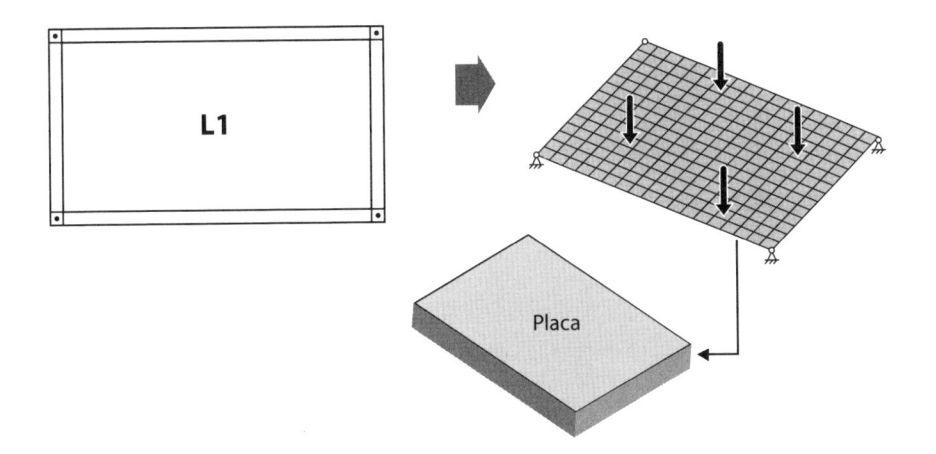

Cada placa pode ter um formato qualquer (usualmente, é triangular ou quadrangular), bem como um número de nós variável.

Na prática atual, o modelo com placas é utilizado na análise de pavimentos de concreto armado.

Assim como os elementos finitos de placa, certas partes de um edifício podem ser analisadas por meio de modelos discretizados com cascas. São passíveis de serem modeladas com esses elementos estruturas planas submetidas à flexão composta.

Na prática, o modelo com cascas pode ser utilizado na análise estrutural de pilares-parede presentes num edifício.

A interpretação e a análise dos resultados obtidos por uma modelagem com elementos finitos são um pouco mais complicadas, mesmo com o auxílio de recursos gráficos disponíveis nos sistemas computacionais. Além disso, a definição das solicitações para o dimensionamento das armaduras é também um pouco mais trabalhosa. É importante que se conheça o método dos elementos finitos, antes de utilizá-lo.

Combinações de modelos estruturais

Com os exemplos apresentados anteriormente, foi possível notar a existência de modelos estruturais direcionados exclusivamente à análise de pavimentos (grelha somente de vigas, grelha de vigas e lajes, elementos finitos de placa), bem como outros direcionados à avaliação do edifício como um todo (pórtico plano e pórtico espacial).

Na prática atual, é muito comum a adoção de uma combinação de modelos estruturais na elaboração de projetos de edifícios. Por exemplo: pode-se utilizar o modelo de grelha de vigas e lajes para cálculo dos esforços nas lajes e o modelo de pórtico espacial para análise das vigas e pilares.

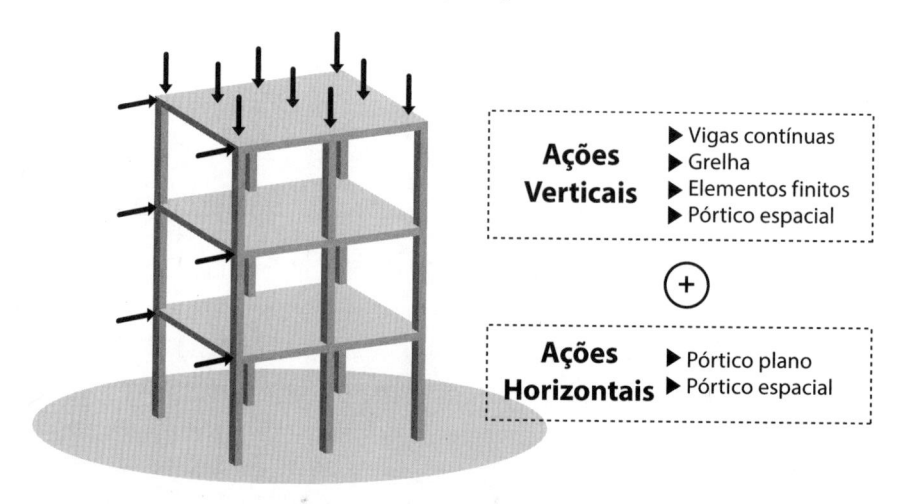

Ações Verticais
- ▶ Vigas contínuas
- ▶ Grelha
- ▶ Elementos finitos
- ▶ Pórtico espacial

(+)

Ações Horizontais
- ▶ Pórtico plano
- ▶ Pórtico espacial

3.2.3 O modelo "ideal"

Nos itens anteriores deste capítulo, foram apresentados e estudados apenas alguns dos modelos estruturais que podem ser empregados na análise de

ANÁLISE ESTRUTURAL: UMA ETAPA FUNDAMENTAL EM TODO PROJETO

edifícios. Existem inúmeros outros já desenvolvidos, testados e validados e que também podem ser utilizados no cálculo de estruturas de concreto armado. A variedade de modelos estruturais disponíveis nos *softwares* atuais é grande.

Diante dessa situação, fica então aberta uma discussão muito interessante:

> Qual é o melhor modelo estrutural disponível?
> Qual modelo deve ser adotado na análise de um edifício de concreto?

Essas são perguntas difíceis de serem respondidas de forma generalizada e que devem ser levantadas durante toda a atividade profissional de um Engenheiro de Estruturas.

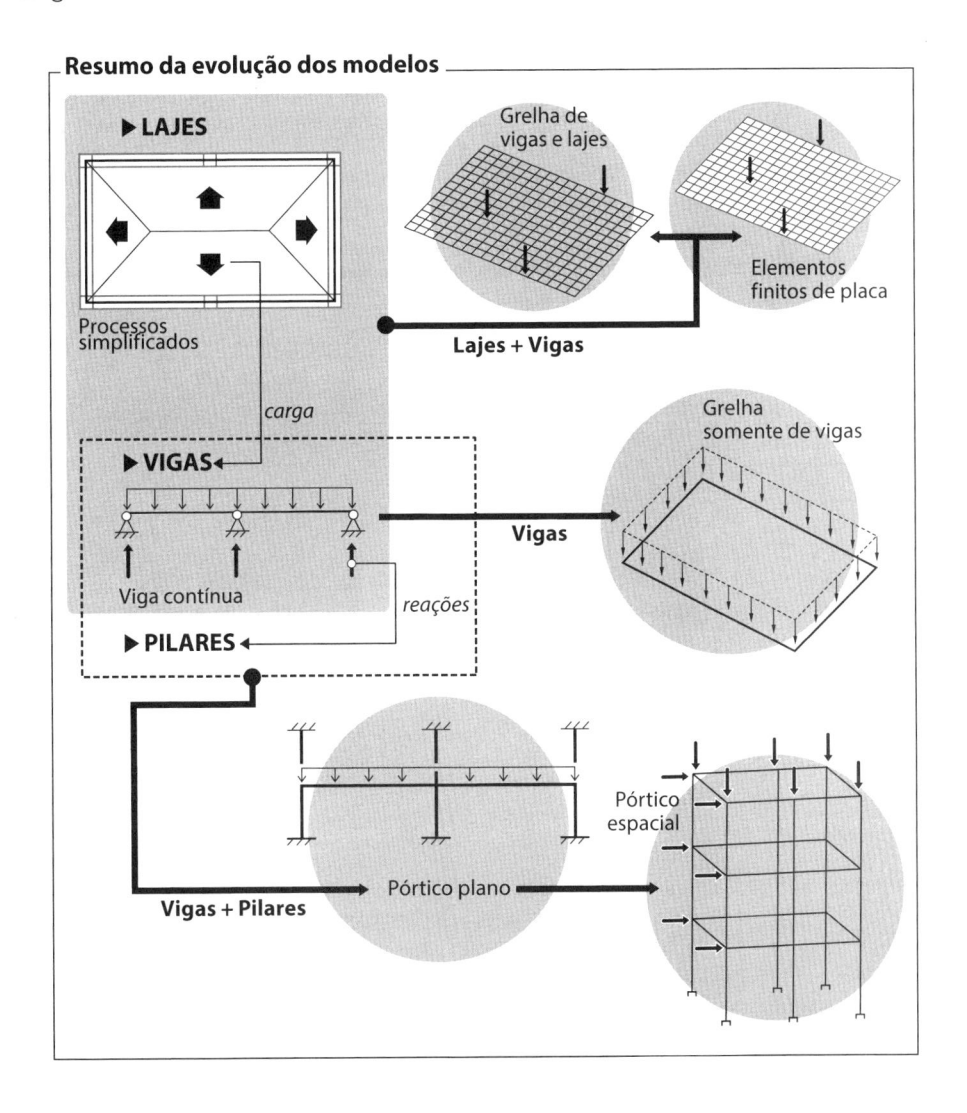

Resumo da evolução dos modelos

▶ LAJES
Processos simplificados
Grelha de vigas e lajes
Elementos finitos de placa
Lajes + Vigas

carga

▶ VIGAS
Viga contínua
reações
Vigas
Grelha somente de vigas

▶ PILARES
Vigas + Pilares
Pórtico plano
Pórtico espacial

▶ A busca pelo melhor modelo estrutural deve ser encarada como um paradigma durante toda a atividade profissional de um Engenheiro de Estruturas.

Em tese, o melhor modelo estrutural é aquele que melhor simula o edifício na vida real. Ou seja, o melhor modelo é aquele mais realista.

Com o enorme avanço no poder de processamento dos computadores nos últimos anos, cada vez mais tem-se conseguido retratar o comportamento de uma estrutura de forma mais realista. Modelos altamente complexos e abrangentes têm sido desenvolvidos e disponibilizados em sistemas computacionais tanto acadêmicos como profissionais. A evolução é constante, não para.

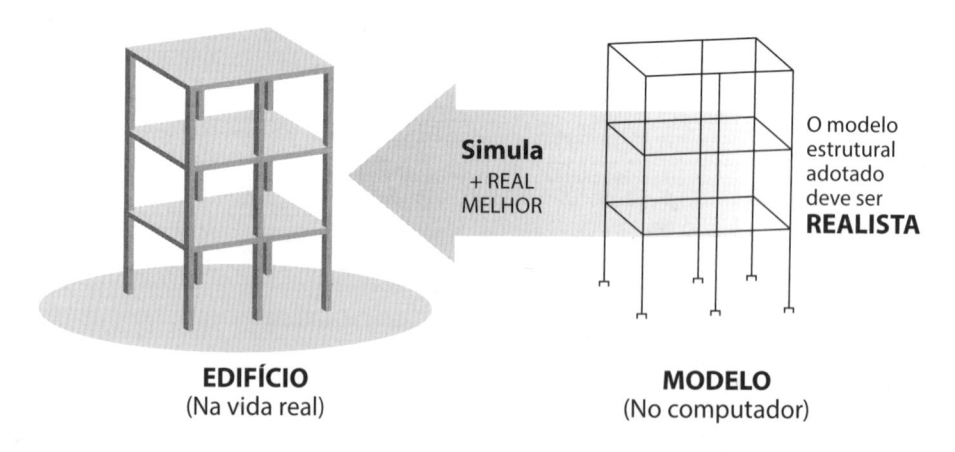

EDIFÍCIO
(Na vida real)

Simula
+ REAL
MELHOR

MODELO
(No computador)

O modelo estrutural adotado deve ser **REALISTA**

No entanto, é preciso estar atento para os seguintes aspectos:

▶ Modelo estrutural perfeito não existe! Todos possuem limitações. É necessário conhecer profundamente as aproximações inerentes a cada modelo.

▶ É preciso, antes de mais nada, focar o problema que precisa ser resolvido. Nem sempre o modelo mais sofisticado e abrangente é o mais indicado para ser utilizado em todos os projetos de uma forma geral.

Por exemplo, por que calcular uma viga de concreto armado utilizando um modelo tridimensional composto de elementos sólidos de última geração, capaz de analisar detalhadamente as tensões em cada ponto da viga, se certas características básicas do material (fissuração, plastificação, ...) não forem contempladas na modelagem?

Nesse caso, um simples modelo de barra que leve em conta as particularidades do concreto armado, mesmo que de forma aproximada, é muito mais apropriado e confiável. Lembre-se: quanto maior for a sofisticação do modelo, mais complicado será entendê-lo e configurá-lo. E, portanto, maiores são as chances de cometer erros grosseiros na modelagem!

Ao mesmo tempo que o modelo estrutural deve retratar o comportamento real de um edifício da forma mais fiel possível, características como a transparência na compreensão de seu funcionamento e a facilidade na interpretação de seus resultados também são muito importantes, e não podem ser desprezadas.

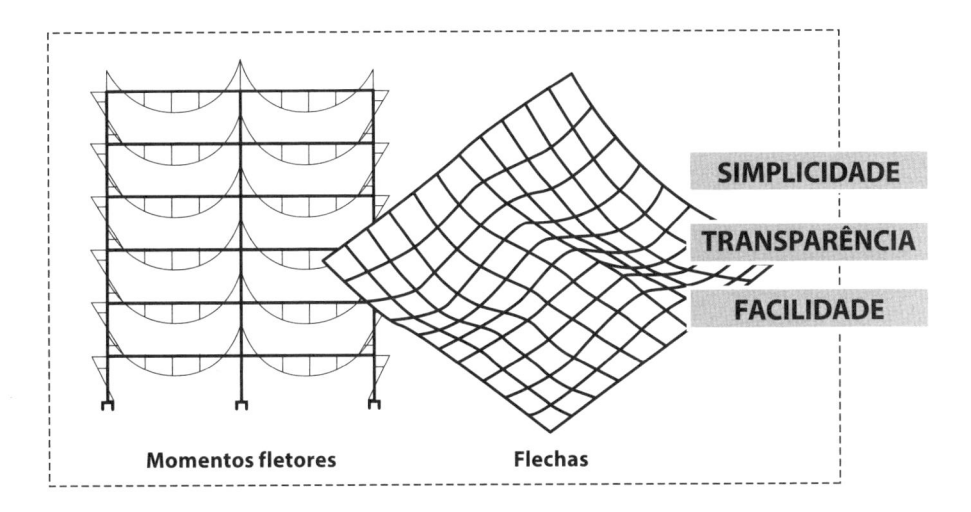

Momentos fletores — **Flechas** — **SIMPLICIDADE** / **TRANSPARÊNCIA** / **FACILIDADE**

Muitas vezes, é melhor recorrer a modelos mais simples, pois possibilitam uma visão mais crítica e sensível do comportamento da estrutura.

▶ Nunca utilize um modelo estrutural cujo funcionamento escapa de seu domínio. De nada adianta adotar modelos extremamente completos e requintados se os resultados obtidos são obscuros. Erros graves de modelagem podem ser totalmente mascarados!

Os *softwares* de análise atualmente possuem uma enorme gama de tipos de modelos estruturais, muitos deles com um enorme grau de sofisticação. Consequentemente, a definição correta do modelo a ser empregado, bem como a configuração de todos os parâmetros que governarão a modelagem, torna-se uma tarefa extremamente difícil e decisiva para o sucesso de um projeto. É importante lembrar que, por serem de cunho mais genérico, esses tipos de *software* servem tanto para modelar uma peça de um avião como um edifício de concreto! É necessário precaução antes de sair calculando a estrutura.

Os sistemas integrados destinados exclusivamente à análise de edifícios de concreto, por sua vez, possuem modelos um pouco mais simples, porém direcionados e adequados para esse tipo de modelagem, que será abordada com detalhes neste capítulo.

Modelo ELU x ELS

No Cap. 2, foi feita uma breve recordação sobre os estados-limite. Foi possível diferenciar claramente um estado-limite último (ELU) de um estado-limite de serviço (ELS). O primeiro refere-se à resistência da estrutura à ruína. E o segundo, à sua funcionalidade no dia a dia.

Esses estados retratam, portanto, situações distintas, cada qual num certo nível de carregamento e numa certa condição da estrutura.

Por isso, muitas vezes, é necessário adotar modelos distintos para cada tipo de problema, isto é, para uma mesma estrutura, adotam-se modelos ELU e ELS diferentes, com o objetivo de tornar as verificações específicas para cada caso mais precisas. É muito importante estar atento para essa condição.

▶ Nem sempre um modelo adequado para o dimensionamento das armaduras (ELU) é adequado para a verificação do desempenho em serviço da estrutura (ELS).

3.2.4 Modelo atual

Na prática atual, a análise estrutural de edifícios usuais de concreto armado é baseada principalmente na combinação de dois modelos: grelhas de vigas+lajes e pórtico espacial.

O primeiro modelo (grelha) é utilizado na modelagem dos pavimentos que compõem a edificação. Por meio dele, é possível então calcular os esforços e deslocamentos nas lajes oriundos da atuação das cargas verticais.

Já o segundo (pórtico espacial) é empregado na análise global da estrutura, ou seja, do edifício como um todo. Com ele, são calculados os deslocamentos e esforços nas vigas e pilares oriundos da atuação das cargas verticais e horizontais.

Cabe salientar, no entanto, que esses modelos (grelha e pórtico espacial) possuem inúmeras adaptações para que a estrutura de concreto armado seja simulada de forma mais realista. Alguns exemplos são: apoios elásticos, alteração das rigidezes das barras, ligação flexibilizada, transferência de cargas das grelhas para o pórtico espacial etc. (Esses assuntos serão abordados com detalhes mais adiante neste capítulo).

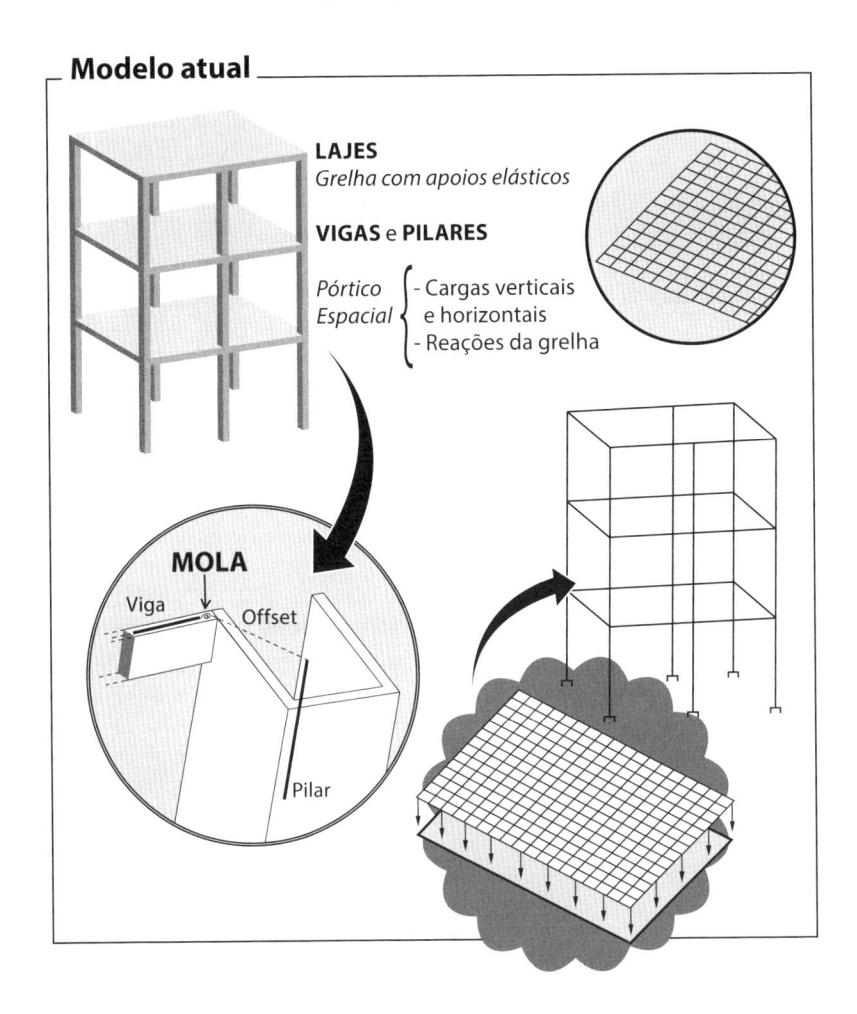

Modelo atual

LAJES
Grelha com apoios elásticos

VIGAS e PILARES

Pórtico Espacial
- Cargas verticais e horizontais
- Reações da grelha

MOLA
Viga — Offset
Pilar

Um aspecto importante a ser observado é que, embora as vigas estejam presentes em ambos os modelos, grelha e pórtico espacial, é recomendável que elas sejam analisadas neste último modelo (pórtico espacial), pois somente por meio dele é possível avaliar certos efeitos globais.

Veja na figura a seguir os esforços nas vigas em uma estrutura contendo um balanço à direita e submetida à ação de cargas verticais. Note a influência do efeito global provocado pelos balanços nos momentos fletores nas vigas em cada piso. Esse tipo de comportamento somente pode ser retratado no pórtico espacial, e não nas grelhas.

Carga vertical

Deslocamentos

Momentos fletores

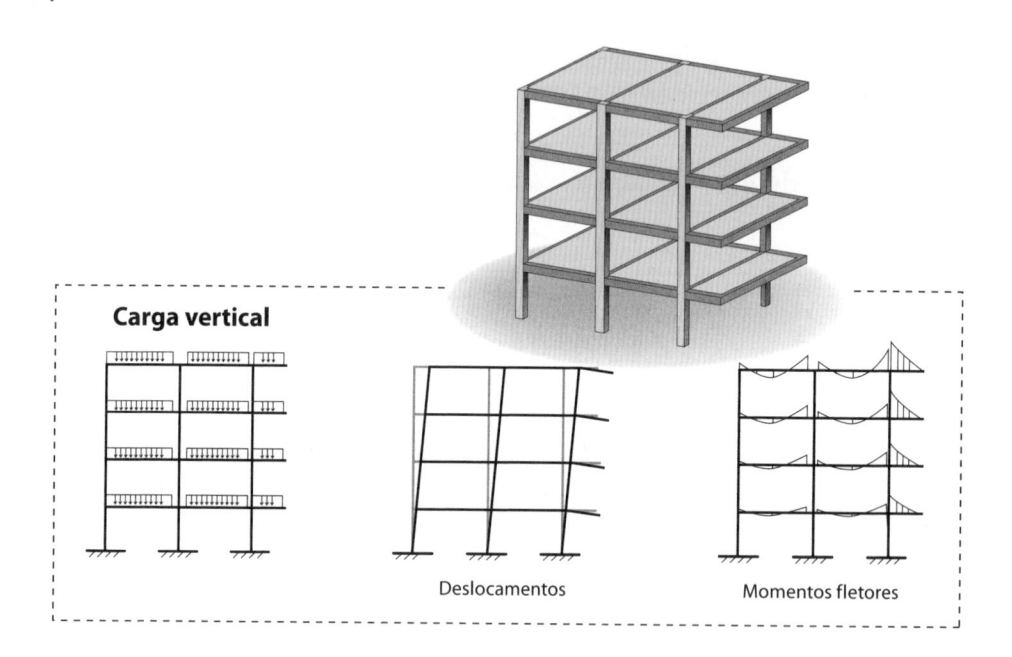

Observe, na figura seguinte, um outro tipo de comportamento também somente retratado no pórtico espacial: a influência das ações horizontais (ex.: vento) nas vigas. Por meio do modelo de grelhas, não é possível avaliar essas solicitações nas vigas.

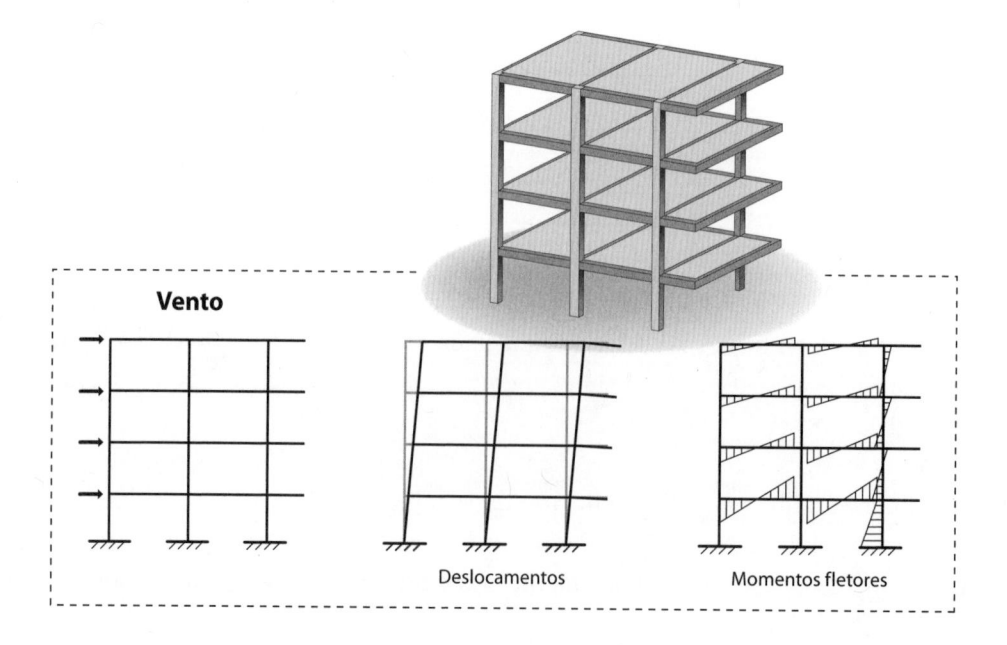

Vento

Deslocamentos

Momentos fletores

Com o avanço da capacidade de processamento dos computadores, bem como dos algoritmos de subestruturação, atualmente, também é usual a adoção de um modelo de pórtico espacial único contemplando pilares, vigas e lajes, sendo estas discretizadas numa malha de barras em cada piso.

Trata-se de um modelo muito robusto e consistente, indicado principalmente na modelagem de edifícios onde a laje tem influência no comportamento global da estrutura (ex.: edifício com lajes lisas).

Pórtico Espacial Único

(PILARES + VIGAS + LAJES)

3.2.5 A modelagem nos *softwares*

A seguir, serão abordados alguns tópicos referentes à modelagem estrutural aplicada atualmente na análise de estruturas de concreto no computador.

Modelo adotado

Todo cálculo de uma estrutura realizado por um sistema computacional é baseado na adoção de um modelo estrutural.

▶ É fundamental conhecer qual o modelo que está sendo utilizado durante um processamento no computador.

Os *softwares* atuais dispõem de diversos tipos de modelos estruturais, desde os mais simples até os mais complexos e refinados. Os *softwares* de análise, por exemplo, dispõem de inúmeros tipos de modelagem baseados em elementos finitos, cada qual com as suas particularidades e limitações.

▶ Cabe ao Engenheiro, e não ao *software*, definir qual o modelo mais adequado para analisar uma estrutura no computador.

▶ Nenhum *software*, por mais sofisticado que seja, está preparado para informar ao usuário se o modelo adotado está de acordo com a estrutura real que está sendo simulada no computador.

Geração do modelo

Nos sistemas integrados atuais direcionados para projetos de edifícios de concreto armado, a geração dos modelos estruturais que representam a estrutura no computador é realizada de forma 100% automática.

A partir dos dados de entrada, isto é, do lançamento das lajes, vigas e pilares, bem como da definição de parâmetros ou critérios específicos, o *software* é capaz de gerar os modelos estruturais automaticamente. E, com isso, calcular os deslocamentos e esforços em cada um dos elementos.

▶ É extremamente importante ter o total controle da geração do modelo estrutural que está sendo utilizado em um sistema computacional. Entender e saber configurar corretamente cada um dos parâmetros que governam sua geração é fundamental. Caso contrário, a estrutura poderá ser analisada de forma totalmente equivocada.

Conhecer e saber interpretar o funcionamento de cada critério exige estudo e dedicação. É relevante, portanto, que o *software* disponha de explicações claras, bem como uma documentação completa sobre os modelos estruturais disponíveis.

Processamento

Seja na grelha, no pórtico espacial e na modelagem com elementos finitos, para cada grau de liberdade de um nó presente no modelo estrutural é definida uma equação que descreve o comportamento naquele ponto em questão, resultando ao final num conjunto de equações que representa toda a estrutura que está sendo analisada.

Esse sistema de equações é então resolvido pelo computador com técnicas especiais. Ao final do processamento, são obtidos os deslocamentos nodais, os esforços nos extremos dos elementos e as reações de apoio.

O tempo de processamento para a resolução do sistema de equações depende da técnica utilizada, bem como do número de nós presentes no modelo. Por exemplo, para um pórtico espacial (seis graus de liberdade por nó) composto de 20.000 nós são descritas 120.000 equações que precisam ser resolvidas pelo sistema computacional!

▶ O enorme avanço na *performance* dos computadores, bem como o desenvolvimento de técnicas avançadas de resolução de sistemas de equações, permitiu que modelos grandes, inviáveis há alguns anos, passassem a ser resolvidos de forma rápida e confiável nos dias de hoje.

Nos sistemas integrados atuais, muitas vezes fica até difícil acreditar na velocidade com que uma estrutura é resolvida!

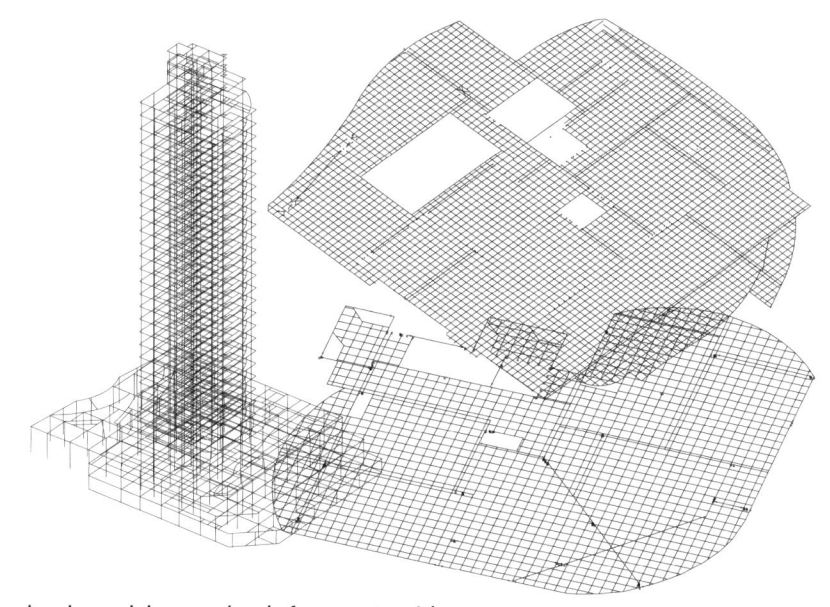

Exemplos de modelos gerados de forma automática.

Transparência de resultados

A análise do comportamento estrutural de um edifício calculado por um sistema computacional não é uma tarefa simples. O Engenheiro precisa verificar se os resultados obtidos durante a análise estrutural estão de acordo com o esperado e ter controle e segurança dos cálculos realizados pelo computador.

E, para que isso se torne possível, é necessário ter em mãos todas as variáveis que foram utilizadas e calculadas durante o processamento da estrutura. A interpretação correta dos resultados obtidos durante a análise estrutural é fundamental para que o projeto seja bem elaborado.

▶ Todos os resultados, inclusive os parciais, devem ser apresentados de forma clara e transparente por um sistema computacional. É inaceitável a utilização de um *software* cujos modelos estruturais são fechados ou deixem alguma dúvida no ar.

Recursos gráficos

Até há algum tempo, a análise dos resultados obtidos em um processamento num computador era inteiramente realizada com a leitura de listagens e relatórios. Isso dificultava enormemente a interpretação do comportamento de uma estrutura.

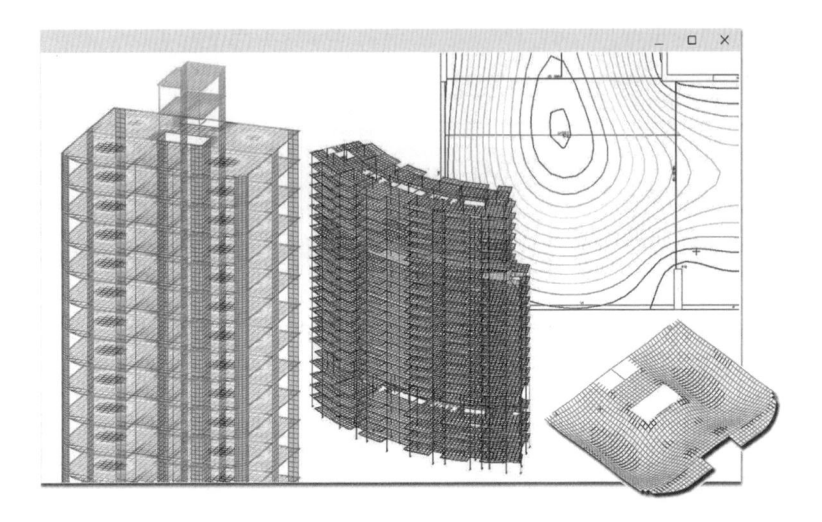

Imagine que, para um pórtico espacial, eram geradas listas "infinitas" com os deslocamentos nodais e os esforços nos extremos de cada uma das barras. Analisar os resultados exigia muita atenção e empenho. A chance de algum erro grave de modelagem passar de forma despercebida era grande. No entanto, na maioria das vezes, isso dificilmente acontecia, pois os engenheiros responsáveis por esse trabalho sabiam das responsabilidades envolvidas e se cercavam de muitos cuidados.

Hoje em dia, com o grande avanço dos sistemas computacionais, essa tarefa ficou muito mais fácil e amigável. Todos os resultados podem ser analisados graficamente, de tal modo que o comportamento da estrutura seja avaliado de forma muito mais ágil, minuciosa e segura.

Com visualizadores gráficos poderosos, o Engenheiro tem em mãos diagramas de esforços e deslocamentos detalhados, que facilitam enormemente a compreensão do comportamento da estrutura.

Em contrapartida, por incrível que pareça, mesmo com as inúmeras facilidades proporcionadas pelo computador, o que se tem percebido atualmente é que cada vez mais a análise estrutural está sendo deixada de lado pelos Engenheiros.

▶ Nunca deixe de utilizar os inúmeros recursos gráficos disponíveis nos *softwares* atuais. Procure averiguar como a estrutura está sendo modelada no computador. Entenda como ela está se comportando. É nessa hora que o Engenheiro deve usufruir os benefícios proporcionados pela informática!

ANÁLISE ESTRUTURAL: UMA ETAPA FUNDAMENTAL EM TODO PROJETO

3.2.6 Exemplo 1

O objetivo deste primeiro exemplo é auxiliar a compreensão de toda a teoria exposta anteriormente neste capítulo, mostrando na prática como um sistema computacional realiza a modelagem de uma estrutura no computador.

Vamos calcular os esforços nas lajes, vigas e pilares de um mesmo edifício utilizando quatro diferentes modelos estruturais.

Entenda o exemplo

Trata-se de um edifício hipotético bem simples, composto de dois pavimentos, "1º andar" e "Cobertura", além da fundação. O pé-direito adotado entre eles é de 2,8 m.

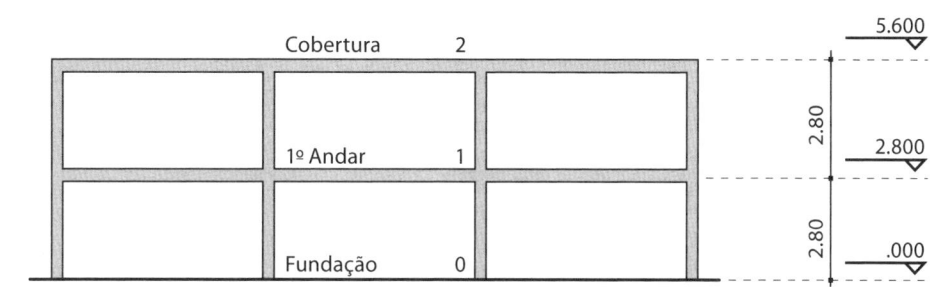

(Corte esquemático)

Ambos os pisos são formados por quatro pilares de canto de 20 cm x 20 cm, quatro vigas de 20 cm x 40 cm e uma laje maciça com 10 cm de espessura.

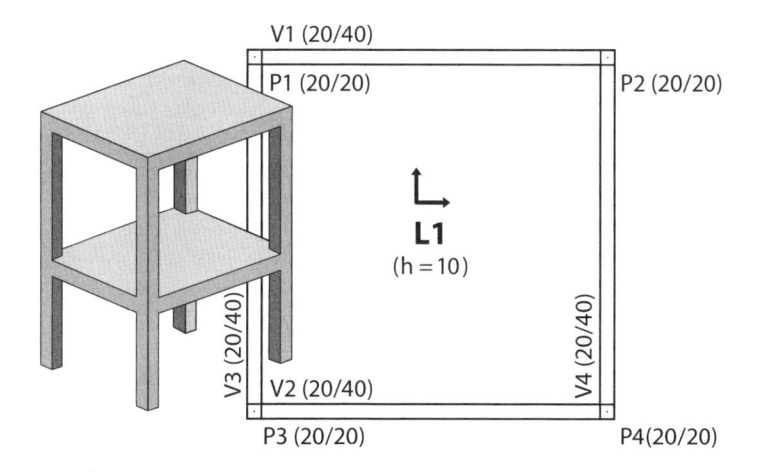

O formato da estrutura em planta é exatamente um quadrado, com a distância entre os eixos dos pilares igual a 4 m.

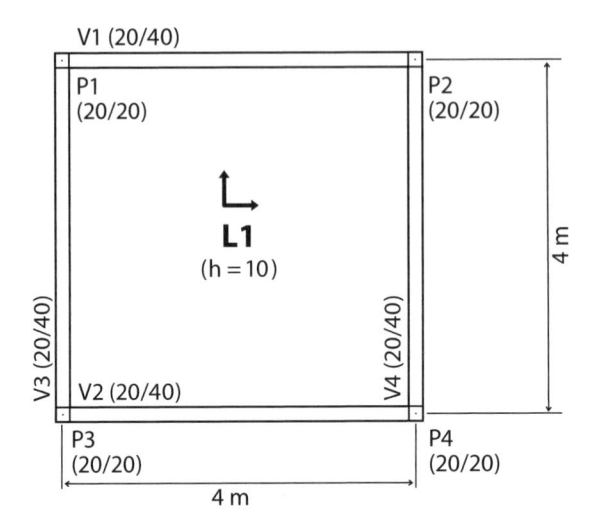

```
                V1 (20/40)
        ┌────────────────────────┐
        │ P1                P2   │
        │ (20/20)        (20/20) │
        │                        │
        │         ↱              │
        │         L1             │  4 m
        │       (h = 10)         │
        │                        │
   V3   │                        │  V4
 (20/40)│                        │(20/40)
        │ V2 (20/40)             │
        └────────────────────────┘
          P3              P4
        (20/20)        (20/20)
          ←──────── 4 m ────────→
```

As cargas verticais aplicadas na estrutura são:
- Nas vigas: 0,6 tf/m (já incluindo o peso próprio).
- Nas lajes: 0,65 tf/m² (já incluindo o peso próprio).
- Nos pilares: 0,1 tf/m (peso próprio).

Estimativa inicial

Por se tratar de uma estrutura muito simples, é possível fazer alguns cálculos iniciais aproximados para que, de antemão, tenhamos uma noção da ordem de grandeza dos resultados que serão emitidos pelo sistema computacional.

Distribuição de cargas

Considerando aproximadamente o vão das lajes e vigas igual a 4 m, temos:

CARGA DE CADA PAINEL
$$= 0{,}65 \text{ tf/m}^2 \times (4\text{m} \times 4\text{m}) = 10{,}4 \text{ tf}$$

CARGA DE CADA VIGA
$$= 0{,}60 \text{ tf/m} \times 4\text{m} = 2{,}4 \text{ tf}$$

CARGA DE CADA LANCE DE PILAR
$$= 0{,}1 \text{ tf/m} \times 2{,}8\text{m} = 0{,}28 \text{ tf}$$

ANÁLISE ESTRUTURAL: UMA ETAPA FUNDAMENTAL EM TODO PROJETO | 101

Acumulando as cargas ao longo do edifício (veja a figura seguinte), temos:

CARGA TOTAL DE CADA PAVIMENTO
$= 10{,}4 \text{ tf} + 4 \times 2{,}4 \text{ tf} + 4 \times 0{,}28 \text{ tf} \cong 21{,}1 \text{ tf}$

CARGA TOTAL DO EDIFÍCIO
$\cong 2 \times 21{,}1 \text{ tf} \cong 42{,}2 \text{ tf}$

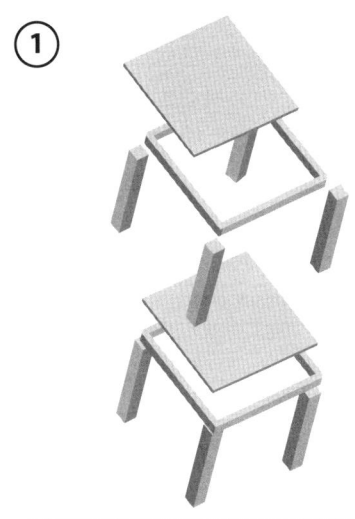

(1)

10,4 tf (Laje cobertura)
(+)
4 x 2,4 tf (Vigas cobertura)
(+)
4 x 0,28 tf (Pilares cobertura)
(+)
10,4 tf (Laje 1° andar)
(+)
4 x 2,4 tf (Vigas 1° andar)
(+)
4 x 0,28 tf (Pilares 1° andar)

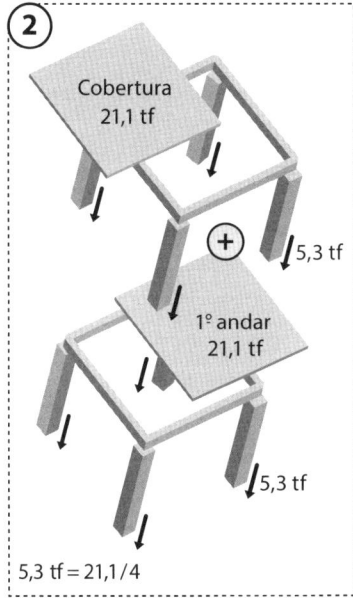

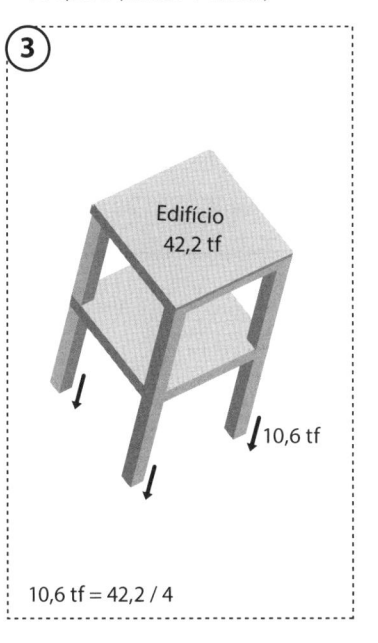

(2)
Cobertura 21,1 tf
(+) 5,3 tf
1° andar 21,1 tf
5,3 tf
5,3 tf = 21,1 / 4

(3)
Edifício 42,2 tf
10,6 tf
10,6 tf = 42,2 / 4

Esforços nas lajes

Vamos considerar a laje dos pavimentos simplesmente apoiada nos quatro lados e com um vão igual a 4 m em ambas as direções, o que resulta numa relação entre a dimensão dos lados igual a 4 m/4 m = 1.

$$\lambda = \frac{4}{4} = 1$$

(laje L_1 com 4 m × 4 m)

Os máximos momentos fletores positivos no meio da laje nas duas direções podem ser calculados por diversos métodos aproximados presentes na literatura. Alguns exemplos:

(MARCUS)
$$M_x = M_y = 0{,}65\,\frac{tf}{m^2} \times \frac{4^2}{27{,}4} = 0{,}38\,\frac{tf \cdot m}{m}$$

(CZERNY; $\nu = 0{,}2$)
$$M_x = M_y = 0{,}65\,\frac{tf}{m^2} \times \frac{4^2}{22{,}7} = 0{,}46\,\frac{tf \cdot m}{m}$$

(MÉTODO DA RUPTURA)
$$M_x = M_y = 0{,}65\,\frac{tf}{m^2} \times \frac{4^2}{24} = 0{,}43\,\frac{tf \cdot m}{m}$$

Esforços nas vigas

Vamos considerar as vigas como elementos biapoiados para estimar os esforços solicitantes. É uma aproximação bem defensável neste exemplo.

Por área de influência, cada viga receberá ¼ da carga da laje. Portanto, a carga por metro linear será:

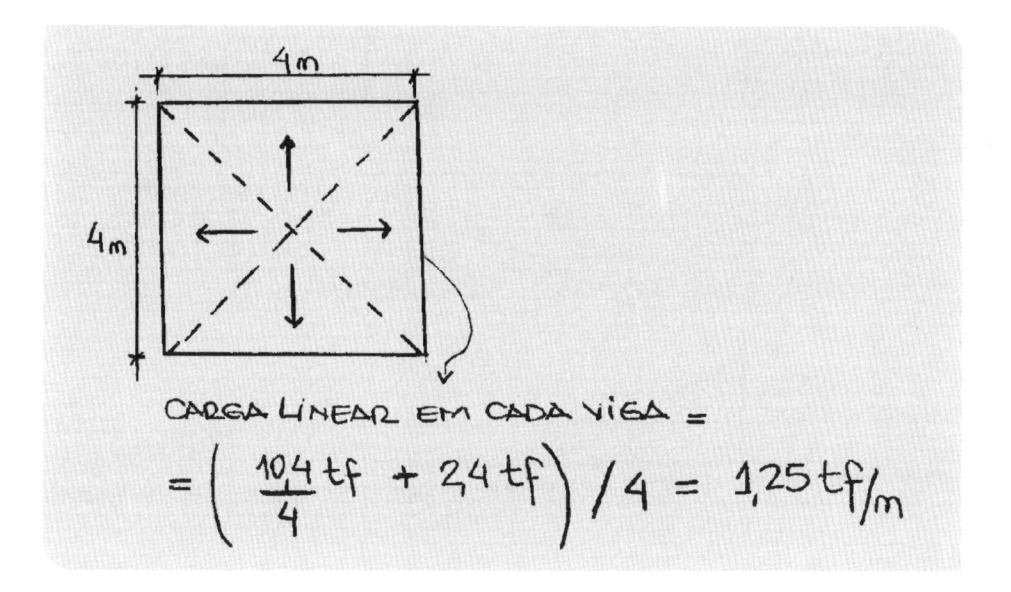

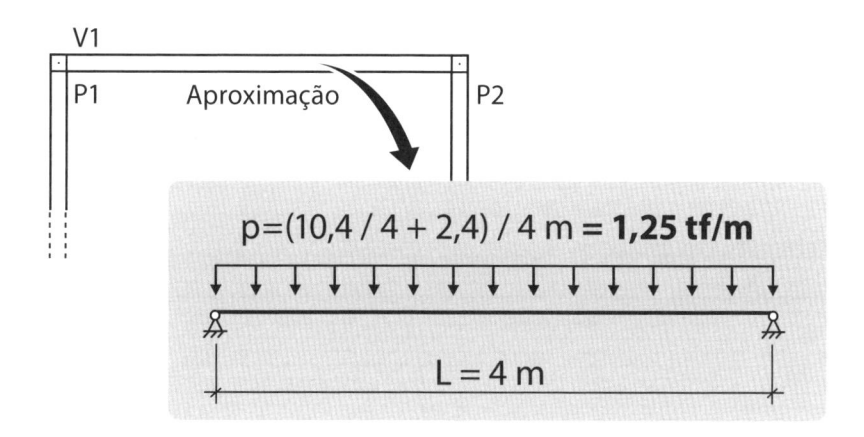

CARGA LINEAR EM CADA VIGA =

$$= \left(\frac{10{,}4}{4} tf + 2{,}4\, tf \right) / 4 = 1{,}25\, tf/m$$

V1 — P1 — Aproximação — P2

$$p = (10{,}4 / 4 + 2{,}4) / 4\,m = \mathbf{1{,}25\ tf/m}$$

$$L = 4\,m$$

Com isso, temos:

$$p = (10{,}4/4 + 2{,}4)/4 = 1{,}25 \frac{tf}{m}$$

$(1{,}25 \times 4)/2 = 2{,}5\,tf$

$(1{,}25 \times 4)/2 = 2{,}5\,tf$

4 m

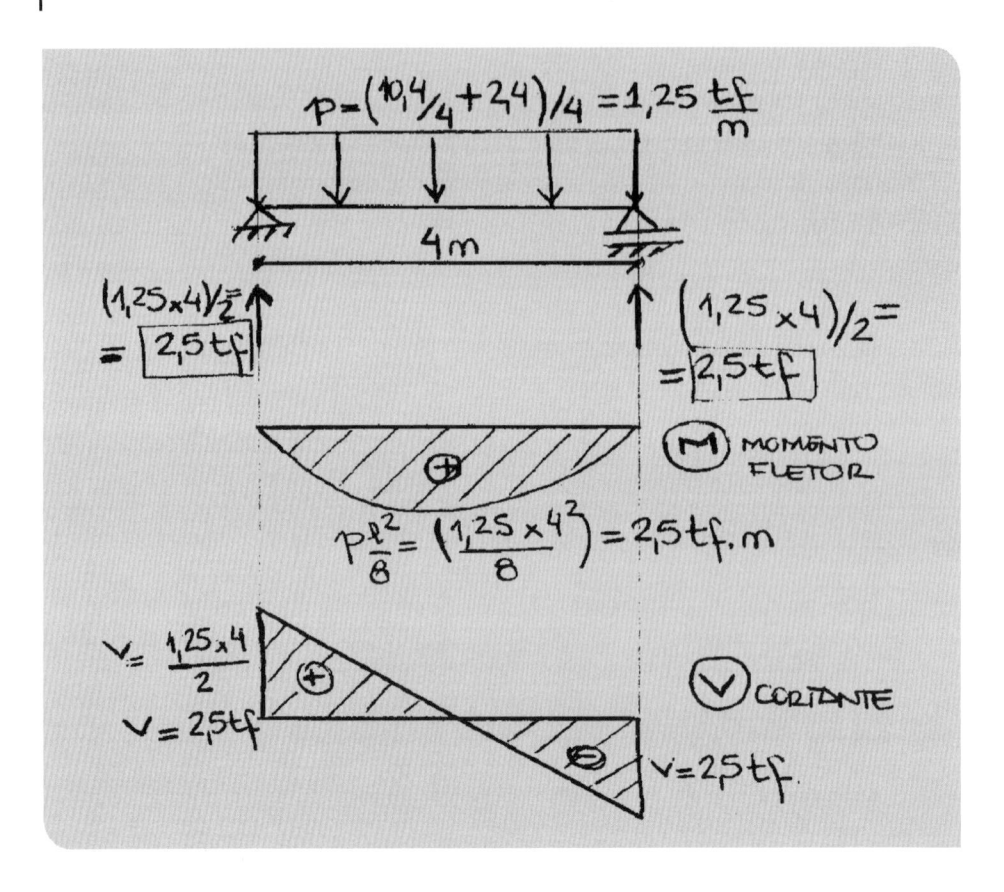

M) MOMENTO FLETOR

$$\frac{p\ell^2}{8} = \left(\frac{1{,}25 \times 4^2}{8}\right) = 2{,}5\,tf.m$$

$$V = \frac{1{,}25 \times 4}{2}$$
$$V = 2{,}5\,tf$$

V) CORTANTE

$V = 2{,}5\,tf$

Esforços nos pilares

O esforço normal de compressão atuante na base de cada lance de pilar é obtido pelas reações de apoios das vigas (lembrando que cada pilar recebe as cargas de duas vigas), acrescido de seu peso próprio (0,28 tf). Portanto:

$$\text{CARGA NA BASE DO LANCE SUPERIOR DE CADA PILAR} = (2{,}5\,tf \times 2) + 0{,}28\,tf \simeq 5{,}3\,tf$$

Acumulando as cargas ao longo do edifício, temos, na base do lance inferior de cada pilar:

$$\text{CARGA NA BASE DO LANCE INFERIOR DE CADA PILAR} = 2 \times 5{,}3\,tf \simeq 10{,}6\,tf$$

Modelo A

Uma vez realizada a estimativa inicial, agora sim vamos analisar esse edifício no computador. Os resultados obtidos no processamento não poderão diferir muito dos calculados anteriormente.

Na primeira simulação, chamada de "Modelo A", será adotado um modelo mais simples para analisar a estrutura. Os esforços nas lajes serão calculados por um processo simplificado (Czerny com $\nu = 0{,}0$); nas vigas, pelo modelo clássico de viga contínua; e, nos pilares, por meio das reações de apoio obtidas neste último modelo.

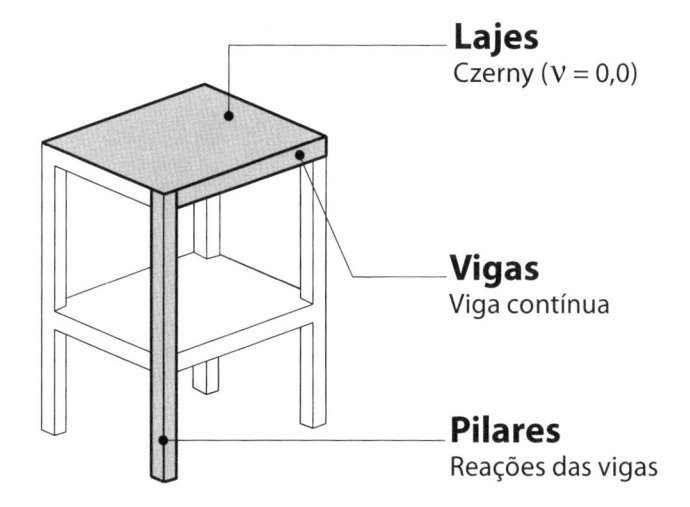

Lajes
Czerny ($\nu = 0{,}0$)

Vigas
Viga contínua

Pilares
Reações das vigas

DESCOMPACTANDO O EDIFÍCIO
- Descompacte o edifício "Modelo A.TQS".

Vamos verificar os modelos estruturais utilizados no cálculo desse edifício.

INICIANDO O TQS
- Inicie o TQS.

EDITANDO O EDIFÍCIO
- No "Gerenciador", na "Árvore de Edifícios", selecione o edifício "Modelo A".
- Clique na aba "Edifício".
- No grupo "Edifício", clique no botão "Editar".

VERIFICANDO O MODELO ESTRUTURAL SELECIONADO
- Na janela "Dados do edifício...", clique na aba "Modelo".

- No grupo "Modelo estrutural do edifício", clique no botão "Outros" e verifique que nenhum pórtico espacial foi considerado (opção II).

VERIFICANDO O MODELO ESTRUTURAL DOS PAVIMENTOS
- Na janela "Dados do edifício", clique na aba "Pavimentos".
- Na lista de pavimentos, clique no pavimento "Cobertura".
- No grupo "Pavimento Cobertura", clique no botão "Avançado".
- Na janela "Avançado...", no grupo "Modelo estrutural", verifique que o modelo selecionado seja "Vigas contínuas + lajes processo simplificado".
- Repita o procedimento para verificar se o mesmo modelo foi selecionado para o pavimento "1º andar".

OBS.: Em certas versões do sistema computacional ("Estudante", "EPP"), o modelo estrutural "Vigas contínuas + Lajes Proc Simplif", visualizado na janela anterior, não vem selecionado. No entanto, isso não inviabiliza a sequência do exemplo.

FECHANDO A JANELA "DADOS DO EDIFÍCIO"
- Na janela "Dados do edifício...", clique no botão "Cancelar".

Vamos analisar os esforços na laje do pavimento "Cobertura".

EDITANDO OS CRITÉRIOS DE LAJES
- No "Gerenciador", na "Árvore de Edifícios", selecione o ramo "Cobertura" do edifício "Modelo A".
- Clique na aba "Sistemas".
- No grupo "Dimensionamento, detalhamento e desenho", clique no botão "TQS Lajes".
- Na aba "TQS Lajes", no grupo "Editar", clique no botão "Critérios", item "Projeto".
- Na janela "Edição de critérios de lajes", clique no botão "OK".

VERIFICANDO O CRITÉRIO "CÁLCULO DE ESFORÇOS"
- Na janela "Editor de critérios...", digite "KL9" na caixa de texto "Pesquisar".
- Na lista de critérios, selecione o ramo "Esforços".
- Verifique que o processo adotado seja o de "Czerny".

VERIFICANDO O CRITÉRIO "TABELA PARA CÁLCULO DE ESFORÇOS ELÁSTICOS"
- Na janela "Editor de critérios...", digite "Esforços elásticos" na caixa de texto "Pesquisar".
- Na lista de critérios, selecione o ramo "Esforços".
- Pare o cursor sobre o ícone de ajuda e verifique que o arquivo selecionado "BETON00.BIN" corresponde à tabela de "Czerny" com $\nu = 0,0$.

ANÁLISE ESTRUTURAL: UMA ETAPA FUNDAMENTAL EM TODO PROJETO

FECHANDO O "EDITOR DE CRITÉRIOS"
▶ Feche a janela "Editor de critérios...".

VISUALIZANDO ESFORÇOS CALCULADOS
▶ No "Gerenciador", ainda na aba "TQS Lajes", no grupo "Visualizar", clique no botão "Processo simplificado".

Na listagem aberta, note que os esforços calculados para a laje L1 coincidem com os momentos fletores calculados durante a estimativa inicial.

```
Convenção para orientação de lajes
==================================
    1 - As lajes são sempre calculadas como retangulares
    2 - Os lados são numerados de 1 a 4 no sentido anti-horario
    3 - LX se refere aos lados 1 e 3 e LY aos lados 2 e 4
    4 - Nas lajes do TQS Formas, o lado 1 (LX) esta sobre o trecho 1 da laje

***001 AVISO: As flechas estão multiplicadas para estimar deformação lenta
     11>
     12>    L1 -
     13>       LX   400.0  LY    400.0        -
     14>       LADOS  1 2 3 4                 -
     15>       ENG AAAA

     Laje    1      LX  400.0        LY  400.0             H    10 cm
                     P  0.400 tf/m2   G  0.250 tf/m2    LY/LX  1.00

     KFLEX     0.049    Flecha  0.85 cm   Flecha LIM 1.33 cm  Hmin  9 cm
     KMX      27.2      MX    38.2 tfcm/m
     KMY      27.2      MY    38.2 tfcm/m
     KMXNEG    0.00
     KMYNEG    0.00

     Apoios   Vínculo    Mom Neg tfcm/m
                         (não compatibilizados)
        1        A
        2        A
        3        A
        4        A
```

[1] Verifique os esforços: "MX = 38,2 tf. cm/m" e "MY = 38,2 tf. cm/m".

Feche a janela com a listagem.

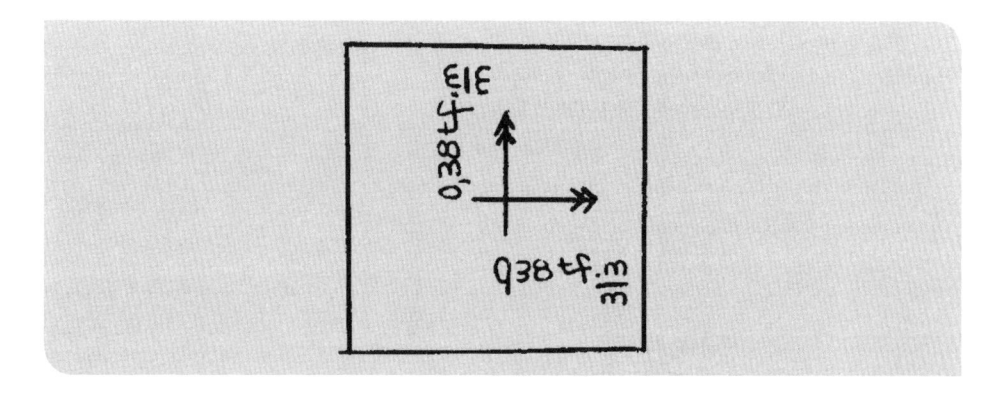

Repita o mesmo procedimento anterior para conferir os esforços na laje L1 do pavimento "1º andar".

Agora, vamos conferir os esforços nas vigas do pavimento "Cobertura".

VISUALIZANDO ESFORÇOS NAS VIGAS
- ▶ No "Gerenciador", na "Árvore de Edifícios", selecione o ramo "Vigas" do pavimento "Cobertura".
- ▶ Na aba "TQS Vigas", no grupo "Visualizar", clique no botão "Diagrama de solicitações" e selecione "Visualizar...".

Na janela aberta, note que tanto os momentos fletores como as forças cortantes são próximos dos valores aproximados calculados durante a estimativa inicial.

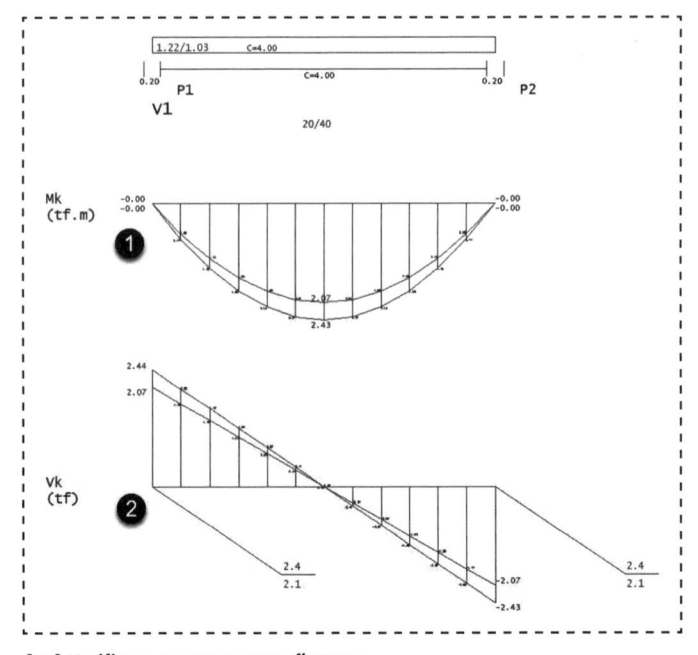

[1] Verifique os momentos fletores.
[2] Verifique as forças cortantes.

Feche o visualizador gráfico de diagramas. Repita o mesmo procedimento para conferir os esforços nas vigas do pavimento "1º andar".

Finalmente, vamos conferir os esforços nos pilares.

VISUALIZANDO O RELATÓRIO DE PILARES
- ▶ No "Gerenciador", na "Árvore de Edifícios", clique no ramo "Pilares".
- ▶ No "Painel Central", no grupo "Relatórios", dê um duplo clique em "Montagem de carregamentos".

Na listagem aberta, note que os esforços nos lances dos pilares são próximos dos valores calculados durante a estimativa inicial.

```
PILAR:P1
LANCE: 1

ESFORÇOS CARACTERÍSTICOS ( Eixos XYZ no Sistema Global )
         FZ base   MX(topo/base)  MY(topo/base)
 CASO  1   10.52       0.00           0.00
                       0.00           0.00

ESFORCOS INICIAIS DE CÁLCULO  - ANG =  0.0 ( Entre eixos X,x )
       ---- Eixos XYZ Global ---- / ---- Eixos xyz Local ----------------
 COMB    FICt Z   MIC X   MIC Y    FICt z   MIC x  Alfbx    MIC y  Alfby COMB.LOC  M1dminx  M1dminy
 (  1)    14.7     0.0     0.0      14.7     0.0             0.0         TOPO
 (  1)    14.7     0.0     0.0      14.7     0.0             0.0         MEIO      30.9     30.9
 (  1)    14.7     0.0     0.0      14.7     0.0  1.000      0.0  1.000  BASE
 ...|

------------------------------------------------------------------------
PILAR:P1
LANCE: 2

ESFORÇOS CARACTERÍSTICOS ( Eixos XYZ no Sistema Global )
         FZ base   MX(topo/base)  MY(topo/base)
 CASO  1    5.26       0.00           0.00
                       0.00           0.00

ESFORCOS INICIAIS DE CÁLCULO  - ANG =  0.0 ( Entre eixos X,x )
       ---- Eixos XYZ Global ---- / ---- Eixos xyz Local ----------------
 COMB    FICt Z   MIC X   MIC Y    FICt z   MIC x  Alfbx    MIC y  Alfby COMB.LOC  M1dminx  M1dminy
 (  1)     7.4     0.0     0.0       7.4     0.0             0.0         TOPO
 (  1)     7.4     0.0     0.0       7.4     0.0             0.0         MEIO      15.5     15.5
 (  1)     7.4     0.0     0.0       7.4     0.0  1.000      0.0  1.000  BASE
```

[1] Verifique a força normal no lance 1.
[2] Verifique a força normal no lance 2.

Feche a janela com a listagem.

Modelo B

Na segunda simulação, chamada de "Modelo B", os esforços nas lajes serão calculados por um processo simplificado (Czerny com $\nu = 0{,}2$); nas vigas, pelo modelo de grelha somente de vigas; e, nos pilares, por meio das reações de apoio obtidas neste último modelo.

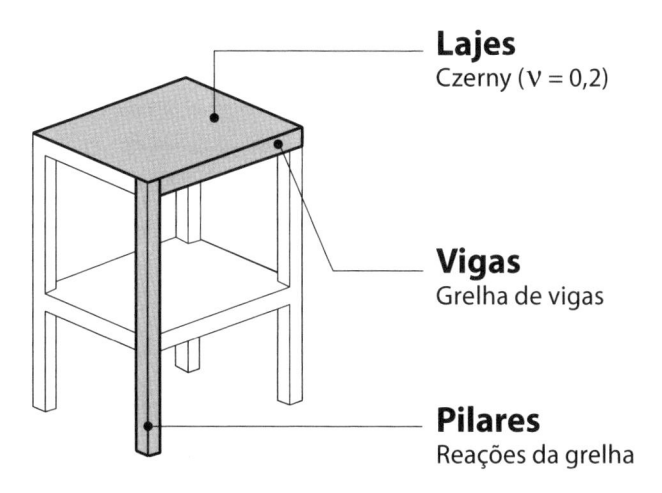

Lajes
Czerny ($\nu = 0{,}2$)

Vigas
Grelha de vigas

Pilares
Reações da grelha

DESCOMPACTANDO O EDIFÍCIO
- Descompacte o edifício "Modelo B.TQS".

EDITANDO O EDIFÍCIO
- No "Gerenciador", na "Árvore de Edifícios", selecione o edifício "Modelo B".
- Na aba "Edifício", no grupo "Edifício", clique no botão "Editar".

VERIFICANDO O MODELO ESTRUTURAL SELECIONADO
- Na janela "Dados do edifício...", clique na aba "Modelo".
- No grupo "Modelo estrutural do edifício", clique no botão "Outros" e verifique que nenhum pórtico espacial tenha sido considerado (opção II).

VERIFICANDO O MODELO ESTRUTURAL DOS PAVIMENTOS
- Na janela "Dados do edifício...", clique na aba "Pavimentos".
- Na lista de pavimentos, clique no pavimento "Cobertura".
- No grupo "Pavimento Cobertura", clique no botão "Avançado".
- Na janela "Avançado...", no grupo "Modelo estrutural", verifique que o modelo selecionado seja "Grelha somente de vigas".
- Repita o procedimento para verificar se o mesmo modelo foi selecionado para o pavimento "1º andar".

FECHANDO A JANELA "DADOS DO EDIFÍCIO"
- Na janela "Dados do edifício...", clique no botão "Cancelar".

Vamos analisar os esforços na laje do pavimento "Cobertura".

EDITANDO OS CRITÉRIOS DE LAJES
- No "Gerenciador", clique na aba "Sistemas".
- No grupo "Dimensionamento, detalhamento e desenho", clique no botão "TQS Lajes".
- Na aba "TQS Lajes", no grupo "Editar", clique no botão "Critérios", item "Projeto".
- Na janela "Edição de critérios de lajes", clique no botão "OK".

VERIFICANDO O CRITÉRIO "CÁLCULO DE ESFORÇOS"
- Na janela "Editor de critérios...", digite "KL9" na caixa de texto "Pesquisar".
- Na lista de critérios, clique no ramo "Esforços".
- Verifique que o processo adotado seja o de "Czerny".

VERIFICANDO O CRITÉRIO "TABELA PARA CÁLCULO DE ESFORÇOS ELÁSTICOS"
- Na janela "Editor de critérios...", digite "Esforços elásticos" na caixa de texto "Pesquisar".

- ▶ Na lista de critérios, clique no ramo "Esforços".
- ▶ Pare o cursor sobre o ícone de ajuda e verifique que o arquivo selecionado "BETON20.BIN" corresponda à tabela de "Czerny" com $v = 0,2$.

FECHANDO O "EDITOR DE CRITÉRIOS"
- ▶ Feche a janela "Editor de critérios...".

VISUALIZANDO ESFORÇOS CALCULADOS
- ▶ No "Gerenciador", na "Árvore de Edifícios", selecione o ramo "Cobertura".
- ▶ Na aba "TQS Lajes", no grupo "Visualizar", clique no botão "Processo simplificado".

Na listagem aberta, note que os esforços calculados para a laje L1 coincidem com os momentos fletores calculados durante a estimativa inicial.

```
***001 AVISO: As flechas estão multiplicadas para estimar deformação lenta
  11>
  12>    L1 -
  13>         LX   400.0  LY    400.0        -
  14>         LADOS 1 2 3 4                  -
  15>         ENG AAAA

         Laje   1    LX  400.0       LY  400.0          H    10 cm
                     P   0.400 tf/m2  G  0.250 tf/m2   LY/LX 1.00

         KFLEX       0.047    Flecha 0.82 cm   Flecha LIM 1.33 cm   Hmin 9 cm
         KMX         22.7     MX  45.8 tfcm/m
         KMY         22.7     MY  45.8 tfcm/m
         KMXNEG      0.00
         KMYNEG      0.00

         Apoios   Vínculo    Mom Neg tfcm/m
                             (não compatibilizados)
            1        A
            2        A
            3        A
            4        A
```

[1] Verifique os esforços: "MX = 45,8 tf. cm/m" e "MY = 45,8 tf. cm/m".

Feche a janela com a listagem.

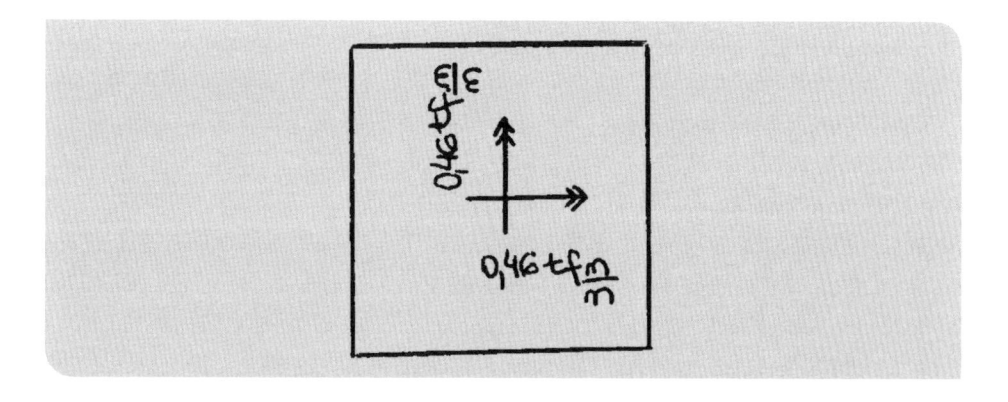

Repita o mesmo procedimento anterior para conferir os esforços na laje L1 do pavimento "1º andar".

Agora, vamos conferir os esforços nas vigas do pavimento "Cobertura" no modelo da grelha.

ABRINDO O VISUALIZADOR DE GRELHA
- ▶ No "Gerenciador", clique na aba "Sistemas".
- ▶ Na aba "Sistemas", no grupo "Análise estrutural", clique no botão "Grelha-TQS".
- ▶ Na aba "Grelha-TQS", no grupo "Visualizar", clique no botão "Visualizador de grelhas", item "Estado limite último (ELU)".

No visualizador gráfico aberto, note que cada viga é modelada por uma barra.

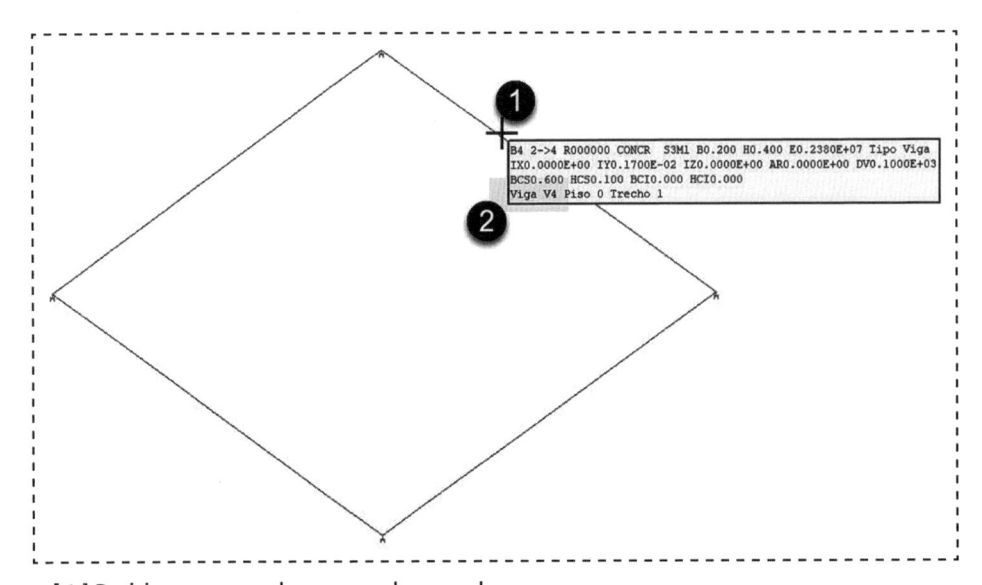

[1] Posicione o cursor do *mouse* sobre uma barra.
[2] Verifique se ela representa uma viga do edifício.

Vamos visualizar as cargas.

VISUALIZANDO AS CARGAS
- ▶ No "Visualizador de grelhas", na aba "Selecionar", no grupo "Casos/Pisos", selecione o caso "01 - Todas as permanentes e acidentais dos pavimentos".
- ▶ Na aba "Selecionar", no grupo "Diagramas", clique no botão "Carregamento".
- ▶ Na aba "Selecionar", no grupo "Tamanhos", ajuste a altura dos textos.

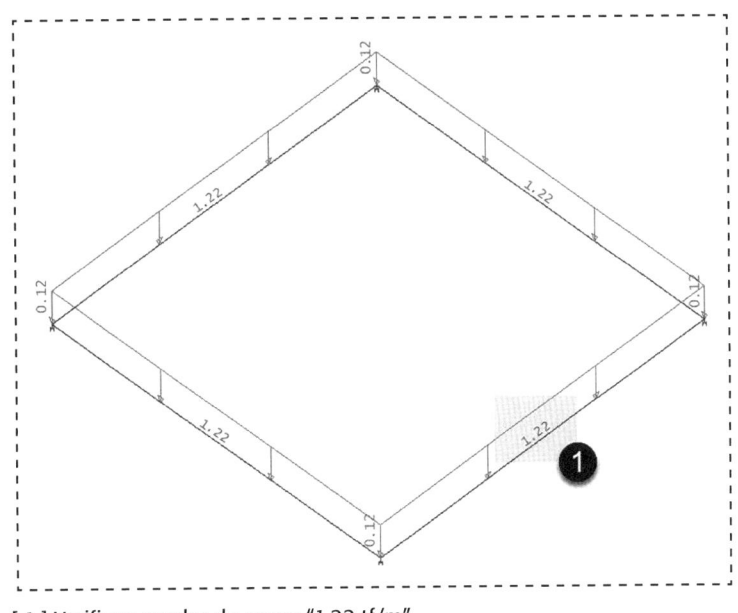

[1] Verifique o valor da carga: "1,22 tf/m".

Visualize os diagramas de esforços e note que os resultados são próximos dos valores calculados durante a estimativa inicial.

VISUALIZANDO OS ESFORÇOS

▶ Na aba "Selecionar", no grupo "Diagramas", clique no botão "Força Fz".

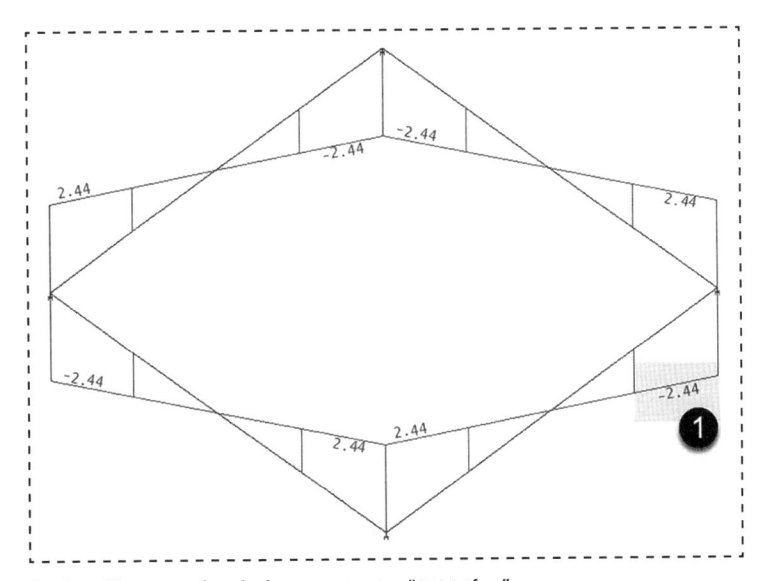

[1] Verifique o valor da força cortante: "2,44 tf.m".

VISUALIZANDO OS ESFORÇOS

▶ Na aba "Selecionar", no grupo "Diagramas", clique no botão "Momento My".

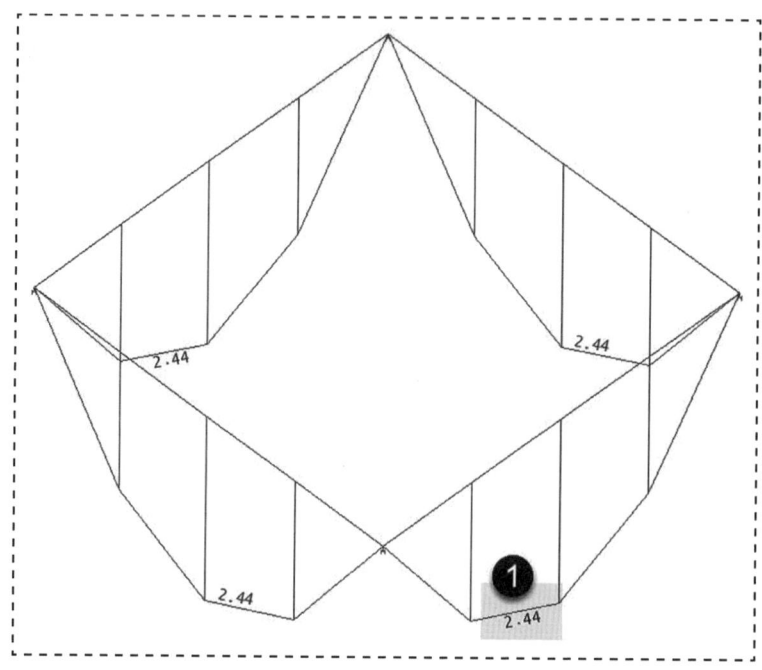

[1] Verifique o valor do momento fletor: "2,44 tf.m".

VISUALIZANDO OS ESFORÇOS

▶ Na aba "Selecionar", no grupo "Diagramas", clique no botão "Reações".

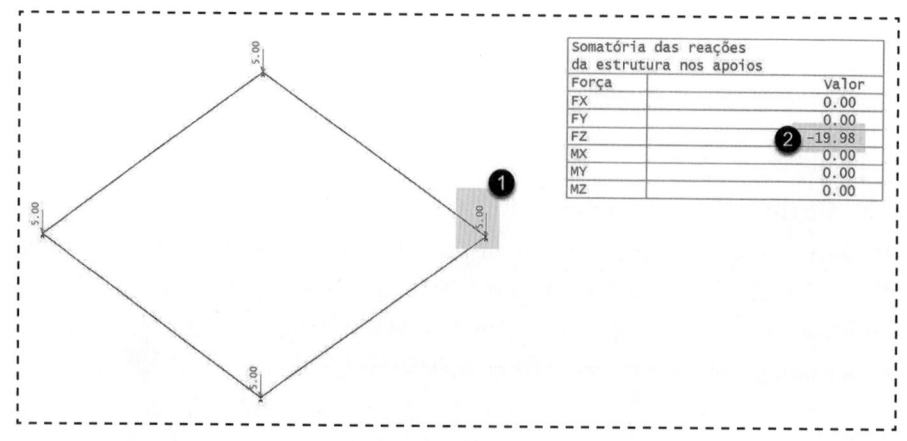

Somatória das reações da estrutura nos apoios	
Força	Valor
FX	0.00
FY	0.00
FZ	-19.98
MX	0.00
MY	0.00
MZ	0.00

[1] Verifique o valor da reação no apoio: "5 tf".
[2] Verifique o valor da somatória de reações: "–19,98 tf".

/ ANÁLISE ESTRUTURAL: UMA ETAPA
FUNDAMENTAL EM TODO PROJETO

Feche o visualizador de grelha. Repita o mesmo procedimento para conferir os esforços nas vigas do pavimento "1º andar".

FECHANDO O VISUALIZADOR DE GRELHA
▶ Feche o visualizador de grelhas.

Finalmente, vamos conferir os esforços nos pilares.

VISUALIZANDO O RELATÓRIO DE PILARES
▶ No "Gerenciador", na "Árvore de Edifícios", clique no ramo "Pilares".
▶ No "Painel Central", no grupo "Relatórios", dê um duplo clique em "Montagem de carregamentos".

Na listagem aberta, note que os esforços nos lances dos pilares são próximos dos valores calculados durante a estimativa inicial.

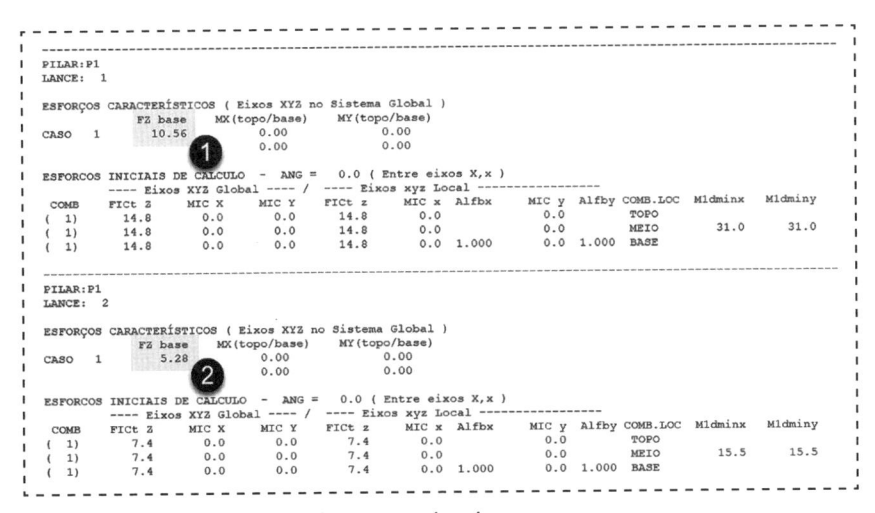

```
PILAR: P1
LANCE: 1

ESFORÇOS CARACTERÍSTICOS ( Eixos XYZ no Sistema Global )
         FZ base    MX(topo/base)    MY(topo/base)
CASO  1   10.56        0.00              0.00
                       0.00              0.00

ESFORÇOS INICIAIS DE CÁLCULO  -  ANG =    0.0 ( Entre eixos X,x )
         ---- Eixos XYZ Global ---- / ---- Eixos xyz Local ----------
COMB     FICt Z   MIC X   MIC Y   FICt z   MIC x  Alfbx   MIC y  Alfby COMB.LOC  M1dminx  M1dminy
(  1)     14.8     0.0     0.0     14.8     0.0            0.0          TOPO
(  1)     14.8     0.0     0.0     14.8     0.0            0.0          MEIO       31.0     31.0
(  1)     14.8     0.0     0.0     14.8     0.0   1.000    0.0  1.000   BASE


PILAR: P1
LANCE: 2

ESFORÇOS CARACTERÍSTICOS ( Eixos XYZ no Sistema Global )
         FZ base    MX(topo/base)    MY(topo/base)
CASO  1    5.28        0.00              0.00
                       0.00              0.00

ESFORÇOS INICIAIS DE CÁLCULO  -  ANG =    0.0 ( Entre eixos X,x )
         ---- Eixos XYZ Global ---- / ---- Eixos xyz Local ----------
COMB     FICt Z   MIC X   MIC Y   FICt z   MIC x  Alfbx   MIC y  Alfby COMB.LOC  M1dminx  M1dminy
(  1)      7.4     0.0     0.0      7.4     0.0            0.0          TOPO
(  1)      7.4     0.0     0.0      7.4     0.0            0.0          MEIO       15.5     15.5
(  1)      7.4     0.0     0.0      7.4     0.0   1.000    0.0  1.000   BASE
```

[1] Verifique o valor da força normal no lance 1.
[2] Verifique o valor da força normal no lance 2.

Modelo C
Nessa terceira simulação, chamada de "Modelo C", será adotado um modelo mais sofisticado para analisar a estrutura. Os esforços nas lajes serão calculados pelo modelo de grelha de vigas e lajes; e nas vigas e pilares, por um pórtico espacial.

Lajes
Grelha de vigas e lajes

Vigas
Pórtico espacial

Pilares
Pórtico espacial

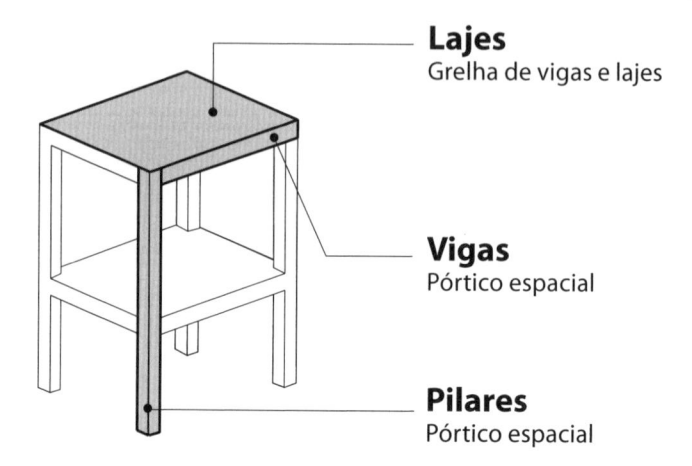

DESCOMPACTANDO O EDIFÍCIO
▶ Descompacte o edifício "Modelo C.TQS".

Vamos verificar os modelos estruturais utilizados no cálculo desse edifício.

EDITANDO O EDIFÍCIO
▶ No "Gerenciador", na "Árvore de Edifícios", selecione o ramo "Modelo C".
▶ No "Gerenciador", clique na aba "Edifício".
▶ No grupo "Edifício", clique no botão "Editar".

VERIFICANDO O MODELO ESTRUTURAL SELECIONADO
▶ Na janela "Dados do edifício...", clique na aba "Modelo".
▶ No grupo "Modelo estrutural do edifício", clique no botão "Outros" e verifique que a opção "III" está selecionada.

VERIFICANDO O MODELO ESTRUTURAL DOS PAVIMENTOS
▶ Na janela "Dados do edifício...", clique na aba "Pavimentos".
▶ Na lista de pavimentos, clique no pavimento "Cobertura".
▶ No grupo "Pavimento Cobertura", clique no botão "Avançado".
▶ Na janela "Avançado...", no grupo "Modelo estrutural", verifique que o modelo selecionado é "Grelha de lajes planas".
▶ Repita o procedimento para verificar se o mesmo modelo foi selecionado para o pavimento "1º andar".

FECHANDO A JANELA "DADOS DO EDIFÍCIO"
▶ Na janela "Dados do edifício...", clique no botão "Cancelar".

ANÁLISE ESTRUTURAL: UMA ETAPA FUNDAMENTAL EM TODO PROJETO

Primeiramente, vamos analisar os esforços nas lajes no modelo de grelha.

ABRINDO O VISUALIZADOR DE GRELHA
- No "Gerenciador", na "Árvore de Edifícios", selecione o ramo "Cobertura".
- Clique na aba "Sistemas".
- No grupo "Análise estrutural", clique no botão "Grelha-TQS".
- Na aba "Grelha-TQS", no grupo "Visualizar", clique no botão "Visualizador de grelhas", item "Estado limite último (ELU)".

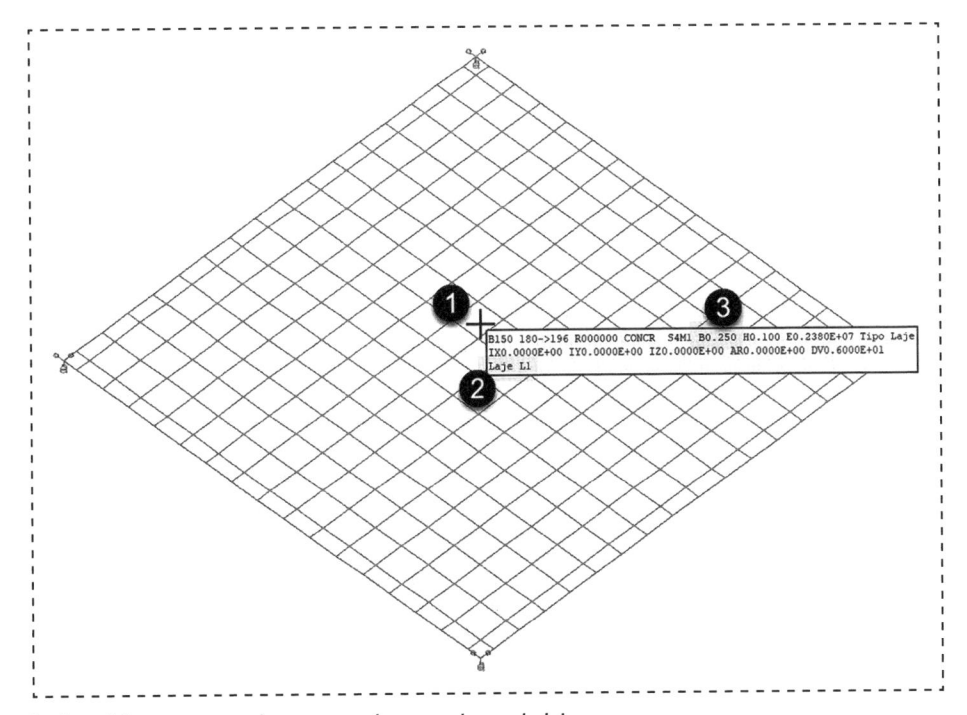

[1] Posicione o cursor do *mouse* sobre uma barra de laje.
[2] Verifique se ela representa uma parte da laje L1.
[3] Verifique a largura da barra: "B = 0,25 m".

VISUALIZANDO OS ESFORÇOS
- No "Visualizador de grelhas", na aba "Selecionar", no grupo "Casos/Pisos", selecione o caso "01 - Todas as permanentes e acidentais dos pavimentos".
- Clique na aba "Visualizar".
- No grupo "Visualização", clique no botão "Parâmetros".
- Na janela "Parâmetros de visualização", na aba "Elementos", no grupo "Barras", desative a opção "Barras de vigas".
- Clique no botão "OK".

VISUALIZANDO RESULTADOS

▶ Clique na aba "Selecionar".
▶ No grupo "Diagramas", clique no botão "Momento My".
▶ Dê um *zoom* no meio da laje.
▶ No grupo "Tamanhos", ajuste a altura dos textos.

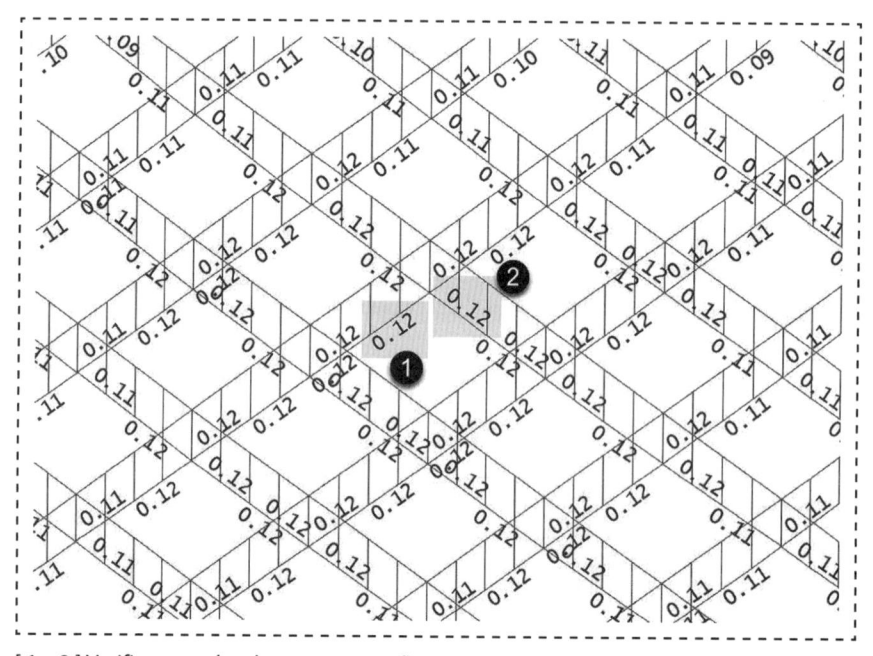

[1 e 2] Verifique o valor dos momentos fletores nas duas direções: "0,12 tf.m".

Feche o visualizador de grelhas.

Aqui, cabe fazer uma observação importante: o momento fletor que acabamos de visualizar nas barras da grelha (0,12 tf.m) corresponde ao esforço no elemento, isto é, ao momento My = 0,12 tf.m atuante em 0,25 m (largura da barra). Dessa forma, para transformar o esforço equivalente por metro, basta dividir My pela dimensão da barra.

$$0{,}48\,\text{tf.m/m} = \frac{0{,}12\,\text{tf.m}}{0{,}25\,\text{m}}$$

ANÁLISE ESTRUTURAL: UMA ETAPA FUNDAMENTAL EM TODO PROJETO

Vamos, agora, analisar os esforços nas vigas e nos pilares da estrutura no modelo de pórtico espacial.

ABRINDO O VISUALIZADOR DE PÓRTICOS
- No "Gerenciador", clique na aba "Sistemas".
- Na aba "Sistemas", no grupo "Análise estrutural", clique no botão "Pórtico-TQS".
- Na aba "Pórtico-TQS", no grupo "Visualizar", clique no botão "Visualizador de pórticos", item "Estado limite último (ELU)".

VISUALIZANDO OS ESFORÇOS
- No "Visualizador de pórticos", na aba "Selecionar", no grupo "Casos/Pisos", selecione o caso "01 - Todas as permanentes e acidentais dos pavimentos".
- No grupo "Casos/Pisos", selecione o piso de "02" a "02".
- No grupo "Diagramas", clique no botão "Força Fz".
- No grupo "Tamanhos", ajuste a altura dos textos.

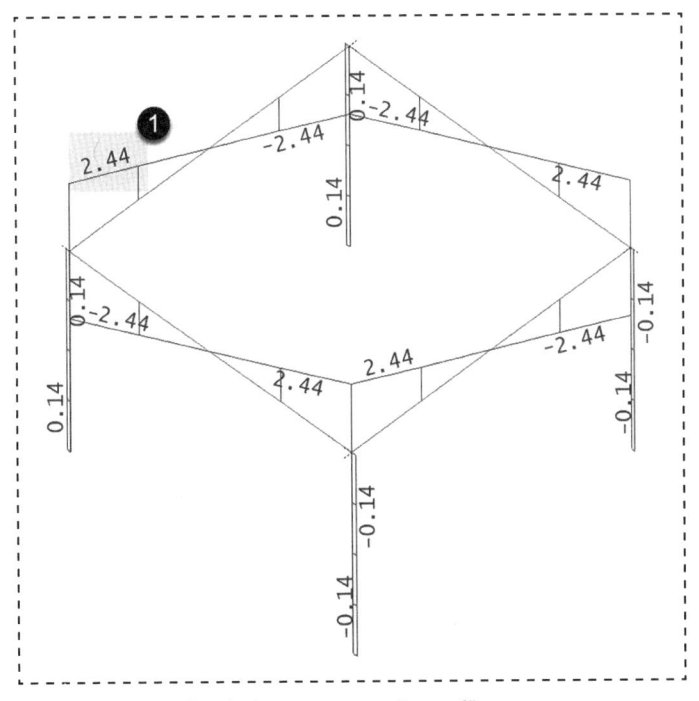

[1] Verifique o valor da força cortante: "2,44 tf".

Em seguida, ative os diagramas de momento fletor.

VISUALIZANDO RESULTADOS

▶ Na aba "Selecionar", no grupo "Diagramas", clique no botão "Momento My".
▶ No grupo "Tamanhos", ajuste a escala dos diagramas e textos.

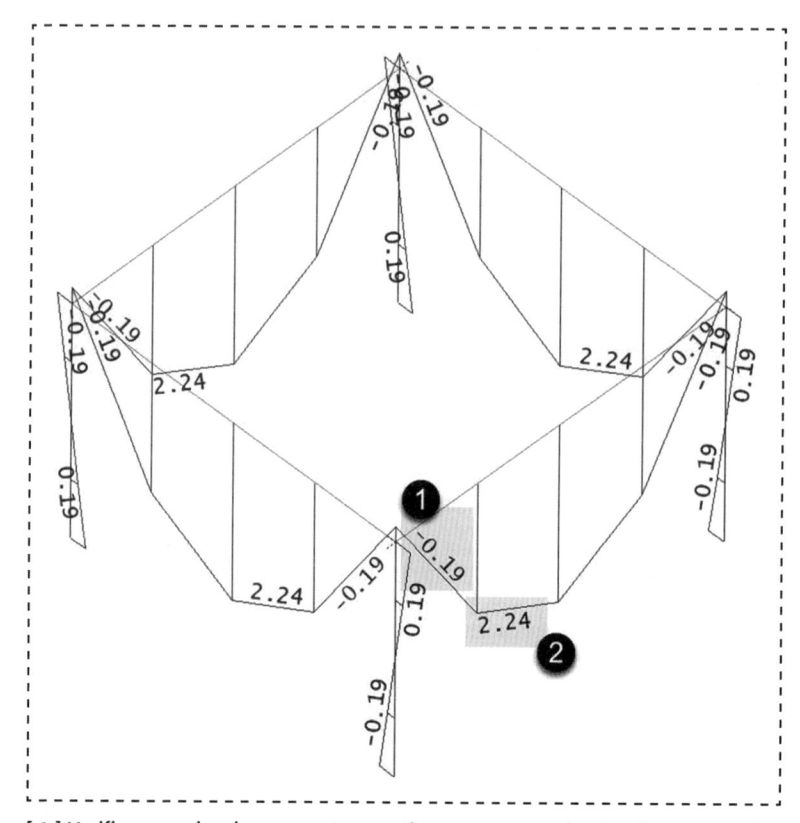

[1] Verifique o valor do momento negativo no extremo da viga: "– 0,19 tf.m".
[2] Verifique o valor do momento positivo no meio da viga: "2,24 tf.m".

Em virtude de a interação entre as vigas e os pilares ser levada em conta na modelagem via pórtico espacial, surgiram momentos fletores negativos nos extremos das vigas. Esse tipo de comportamento, mais condizente com a realidade (afinal de contas, as ligações nesse tipo de estrutura de concreto armado não são articuladas na vida real), não foi flagrado nos modelos analisados anteriormente: vigas contínuas (modelo A) e grelha somente de vigas com apoios articulados (modelo B).

VISUALIZANDO DETALHES DE MOMENTOS FLETORES

▶ Na aba "Selecionar", no grupo "Casos/Pisos", selecione o piso de "00" a "02".
▶ Na aba "Visualizar", no grupo "Vista", clique no botão "Vista frontal".

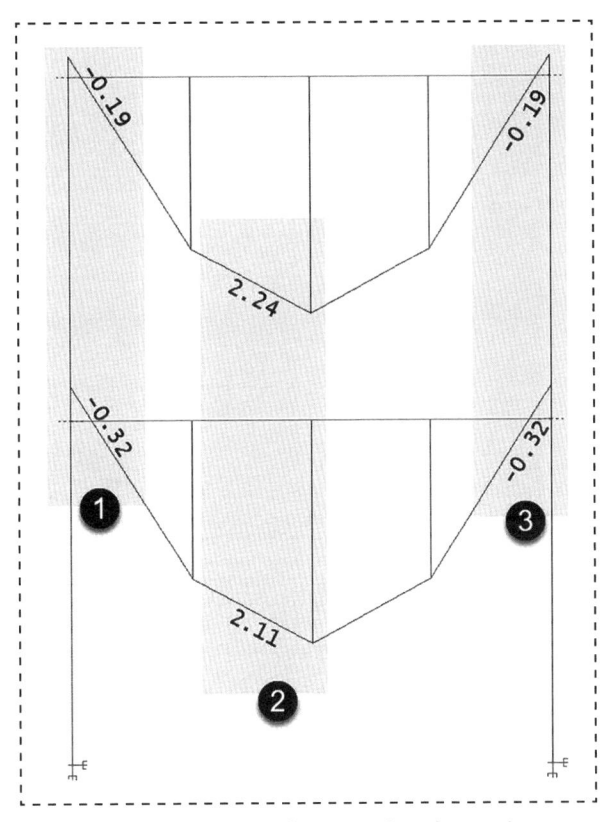

[1 a 3] Note que os momentos fletores variam de um piso para outro.

A pequena variação de momentos fletores entre as vigas do "1º andar" e da "Cobertura" que acabou de ser visualizada ocorre devido à diferença de rigidezes nas ligações das vigas com os pilares.

Note que, nas vigas do "1º andar", existem dois lances de pilar (inferior e superior) que resistem ao giro da viga no apoio, ocasionando o aparecimento de um esforço negativo ligeiramente maior em relação às vigas da cobertura, que, por sua vez, possuem apenas um lance que oferece uma certa resistência à rotação nos seus apoios.

Como consequência direta, o momento fletor positivo nas vigas do "1º andar" é ligeiramente menor do que o da cobertura.

Vamos analisar os esforços nos pilares devidos à carga vertical.

VISUALIZANDO A FORÇA NORMAL

- ▶ Na aba "Visualizar", no grupo "Vista", clique no botão "Vista isométrica A".
- ▶ Na aba "Selecionar", no grupo "Diagramas", clique no botão "Força Fx".

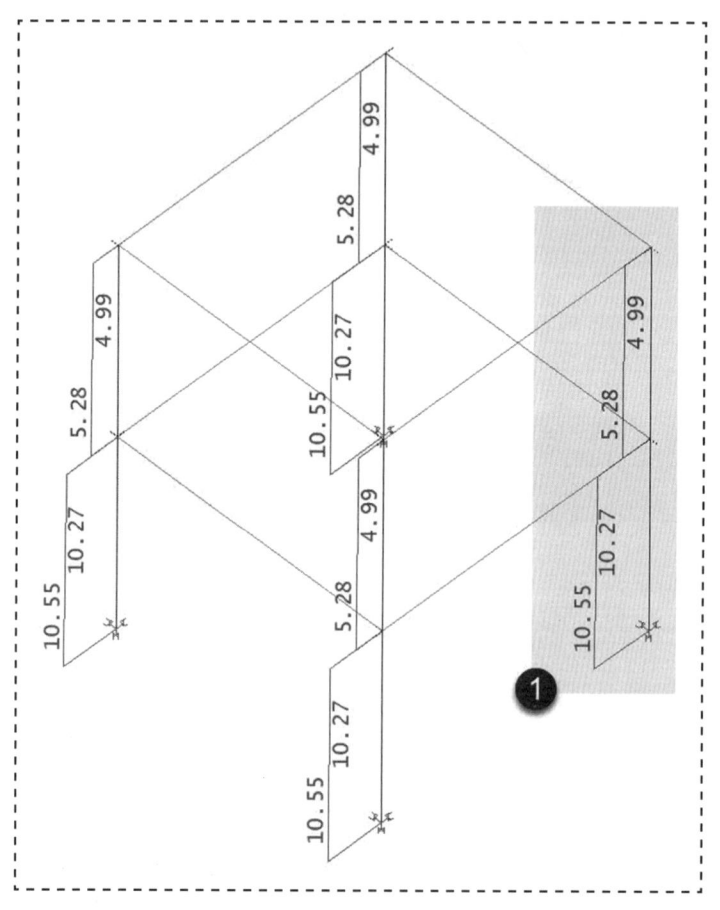

[1] Verifique os valores da força normal no pilar: "5,28 tf" (na base do lance superior) e "10,55 tf" (na base do lance inferior).

Note que, conforme esperado, a força normal ao longo dos pilares está de acordo com os valores calculados durante a estimativa inicial.

Finalmente, vamos analisar a influência do vento lateral (180°) nas vigas.

VISUALIZANDO MOMENTOS DEVIDOS AO VENTO
- Na aba "Selecionar", no grupo "Casos/Pisos", selecione o caso "04 - Vento (3)".
- No grupo "Diagramas", clique no botão "Momento My".

Por meio de uma simples análise dos momentos fletores nas vigas que acabaram de ser visualizados, é possível fazer duas observações bastante interessantes:
  a. Os momentos fletores são maiores nas vigas do "1º andar" do que nas vigas da "Cobertura" porque elas estão mais próximas da base do edifício (neste caso, considerada engastada na fundação).

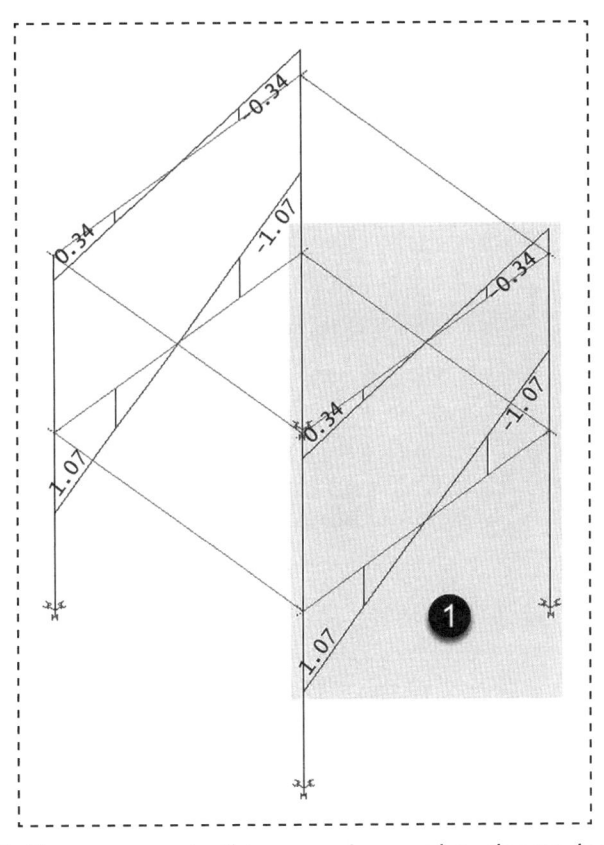

[1] Verifique os momentos fletores nas vigas gerados pela ação do vento.

b. A ação do vento gera momentos fletores contrários nos apoios das vigas, isto é, positivo em um dos extremos e negativo no outro.

Esse tipo de comportamento perante a ação do vento é muito comum em estruturas aporticadas compostas de múltiplos pavimentos. Veja, por exemplo, um edifício com mais andares a seguir.

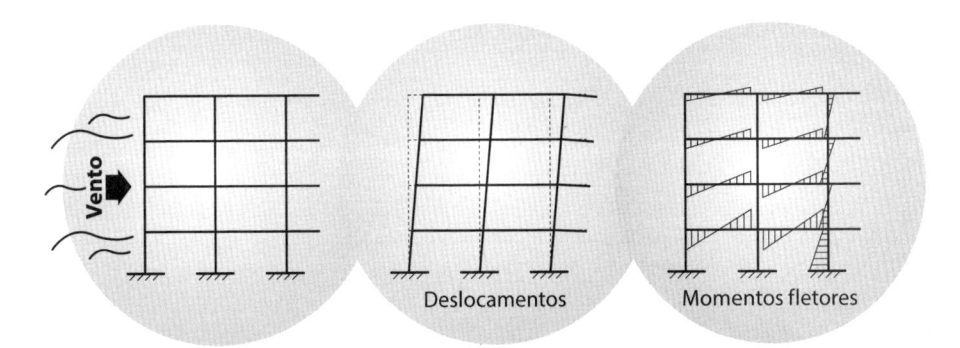

Deslocamentos   Momentos fletores

VISUALIZANDO AS REAÇÕES DE APOIO

▶ Na aba "Selecionar", no grupo "Casos/Pisos", selecione o caso "01 – Todas as permanentes e acidentais dos pavimentos".

▶ No grupo "Diagramas", clique no botão "Reações".

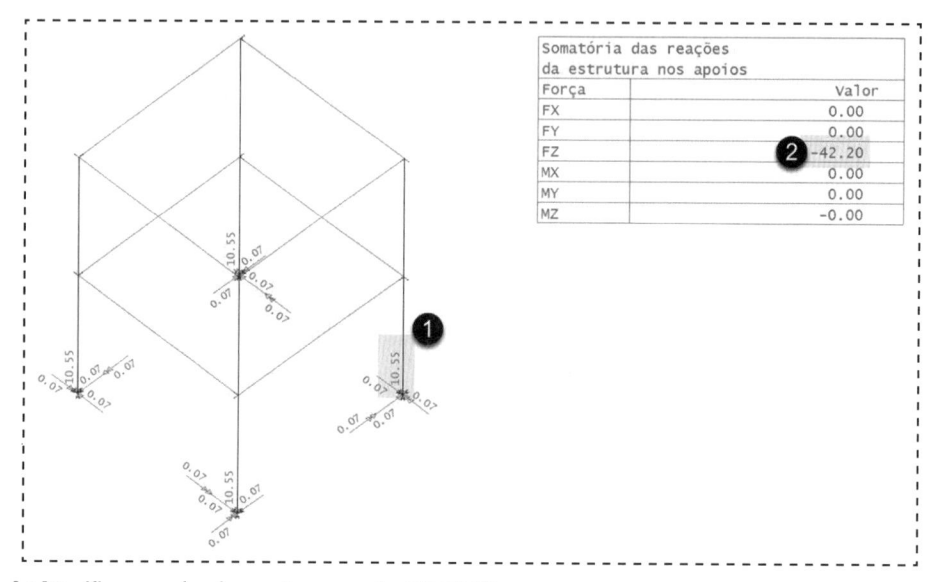

Somatória das reações da estrutura nos apoios	
Força	Valor
FX	0.00
FY	0.00
FZ	-42.20
MX	0.00
MY	0.00
MZ	-0.00

[1] Verifique o valor da reação no apoio: "10,55 tf".
[2] Verifique o valor da somatória de reações: "– 42,20 tf".

FECHANDO O VISUALIZADOR DE PÓRTICOS

▶ Feche o "Visualizador de pórticos".

Modelo D

Nessa quarta e última simulação, chamada de "Modelo D", a estrutura do edifício será modelada por um único pórtico espacial que contém todo o conjunto formado pelas vigas, pilares e lajes.

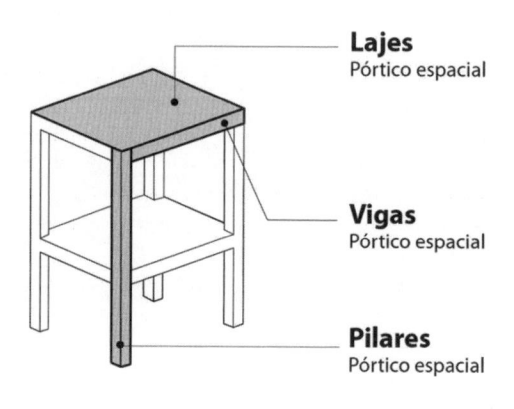

Lajes
Pórtico espacial

Vigas
Pórtico espacial

Pilares
Pórtico espacial

DESCOMPACTANDO O EDIFÍCIO
▶ Descompacte o edifício "Modelo D.TQS".

EDITANDO O EDIFÍCIO
▶ No "Gerenciador", na "Árvore de Edifícios", selecione o ramo "Modelo D".
▶ No "Gerenciador", clique na aba "Edifício".
▶ No grupo "Edifício", clique no botão "Editar".

VERIFICANDO O MODELO ESTRUTURAL SELECIONADO
▶ Na janela "Edição do edifício...", clique na aba "Modelo".
▶ No grupo "Modelo estrutural do edifício", verifique se a opção "VI" está selecionada.
▶ Na janela "Dados do edifício...", clique no botão "Cancelar".

VISUALIZANDO RESULTADOS NO PÓRTICO ESPACIAL
▶ No "Gerenciador", clique na aba "Sistemas".
▶ Na aba "Sistemas", no grupo "Análise estrutural", clique no botão "Pórtico-TQS".
▶ Na aba "Pórtico-TQS", no grupo "Visualizar", clique no botão "Visualizador de pórticos", item "Estado limite último (ELU)".

Veja que se trata de um modelo único, composto de todos os elementos (pilares, vigas e lajes).

VISUALIZANDO MOMENTOS FLETORES
▶ No "Visualizador de pórticos", clique na aba "Selecionar".
▶ Na aba "Selecionar", no grupo "Diagramas", clique no botão "Momento My".
▶ No grupo "Tamanhos", ajuste a escala do diagrama e dos textos.

VISUALIZANDO DESLOCAMENTOS
▶ Na aba "Selecionar", no grupo "Diagramas", clique no botão "Deslocamento".

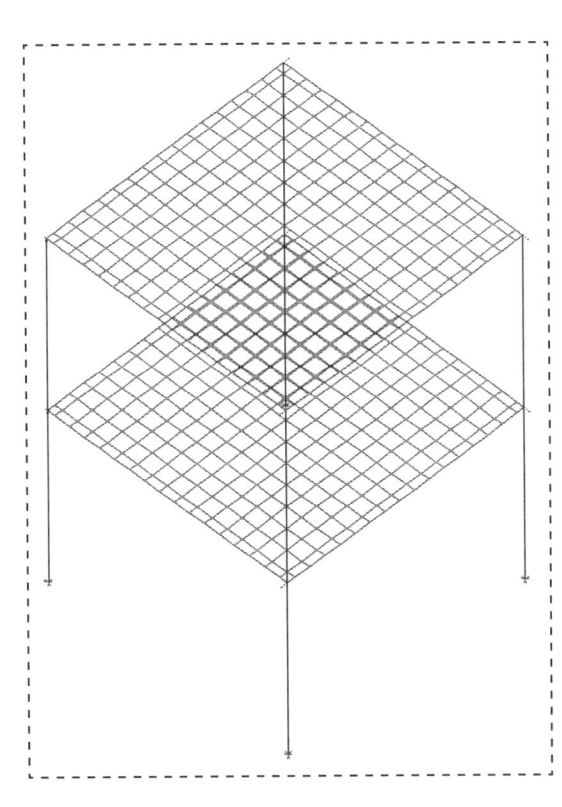

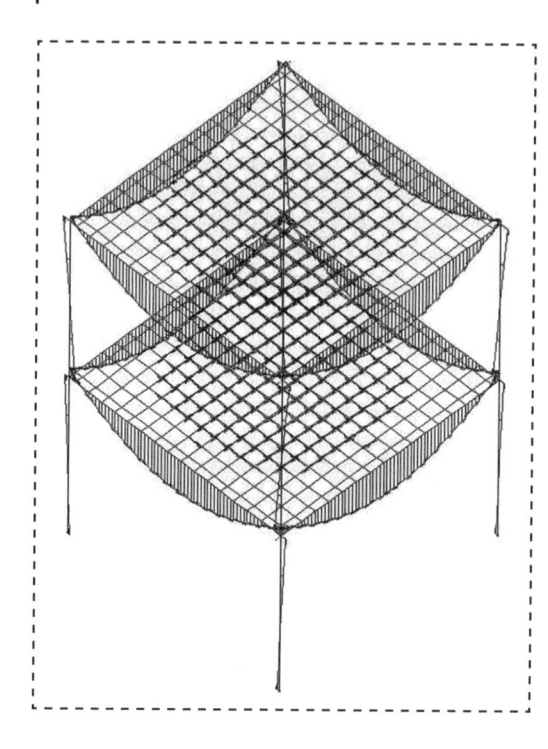

- Clique na aba "Visualizar".
- Na aba "Visualizar", no grupo "Visualização", clique no botão "Parâmetros".
- Na janela "Parâmetros de visualização", clique na aba "Formatos".
- No grupo "Formato colorido para", ative a opção "Deslocamentos".
- No grupo "Desenho de cores", ative a opção "Cores independem do sinal dos diagramas".
- No grupo "Desenho de cores", ative a opção "Valor zero é verde".
- Clique no botão "OK".

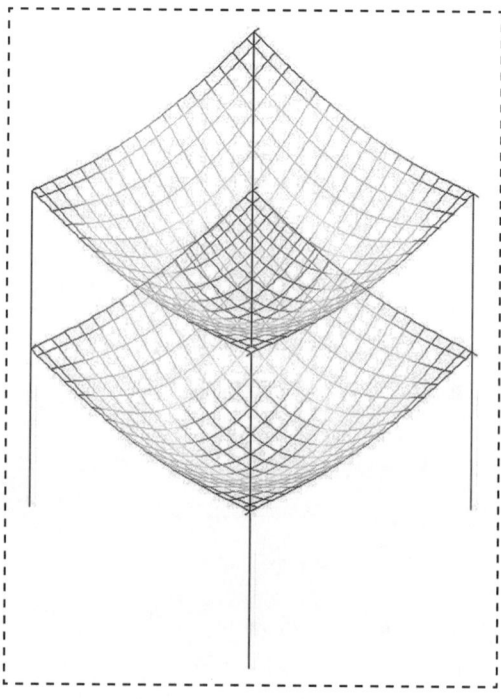

Feche o visualizador de pórtico espacial.

Conclusões do exemplo 1

No primeiro exemplo deste capítulo, um edifício muito simples foi analisado por quatro modelos estruturais distintos. Os esforços nas lajes foram calculados ora por processo simplificado (Modelos A e B), ora por grelha de vigas e lajes (Modelo C), ora por pórtico espacial (Modelo D). Os esforços nas vigas foram calculados por viga contínua (Modelo A), grelha somente de vigas (Modelo B) e pórtico espacial (Modelos C e D). Já os esforços nos pilares foram calculados por reações de viga (Modelo A), reações de grelha somente de vigas (Modelo B) e pórtico espacial (Modelos C e D).

Os esforços calculados em todos os elementos da estrutura foram similares nos quatro modelos estruturais. Além disso, os resultados foram muito próximos dos valores estimados inicialmente (o que era esperado).

Nos modelos compostos de barras (grelha e pórtico espacial), foi possível averiguar como eles foram gerados pelo sistema computacional de forma automática, bem como o enorme auxílio proporcionado pela visualização gráfica durante a análise de resultados.

Foi possível notar que os esforços nas vigas obtidos no modelo de pórtico espacial levaram em conta a sua interação com os pilares (não retratada no modelo clássico de viga contínua nem no modelo de grelha somente de vigas com apoios articulados). Além disso, no pórtico espacial, foi possível avaliar os esforços solicitantes gerados pela ação do vento (não computado nos Modelos A e B).

Enfim, o exemplo serviu apenas como um ponto de partida, um contato inicial com a modelagem realizada no computador. A parte mais interessante deste capítulo ainda está por vir!

3.3 Distribuição de esforços

Uma vez aplicadas as ações verticais e horizontais num edifício, elas são distribuídas ao longo da estrutura em forma de esforços solicitantes até os elementos de fundação. Cada viga, pilar e laje presente no edifício será, portanto, responsável por absorver uma parcela do esforço total solicitante, de tal forma a manter a estrutura final em equilíbrio.

A avaliação de como os esforços são distribuídos em uma estrutura é muito importante e deve ser executada sempre de forma minuciosa durante a análise estrutural de um edifício.

▶ Durante a análise estrutural, é necessário entender claramente como os esforços solicitantes (forças normais, cortantes, momentos fletores e torsores) estão sendo distribuídos na estrutura.

3.3.1 Rigidez

Para auxiliar a compreensão de como os esforços são distribuídos numa estrutura, é necessário previamente entender o que é "rigidez".

Em projetos estruturais de edifícios de concreto armado, esse termo é utilizado com muita frequência. Exemplos: "temos que aumentar a rigidez da estrutura nesta direção", "aquela viga está com uma rigidez exagerada" etc.

Na realidade, o termo "rigidez" possui uma definição clássica usualmente apresentada durante a graduação em Engenharia Civil. Contudo, pretende-se aqui defini-lo de uma outra forma, procurando simplificar o conceito e também torná-lo mais intuitivo.

A própria nomenclatura já deixa meio evidente qual o significado de "rigidez". Afinal de contas, intuitivamente, é fácil diferenciar um elemento rígido de um elemento flexível.

RÍGIDO X **FLEXÍVEL**

É possível associar um tipo de rigidez a cada tipo de esforço:
- Rigidez à flexão: rigidez perante a atuação do momento fletor.
- Rigidez axial: rigidez perante a atuação da força normal.
- Rigidez à torção: rigidez perante a atuação do momento torçor.

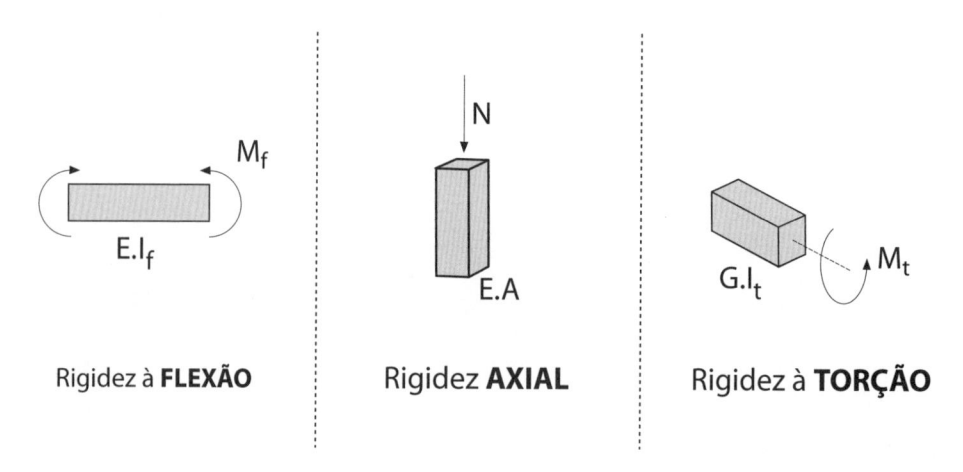

Rigidez à **FLEXÃO** — $E.I_f$, M_f

Rigidez **AXIAL** — $E.A$, N

Rigidez à **TORÇÃO** — $G.I_t$, M_t

De forma simplificada, a rigidez à flexão de uma seção pode ser definida como o produto entre o módulo de elasticidade longitudinal de seu material e a sua inércia à flexão.

Rigidez = E × I_f
à flexão

— Inércia à flexão da seção transversal
— Módulo de elasticidade longitudinal do material

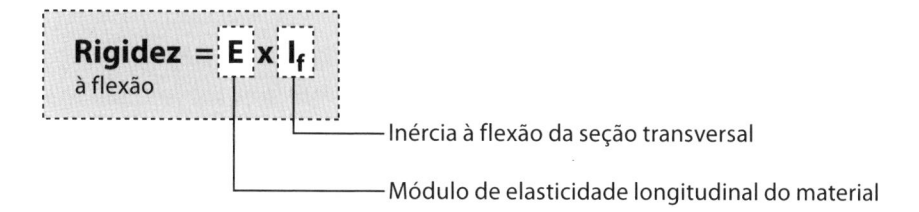

Para um elemento de concreto com seção transversal retangular, tem-se, portanto:

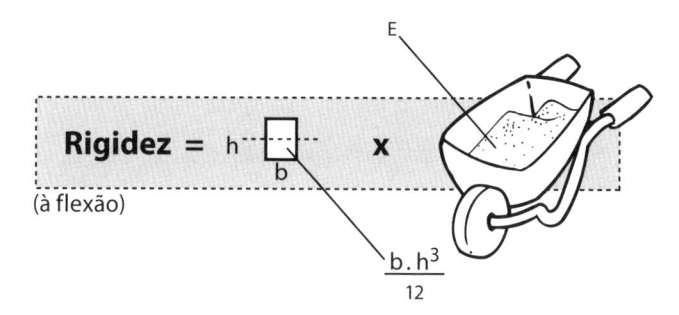

Rigidez = h ⬚ ×
(à flexão)   b

$\dfrac{b \cdot h^3}{12}$

Também de forma simplificada, pode-se definir a rigidez axial de uma seção como sendo o produto entre o módulo de elasticidade longitudinal de seu material e a sua área.

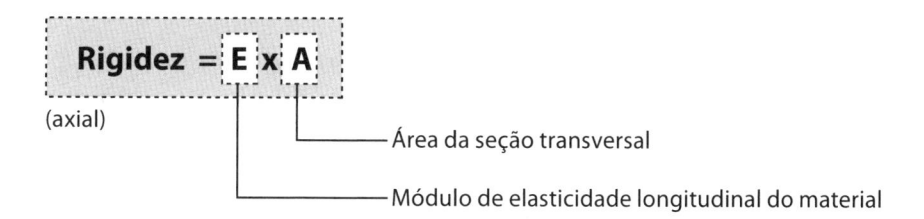

Rigidez = E × A
(axial)

— Área da seção transversal
— Módulo de elasticidade longitudinal do material

A rigidez à torção de uma seção, por sua vez, pode ser definida simplificadamente como o produto entre o módulo de elasticidade transversal de seu material e a inércia à torção da seção.

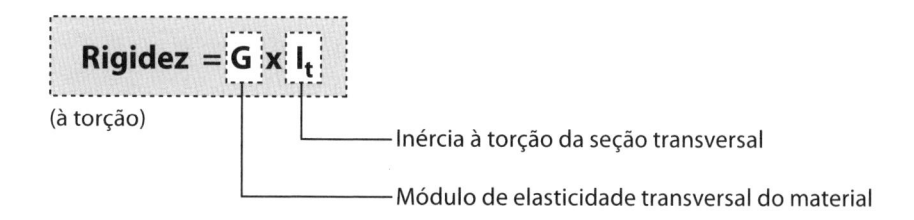

Rigidez = G × I_t
(à torção)

— Inércia à torção da seção transversal
— Módulo de elasticidade transversal do material

Note que as rigidezes, na forma simplificada, dependem do material (E e G), bem como das características geométricas da seção (A, I_f e I_t). No caso de elementos lineares, como vigas e pilares, variam também de acordo com os seus comprimentos.

O objetivo de toda essa rápida explanação acerca do termo "rigidez" é auxiliar a compreensão da seguinte afirmação:

▶ Os esforços solicitantes oriundos da aplicação das ações em um edifício são distribuídos de acordo com a rigidez relativa entre os elementos que compõem a sua estrutura. O esforço sempre tenderá a migrar para as regiões que possuem maior rigidez.

Trata-se de um conceito bastante simples, fácil de ser compreendido, e que jamais pode ser esquecido durante a análise estrutural de um edifício de concreto armado.

O exemplo a seguir ilustrará muito bem esta afirmação.

3.3.2 Exemplo 2

Neste exemplo, vamos analisar a distribuição dos esforços nas vigas de um pavimento bem simples. Será possível constatar a eficiência da análise por modelo de grelha de vigas e lajes e a limitação da distribuição de cargas de laje para as vigas por área de influência.

Além disso, também será possível verificar como é realizada a interação entre os modelos de grelha e pórtico espacial de tal forma que o pórtico espacial seja carregado de maneira mais adequada.

Entenda o exemplo

Trata-se de edifício hipotético composto de um único pavimento formado por duas estruturas independentes idênticas, isto é, com a mesma geometria e cargas.

Cada estrutura é composta de uma laje quadrada apoiada em vigas, que por sua vez apóiam-se em pilares. A laje tem espessura igual a 15 cm e está submetida a uma carga vertical distribuída em toda sua extensão igual a 1 tf/m². As vigas horizontais têm dimensão de 20 cm x 40 cm, e as verticais, de 20 cm x 80 cm. Os pilares têm dimensão de 20 cm x 20 cm.

▶ As vigas verticais (20 x 80) têm mais rigidez à flexão que as vigas horizontais (20 x 40).

A distância entre os eixos dos pilares é de 4 m em ambas as direções.

ANÁLISE ESTRUTURAL: UMA ETAPA FUNDAMENTAL EM TODO PROJETO

Hipoteticamente, apenas para enfatizar a distribuição de esforços, o peso próprio das vigas e pilares foi desprezado, apenas o das lajes foi considerado. Além disso, todas as vigas foram articuladas em suas extremidades, caracterizando-as como elementos lineares birrotulados.

Uma das estruturas será calculada pelo modelo de grelha somente de vigas carregada a partir da distribuição da carga da laje L1 por área de influência. Já a outra será calculada pelo modelo de grelha de vigas e lajes.

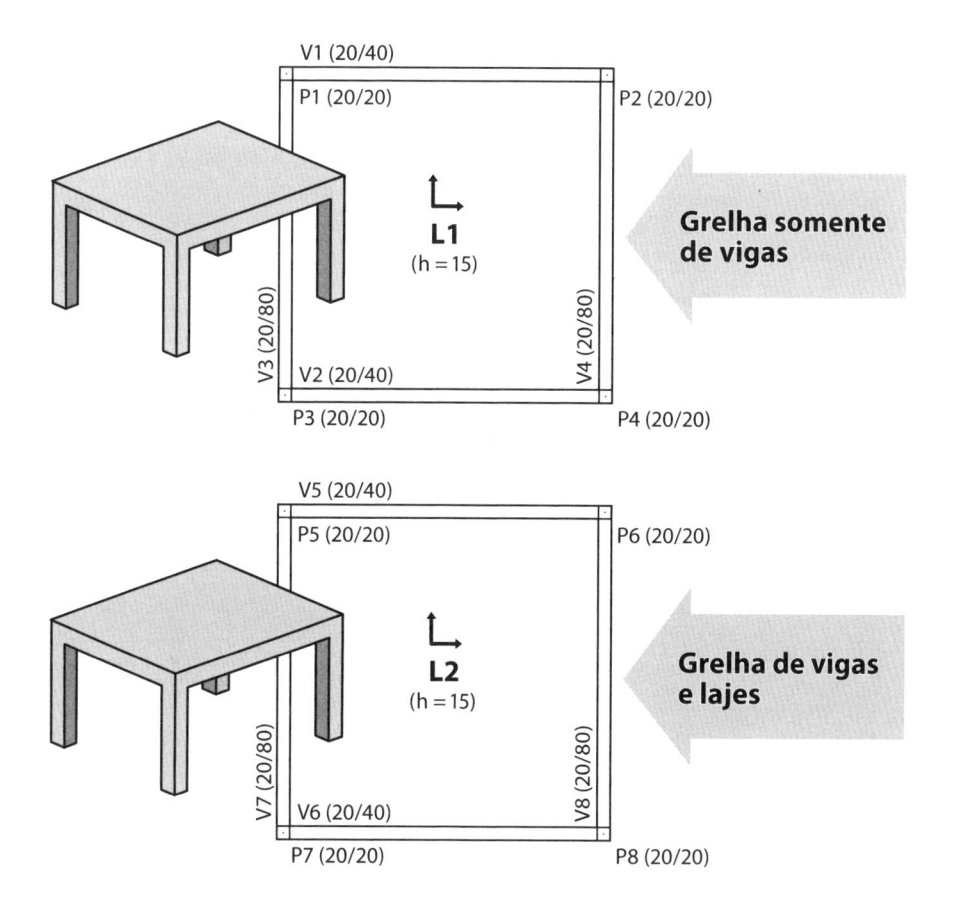

DESCOMPACTANDO O EDIFÍCIO
- Descompacte o edifício "Rigidez.TQS".

ABRINDO O MODELADOR ESTRUTURAL
- No "Gerenciador", na "Árvore de Edifícios", selecione o pavimento "Tipo" do edifício "Rigidez".
- No "Painel Central", dê um duplo clique em "Modelo estrutural".

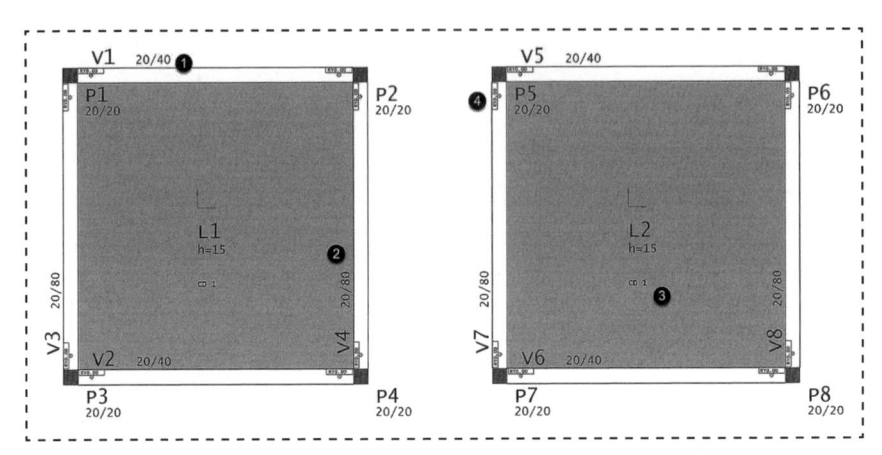

[1] Verifique que as vigas horizontais (V1, V2, V5, V6) possuem dimensão "20 cm x 40 cm".
[2] Verifique que as vigas verticais (V3, V4, V7, V8) possuem dimensão "20 cm x 80 cm".
[3] Verifique que as lajes têm dimensão de 15 cm e carga distribuída de 1 tf/m².
[4] Verifique que todos os extremos das vigas foram articulados.

VERIFICANDO O MODELO DE GRELHA DA LAJE L1
- Dê um duplo clique sobre o título da laje "L1".
- Na janela "Dados de lajes", clique na aba "Grelha".
- No grupo "Discretizar laje em grelha", verifique que a laje NÃO seja discretizada em grelha.
- Clique no botão "Cancelar".
- Repita o procedimento para verificar que a laje "L2" seja discretizada em grelha.

FECHANDO O MODELADOR ESTRUTURAL
- Feche o "Modelador estrutural", sem salvar o edifício.

Vamos analisar os resultados no visualizador de grelhas.

ABRINDO O VISUALIZADOR DE GRELHA
- No "Gerenciador", clique na aba "Sistemas".
- Na aba "Sistemas", no grupo "Análise estrutural", clique no botão "Grelha-TQS".
- Na aba "Grelha-TQS", no grupo "Visualizar", clique no botão "Visualizador de grelhas", item "Estado limite último (ELU)".

Com a visualização das reações, é possível verificar as cargas em ambas as estruturas foram aplicadas de forma similar.

VISUALIZANDO AS REAÇÕES
- No "Visualizador de grelhas", na aba "Selecionar", no grupo "Casos/Pisos", selecione o caso "01 - Todas as permanentes e acidentais dos pavimentos".

ANÁLISE ESTRUTURAL: UMA ETAPA FUNDAMENTAL EM TODO PROJETO | 133

- ▶ No grupo "Diagramas", clique no botão "Reações".
- ▶ No grupo "Tamanhos", ajuste a altura dos textos.

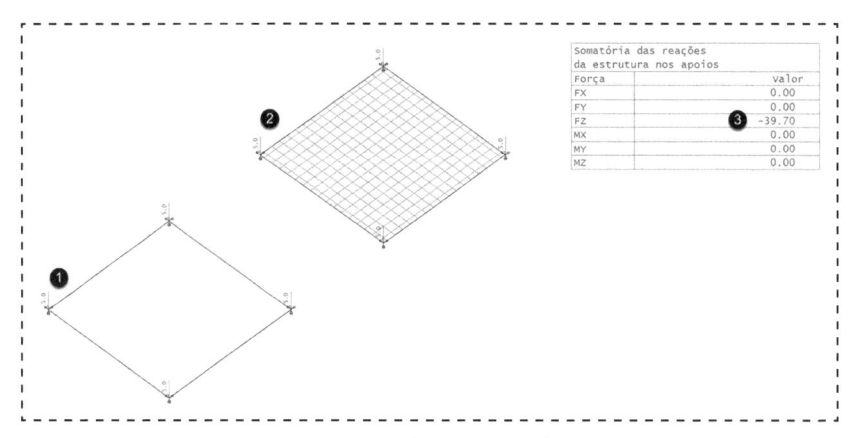

[1 e 2] Verifique que as reações nos apoios são idênticas em ambas as estruturas: "5 tf" em cada apoio.
[3] Verifique o valor da somatória de reações: "– 39,70 tf".

Agora, vamos analisar a aplicação das cargas nos elementos que compõem as grelhas.

VISUALIZANDO OS CARREGAMENTOS
- ▶ Na aba "Selecionar", no grupo "Diagramas", clique no botão "Carregamento".

Como a laje L1 é perfeitamente quadrada, cada viga de apoio (V1, V2, V3 e V4) recebe ¼ de sua carga total por área de influência.

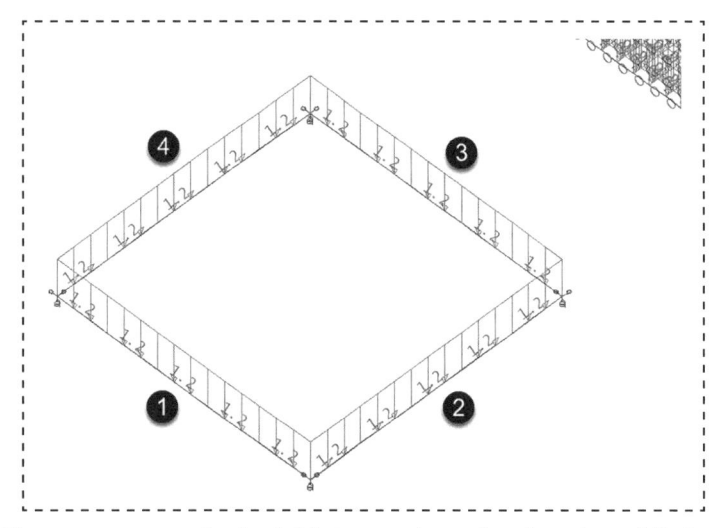

[1 a 4] Verifique que as cargas oriundas da laje L1 em todas as vigas de apoio são idênticas: "1,2 tf/m".

Note que, na laje L2, a carga é distribuída diretamente nas barras de laje.

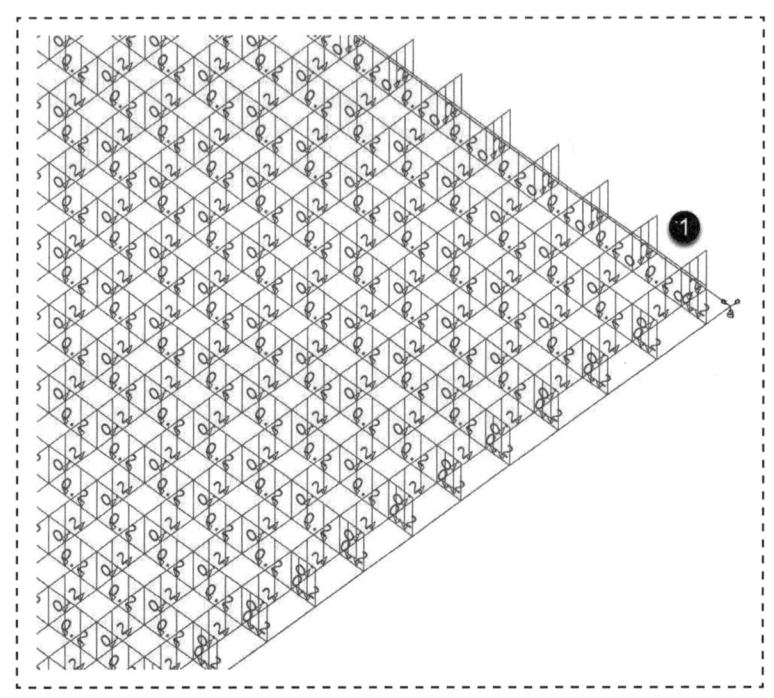

[1] Verifique que a carga total da laje foi distribuída somente nas barras de laje: "0,2 tf/m".

Em seguida, vamos analisar os esforços solicitantes nas vigas.

VISUALIZANDO OS ESFORÇOS SOLICITANTES NAS VIGAS

▶ Na aba "Selecionar", no grupo "Diagramas", clique no botão "Momento My".

Como a carga da laje L1 foi distribuída igualmente nas vigas de apoio, os momentos fletores nelas são idênticos.

Note que, nas vigas ao redor da laje L2 (que possui exatamente a mesma carga aplicada na laje L1), a distribuição dos esforços não resultou em momentos fletores iguais nas vigas horizontais e verticais.

O modelo de grelha de vigas e lajes automaticamente gerou esforços maiores nas vigas verticais (mais rígidas).

Os esforços (momentos fletores) migraram para os elementos que possuem maior rigidez à flexão (vigas verticais). É importante notar que somente no modelo de grelha de vigas e lajes esse comportamento (mais condizente com a realidade) foi simulado. No modelo de grelha somente de vigas, essa condição esperada não foi obtida, pois as cargas na laje L1 foram distribuídas igualmente nas vigas ao seu redor!

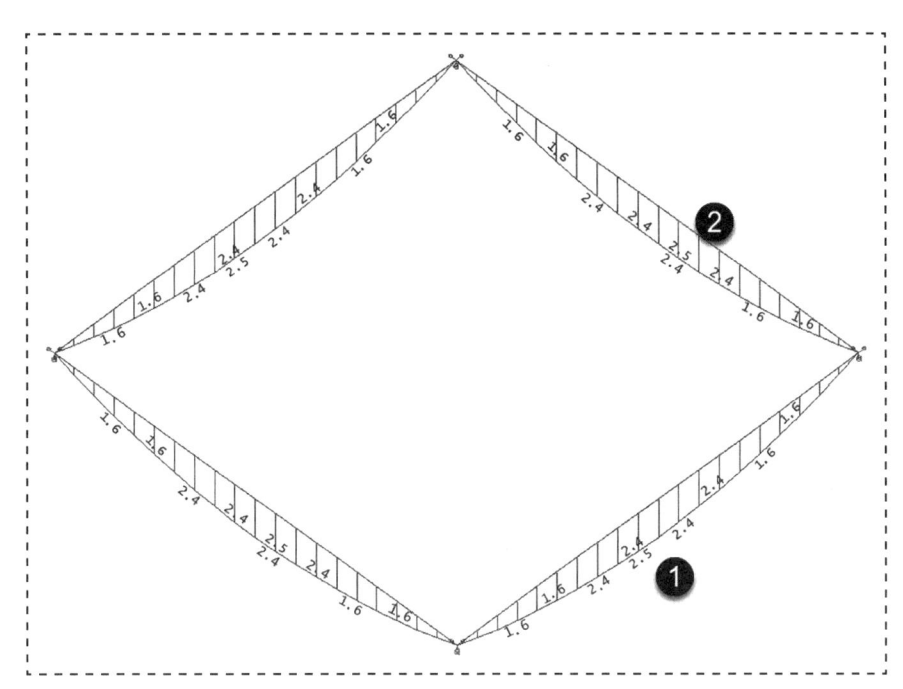

[1] Verifique o valor dos momentos fletores nas vigas horizontais de apoio da laje L1: "2,5 tf.m".
[2] Verifique o valor dos momentos fletores nas vigas verticais de apoio da laje L1: "2,5 tf.m".

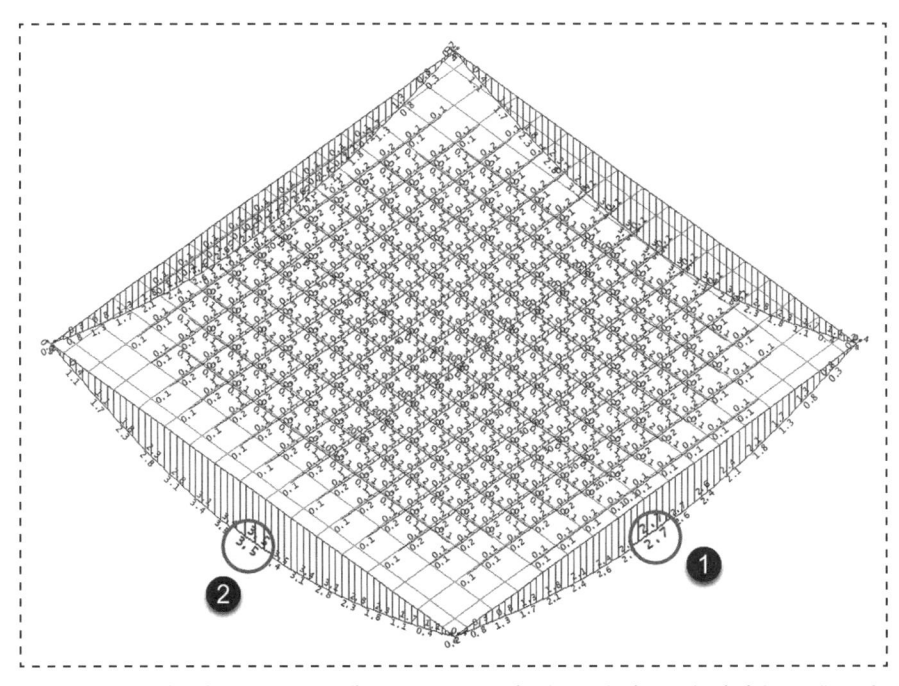

[1] Verifique o valor dos momentos fletores nas vigas horizontais de apoio da laje L2: "2,7 tf.m".
[2] Verifique o valor dos momentos fletores nas vigas verticais de apoio da laje L2: "3,5 tf.m".

▶ Neste exemplo, ficou evidente a limitação da distribuição das cargas da laje para as vigas por área de influência. Esse método não considerou a diferença de rigidezes dos elementos de apoio da laje. Lembre-se sempre de que existe essa limitação.

▶ E é por isso que, na análise de pavimentos de edifícios de concreto, é sempre mais recomendada a adoção de grelhas de vigas e lajes, pois nesse modelo a distribuição de esforços é mais realista.

Não feche o visualizador de grelhas ainda e retorne à janela do gerenciador. Vamos analisar o comportamento dessas estruturas no pórtico espacial.

ABRINDO O VISUALIZADOR DE PÓRTICO ESPACIAL
- No "Gerenciador", clique na aba "Sistemas".
- Na aba "Sistemas", no grupo "Análise estrutural", clique no botão "Pórtico-TQS".
- Na aba "Pórtico-TQS", no grupo "Visualizar", clique no botão "Visualizador de pórticos", item "Estado limite último (ELU)".

VISUALIZANDO AS REAÇÕES
- No "Visualizador de pórticos", na aba "Selecionar", no grupo "Casos/Pisos", selecione o caso "01 - Todas as permanentes e acidentais dos pavimentos".
- No grupo "Diagramas", clique no botão "Reações".
- No grupo "Tamanhos", ajuste a altura dos textos.

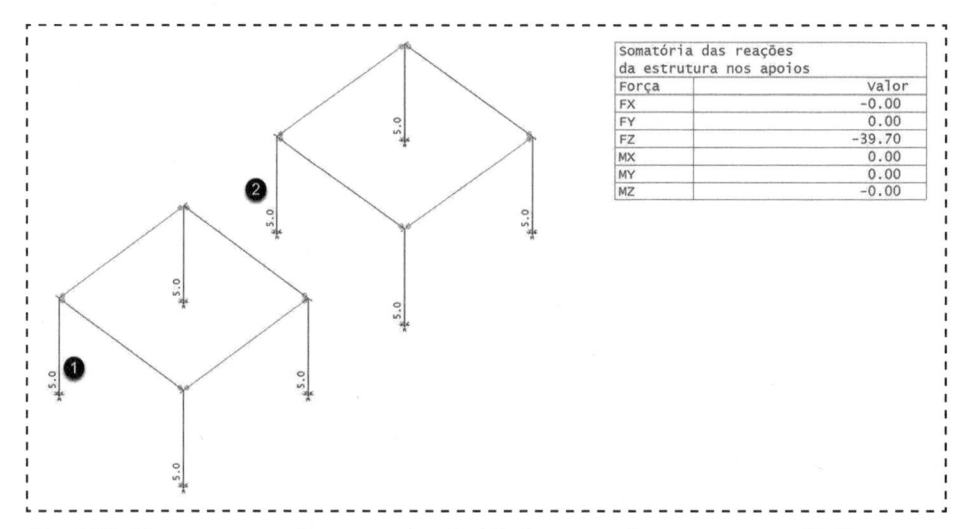

[1 e 2] Verifique que as reações nos apoios são idênticas em ambas as estruturas: "5 tf" em cada apoio.

Vamos analisar os esforços nas vigas.

VISUALIZANDO OS ESFORÇOS
- Na aba "Selecionar", no grupo "Diagramas", clique no botão "Momento My".
- No grupo "Tamanhos", ajuste a altura dos textos.

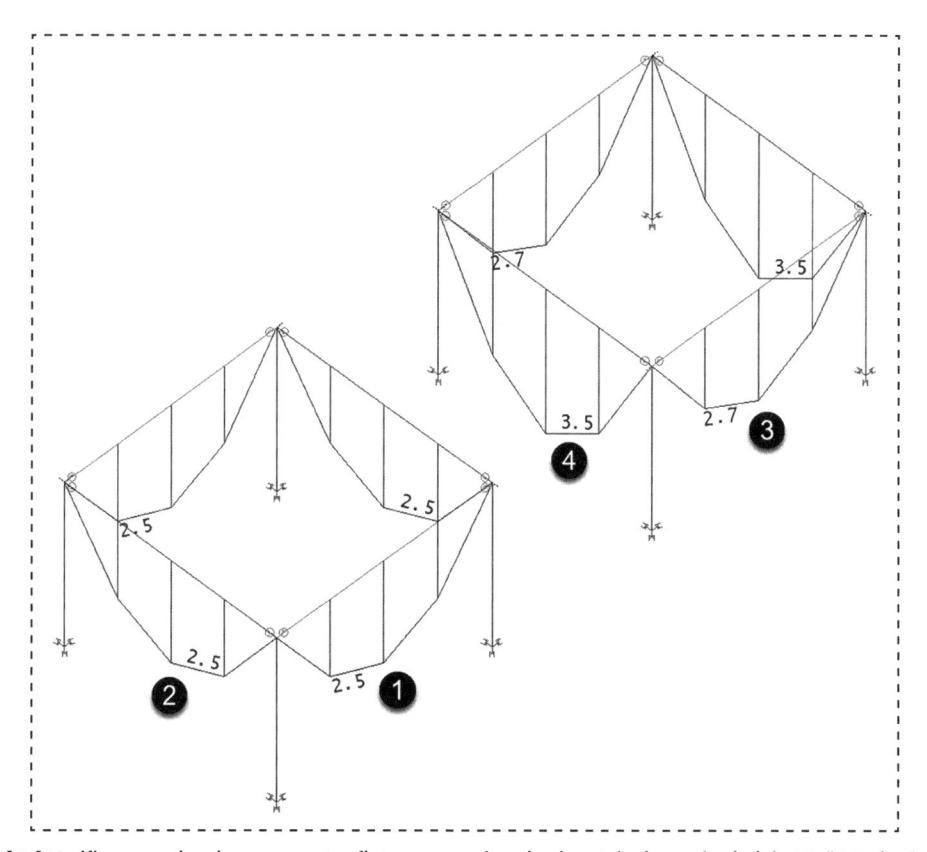

[1] Verifique o valor dos momentos fletores nas vigas horizontais de apoio da laje L1: "2,5 tf.m".
[2] Verifique o valor dos momentos fletores nas vigas verticais de apoio da laje L1: "2,5 tf.m".
[3] Verifique o valor dos momentos fletores nas vigas horizontais de apoio da laje L2: "2,7 tf.m".
[4] Verifique o valor dos momentos fletores nas vigas verticais de apoio da laje L2: "3,5 tf.m".

PERGUNTAS: se as barras das lajes não fazem parte do modelo de pórtico espacial, como explicar o comportamento obtido na estrutura que contém a laje L2? Como explicar que as vigas mais rígidas (verticais) automaticamente ficaram mais solicitadas?

A resposta dessas questões está na maneira como as estruturas foram carregadas. Acompanhe a seguir.

VISUALIZANDO OS CARREGAMENTOS
▶ Na aba "Selecionar", no grupo "Diagramas", clique no botão "Carregamentos".

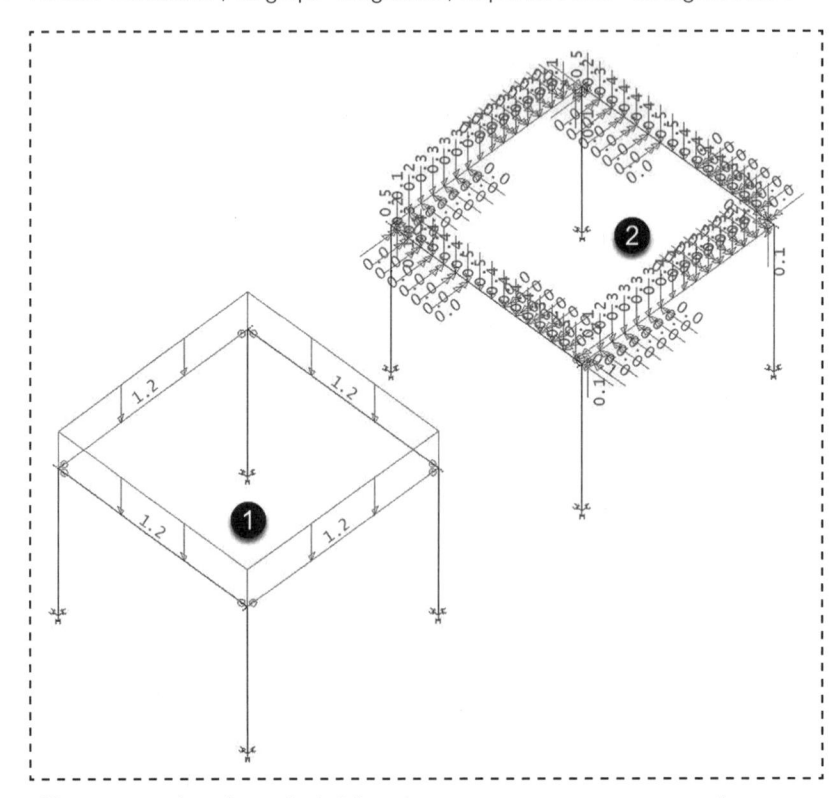

[1] Verifique que as vigas de apoio da laje L1 possuem as mesmas cargas que foram linearmente distribuídas na grelha: "1,2 tf/m".
[2] Verifique que as vigas da laje L2 possuem uma série de cargas concentradas.

Reative o visualizador de grelha. Não feche o visualizador de pórtico ainda.

EDITANDO PARÂMETROS DE VISUALIZAÇÃO NO VISUALIZADOR DE GRELHAS
▶ No "Visualizador de grelhas", clique na aba "Visualizar".
▶ No grupo "Visualização", clique no botão "Parâmetros".
▶ Na janela "Parâmetros de visualização", no grupo "Barras", desative as opções "Barras de vigas" e "Barras na direção Y".
▶ Clique no botão "OK".

VISUALIZANDO AS FORÇAS VERTICAIS
▶ Na aba "Selecionar", no grupo "Diagramas", clique no botão "Força Fz".

Note que os valores das forças cortantes nas barras de laje horizontais junto à viga V7 são aproximadamente iguais a 0,4 tf.

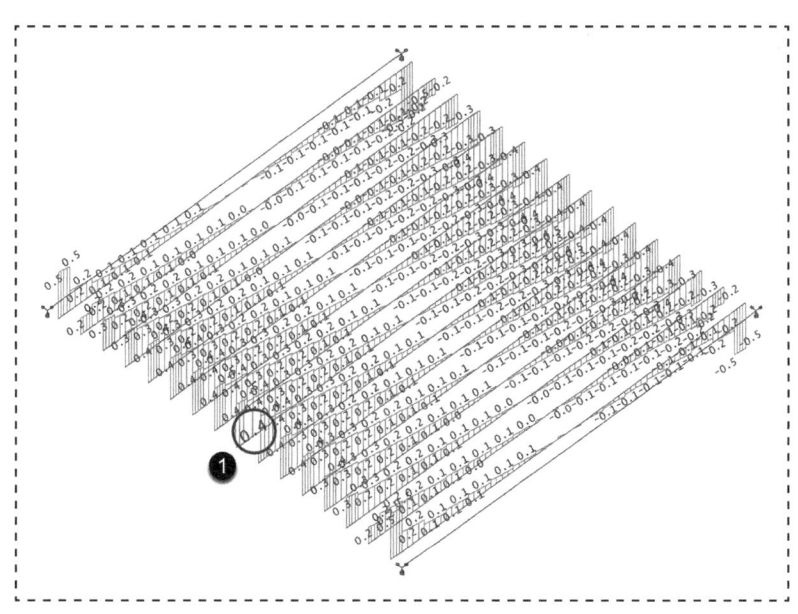

ANÁLISE ESTRUTURAL: UMA ETAPA FUNDAMENTAL EM TODO PROJETO

[1] Verifique que os alinhamentos das barras de laje possuem forças cortantes junto ao apoio da viga: "aproximadamente 0,4 tf".

Retorne ao visualizador de pórtico espacial e visualize as cargas concentradas na viga vertical V7.

VISUALIZANDO ELEMENTOS EM UMA CERCA NO VISUALIZADOR DE PÓRTICOS

▶ No "Visualizador de pórticos", na aba "Selecionar", no grupo "Cerca", clique no botão "Definir cerca".

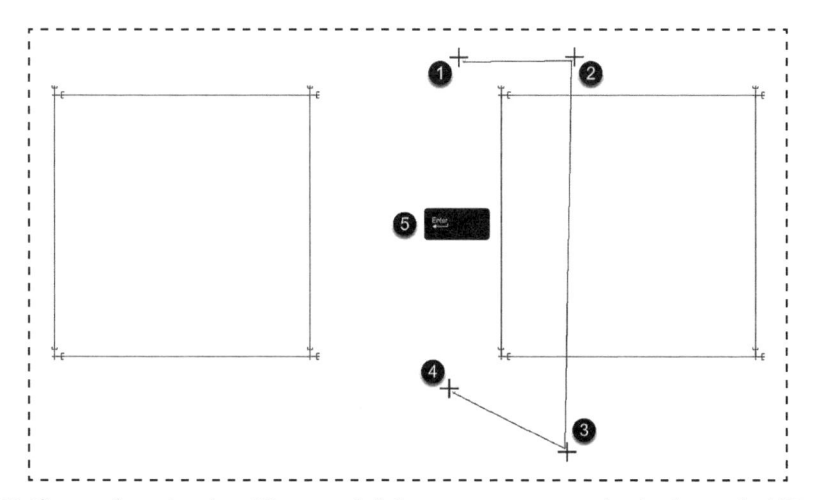

[1 a 4] Clique sobre a janela gráfica para definir um contorno em volta da viga vertical V7.
[5] Aperte a tecla "Enter" para finalizar a definição da cerca.

VISUALIZANDO EM VISTA LATERAL
- Clique na aba "Visualizar".
- No grupo "Vista", clique no botão "Vista lateral".

Note que a viga vertical V7 (mais rígida) foi carregada exatamente com forças oriundas das cortantes das barras de laje calculadas na modelagem por grelha do pavimento. São valores próximos de 0,4 tf.

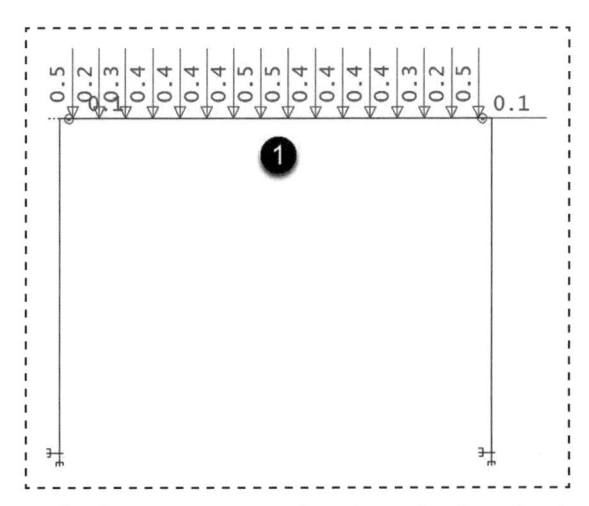

[1] Verifique o valor das cargas concentradas sobre a viga: "aproximadamente 0,4 tf".

Reative o visualizador de grelhas. Vamos verificar as cortantes junto às vigas horizontais.

EDITANDO PARÂMETROS DE VISUALIZAÇÃO NO "VISUALIZADOR DE GRELHAS"
- No "Visualizador de grelhas", clique na aba "Visualizar".
- No grupo "Visualização", clique no botão "Parâmetros".
- Na janela "Parâmetros de visualização", no grupo "Barras", desative "Barras na direção X" e ative "Barras na direção Y".
- Clique no botão "OK".

Note que os valores das forças cortantes nas barras de laje verticais junto à viga V6 são aproximadamente iguais a 0,3 tf.

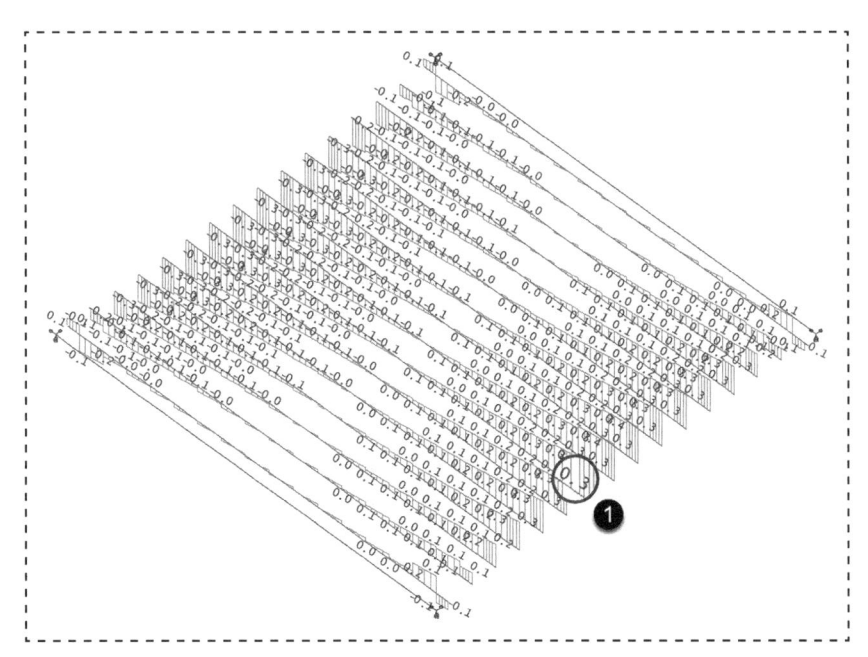

ANÁLISE ESTRUTURAL: UMA ETAPA
FUNDAMENTAL EM TODO PROJETO

[1] Verifique que os alinhamentos das barras de laje possuem forças cortantes junto ao apoio da viga: "aproximadamente 0,3 tf".

Retorne ao visualizador de pórtico espacial.

Vamos visualizar agora as cargas concentradas na viga horizontal V6.

VISUALIZANDO ELEMENTOS DENTRO DE UMA CERCA NO VISUALIZADOR DE PÓRTICOS

- ▶ No "Visualizador de pórticos", na aba "Selecionar", no grupo "Cerca", clique no botão "Definir cerca".
- ▶ Na aba "Visualizar", clique no botão "Vista Frontal".

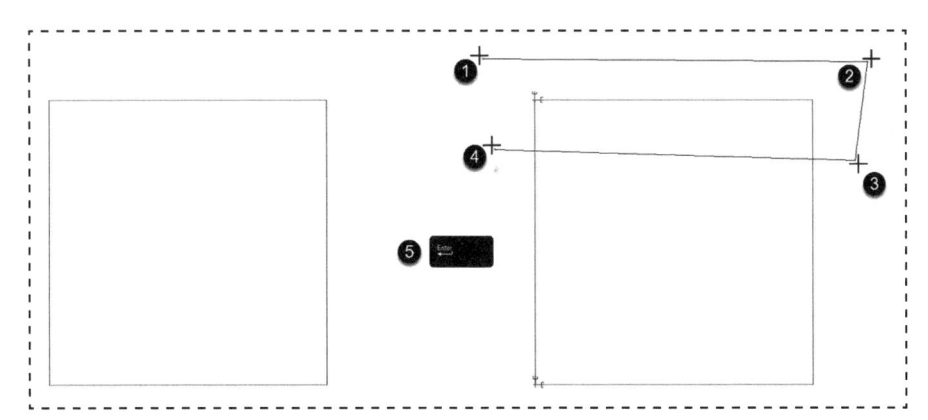

[1 a 4] Clique sobre a janela gráfica para definir um contorno em volta da viga horizontal V6.
[5] Aperte a tecla "Enter" para finalizar a definição da cerca.

Na aba "Visualizar", clique no botão "Vista Frontal".

Note que a viga horizontal V6 (menos rígida) foi carregada exatamente com forças oriundas das cortantes das barras de laje calculadas na modelagem por grelha do pavimento. São valores próximos de 0,3 tf.

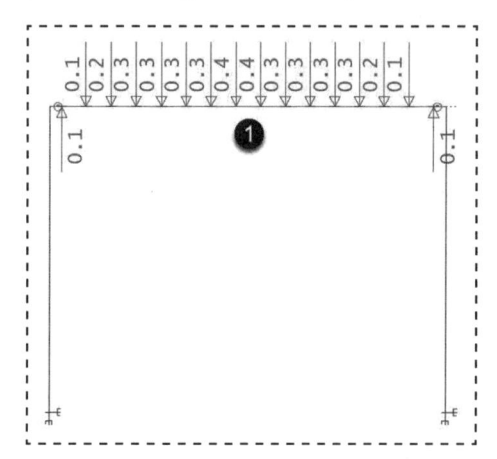

[1] Verifique o valor das cargas concentradas sobre a viga: "aproximadamente 0,3 tf".

Perceba que, devido ao sistema computacional transferir automaticamente as cortantes das barras da laje do modelo de grelha como cargas concentradas nas vigas do pórtico espacial, a distribuição dos esforços nas vigas ao redor da laje L2, nesse modelo global em que as lajes não são discretizadas (no pórtico espacial, não existem barras de laje), teve um comportamento mais realista, isto é, as vigas mais rígidas (verticais) ficaram mais solicitadas que as vigas menos rígidas (horizontais).

▶ No modelo de pórtico espacial, é importante que as cargas verticais nas vigas sejam oriundas dos esforços obtidos nas grelhas dos pavimentos. Somente dessa forma a distribuição dos esforços nesse modelo global se tornará mais realista.

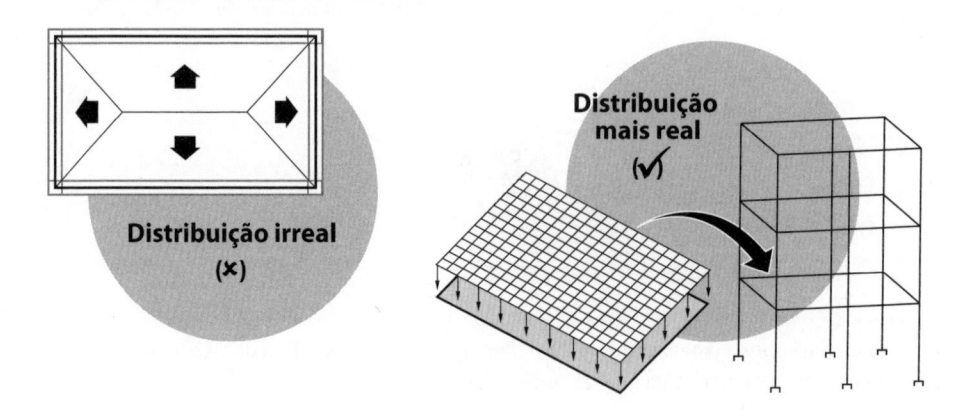

Distribuição irreal (✗)

Distribuição mais real (✓)

Finalmente, feche tanto a janela do visualizador de grelha como a do pórtico espacial.

FECHANDO OS VISUALIZADORES DE PÓRTICOS E GRELHAS
- Feche o "Visualizador de pórticos".
- Feche o "Visualizador de grelhas".

Conclusão do exemplo 2

Neste segundo exemplo, foi possível perceber claramente que, pela adoção de modelos de grelhas de vigas e lajes em pavimentos, bem como da transferência de seus esforços como cargas nas barras do pórtico espacial, obtém-se uma distribuição de esforços mais realista, isto é, as regiões mais rígidas ficam mais solicitadas.

▶ Lembre-se sempre: os esforços tendem a migrar para as regiões que possuem maior rigidez!

Foi possível concluir também que modelos mais simplificados baseados na distribuição das cargas das lajes por área de influência possuem limitações que, às vezes, podem originar resultados incondizentes com a realidade.

▶ Na análise de pavimentos de concreto armado, é recomendável a adoção de grelhas de vigas e lajes (em vez de modelos simplificados), pois, dependendo do caso, somente dessa forma é possível ocorrer uma distribuição de esforços mais realista.

3.4 Modelagem de edifícios de concreto armado

As estruturas usuais de edifícios de concreto armado basicamente possuem as seguintes características:
   a. São formadas por elementos lineares (vigas e pilares) e de superfície (lajes), que funcionam de forma integrada, constituindo um conjunto monolítico.
   a. São compostas de dois materiais distintos, concreto e aço, que trabalham de forma integrada, constituindo um material heterogêneo.
   a. Estão submetidas a ações verticais (peso próprio, sobrecarga variável,...) e horizontais (vento, empuxo,...), que atuam de forma combinada.

Edifício de concreto armado

Peso próprio, sobrecarga, ...

LAJES
Elementos de superfície

VIGAS e PILARES
Elementos lineares

Vento, empuxo...

Aço Concreto

CONCRETO ARMADO

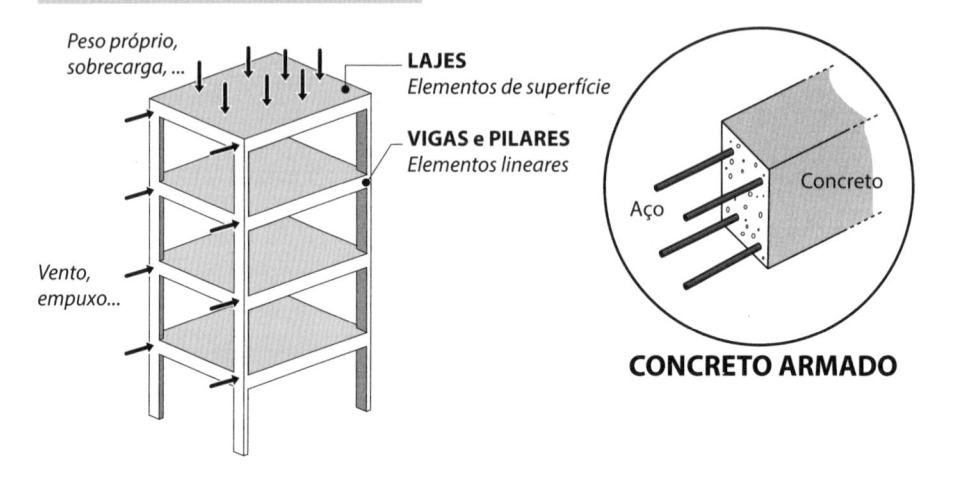

A modelagem desse tipo de estrutura, aparentemente, parece ser uma tarefa fácil e trivial. Bastaria, por exemplo, adotar uma combinação de modelos "pórtico espacial + grelhas", muito comum nos sistemas computacionais atuais, para atender plenamente a esses três requisitos.

Mero engano! Simular um edifício de concreto armado não é uma tarefa tão simples quanto parece. Além das características listadas anteriormente, existem outras particularidades que tornam a análise desse tipo de estrutura muito mais complexa.

É necessário fazer adaptações nos modelos de grelha e pórtico espacial para que a realidade de um edifício de concreto armado seja retratada no computador de forma adequada. A modelagem deve ser "calibrada" para que a estrutura seja calculada corretamente.

▶ A análise estrutural de edifícios de concreto armado requer modelos "especiais" para que a estrutura seja simulada de forma realista.

A adoção de modelos puramente convencionais, sem qualquer tipo de adaptação que contemple, mesmo que de forma simplificada, o comportamento real do material concreto armado, deve ser evitada na medida do possível, pois eles podem gerar resultados incompatíveis com a realidade e, às vezes, contra a segurança.

São inúmeras as particularidades de uma estrutura de concreto armado que tornam sua análise diferenciada. Alguns exemplos: a presença da fissuração do concreto, da deformação lenta, da plastificação do aço, a rigidez efetiva da ligação entre as vigas e pilares, o processo construtivo da estrutura etc.

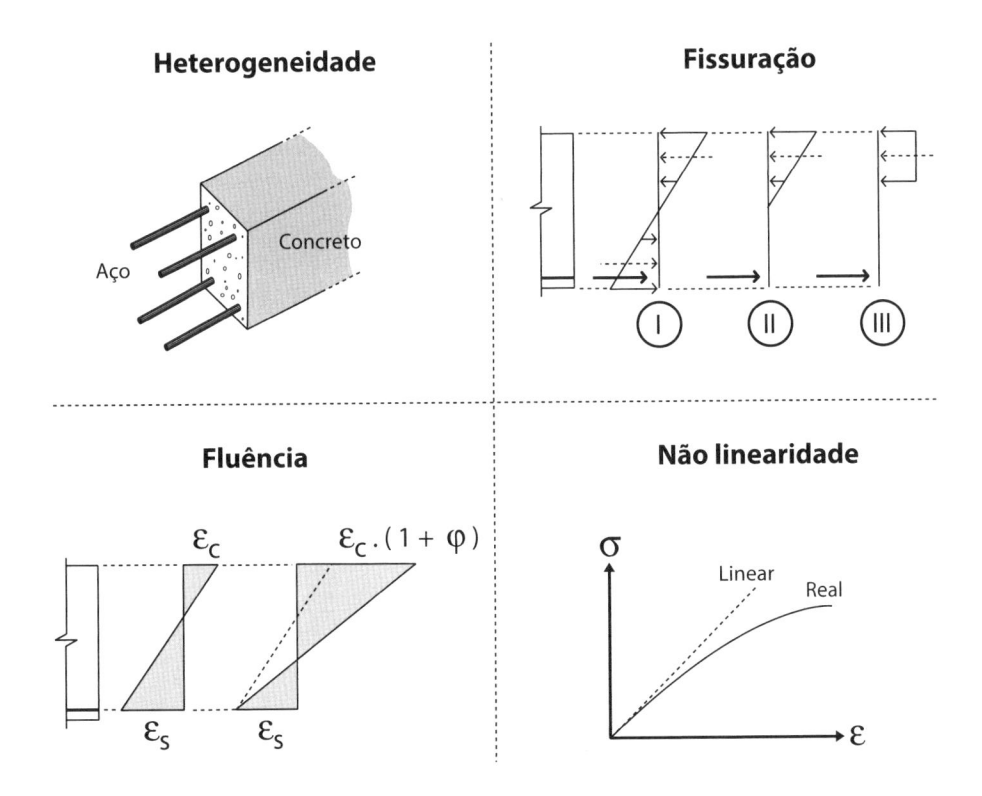

Heterogeneidade

Fissuração

Fluência

Não linearidade

A seguir, será mostrado na prática como alguns "ajustes de modelagem" são incorporados durante a análise estrutural de edifícios de concreto, ressaltando a devida importância deles na obtenção de resultados mais condizentes com a realidade. Serão abordados os seguintes tópicos: redistribuição de esforços, ligação viga-pilar e efeitos construtivos.

3.5 Redistribuição de esforços

Pelo exemplo 2, foi possível verificar de uma forma bastante clara que os esforços solicitantes são distribuídos em uma estrutura de acordo com as rigidezes relativas entre os seus elementos. Estendendo um pouco esse conceito, torna-se possível compreender então o termo "redistribuição de esforços".

Essa talvez seja a característica mais importante e difícil de ser assimilada na análise estrutural de um edifício de concreto armado, pois não condiz exatamente com a análise puramente linear, elástica e sem adaptações com que comumente nos deparamos durante toda a graduação.

A redistribuição de esforços consiste numa alteração da distribuição de esforços na estrutura ocasionada pela variação de rigidez de seus elementos, que ocorre de acordo com a resposta dos materiais (concreto e aço) à medida que o carregamento é aplicado ao edifício.

Essa redistribuição de esforços pode ocorrer em qualquer parte da estrutura, inclusive num mesmo elemento estrutural. Na prática usual, esse tipo de comportamento pode ser considerado por análises lineares com adaptações diretas nas rigidezes dos elementos. Trata-se de uma forma simplificada de retratar a redistribuição de esforços durante a modelagem. Contudo, para uma avaliação mais precisa são necessárias análises não lineares e plásticas, que serão abordadas no Cap. 6.

▶ Nos projetos de estruturas de concreto armado, a consideração da redistribuição de esforços está presente em praticamente 100% dos casos. E, portanto, a modelagem no computador desse tipo de estrutura precisa ser adaptada para simular adequadamente essa condição.

Vale lembrar que não é todo tipo de estrutura que admite a redistribuição de esforços. Depende do tipo de material que a compõe. As estruturas de concreto armado, estas sim, são passíveis de absorver, de forma limitada, uma certa redistribuição de esforços. Essa variação nos esforços é decorrente principalmente da alteração de rigidezes em certas regiões da estrutura oriunda da plastificação dos materiais (concreto e aço) e do surgimento da fissuração (concreto).

▶ A redistribuição de esforços em análises lineares deve ser realizada de forma criteriosa. Existem limitações. Os esforços devem ser distribuídos de forma coerente. A imposição de uma redistribuição de esforços exagerada pode gerar uma estrutura insegura, desequilibrada e frágil. Uma estrutura de concreto armado não está apta para aguentar qualquer tipo de desaforo!

A redistribuição de esforços pode ser considerada de diversas formas, sendo algumas vezes definida por uma intervenção manual do engenheiro. Em todos os casos, é obrigatório resultar numa configuração final de esforços equilibrada. Esse equilíbrio é um requisito básico e fundamental qualquer que seja o tipo de modelagem adotado.

Se uma determinada parte da estrutura não for capaz de absorver um esforço na sua totalidade, o restante, isto é, a parcela de esforços não absorvida, migrará para uma outra parte da estrutura que tenha capacidade de resistir a ela. O esforço migra de uma região para outra, ou seja, se redistribui, porém nunca some.

▶ Nunca, seja qual for o tipo de modelagem adotada, um esforço pode sumir ou ser desprezado arbitrariamente!

A NBR 6118:2014, item 14.5.3, permite que os efeitos das ações sejam redistribuídos na estrutura, desde que as condições de equilíbrio e dutilidade sejam obrigatoriamente atendidas. Esse tipo de análise é denominada "Análise linear com redistribuição".

Na prática, não são raros os casos em que a redistribuição de esforços é imposta numa certa região do edifício, com o intuito de adequar a modelagem a certas condições reais a que possivelmente a estrutura estará sujeita (ex.: plastificação na região do apoio de vigas). No entanto, esse tipo de análise requer cuidado, experiência e, sobretudo, coerência.

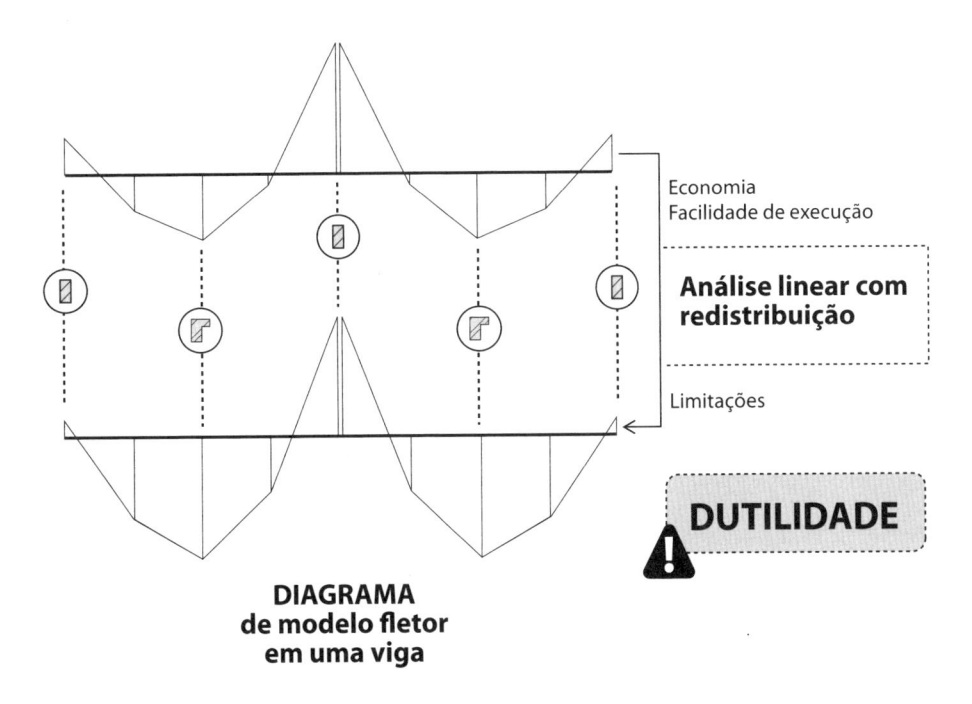

DIAGRAMA de modelo fletor em uma viga

Economia
Facilidade de execução

Análise linear com redistribuição

Limitações

⚠ **DUTILIDADE**

Veja a seguir dois exemplos que ilustram a redistribuição de esforços presente em estruturas de concreto armado.

3.5.1 Exemplo 3

Neste exemplo, será abordado um assunto fundamental na análise de pavimentos de concreto armado modelados por grelha de vigas e lajes. Vamos estudar a redistribuição de esforços ocasionada pela alteração da rigidez à torção das barras presentes no modelo.

Entenda o exemplo

Trata-se de um edifício com apenas um pavimento composto de três lajes independentes (L1, L2 e L3), cada qual com uma geometria similar à da laje analisada no exemplo 1.

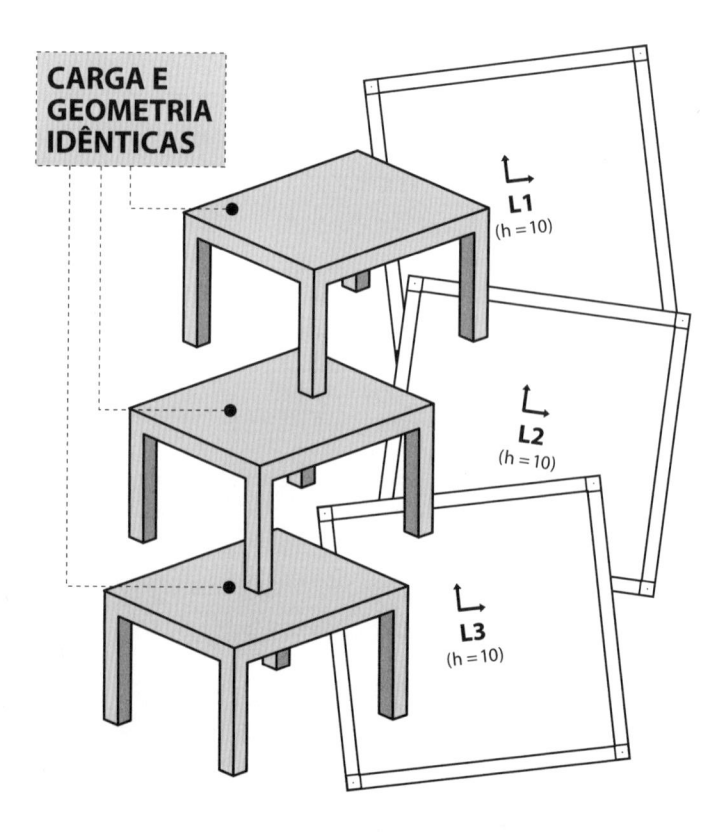

A estrutura composta da laje L1 e as suas respectivas vigas são calculadas com a rigidez à torção integral das barras. Na estrutura composta da laje L2, somente a rigidez à torção das barras de viga é reduzida em 99% (corresponde a uma divisão por 100). Já na estrutura composta da laje L3, além dessa redução nas barras de viga, também é minorada a rigidez à torção nas barras de laje em 83,3% (corresponde a uma divisão por 6).

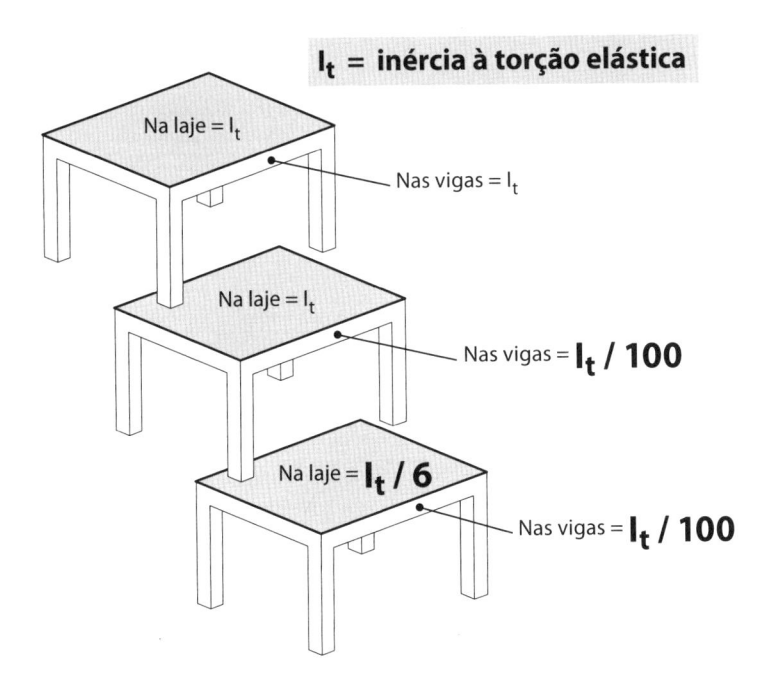

ANÁLISE ESTRUTURAL: UMA ETAPA FUNDAMENTAL EM TODO PROJETO

I_t = inércia à torção elástica

Na laje = I_t
Nas vigas = I_t

Na laje = I_t
Nas vigas = $I_t / 100$

Na laje = $I_t / 6$
Nas vigas = $I_t / 100$

Vamos visualizar a influência dessas modificações nos resultados obtidos e discutir o porquê dessas reduções, bem como a relevância desse tipo de alteração na modelagem de pavimentos de concreto armado.

DESCOMPACTANDO O EDIFÍCIO
▶ Descompacte o edifício "Torção.TQS".

ABRINDO O VISUALIZADOR DE GRELHA
▶ No "Gerenciador", na "Árvore de Edifícios", selecione o ramo "Tipo" do edifício "Torção".
▶ Clique na aba "Sistemas".
▶ Na aba "Sistemas", no grupo "Análise estrutural", clique no botão "Grelha-TQS".
▶ Na aba "Grelha-TQS", no grupo "Visualizar", clique no botão "Visualizador de grelhas", item "Estado limite último (ELU)".

VISUALIZANDO MOMENTOS TORSORES
▶ No "Visualizador de grelhas", na aba "Selecionar", no grupo "Casos/Pisos", selecione o caso "01 - Todas as permanentes e acidentais dos pavimentos".
▶ No grupo "Diagramas", clique no botão "Momento Mx".

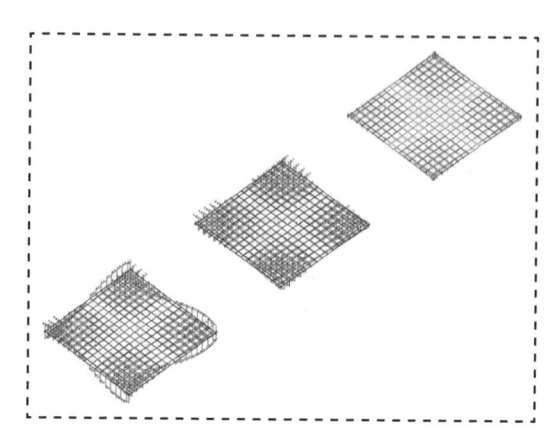

AJUSTANDO PARÂMETROS DE VISUALIZAÇÃO

- ▶ Clique na aba "Visualizar".
- ▶ No grupo "Visualização", clique no botão "Parâmetros".
- ▶ Na janela "Parâmetros de visualização", no grupo "Barras", desative "Barra de lajes".
- ▶ Clique no botão "OK".

Note que os momentos torsores são maiores nas vigas nas quais a rigidez à torção não foi reduzida. Nas demais vigas, os esforços são praticamente desprezíveis.

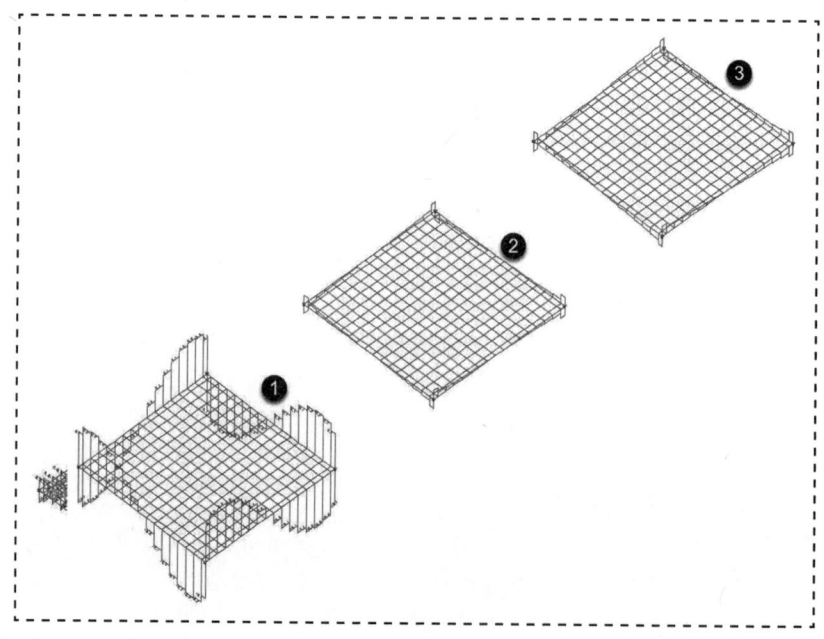

[1] Verifique que há momentos torsores significativos nas vigas da estrutura à esquerda.
[2] Verifique que há momentos torsores desprezíveis nas vigas da estrutura do meio.
[3] Verifique que há momentos torsores desprezíveis nas vigas da estrutura à direita.

ANÁLISE ESTRUTURAL: UMA ETAPA FUNDAMENTAL EM TODO PROJETO | 151

Esse tipo de comportamento já era esperado, pois as vigas ao redor da laje L1 não tiveram suas rigidezes reduzidas. E, consequentemente, elas foram mais solicitadas, isto é, ficaram submetidas a momentos torsores maiores.

O esforço de torção nas vigas de borda é gerado pela flexão das barras de laje, conforme mostra a figura a seguir.

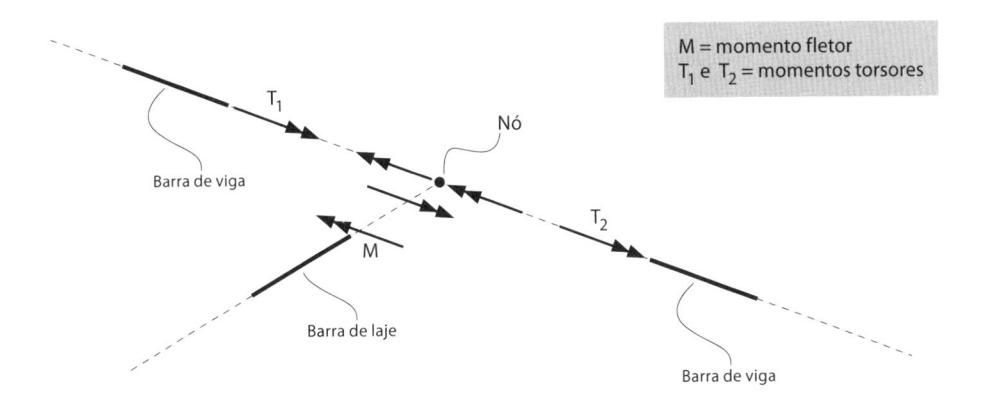

Na sequência, vamos visualizar os momentos torsores nas lajes.

AJUSTANDO PARÂMETROS DE VISUALIZAÇÃO

- ▶ Clique na aba "Visualizar".
- ▶ No grupo "Visualização", clique no botão "Parâmetros".
- ▶ Na janela "Parâmetros de visualização", no grupo "Barras", desative "Barras de vigas" e ative "Barras de lajes".
- ▶ Na aba "Diagramas", no grupo "Valores", ajuste o campo "Número de casas" para "2".
- ▶ Clique no botão "OK".

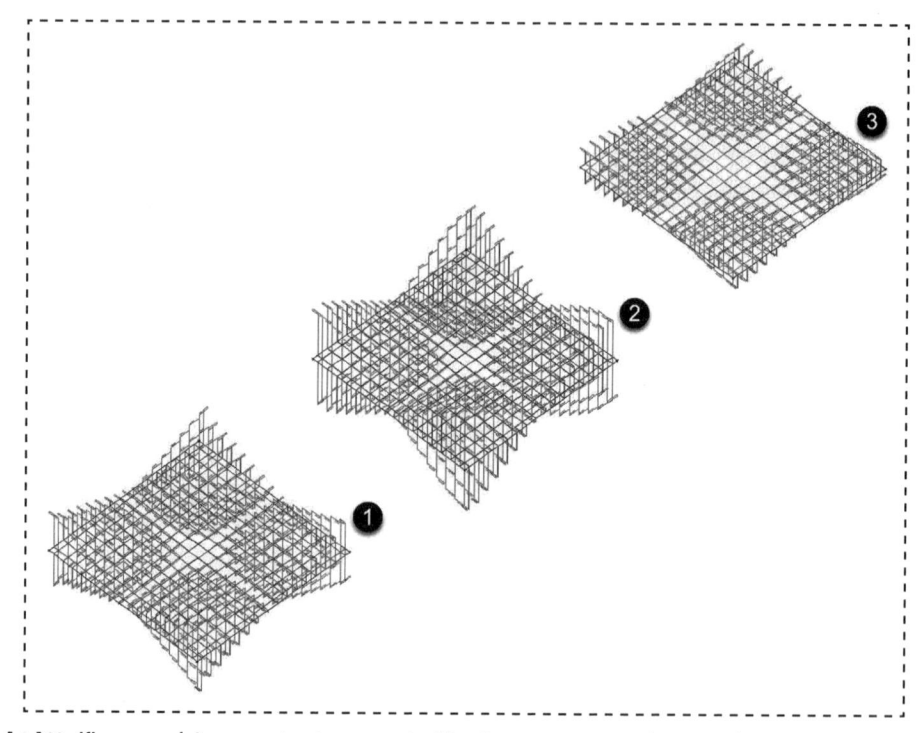

[1] Verifique que há momentos torsores significativos na estrutura à esquerda.
[2] Verifique que há momentos torsores significativos na estrutura do meio.
[3] Verifique que NÃO há momentos torsores significativos na estrutura à direita.

Da mesma forma como nas vigas, a distribuição de esforços nas lajes teve um comportamento esperado. Os momentos torsores foram menores nas regiões em que a rigidez foi reduzida (laje L3).

Vamos verificar os momentos fletores nas bordas das lajes.

VISUALIZANDO MOMENTOS FLETORES
▶ Na aba "Selecionar", no grupo "Diagramas", clique no botão "Momento My".

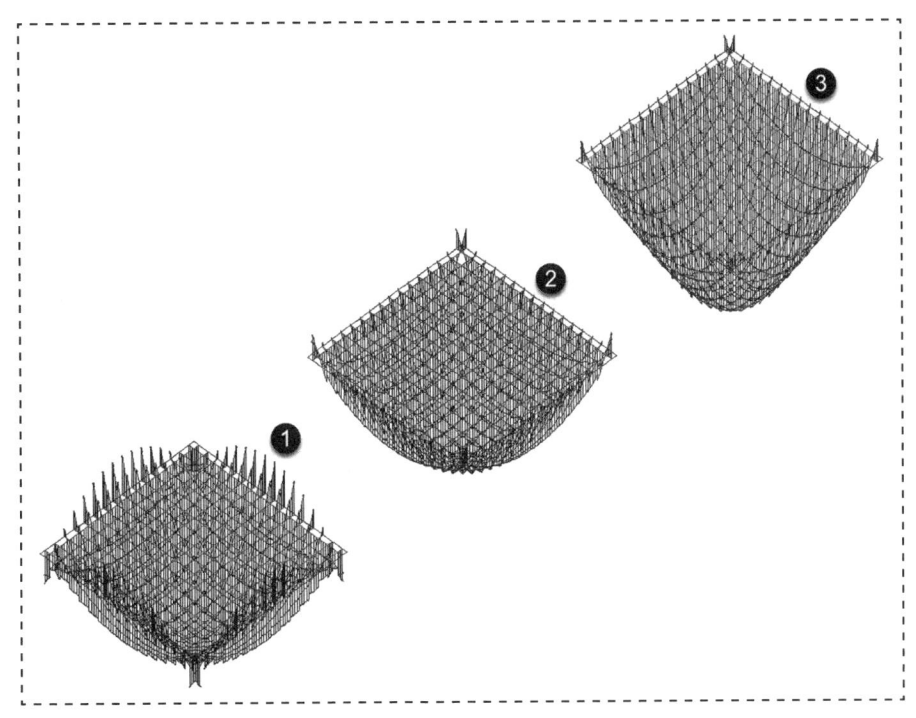

[1] Verifique que há momentos negativos significativos nas bordas da laje de estrutura à esquerda.
[2] Verifique que NÃO há momentos negativos significativos nas bordas da laje de estrutura do meio.
[3] Verifique que NÃO há momentos negativos significativos nas bordas da laje de estrutura à direita.

Perceba a existência de momentos fletores negativos mais significativos junto aos apoios da laje L1, cujas vigas de borda não tiveram as rigidezes à torção reduzidas.

OBS.: em certas versões do sistema ("Estudante", "EPP"), os diagramas não aparecem integralmente devido às suas limitações.

Vamos analisar agora os momentos fletores no meio dos vãos das lajes com um pouco mais de detalhes.

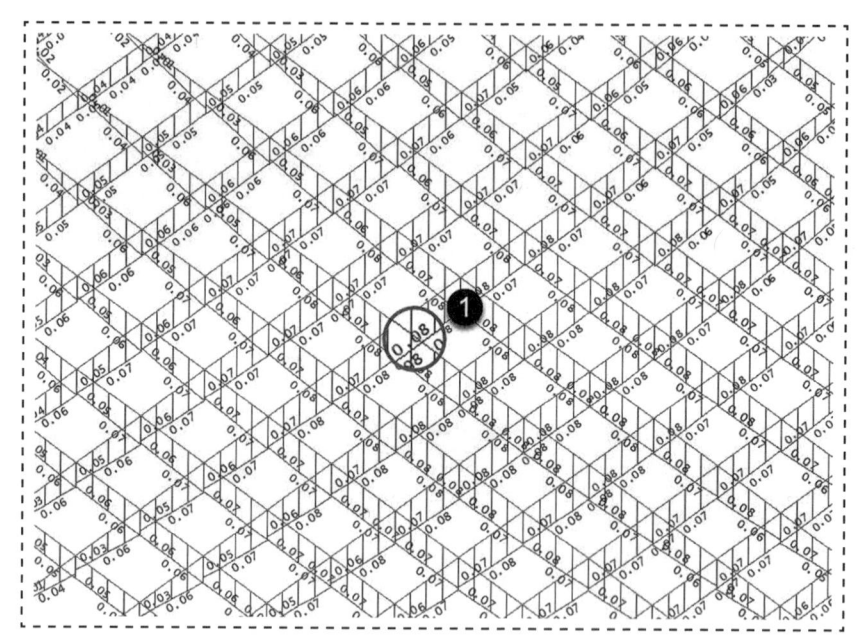

[1] Verifique o valor do momento positivo no meio da laje L1: "0,08 tf.m".

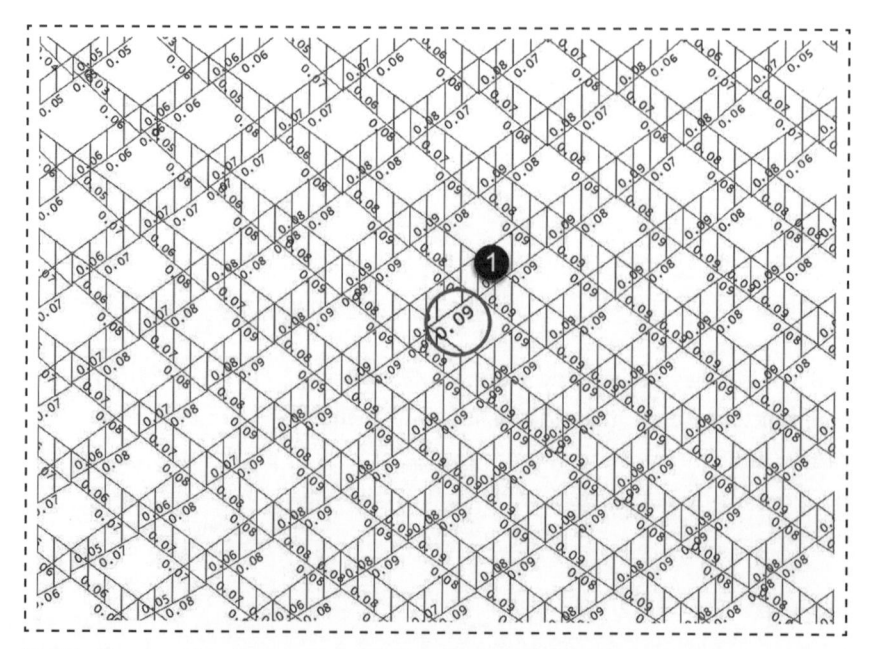

[1] Verifique o valor do momento positivo no meio da laje L2: "0,09 tf.m".

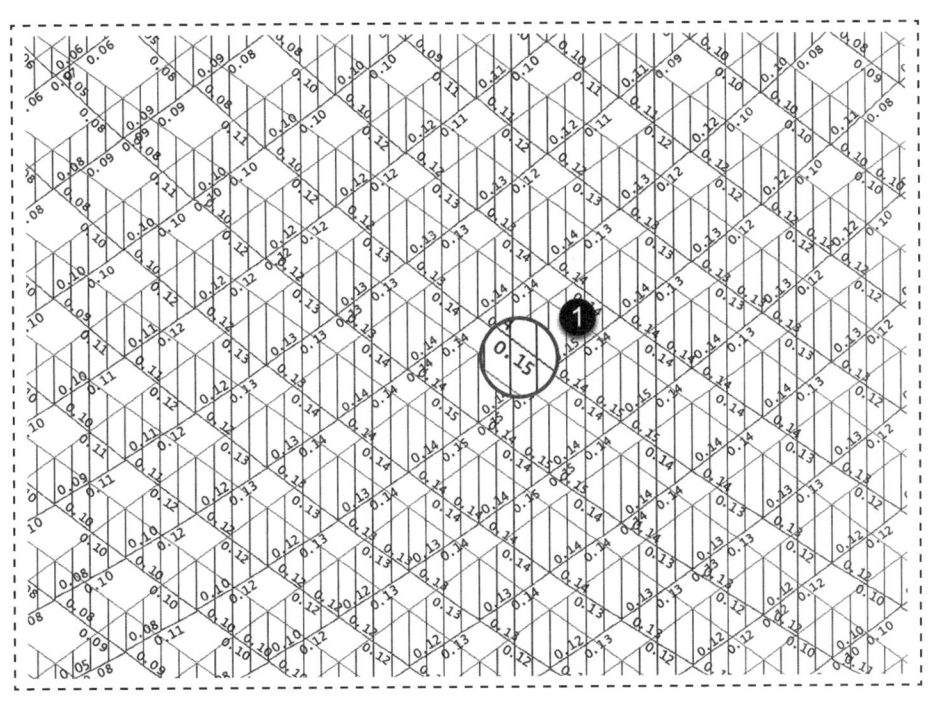

[1] Verifique o valor do momento positivo no meio da laje L3: "0,15 tf.m".

Pela análise dos três valores de momentos fletores positivos (0,08 tf.m na laje L1, 0,09 tf.m na laje L2 e 0,15 tf.m na laje L3), é possível constatar a influência da rigidez à torção dos elementos (vigas e lajes) no esforço fletor final no meio do vão das lajes.

Observe que, na laje L1, onde a rigidez à torção das vigas não foi reduzida, existem momentos fletores negativos nos apoios da laje, que por sua vez ocasionaram uma ligeira redução dos momentos no meio do vão.

A constatação mais marcante, porém, diz respeito à enorme influência da redução da rigidez à torção das barras de lajes. Veja que o momento fletor positivo no meio do vão aumentou significativamente da laje L2 para a laje L3.

Corte AA 0,08 tf.m

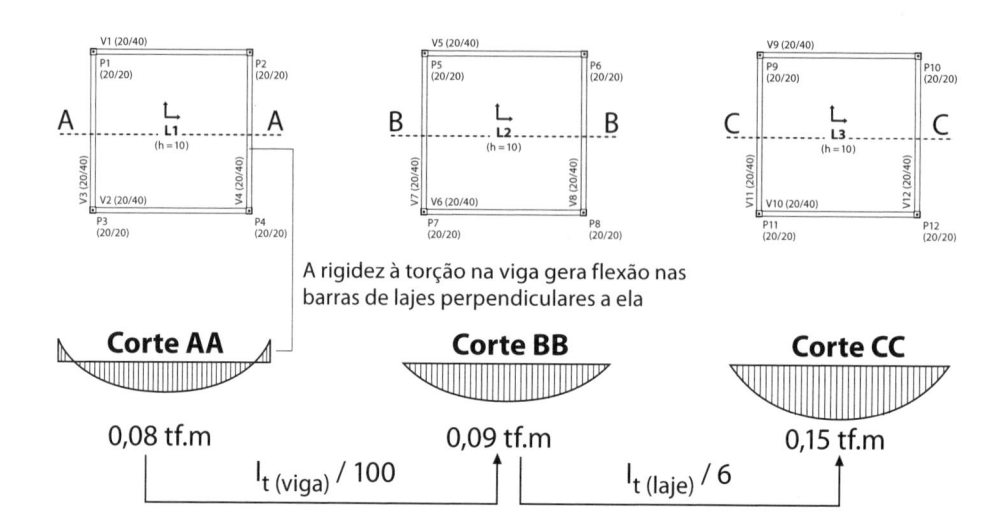

Corte BB 0,09 tf.m

Corte CC 0,15 tf.m

A rigidez à torção na viga gera flexão nas barras de lajes perpendiculares a ela

$I_{t\,(viga)} / 100$

$I_{t\,(laje)} / 6$

Em seguida, vamos analisar a forma dos diagramas dos momentos fletores nas lajes.

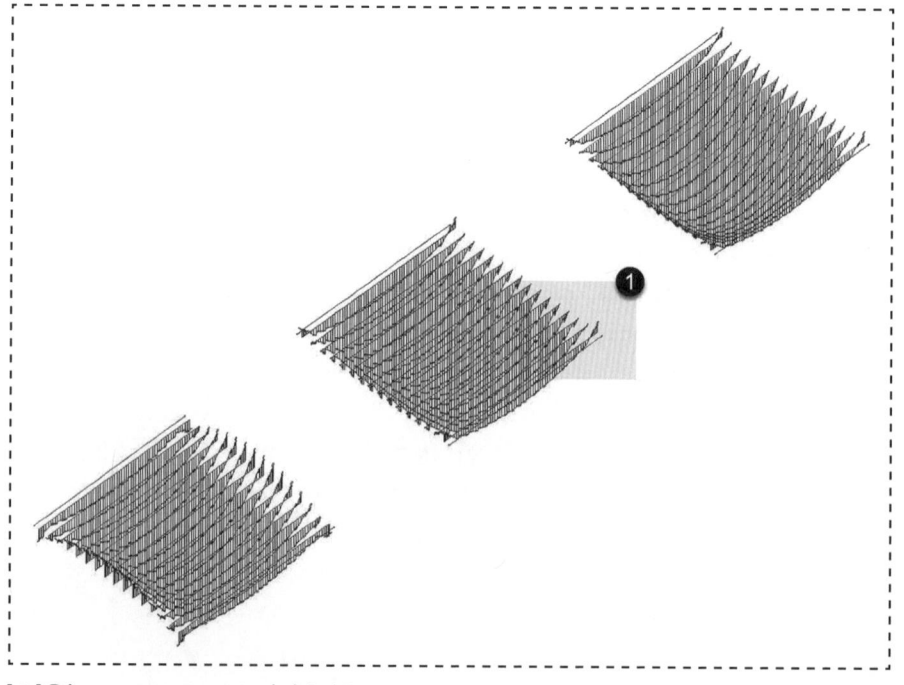

[1] Dê um *zoom* no canto da laje L2.

AJUSTANDO PARÂMETROS DE VISUALIZAÇÃO

▶ Clique na aba "Visualizar".

- No grupo "Visualização", clique no botão "Parâmetros".
- Na janela "Parâmetros de visualização", no grupo "Barras", desative "Barras na direção Y".
- Clique no botão "OK".
- Dê um *zoom* no canto da laje L2.

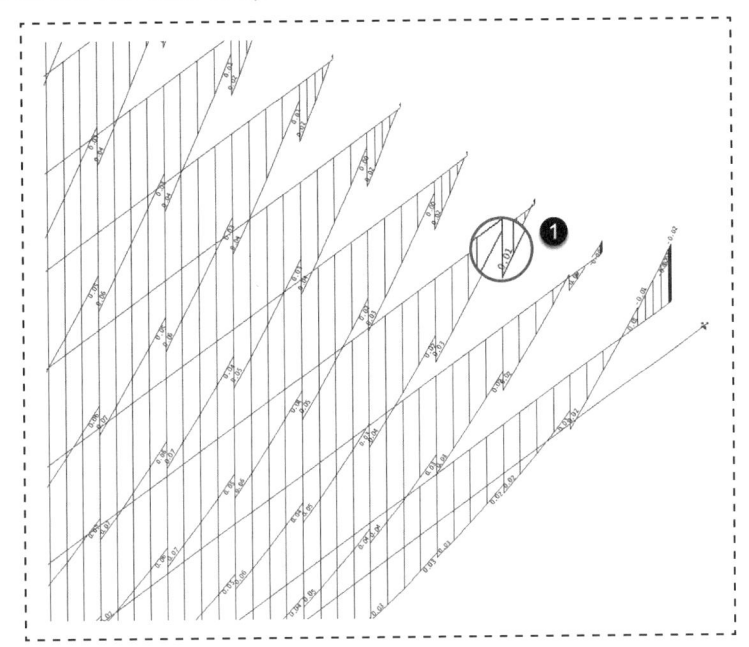

[1] Verifique que há uma descontinuidade no diagrama de momentos da laje L2.

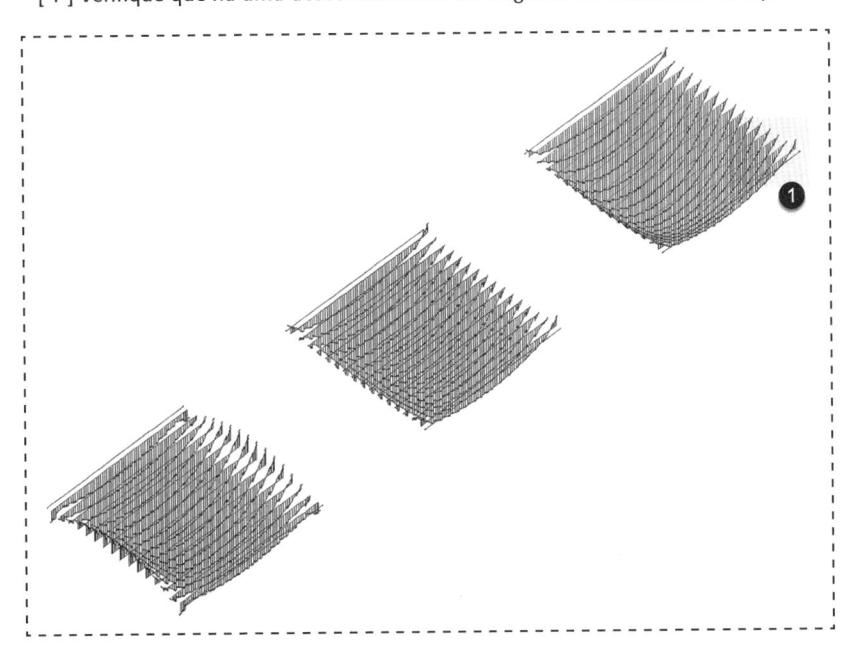

[1] Dê um *zoom* no canto da laje L3.

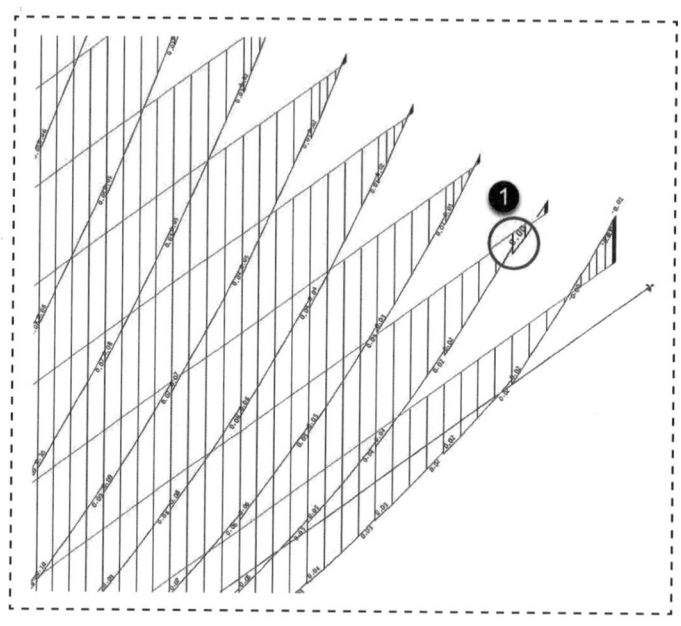

[1] Verifique que não há a descontinuidade nos diagramas da laje L3.

VISUALIZANDO OS DIAGRAMAS PELA VISTA FRONTAL
- Clique na aba "Visualizar".
- No grupo "Vista", clique no botão "Vista frontal".

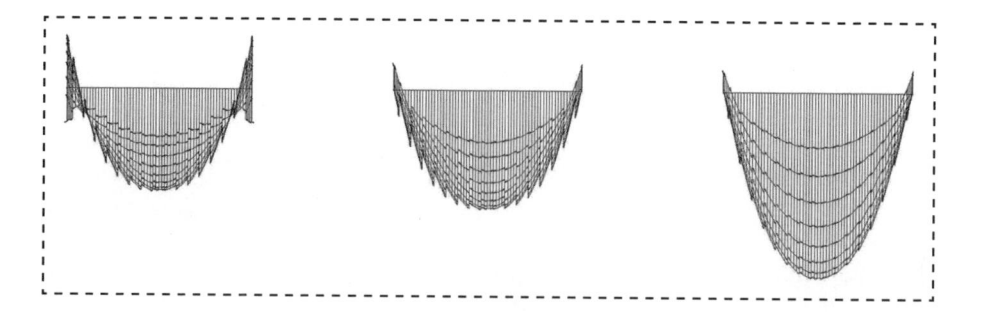

É possível constatar, então, que existem diferenças marcantes na forma dos diagramas nas três lajes analisadas:
- Tanto na laje L1 como na laje L2, onde a rigidez à torção das lajes foi considerada de forma integral, os diagramas de momento fletor possuem descontinuidades ("dentes"). Isso ocorre porque, nos cruzamentos das barras horizontais com as verticais, há o equilíbrio de esforços. Os momentos fletores de uma barra se equilibram com os momentos torsores das barras ortogonais a ela em seus extremos (nós).

ANÁLISE ESTRUTURAL: UMA ETAPA FUNDAMENTAL EM TODO PROJETO

- Na laje L3, onde a rigidez à torção tanto nas vigas como nas lajes foi reduzida, os diagramas de momento fletor não apresentam descontinuidades, pois as barras não têm resistência à torção. Nesse caso, praticamente toda a laje é submetida apenas à flexão.

Antes de prosseguir, é importante relembrar que, embora as solicitações nas lajes L1, L2 e L3 tenham apresentado diferenças significativas, as três estruturas estão submetidas aos mesmos carregamentos. Os três pavimentos são exatamente iguais. A maneira como a modelagem estrutural foi realizada, isto é, como a rigidez à torção das barras foi definida, é que interferiu diretamente nos resultados finais.

Para finalizar este exemplo, cabe responder ainda a seguinte questão: quais esforços devem ser considerados no dimensionamento das armaduras dessas lajes?

Para auxiliar a resposta dessa pergunta, vamos visualizar os diagramas de esforços calculados a partir de um processo chamado "Wood&Armer", no qual os momentos de torção são transformados em envoltórias de momentos fletores positivos e negativos.

AJUSTANDO PARÂMETROS DE VISUALIZAÇÃO

- ▶ Clique na aba "Visualizar".
- ▶ No grupo "Visualização", clique no botão "Parâmetros".
- ▶ Na janela "Parâmetros de visualização", no grupo "Barras", ative "Barras na direção Y".
- ▶ Clique no botão "OK".

VISUALIZANDO WOOD-ARMER

- ▶ Na aba "Selecionar", no grupo "Wood-Armer", clique no botão "Máximos".

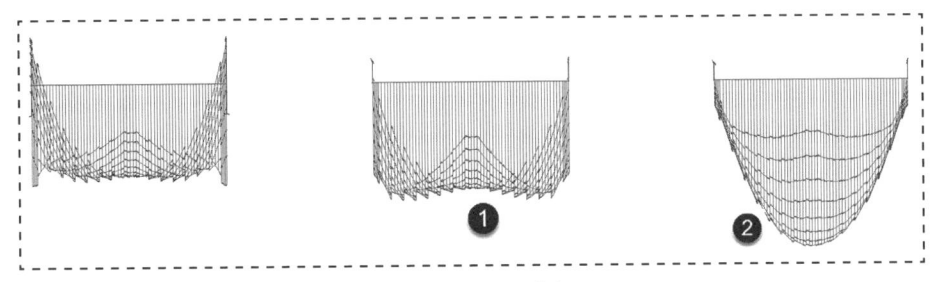

[1] Verifique a envoltória de momentos positivos na laje L2.
[2] Verifique a envoltória de momentos positivos na laje L3.

VISUALIZANDO WOOD-ARMER

- ▶ Na aba "Selecionar", no grupo "Wood-Armer", clique no botão "Mínimos".

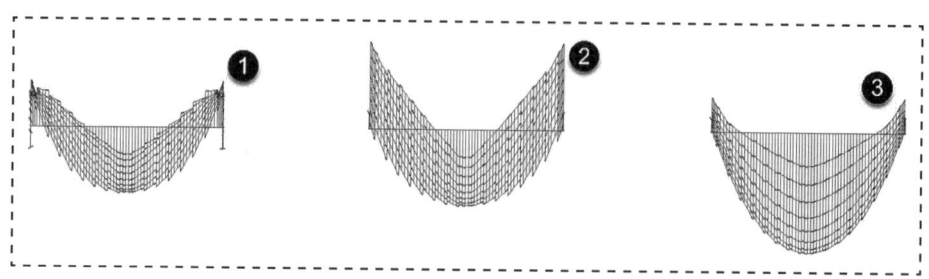

[1] Verifique a envoltória de momentos negativos na laje L1.
[3] Verifique a envoltória de momentos negativos na laje L2.
[4] Verifique a envoltória de momentos negativos na laje L3.

Feche o visualizador de grelhas.

Agora, sim, respondendo a questão que havia ficado em aberto: quais esforços devem ser considerados no dimensionamento das armaduras das lajes L1, L2 e L3?

Resposta: as armaduras devem ser dimensionadas para atender tanto à envoltória de momentos positivos como à envoltória de momentos negativos visualizadas anteriormente.

Isso significa dizer que a armadura à flexão positiva no meio da laje L2 será dimensionada com um esforço menor que a armadura positiva da laje L3. Porém, na laje L2, deve ser dimensionada uma armadura negativa junto aos apoios (nos cantos) bem maior que na laje L3.

▶ Concluindo: seja qual for o tipo de modelagem adotado, nenhum esforço resultante pode ser desprezado. Se for definido um modelo no qual resultem momentos torsores significativos, estes devem ser obrigatoriamente considerados no dimensionamento das armaduras. Eles não podem ser simplesmentes desprezados.

Conclusões do exemplo 3

Com este exemplo, foi possível constatar a enorme influência da rigidez à torção das barras presentes no modelo de grelha de vigas e lajes. Dependendo do ajuste dessa rigidez, o momento fletor resultante no meio do vão das lajes foi alterado de forma significativa.

Foi possível visualizar graficamente a redistribuição de esforços à medida que as rigidezes dos elementos foram alteradas.

No entanto, qual é a modelagem que deve ser adotada no tipo de estrutura anteriormente analisada? A redução da rigidez à torção nas barras deve ou não ser considerada?

A resposta dessas questões não é direta nem tão fácil assim.

Na prática, é comum reduzir as rigidezes à torção tanto nas vigas como nas lajes de pavimentos de concreto armado devido à baixa resistência desse material a esse tipo de solicitação. Dificilmente, é adotada a inércia elástica integral It nos elementos que compõem o modelo.

No entanto, é importante lembrar que, quando a torção for necessária ao equilíbrio da estrutura, chamada de "torção de equilíbrio", ela jamais poderá ser desprezada. É o caso, por exemplo, de uma viga que segura uma laje em balanço (ver figura a seguir).

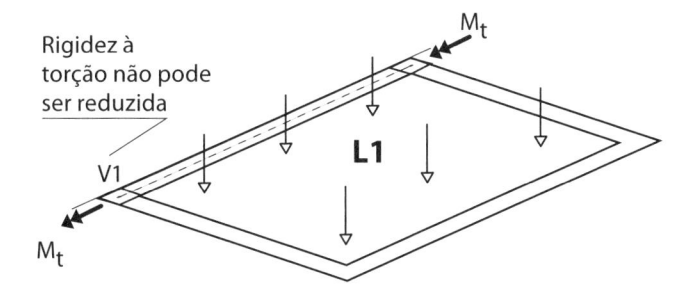

"A laje em balanço **L1** somente ficará em equilíbrio se a viga **V1** tiver resistência à torção."

▶ Quando a torção num determinado elemento for necessária ao equilíbrio da estrutura, a sua rigidez não deve ser totalmente desprezada.

Somente em casos nos quais a torção não é necessária ao equilíbrio, chamada de "torção de compatibilidade" (compatibilidade de deformações), é que uma maior redução de rigidez pode ser considerada. É o caso, por exemplo, das vigas de borda das lajes L1, L2 e L3 que acabamos de estudar.

Imaginando uma elevação do carregamento nas vigas até levá-las à ruptura, é possível perceber que a torção nelas, mesmo quando muito pequena e praticamente zerada, não será responsável pelo equilíbrio da estrutura. Na prática, essas vigas fissuram à torção assim que as lajes são carregadas, fazendo com que as suas rigidezes diminuam drasticamente.

▶ Somente em casos de torção de compatibilidade é que uma maior redução de rigidez pode ser considerada.

Mais uma última observação importante. Não considere as reduções impostas nos modelos analisados (99% nas vigas e 83,3% nas lajes) como valores fixos, que podem ser aplicados em qualquer análise. Cada caso é um caso. Os divisores de rigidezes devem ser definidos com coerência.

3.5.2 Exemplo 4

Neste exemplo, vamos analisar a redistribuição de esforços em uma viga ocasionada pela plastificação da região próxima a um de seus apoios.

Entenda o exemplo

Trata-se de duas vigas idênticas (mesma geometria e carga). Em apenas uma delas, viga V2, será imposta uma plastificação junto ao pilar P3.

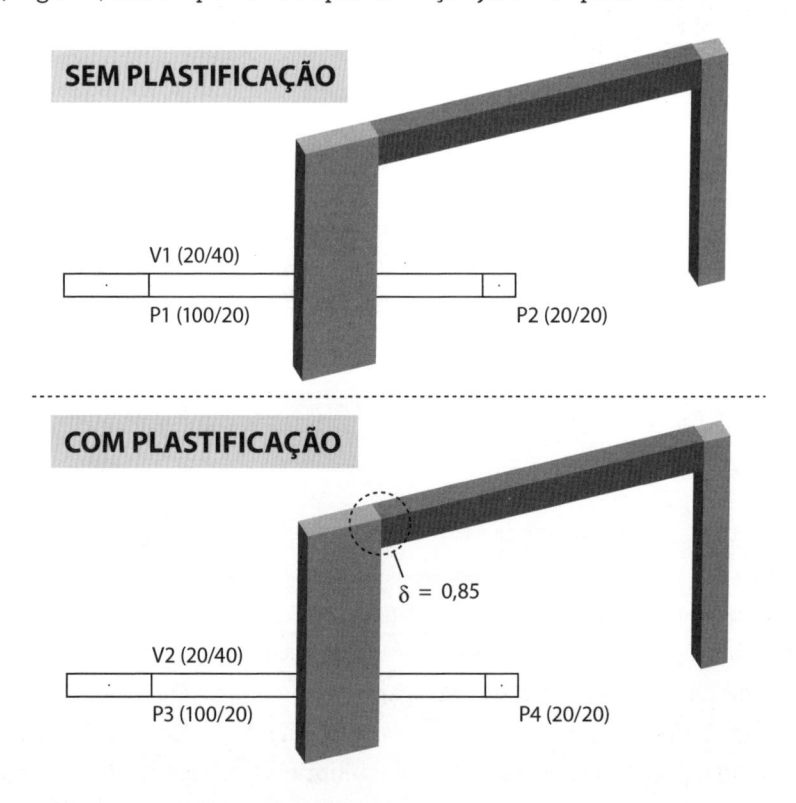

SEM PLASTIFICAÇÃO

V1 (20/40)
P1 (100/20)   P2 (20/20)

COM PLASTIFICAÇÃO

$\delta = 0{,}85$

V2 (20/40)
P3 (100/20)   P4 (20/20)

DESCOMPACTANDO O EDIFÍCIO
- Descompacte o edifício "Plastificação.TQS".

ABRINDO O MODELADOR ESTRUTURAL
- No "Gerenciador", na "Árvore de Edifícios", selecione o ramo "Tipo" do edifício "Plastificação".
- No "Painel Central", dê um duplo clique em "Modelo estrutural".

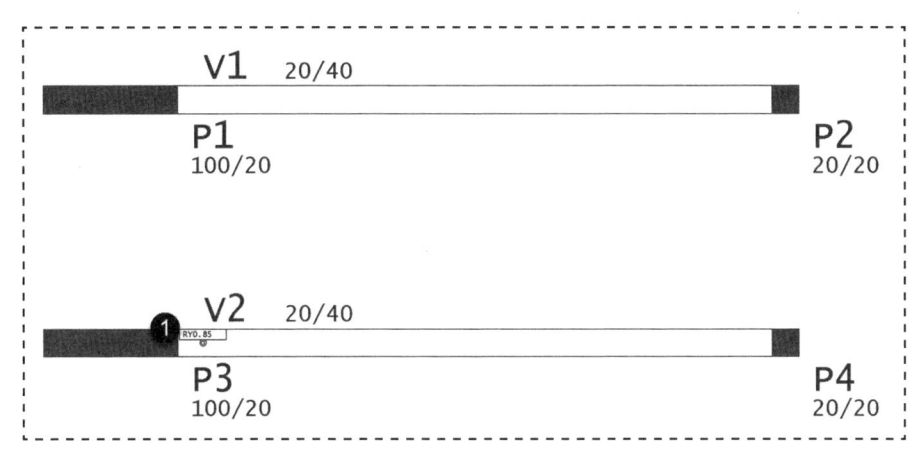

ANÁLISE ESTRUTURAL: UMA ETAPA FUNDAMENTAL EM TODO PROJETO | 163

[1] Verifique a plastificação imposta no apoio esquerdo da viga V2: "0,85".

Feche o Modelador Estrutural, sem salvar o edifício.

Vamos analisar os resultados no pórtico espacial.

ABRINDO O VISUALIZADOR DE PÓRTICOS

- ▶ No "Gerenciador", clique na aba "Sistemas".
- ▶ Na aba "Sistemas", no grupo "Análise estrutural", clique no botão "Pórtico-TQS".
- ▶ Na aba "Pórtico-TQS", no grupo "Visualizar", clique no botão "Visualizador de pórticos", item "Estado limite último (ELU)".

VISUALIZANDO MOMENTOS FLETORES

- ▶ Na aba "Selecionar", no grupo "Casos/Pisos", selecione o caso "01 - Todas permanentes e acidentais dos pavimentos".
- ▶ No grupo "Diagramas", clique no botão "Momento My".
- ▶ No grupo "Tamanhos", ajuste o tamanho dos textos.

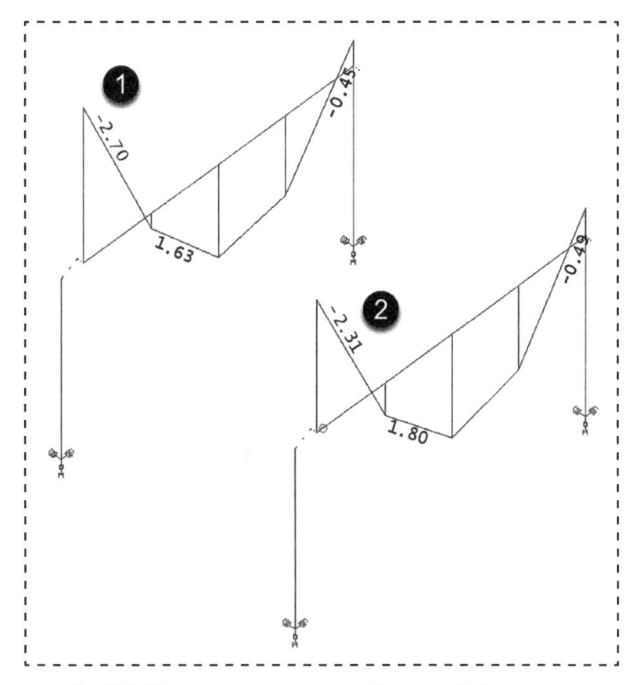

[1] Verifique o momento negativo no pórtico sem a plastificação: "–2,70 tf.m".
[2] Verifique o momento negativo no pórtico com a plastificação: "–2,31 tf.m".

VERIFICANDO A REDISTRIBUIÇÃO DE MOMENTOS

▶ Clique na aba "Visualizar".

▶ No grupo "Vista", clique no botão "Vista frontal".

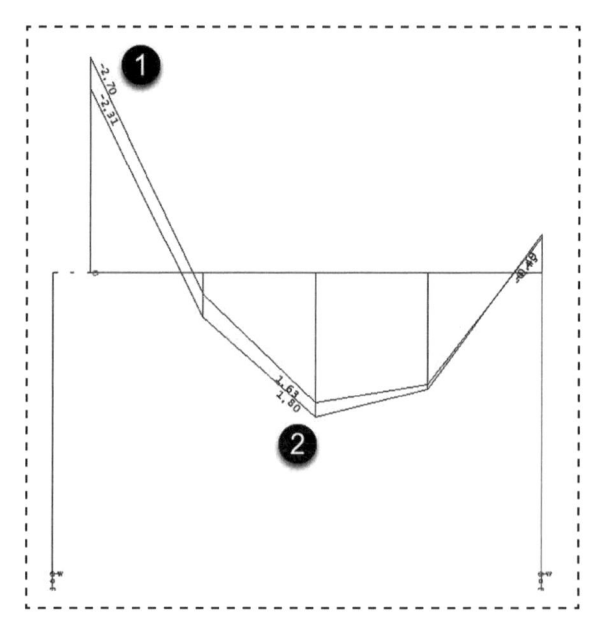

[1] Verifique a diminuição do momento negativo devido à plastificação.
[2] Verifique a redistribuição para o momento positivo.

Feche o visualizador de pórtico espacial.

Conclusões do exemplo 4

Por este exemplo, foi possível avaliar a redistribuição de esforços em uma viga decorrente da imposição da plastificação em um de seus apoios. Trata-se de uma prática relativamente comum em projetos estruturais de edifícios de concreto armado que visa adequar a modelagem estrutural a uma possível condição na vida real.

A redução dos momentos negativos junto ao apoio da viga pode ser justificada pela queda de rigidez ocasionada pelas alterações do material (fissuração do concreto e plastificação do aço) nessa região.

É importante salientar dois aspectos relevantes:

- Existem limitações na imposição da redistribuição de momentos fletores junto aos apoios de vigas, que visam garantir boas condições de dutilidade nessas regiões. A NBR 6118:2014 especifica limites na seção 14 ("Análise estrutural").

- Observe que, ao reduzir os momentos negativos nos apoios, os momentos fletores positivos no vão da viga aumentaram. Lembre-se sempre: os esforços em uma estrutura de concreto armado se redistribuem, mas nunca somem!

3.6 Ligação viga-pilar

Os cruzamentos entre os elementos de um edifício de concreto são regiões importantes da estrutura onde ocorre a transferência de esforços de uma peça para outra. São trechos que necessitam de um tratamento particular durante a modelagem estrutural.

No caso específico de edifícios de concreto simulados por pórtico espacial, é fundamental que as ligações entre as vigas e os pilares presentes na estrutura sejam adequadamente calibradas com recursos especiais. Caso contrário, os deslocamentos e os esforços solicitantes obtidos durante a análise estrutural poderão ser incompatíveis com a realidade. E, consequentemente, a avaliação da estrutura poderá ser realizada de forma imprecisa.

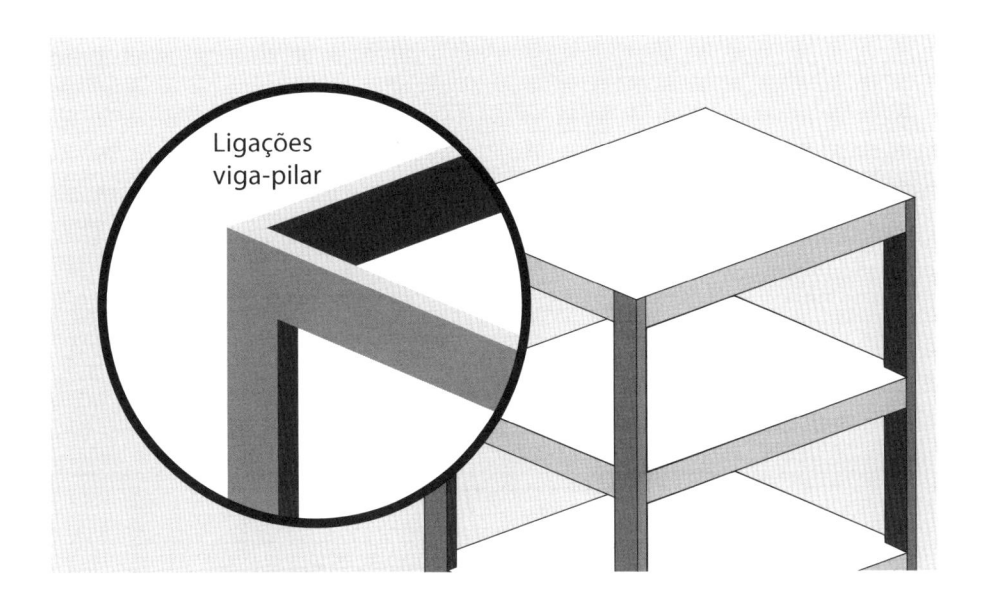

▶ O cálculo de um edifício de concreto por um pórtico espacial sem a devida calibração das ligações entre as vigas e os pilares pode se tornar totalmente inviável na prática.

É fundamental adaptar a esse modelo recursos específicos que tornam a simulação desses cruzamentos mais realista. Dois exemplos desses recursos são a consideração dos trechos rígidos e a consideração da flexibilização das ligações, que serão explicados a seguir.

3.6.1 Trechos rígidos

Nas intersecções das vigas com os pilares de uma estrutura de concreto, podem ser definidas regiões comuns entre esses elementos altamente rígidas, chamadas de trechos rígidos. Veja o exemplo a seguir:

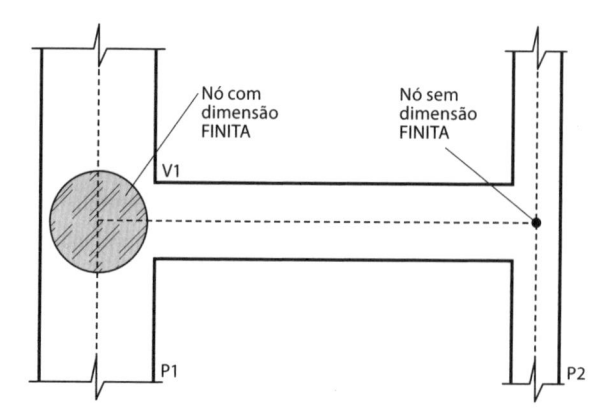

Note que, no cruzamento entre a viga V1 e o pilar P1, há uma região comum entre eles altamente rígida. Fica definido nesse caso um "nó com dimensões finitas". Já na interseção da viga V1 com o pilar P2, o mesmo não acontece. Não fica definido um trecho rígido entre os elementos, apenas um nó simples ("sem dimensão finita").

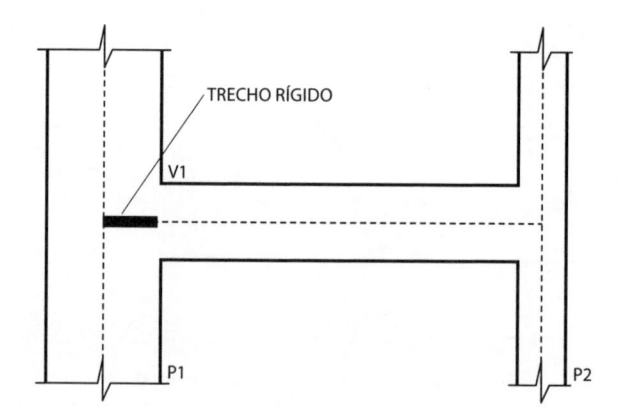

Na modelagem via pórtico espacial, em que a viga e os pilares são representados por elementos lineares, os trechos rígidos são incorporados ao modelo por barras adicionais com rigidez elevada (barra rígida) ou por uma adaptação no cálculo das rigidezes dos elementos que pertencem à ligação (*offset* rígido). Ambas as técnicas (barra rígida e *offset* rígido) são eficazes e equivalentes, porém a segunda não exige a adição de um nó a mais no modelo, otimizando sensivelmente o tempo de processamento durante o cálculo da estrutura no computador.

▶ A consideração dos trechos rígidos em um pórtico espacial é muito importante e pode alterar significativamente o comportamento estrutural de um edifício.

Na NBR 6118:2014, esse assunto é tratado no item 14.6.2.1.

3.6.2 Exemplo 5

Vamos analisar a seguir um exemplo bem simples em que a influência dos trechos rígidos no modelo de pórtico espacial será facilmente interpretada.

Entenda o exemplo

Trata-se de duas vigas idênticas (mesma geometria e carga). Em apenas uma delas, viga V1, serão considerados trechos rígidos nas suas ligações com os pilares (P1 e P2).

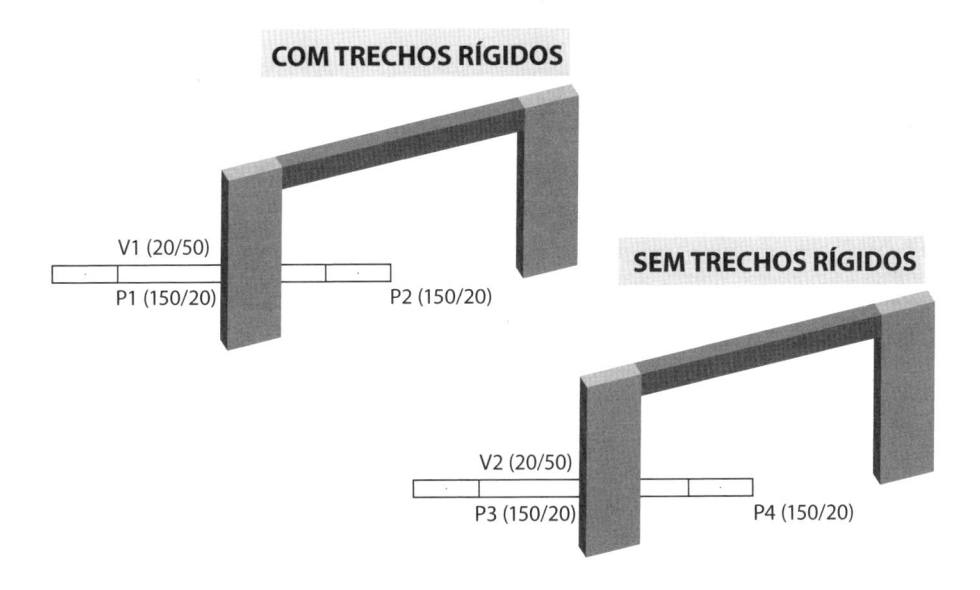

DESCOMPACTANDO O EDIFÍCIO
▶ Descompacte o edifício "Offset.TQS".
▶ No "Gerenciador", na "Árvore de edifícios", selecione o ramo "Offset".

Vamos analisar os resultados no pórtico espacial.

ABRINDO O VISUALIZADOR DE PÓRTICOS
- No "Gerenciador", clique na aba "Sistemas".
- Na aba "Sistemas", no grupo "Análise estrutural", clique no botão "Pórtico-TQS".
- Na aba "Pórtico-TQS", no grupo "Visualizar", clique no botão "Visualizador de pórticos", item "Estado limite último (ELU)".

VERIFICANDO O MODELO DE PÓRTICO
- No "Visualizador de pórticos", clique na aba "Visualizar".
- No grupo "Vista", clique no botão "Vista frontal".

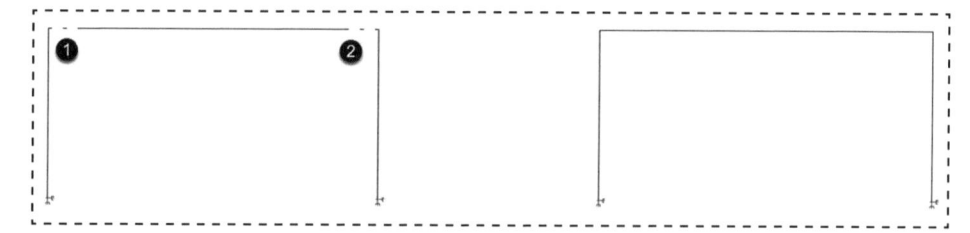

[1] Verifique o trecho rígido definido no extremo à esquerda da viga.
[2] Verifique o trecho rígido definido no extremo à direita da viga.

VISUALIZANDO MOMENTOS FLETORES
- Clique na aba "Selecionar".
- No grupo "Casos/Pisos", selecione o caso "01 - Todas permanentes e acidentais dos pavimentos".
- No grupo "Diagramas", clique no botão "Momento My".
- No grupo "Tamanhos", ajuste a escala do diagrama e dos textos.

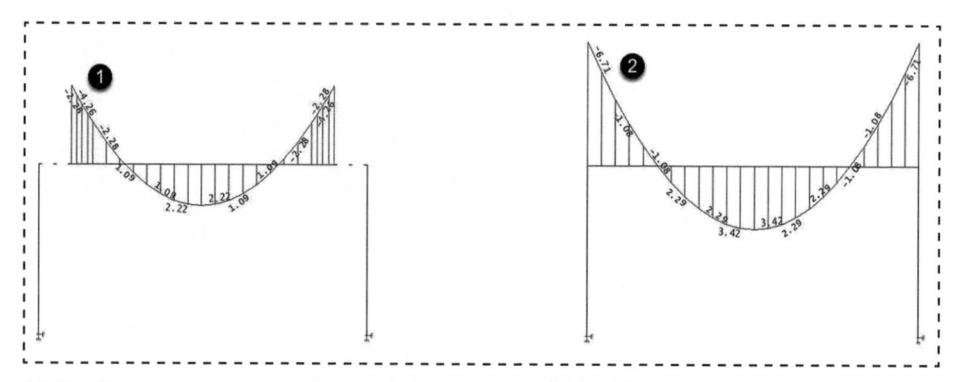

[1] Verifique o momento negativo no pórtico com os trechos rígidos: "– 4,26 tf.m".
[2] Verifique o momento negativo no pórtico sem os trechos rígidos: "– 6,71 tf.m".

ANÁLISE ESTRUTURAL: UMA ETAPA FUNDAMENTAL EM TODO PROJETO

VISUALIZANDO DESLOCAMENTOS

▶ Na aba "Selecionar", no grupo "Diagramas", clique no botão "Deslocamento".

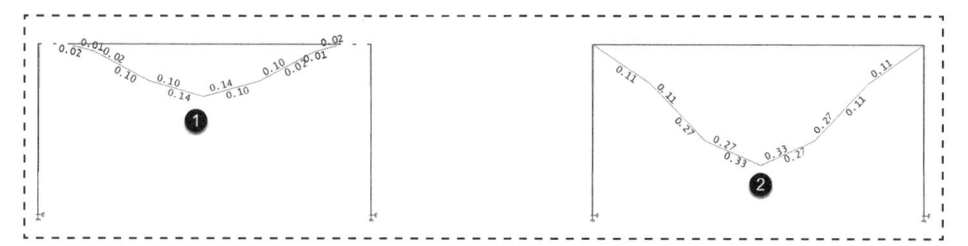

[1] Verifique o deslocamento no pórtico com os trechos rígidos: "0,14 cm".
[2] Verifique o deslocamento no pórtico sem os trechos rígidos: "0,33 cm".

Feche o visualizador de pórtico espacial.

Conclusões do exemplo 5

Por meio deste exemplo, foi possível verificar a enorme diferença do comportamento de uma viga, tanto nos esforços como nos deslocamentos, em modelos com e sem a consideração de trechos rígidos.

Com toda certeza, a modelagem com a consideração dos trechos rígidos (viga V1) resulta num comportamento muito mais condizente com a realidade.

3.6.3 Flexibilização das ligações

Além dos trechos rígidos entre as vigas e pilares, também é fundamental que a rigidez efetiva da ligação entre esses elementos seja considerada de forma adequada no modelo de pórtico espacial. Veja o exemplo a seguir:

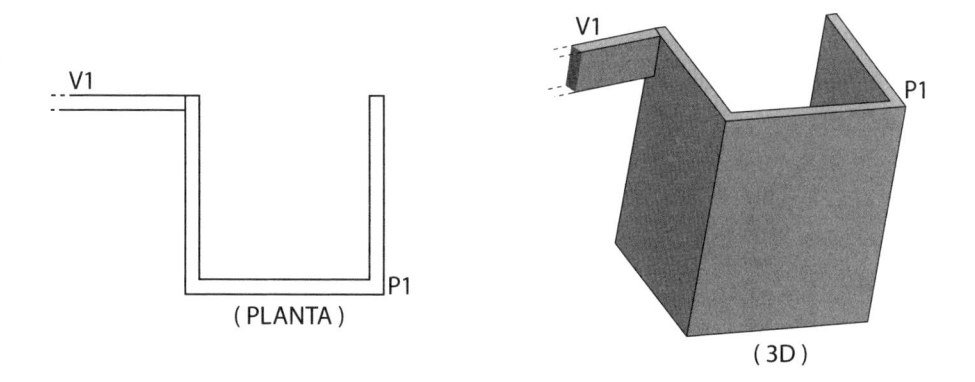

Note que a viga V1 está vinculada apenas ao extremo de uma das lâminas do pilar P1. Embora esse pilar como um todo tenha uma rigidez à flexão elevada em ambas as direções, ele não é capaz de oferecer muita resistência à flexão na ligação com a viga. Apenas uma faixa desse pilar trabalhará quando a viga for solicitada, e não o pilar como um todo.

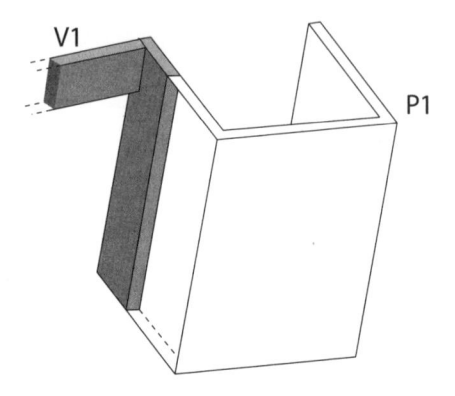

Essa condição é incorporada ao modelo de pórtico espacial por chamadas ligações semirrígidas. Como a própria nomenclatura deixa bem claro, trata-se de um tratamento que possibilita que uma ligação não seja considerada nem infinitamente rígida (engaste sem giro), nem totalmente articulada (liberada ao giro). É um meio-termo, é semirrígido. Essa "flexibilização da ligação" é realizada por uma formulação que considera a existência de "molas" nos extremos das barras.

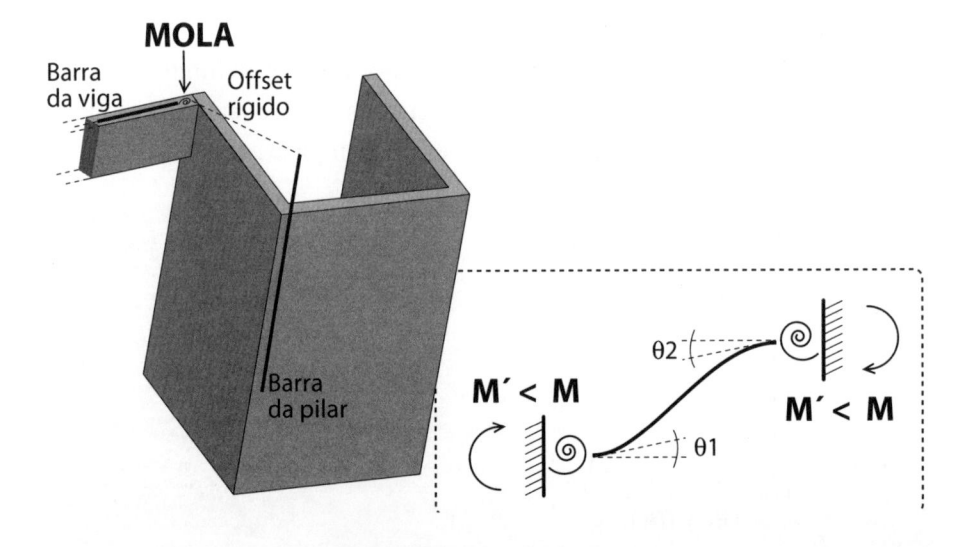

▶ Se a modelagem via pórtico espacial não for adaptada para contemplar a rigidez efetiva nas ligações viga-pilar, esforços irreais surgirão nesse local e o comportamento da estrutura poderá ser avaliado de forma incorreta.

3.6.4 Exemplo 6

Vamos analisar a seguir um exemplo bem simples em que a influência da flexibilização das ligações no modelo de pórtico espacial será facilmente interpretada.

Entenda o exemplo

Trata-se de duas estruturas idênticas (geometria e cargas). Em apenas uma delas (vigas V3 e V4), as ligações com os pilares serão flexibilizadas.

Essas estruturas retratam um caso muito comum em edifícios de concreto armado: ligação das vigas e pilares junto aos elevadores.

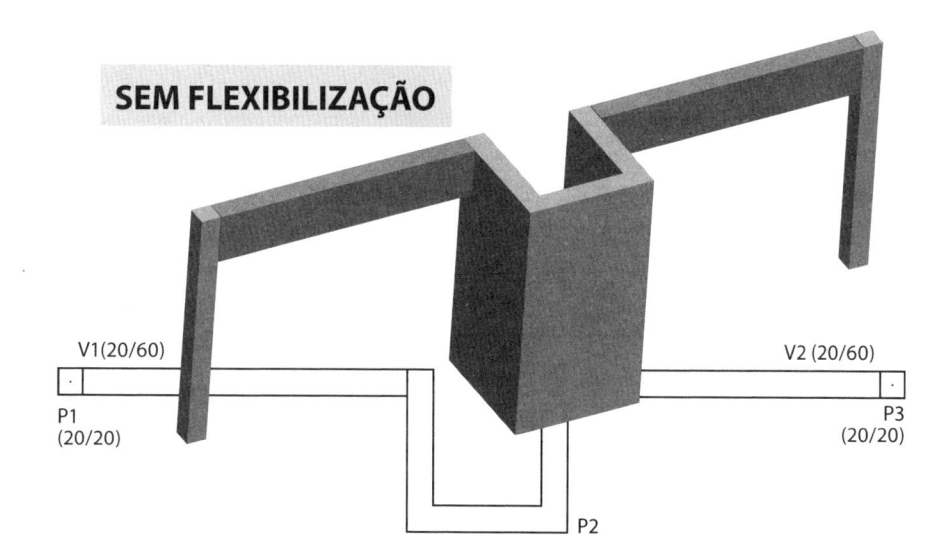

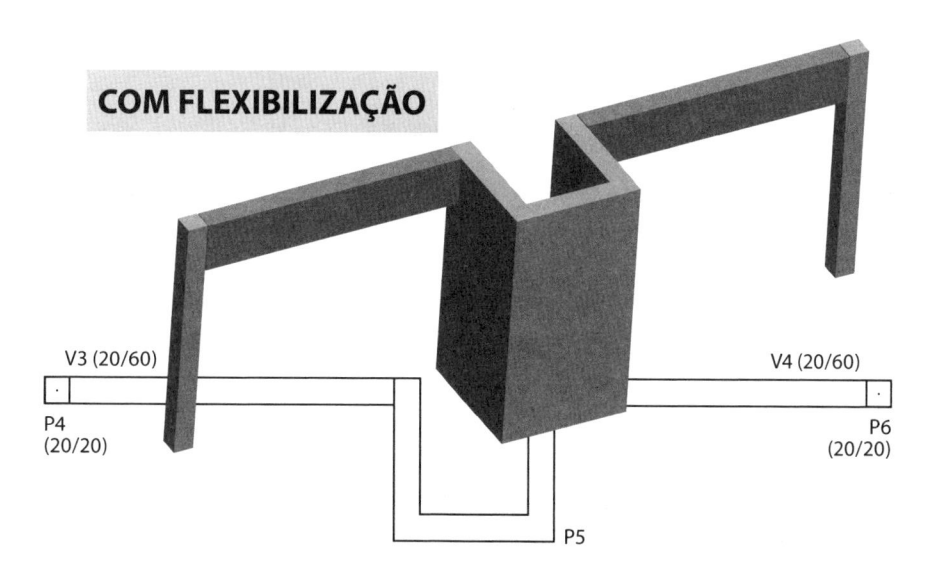

SEM FLEXIBILIZAÇÃO

V1 (20/60)
V2 (20/60)
P1 (20/20)
P3 (20/20)
P2

COM FLEXIBILIZAÇÃO

V3 (20/60)
V4 (20/60)
P4 (20/20)
P6 (20/20)
P5

DESCOMPACTANDO O EDIFÍCIO

▶ Descompacte o edifício "Flexibilização.TQS".
▶ No "Gerenciador", na "Árvore de edifícios", selecione o ramo "Flexibilização".

Vamos analisar os resultados no pórtico espacial.

ABRINDO O VISUALIZADOR DE PÓRTICOS

▶ No "Gerenciador", clique na aba "Sistemas".
▶ Na aba "Sistemas", no grupo "Análise estrutural", clique no botão "Pórtico-TQS".
▶ Na aba "Pórtico-TQS", no grupo "Visualizar", clique no botão "Visualizador de pórticos", item "Estado limite último (ELU)".

VISUALIZANDO MOMENTOS FLETORES

▶ No "Visualizador de pórticos", clique na aba "Selecionar".
▶ No grupo "Casos/Pisos", selecione o caso "01 - Todas permanentes e acidentais dos pavimentos".
▶ No grupo "Diagramas", clique no botão "Momento My".
▶ No grupo "Tamanhos", ajuste a escala do diagrama e dos textos.

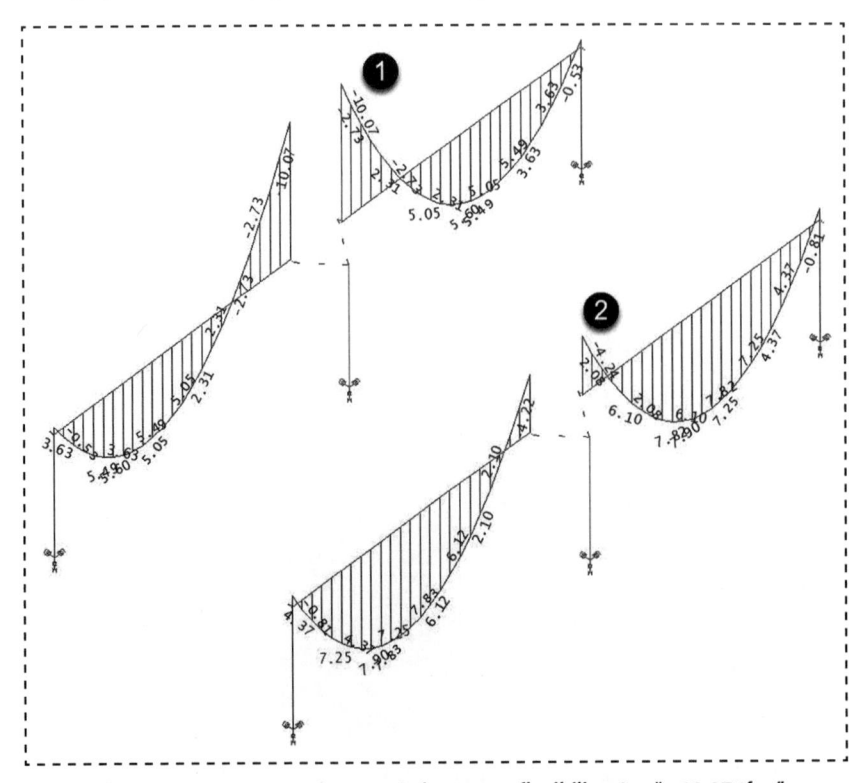

[1] Verifiqueo momento negativo no pórtico sem a flexibilização: "– 10,07 tf.m".
[2] Verifiqueo momento negativo no pórtico com a flexibilização: "– 4,24 tf.m".

VISUALIZANDO O MOMENTO FLETOR EM DETALHES

- ▶ Clique na aba "Visualizar".
- ▶ No grupo "Vista", clique no botão "Vista frontal".

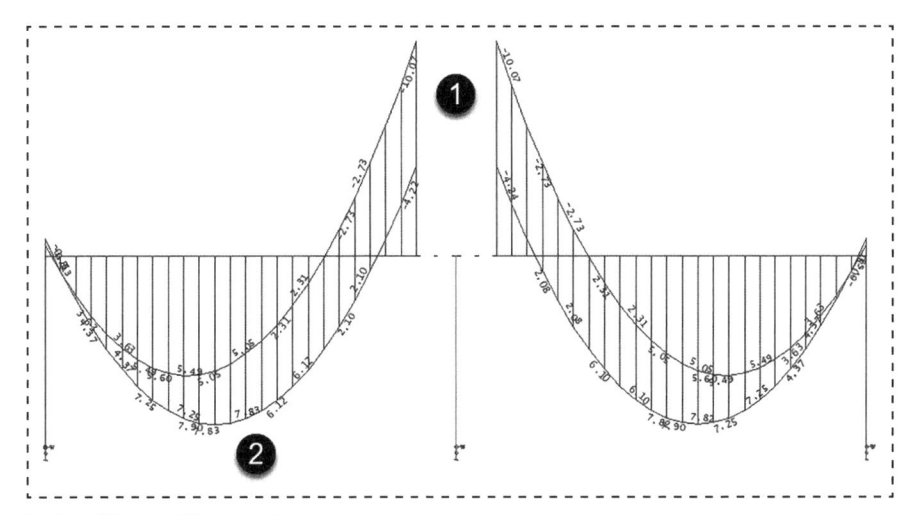

[1] Verifique a diferença dos momentos negativos.
[2] Verifique a diferença dos momentos positivos.

VISUALIZANDO DESLOCAMENTOS

- ▶ Clique na aba "Selecionar".
- ▶ No grupo "Diagramas", clique no botão "Deslocamento".

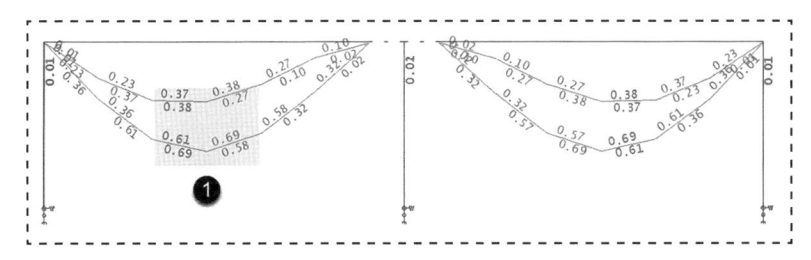

[1] Verifique a diferença dos deslocamentos: "0,38 cm" para "0,69 cm".

Feche o visualizador de pórtico espacial.

Conclusões do exemplo 6

Com este exemplo, foi possível verificar a enorme diferença do comportamento de uma estrutura, tanto nos esforços como nos deslocamentos, em modelos com e sem a consideração da flexibilização das ligações.

Com toda certeza, a modelagem com a consideração da flexibilização das ligações (V3 e V4) resulta num comportamento muito mais condizente com a realidade.

▶ Nas ligações entre vigas e pilares alongados, muito comuns em edifícios de concreto armado, é fundamental que a flexibilização seja levada em conta na modelagem via pórtico espacial.

3.7 Efeitos construtivos

Na vida real, um edifício de concreto armado composto de múltipos pavimentos é construído aos poucos, andar a andar. As cargas verticais, como o peso próprio, são gradativamente adicionadas e acumuladas à medida que a estrutura é erguida.

Na modelagem via pórtico espacial estudada até o momento, no entanto, a estrutura como um todo é analisada por inteiro. Todas as cargas verticais são aplicadas simultaneamente no modelo como se todos os pavimentos fossem construídos de uma só vez, de forma instantânea, e não andar a andar.

Esse tipo de simulação simplifica bastante a análise estrutural, porém pode gerar resultados incompatíveis com o comportamento real do edifício, notadamente em estruturas altas compostas de vários andares.

Para compreender melhor essa questão, primeiramente vamos analisar o comportamento de uma viga apoiada em três pilares, simulada por uma barra com três apoios indeslocáveis, conforme mostra a figura a seguir.

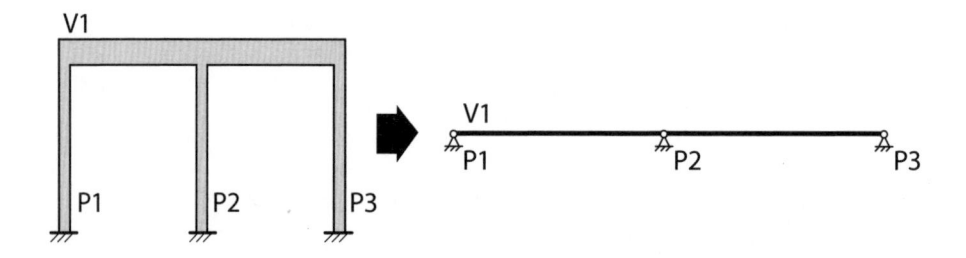

Nessa condição de vinculação, a deformabilidade axial dos pilares foi totalmente desprezada. E, se a viga for submetida a uma carga uniformemente distribuída em toda a sua extensão, surgirá um momento fletor negativo sobre o apoio intermediário (M_{ap1}).

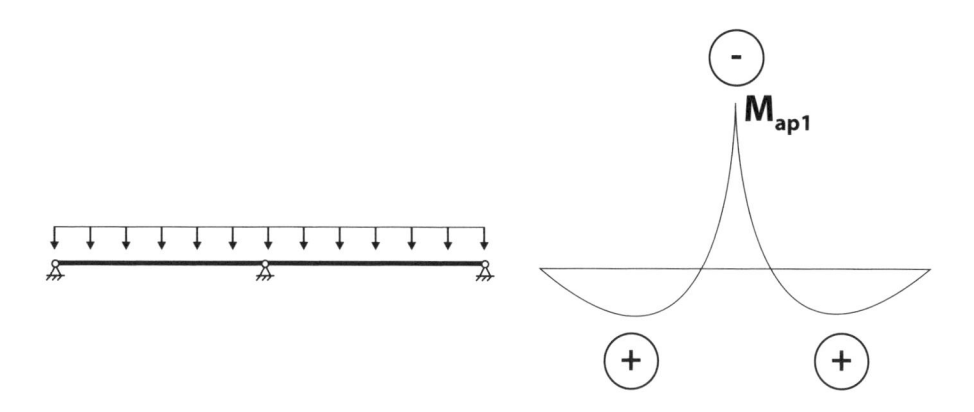

Porém, imagine se a deformabilidade axial dos pilares, que na prática ocorre, passasse a ser considerada no cálculo. Veja na figura a seguir as deformabilidades em escala aumentada.

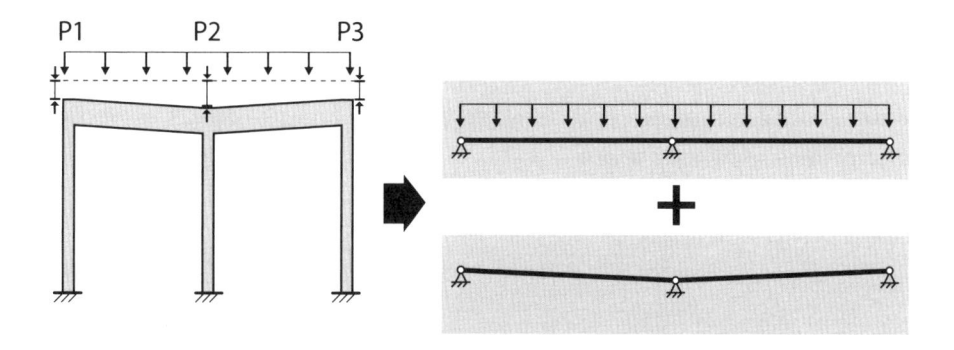

Nesse caso, o momento sobre o apoio intermediário seria menor que o valor M_{ap1}. Isso ocorre porque o pilar central (P2) tende a se deformar mais que os pilares extremos (P1 e P3), fazendo com que a viga seja "puxada" para baixo.

De um modo geral, como nesse exemplo, a influência da deformabilidade axial dos apoios é muito pequena e pode ser perfeitamente desprezada. O quanto essa influência é preponderante ou não depende do nível de deformabilidade dos pilares, que, por sua vez, depende de suas rigidezes axiais.

Visto e entendido o que a deformabilidade dos pilares pode provocar nos esforços das vigas, vamos agora partir para um exemplo mais concreto.

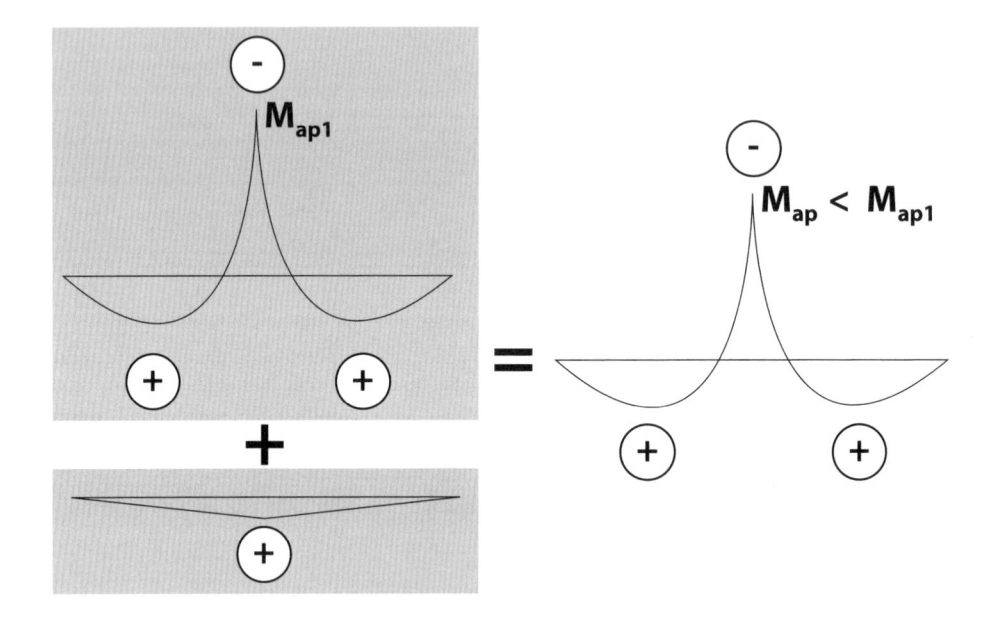

Seja uma parte de um edifício de concreto armado composto de múltiplos andares modelado por um pórtico plano sujeito à atuação de cargas verticais, conforme mostra figura a seguir.

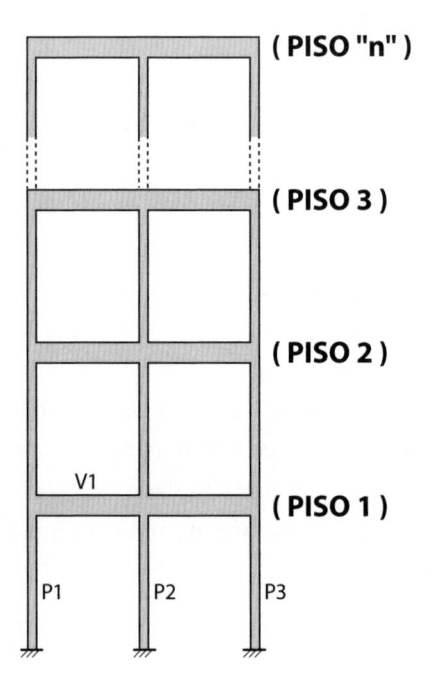

ANÁLISE ESTRUTURAL: UMA ETAPA FUNDAMENTAL EM TODO PROJETO

Vamos simular a construção dessa estrutura.

Inicialmente, o primeiro andar será construído. Com a atuação das cargas verticais desse piso, aparecerá um momento fletor negativo sobre o apoio central da viga V1. Todos os pilares, principalmente o pilar intermediário P2, sofrerão uma ligeira deformação axial.

Na execução do segundo andar, a deformação axial já ocorrida no primeiro lance dos pilares será então compensada construtivamente de tal maneira que a viga do segundo pavimento seja posicionada e montada de forma reta.

E, consequentemente, com a atuação das cargas verticais desse piso, aparecerá um momento fletor negativo sobre o apoio central da viga V1. É importante notar que a deformação gerada pelas cargas do primeiro andar não geram esforços na viga do segundo pavimento.

Por sua vez, durante a execução do terceiro andar, a deformação axial ocorrida nos dois primeiros lances dos pilares também será compensada construtivamente. Conforme esperado, com a atuação das cargas verticais desse piso, aparecerá um momento fletor negativo sobre o apoio central da viga V1.

E assim sucessivamente até a cobertura. Ou seja, as deformações axiais ocorridas nos lances dos pilares a cada acréscimo de carga proveniente de um novo andar são compensadas construtivamente. Todas as vigas serão solicitadas por um momento fletor negativo sobre o seu apoio central da mesma ordem de grandeza.

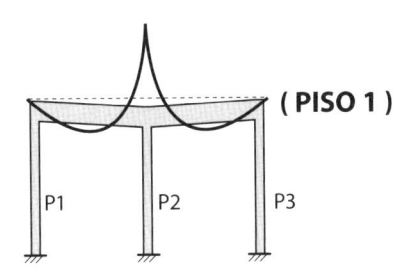

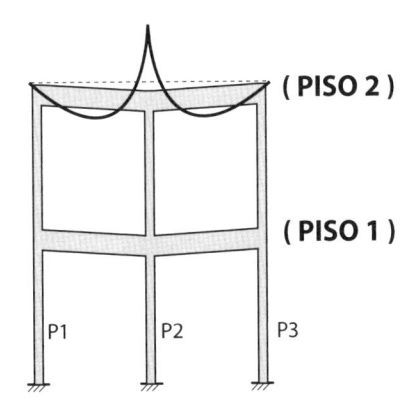

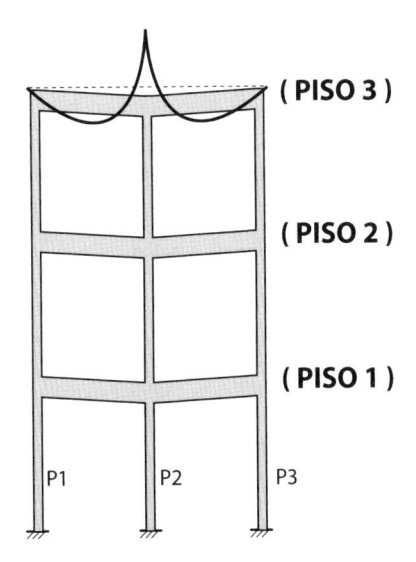

Agora, imagine se a estrutura fosse construída de uma só vez, fato esse que sabemos que não ocorre na prática. Como a deformação axial dos pilares não é compensada a cada andar, o apoio central das vigas dos andares superiores pode ficar bem abaixo dos apoios extremos. Com isso, o momento fletor negativo sobre o apoio central diminuirá, podendo até se tornar um momento positivo!

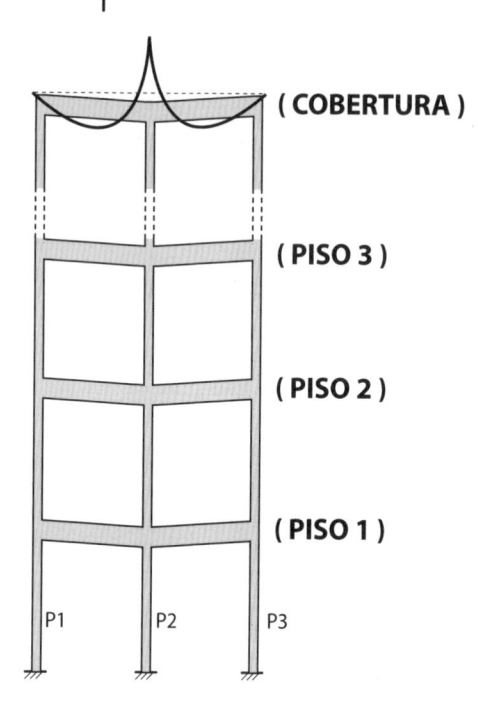

Esta última situação é totalmente incondizente com a realidade. Porém, como o modelo de pórtico espacial é montado e calculado com a aplicação simultânea da carga vertical em todos os andares, esse tipo de comportamento irreal pode surgir numa simulação no computador sem a devida calibração.

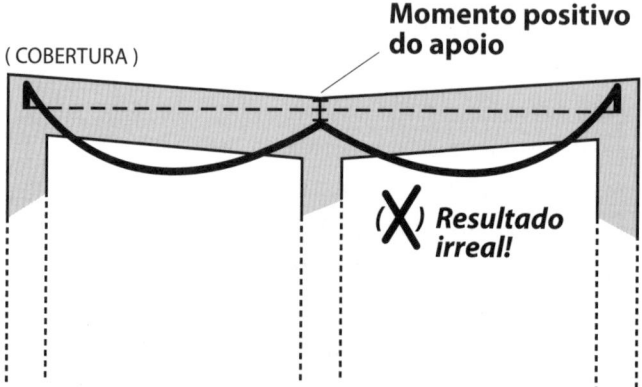

A compensação das deformações axiais ocorridas durante a construção do edifício necessita então ser incorporada à modelagem para que sejam obtidos resultados compatíveis com a realidade. Essa condição pode, de forma aproximada, ser atendida majorando-se a rigidez axial dos pilares presentes no pórtico espacial. Ou seja, aumentando-se a área da seção transversal dos pilares.

▶ Esse tipo de adaptação no modelo de pórtico deve ser realizado de forma criteriosa e é válido somente para a análise do comportamento do edifício perante a atuação das ações verticais. Para o estudo do efeito das ações horizontais (ex.: vento), essa manipulação das rigidezes axiais dos pilares não deve ser considerada.

ANÁLISE ESTRUTURAL: UMA ETAPA
FUNDAMENTAL EM TODO PROJETO | 179

3.7.1 Exemplo 7

Vamos analisar a seguir um exemplo bem simples em que a influência do efeito construtivo no modelo de pórtico espacial será facilmente visualizada.

Entenda o exemplo

Trata-se de um edifício hipotético composto de 16 pisos, conforme mostra a figura a seguir.

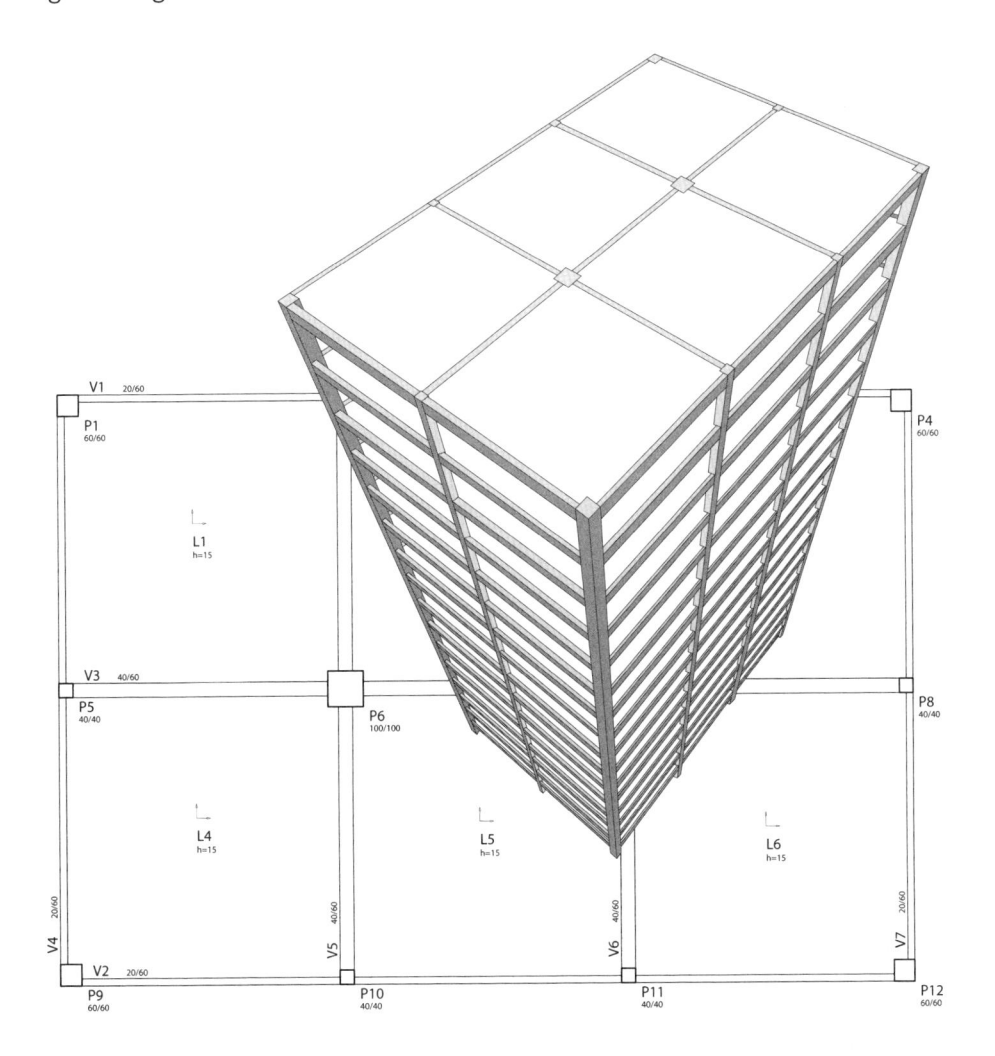

DESCOMPACTANDO O EDIFÍCIO
- ▶ Descompacte o edifício "MulAxi.TQS".
- ▶ No "Gerenciador", na "Árvore de edifícios", selecione o ramo "Mulaxi".

Vamos analisar os resultados no pórtico espacial.

ABRINDO O VISUALIZADOR DE PÓRTICOS
- ▶ No "Gerenciador", clique na aba "Sistemas".
- ▶ Na aba "Sistemas", no grupo "Análise estrutural", clique no botão "Pórtico-TQS".
- ▶ Na aba "Pórtico-TQS", no grupo "Visualizar", clique no botão "Visualizador de pórticos", item "Estado limite último (ELU)".

SELECIONANDO ELEMENTOS EM UMA CERCA
- ▶ No "Visualizador de pórticos", na aba "Selecionar", no grupo "Cerca", clique no botão "Definir cerca".

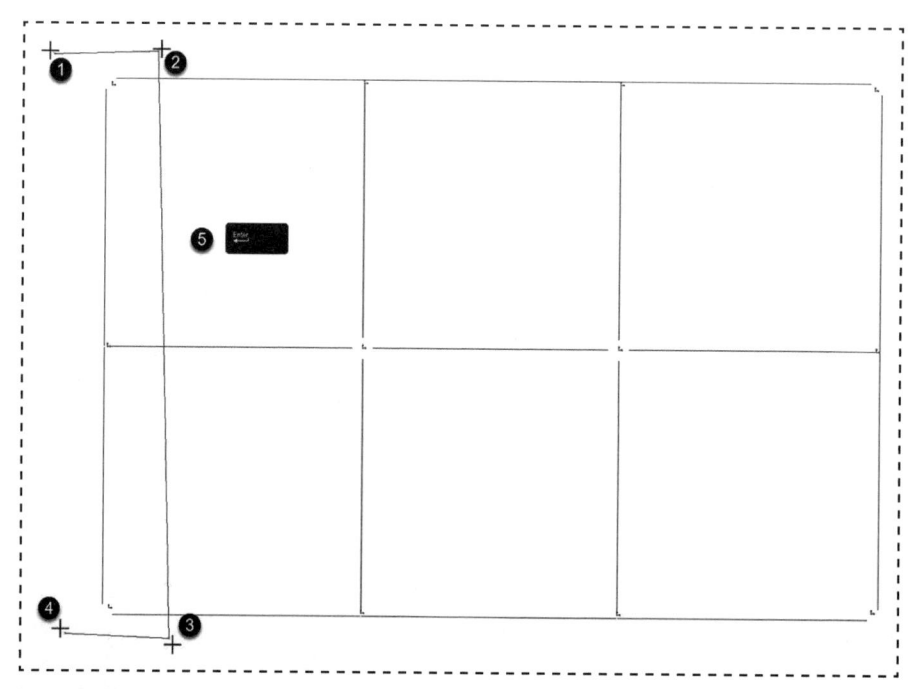

[1 a 4] Clique sobre a janela gráfica para definir pontos da cerca.
[5] Aperte a tecla "Enter" para finalizar o comando.

VISUALIZANDO MOMENTOS FLETORES SEM O MULTIPLICADOR AXIAL

- Na aba "Selecionar", no grupo "Casos/Pisos" selecione o caso "01 - Todas cargas verticais (SEM o multiplicador axial)".
- No grupo "Diagramas", clique no botão "Momento My".
- Na aba "Visualizar", no grupo "Vista", clique no botão "Vista lateral".

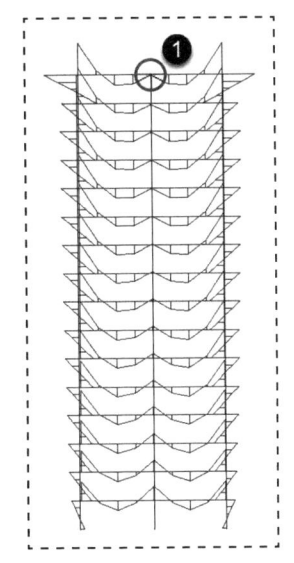

[1] Verifique os momentos negativos no apoio intermediário.

VISUALIZANDO MOMENTOS FLETORES COM O MULTIPLICADOR AXIAL

- No grupo "Casos/Pisos", selecione o caso "06 - Todas cargas verticais (COM o multiplicador axial)".

Feche o visualizador de pórtico espacial.

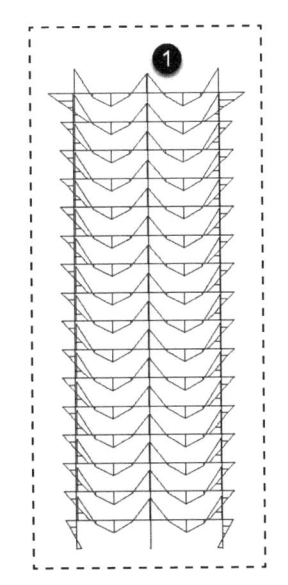

[1] Verifique os momentos negativos no apoio intermediário.

Conclusões do exemplo 7

Com este exemplo, foi possível verificar a influência da majoração da rigidez axial dos pilares em modelos de pórticos espaciais, com o intuito de considerar, de forma aproximada, os efeitos construtivos.

O cálculo do pórtico sem a majoração da rigidez axial dos pilares mostrou-se totalmente incondizente com a realidade, gerando momentos positivos nos apoios das vigas próximas à cobertura.

Qual valor deve ser adotado para o enrijecimento axial dos pilares?

Na prática atual, têm-se adotado multiplicadores que majoram da ordem de três a cinco vezes a rigidez axial real dos pilares. No entanto, cada caso é um caso. Dependendo do edifício, às vezes torna-se necessário inclusive enrijecer pilares da mesma estrutura de forma diferenciada.

3.8 Futuro da modelagem estrutural de edifícios

Nos itens anteriores deste capítulo, diversos aspectos importantes na análise estrutural de edifícios de concreto armado foram estudados com relativa profundidade. Foi possível perceber que os modelos estruturais destinados ao cálculo de edifícios possuem adaptações com o objetivo de se tornarem mais realistas e aplicáveis na prática.

Os modelos atuais, no entanto, estão longe de ser perfeitos e traduzir a realidade de forma exata. A busca do modelo perfeito é um paradigma na Engenharia de Estruturas.

A evolução dos modelos estruturais para análises de edifícios de concreto armado não parará nunca. A cada dia, sempre surgirão melhorias que tornarão a simulação de estruturas mais precisa. Pode ter certeza disso.

Prever o futuro é algo muito difícil, mas é possível fazer algumas previsões em relação à modelagem de edifícios de concreto armado. Eis alguns itens que podem ser abordados com mais ênfase daqui em diante:

Interação solo-estrutura: a incorporação de elementos da fundação (sapatas, blocos, estacas, tubulões etc.) discretizados nos modelos globais, como no pórtico espacial, já está sendo estudada e trará um enorme avanço na modelagem de edifícios de concreto armado. Os resultados obtidos serão mais realistas.

Análise não linear: o uso desse tipo de análise tende a se tornar um paradigma. Mais detalhes serão abordados no Cap. 6.

Efeito incremental: etapas construtivas: a simulação da construção da estrutura também pode ser considerada uma tendência.

Fluência do concreto: os modelos estruturais serão aperfeiçoados com o intuito de simular os efeitos reológicos do concreto de forma mais realista.

3.9 Considerações finais

Encare este capítulo apenas como um pontapé inicial na análise de estruturas de concreto armado. Esse tema é complexo e também o mais relevante na elaboração de projetos estruturais, mas que, conforme já foi colocado, tem sido equivocadamente deixado de lado pelos Engenheiros que acreditam que os sistemas computacionais são responsáveis por essa tarefa.

Não se aprende a modelar um edifício de concreto do dia para a noite. É necessário estudar o assunto com profundidade. Utilize os sistemas computacionais como uma ferramenta para o seu aprendizado, e não apenas para elaborar projetos. Monte exemplos pequenos para compreender conceitos básicos. Somente dessa forma o comportamento de um edifício real poderá ser analisado de forma adequada e segura.

Primeiro edifício: simples, mas importante

4

O objetivo deste capítulo é fornecer uma visão introdutória de como um projeto estrutural é efetivamente elaborado com o auxílio de um computador.

Um edifício de concreto armado bem simples será inteiramente calculado por meio de uma ferramenta computacional. Diversos comandos serão executados, desde a entrada de dados até a montagem das plantas com os desenhos de armação.

Na medida do possível, procuraremos não dar enfoque à utilização do sistema computacional em si, mas sim fornecer uma visão geral e abrangente do funcionamento de um sistema integrado destinado à elaboração de projetos estruturais.

Esse será o único exemplo deste livro em que uma estrutura será lançada passo a passo do início ao fim. E, por isso, um número maior de comandos será apresentado.

▶ O objetivo deste capítulo não é ensinar comandos, mas sim apresentar como um projeto estrutural é efetivamente elaborado no computador.

Muito embora seja demonstrada a enorme agilidade proporcionada pelo uso do computador, este exemplo servirá principalmente para ressaltar a devida importância da análise estrutural, bem como da verificação dos resultados obtidos num processamento.

Durante este capítulo, serão discutidas e esclarecidas as seguintes questões:
- Como é feito o lançamento do edifício no computador?
- Como o cálculo da estrutura é executado?
- Como é realizada a montagem das plantas com os desenhos?
- Será que eu posso aceitar as armaduras dimensionadas de forma automática?

4.1 Entenda o exemplo

Trata-se de um edifício de concreto armado hipotético composto de um pavimento-tipo com três repetições e uma cobertura. A distância entre os pisos é de 2,8 m, resultando numa edificação com altura total igual a 11,2 m, conforme mostra a figura a seguir.

(Corte esquemático)

O pavimento-tipo é formado por uma sala comercial (5,35 m x 4,30 m) e um W.C. (1,20 m x 2,00 m). As paredes externas possuem 25 cm de espessura, e as internas 20 cm. Em planta, a edificação abrange um total de 5,85 m x 4,80 m.

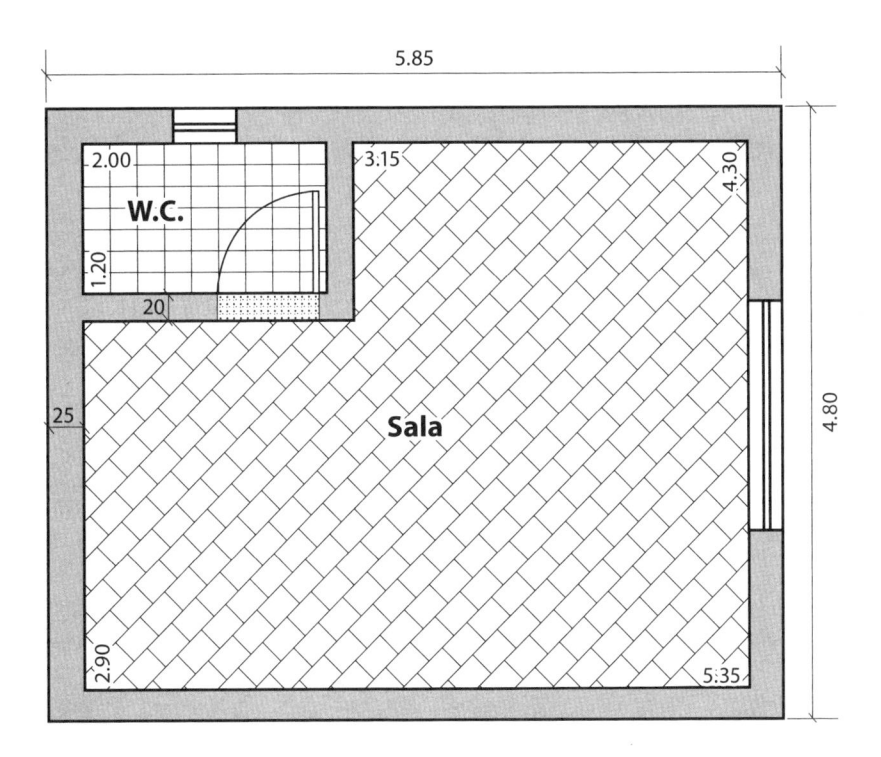

As alvenarias serão formadas por blocos de concreto com espessura de 19 cm (externas) e 14 cm (internas). O revestimento adotado será de 3 cm. O pavimento cobertura segue a mesma planta do tipo, porém sem as alvenarias internas.

4.1.1 Pré-dimensionamento

Em qualquer projeto estrutural, sempre é necessário fazer um pré-dimensionamento dos elementos que formarão a estrutura. Definir as suas posições, bem como as suas dimensões, não é uma tarefa simples.

▶ É muito difícil acertar a concepção ideal de uma estrutura logo na primeira tentativa. Muitas vezes, é necessário realizar diversos processamentos para se obter a solução mais conveniente.

Neste exemplo, inicialmente, serão considerados quatro pilares de 19 cm x 50 cm nos cantos e vigas de 19 cm x 50 cm nas bordas. No pavimento-tipo, será adotada uma laje maciça com espessura de 12 cm e, na cobertura, uma de 10 cm.

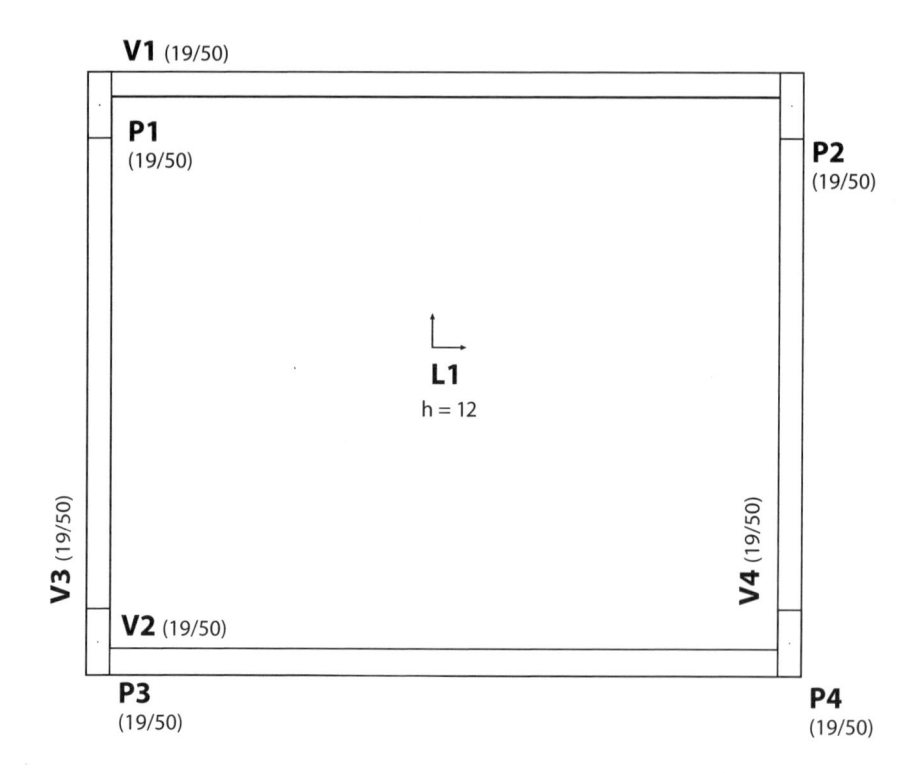

```
          V1 (19/50)
   ┌──────────────────────┐
   │ P1                P2 │
   │ (19/50)      (19/50) │
   │                      │
   │         ┌→           │
   │         L1           │
   │        h = 12        │
   │                      │
V3 │(19/50)        V4(19/50)│
   │ V2 (19/50)           │
   └──────────────────────┘
     P3                P4
   (19/50)           (19/50)
```

4.1.2 Classe de agressividade ambiental

Segundo a norma NBR 6118:2014, item 6.4 ("Agressividade do ambiente"), em qualquer projeto estrutural, seja de concreto armado ou protendido, é preciso especificar o meio ambiente em que a estrutura estará imersa. Para isso, é necessário definir uma classe de agressividade ambiental.

Neste exemplo, vamos considerar que a estrutura estará sujeita a uma agressividade moderada, isto é, definiremos uma classe de agressividade ambiental igual a II.

Classe	Agressividade	Tipo de ambiente	Risco de deterioração
I	Fraca	Rural/submerso	Insignificante
II	Moderada	Urbano	Pequeno
III	Forte	Marinho/industrial	Grande
IV	Muito forte	Industrial/maré	Elevado

A escolha correta da classe de agressividade ambiental é importante, pois define alguns requisitos necessários para garantir a durabilidade da estrutura, tais como a classe do concreto, a relação água/cimento e os cobrimentos mínimos.

4.2 Lançamento da estrutura

INICIANDO O TQS

▶ Inicie o TQS.

Vamos iniciar a entrada de dados, na qual lançaremos todas as informações necessárias para a análise via computador.

Existem diversos caminhos para definir os dados da estrutura no *software*. Porém, procure seguir fielmente os comandos apresentados nos itens seguintes para que nenhuma incompatibilidade seja gerada.

4.2.1 Criação de um novo edifício

CRIANDO O EDIFÍCIO

▶ No "Gerenciador", na aba "Edifício", no grupo "Edifício", clique no botão "Novo".
▶ Na próxima janela, digite o nome do edifício: "Primeiro".
▶ Clique no botão "OK".

Na aba "Gerais" da janela aberta, defina o título do edifício e o número do projeto.

DEFININDO AS INFORMAÇÕES INICIAIS DO EDIFÍCIO

▶ Na janela "Dados do edifício...", na aba "Gerais", no grupo "Identificação", no dado "Título do edifício", digite o título do edifício: "Primeiro edifício".
▶ No dado "Número do projeto", digite o número do projeto: "1000".
▶ No grupo "Norma em uso", selecione a opção "NBR-6118:2014".

Na aba "Modelo", verifique se o edifício será analisado por um pórtico espacial.

DEFININDO O MODELO DO EDIFÍCIO

▶ Na aba "Modelo", no grupo "Modelo estrutural do edifício", verifique se a opção selecionada é "Modelo IV - Modelo integrado e flexibilizado de pórtico espacial".

Na aba "Pavimentos", vamos definir os pavimentos que formarão o edifício.

CRIANDO O PAVIMENTO "TIPO"

▶ Na aba "Pavimentos", clique no botão "Inserir acima".
▶ Digite o nome do pavimento: "Tipo".
▶ Pressione "Enter" no teclado.

- No grupo "Pavimento Tipo", no dado "Número de pisos", digite "3".
- No dado "Pé-direito", digite "2,8".
- No dado "Classe", selecione a opção "Tipo".

CRIANDO O PAVIMENTO "COBERTURA"
- Clique no botão "Inserir acima".
- Digite o nome do pavimento: "Cobertura".
- Pressione "Enter".
- No grupo "Pavimento Cobertura", no dado "Classe", selecione a opção "Cobertura".

Antes de prosseguir, vale a pena fazer duas observações:
- Usualmente, um piso equivale a uma laje da edificação. Um pavimento, por sua vez, pode conter um ou mais pisos repetidos, conforme mostra a figura a seguir.

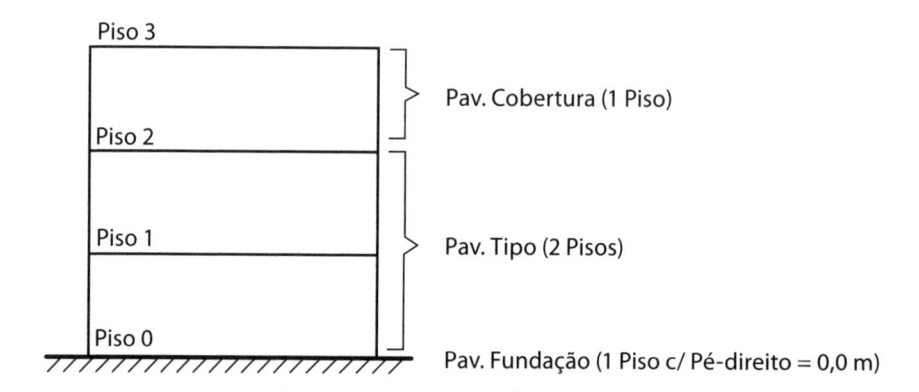

```
Piso 3
┌─────────────────┐  ⎫
│                 │  ⎬  Pav. Cobertura (1 Piso)
│  Piso 2         │  ⎭
├─────────────────┤
│                 │  ⎫
│  Piso 1         │  ⎬  Pav. Tipo (2 Pisos)
│                 │  ⎭
├─────────────────┤
│  Piso 0         │     Pav. Fundação (1 Piso c/ Pé-direito = 0,0 m)
└─────────────────┘
```

- O pé-direito definido no sistema é medido do topo da laje de um piso ao topo da laje do piso imediatamente inferior, conforme mostra a figura a seguir.

Piso 3

Pé-direito

Piso 2

Pé-direito

Piso 1

Pé-direito

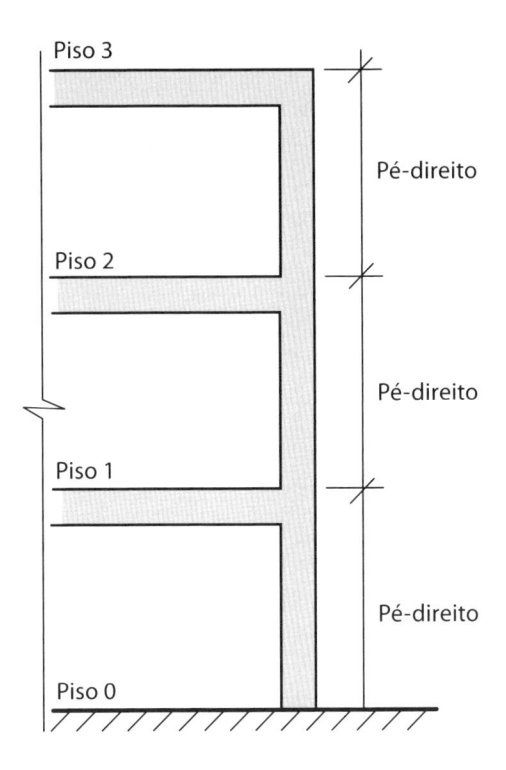

Piso 0

Para atualizar o desenho na janela gráfica lateral:

ATUALIZANDO O CORTE ESQUEMÁTICO DO EDIFÍCIO
- ▶ Na janela "Dados do edifício...", no canto inferior esquerdo, clique no botão "Atualizar DWG".
- ▶ Clique no botão "Salvar DWG".

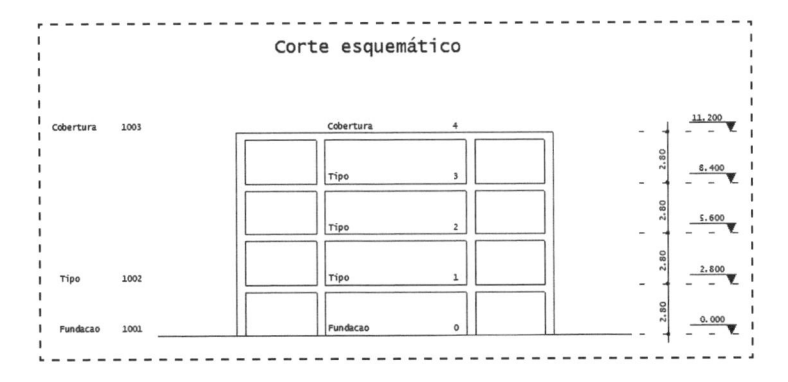

```
                    Corte esquemático
                                                        11.200
 Cobertura   1003         Cobertura      4       2.80
                                                         8.400
                           Tipo          3       2.80
                                                         5.600
                           Tipo          2       2.80
                                                         2.800
 Tipo        1002          Tipo          1       2.80
                                                         0.000
 Fundacao    1001          Fundacao      0
```

Na aba "Materiais", verifique a classe de agressividade ambiental e as classes do concreto adotadas.

VERIFICANDO A CLASSE DE AGRESSIVIDADE E AS CLASSES DE CONCRETO
- Na aba "Materiais", no grupo "Classe de agressividade ambiental", verifique se está selecionada a opção "II - Moderada - Urbana".
- No grupo "Fcks gerais", verifique as classes do concreto: "C25".

Na aba "Cobrimentos", verifique os cobrimentos adotados em cada um dos tipos de elementos.

VERIFICANDO OS COBRIMENTOS
- Na aba "Cobrimentos", no grupo "Cobrimentos em cm", verifique os cobrimentos adotados.

Na aba "Cargas", vamos configurar os dados das cargas verticais e do vento.

CONFIGURANDO OS DADOS DAS CARGAS VERTICAIS
- Na aba "Cargas", clique na aba "Verticais".
- No grupo "Sobrecargas", clique no botão "Avançado".

CONFIGURANDO OS PONDERADORES E REDUTORES DE SOBRECARGAS
- Na janela "Ponderadores e redutores de sobrecargas", clique na opção "Locais em que não há predominância...".
- Clique no botão "OK".

CONFIGURANDO A VELOCIDADE BÁSICA DO VENTO
- Na aba "Cargas", clique na aba "Vento".
- Na aba "Vento", clique no botão "V0 - Velocidade básica".
- Na janela "Velocidade básica do vento", no dado "Velocidade básica, m/s", digite "45".
- Clique no botão "OK".

CONFIGURANDO A CATEGORIA DE RUGOSIDADE
- Na aba "Cargas", clique na aba "Vento".
- Na aba "Vento", clique no botão "S2 - Categoria de rugosidade".
- Na janela "Categoria de rugosidade", clique na opção "IV - Terrenos com obstáculos...".
- Clique no botão "OK".

CONFIGURANDO A CLASSE DA EDIFICAÇÃO
- Na aba "Cargas", clique na aba "Vento".
- Na aba "Vento", clique no botão "S2 - Classe da edificação".
- Na janela "Classe da edificação", clique na opção "A - Maior dimensão horizontal...".
- Clique no botão "OK".

CONFIGURANDO O FATOR ESTATÍSTICO
- Na aba "Cargas", clique na aba "Vento".
- Na aba "Vento", clique no botão "S3 - Fator estatístico".
- Na janela "Fator estatístico", clique na opção "1.00 - Edificações em geral...".
- Clique no botão "OK".

Falta definir ainda os coeficientes de arrasto para cada direção do vento. Primeiramente, vamos calculá-los por meio do ábaco presente na norma NBR 6123.

Temos as dimensões da edificação definidas conforme mostra a figura a seguir.

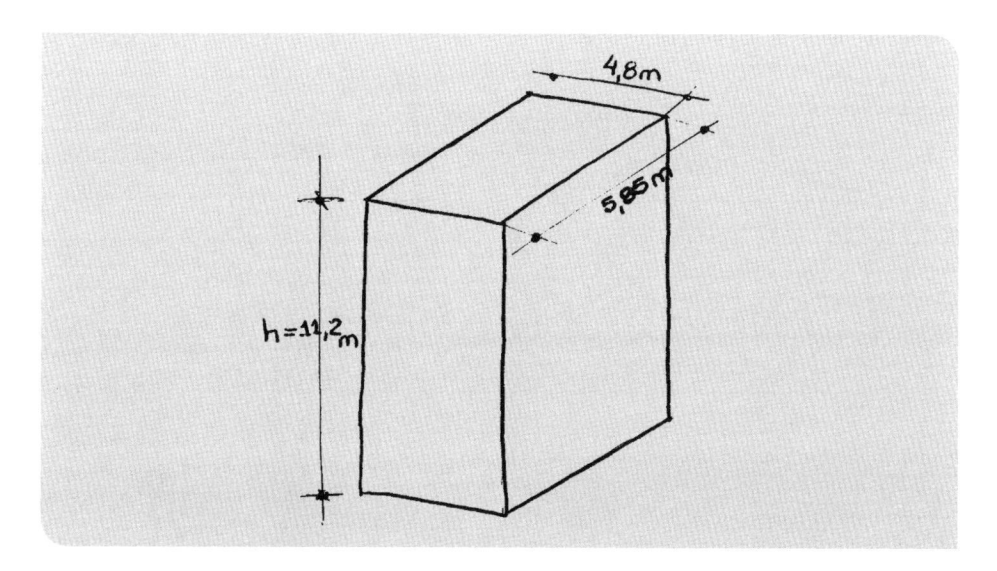

Para cada direção, então, temos:

PARA VENTO FRONTAL/TRASEIRO:

$\ell_1 = 5,85$ m

$\ell_2 = 4,8$ m

$\dfrac{\ell_1}{\ell_2} = \dfrac{5,85}{4,80} = 1,22$

$\dfrac{h}{\ell_1} = \dfrac{11,2}{5,85} = 1,92$

NO ÁBACO, PONTO A → $CA \cong 1,3$

PARA VENTOS LATERAIS:

$\ell_2 = 5,85$

$\ell_1 = 4,80$ m

$\dfrac{\ell_1}{\ell_2} = \dfrac{4,80}{5,85} = 0,82$

$\dfrac{h}{\ell_1} = \dfrac{11,2}{4,80} = 2,33$

NO ÁBACO, PONTO B → $CA \cong 1,2$

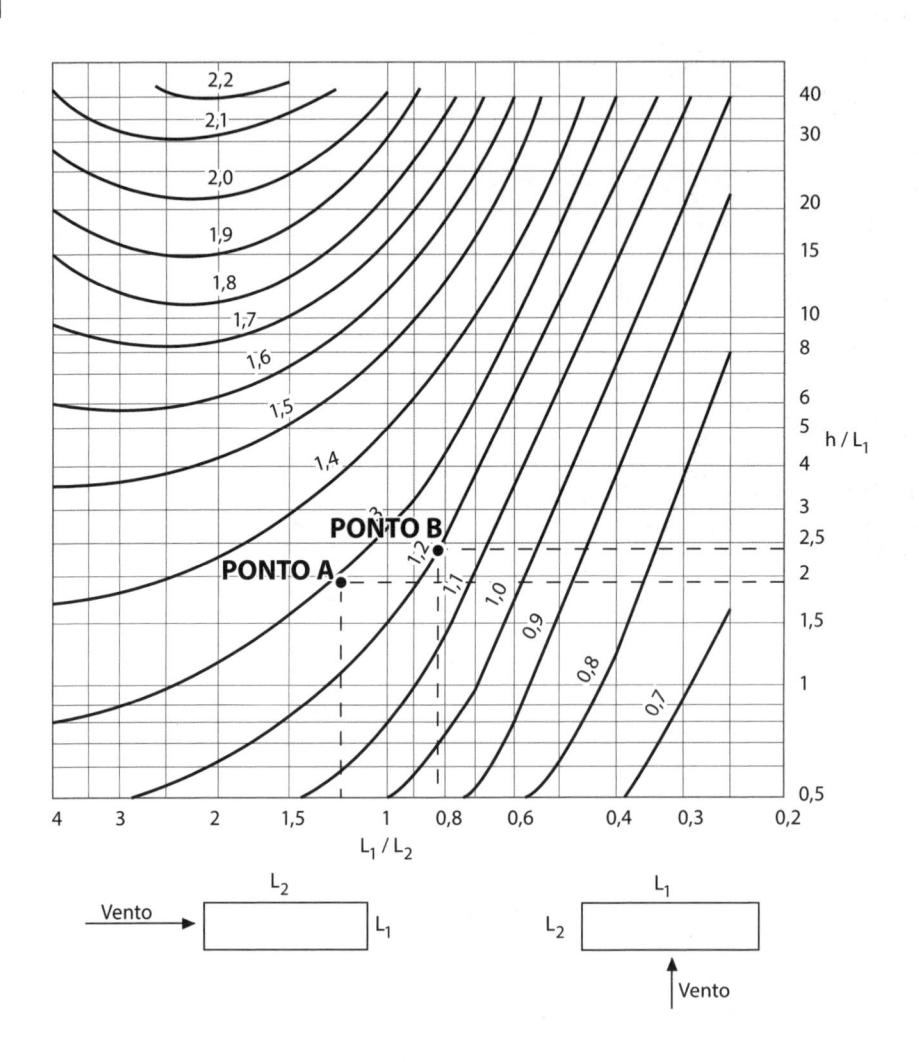

Agora, sim, vamos definir os valores dos coeficientes de arrasto no sistema:

INSERINDO OS VALORES DOS COEFICIENTES DE ARRASTO
- Na aba "Cargas", clique na aba "Vento".
- Na aba "Vento", defina os valores do coeficiente de arrasto "C.A.".
- Para os sentidos 90° e 270°, digite "1,3".
- Para os sentidos 0° e 180°, digite "1,2".

Finalmente, vamos dar uma verificada nos critérios.

VERIFICANDO CRITÉRIOS
- Clique na aba "Critérios".

Nessa aba, é possível notar que existem inúmeros critérios de projeto que precisam ser definidos. Vamos, a princípio, adotar os valores-padrão configurados no sistema. No entanto, cabe deixar bem claro que a configuração deles é um passo importantíssimo e fundamental para que um projeto estrutural seja analisado com eficiência.

▶ Em qualquer projeto estrutural, a configuração correta dos critérios de projeto é uma etapa importantíssima e que precisa ser realizada com muita atenção.

FINALIZANDO A CONFIGURAÇÃO INICIAL DO EDIFÍCIO
- ▶ Na janela "Dados do edifício...", clique no botão "OK".

Ao retornar para o "Gerenciador", note que uma árvore do edifício contendo os pavimentos definidos será montada no painel esquerdo.

VERIFICANDO O EDIFÍCIO NA ÁRVORE DE EDIFÍCIOS
- ▶ No "Gerenciador", verifique que o edifício "Primeiro" foi criado na "Árvore de Edifícios".

4.2.2 Modelador estrutural

Uma vez definido o esqueleto do edifício, iniciaremos o lançamento da estrutura propriamente dita por um programa específico chamado "Modelador Estrutural".

Trata-se de um editor gráfico com comandos direcionados para Engenharia de Estruturas.

Vamos carregar o Modelador Estrutural.

CARREGANDO O MODELADOR ESTRUTURAL DO PAVIMENTO-TIPO
- ▶ No "Gerenciador", na "Árvore de Edifícios" selecione o ramo "Tipo" do edifício "Primeiro".
- ▶ No "Painel Central", dê um duplo clique no desenho "Modelo Estrutural".

Na realidade, é possível iniciar o lançamento da estrutura de qualquer pavimento. Iniciamos pelo Tipo apenas como exemplo.

Unidades

As unidades das dimensões e cargas definidas no Modelador Estrutural são cm e tf, respectivamente.

▶ Durante a entrada de dados em um *software*, tome sempre muito cuidado com as unidades requeridas pelo sistema.

Configurações iniciais

Antes de realizarmos a entrada de dados, vamos alterar rapidamente algumas configurações que tornarão o lançamento mais fácil e claro.

CONFIGURANDO OS PARÂMETROS DE VISUALIZAÇÃO

- ▶ No "Modelador Estrutural", na aba "Modelo", no grupo "Configurações", clique no botão "Parâmetros de visualização".
- ▶ Na janela "Parâmetros de visualização", no grupo "Grupos padrão", clique no botão "Modelo".
- ▶ Clique no botão "OK".

Captura automática

Toda a definição de pontos no Modelador Estrutural pode ser feita de duas maneiras: clicando com o *mouse* diretamente sobre a janela gráfica ou digitando uma coordenada (X,Y) na janela de mensagens.

Normalmente, a grande maioria dos pontos que precisam ser selecionados graficamente é conhecida. Exemplos: ponta de pilar, interseção de vigas etc.

Pela captura automática é possível localizar esses pontos importantes facilmente por meio do *mouse*. Um pequeno quadrado aparecerá no momento em que você mover o cursor, indicando o ponto que vai ser selecionado.

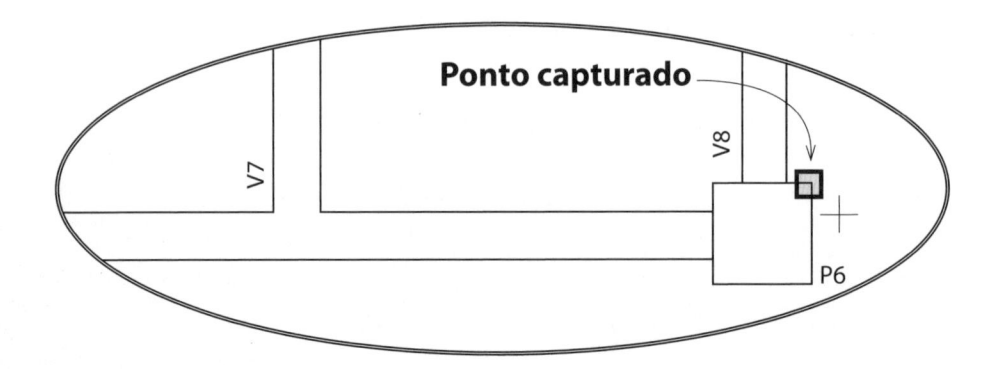

Vamos configurar o Modelador para que qualquer tipo de elemento gráfico seja capturado automaticamente.

PRIMEIRO EDIFÍCIO: | 197
SIMPLES, MAS IMPORTANTE

CONFIGURANDO A CAPTURA AUTOMÁTICA
- No "Modelador Estrutural", na aba "Modelo", no grupo "Elementos", clique no botão "Modos de captura".
- Na janela "Modos de captura", no grupo "Capturar por", clique no botão "Tudo".
- Clique no botão "OK".

4.2.3 Inserção do desenho de arquitetura

Usualmente, todo lançamento gráfico de uma estrutura é feito com base em uma planta de arquitetura ou planta de forma já preconcebida.

Neste exemplo, utilizaremos um desenho de arquitetura que está na pasta onde o sistema TQS foi instalado ("C:\TQSW\USUARIO\TESTE\LIVRO"), ou que pode ser baixado na internet:

www.ofitexto.com.br/livro/informatica/

O nome do arquivo é "Arquitetura - Primeiro edifício.DXF".

INSERINDO O DESENHO DE REFERÊNCIA EXTERNA
- No "Modelador Estrutural", no pavimento "Tipo", na aba "Modelo", no grupo "Planta", clique no botão "Referência externa".
- Na janela "Desenhos de referência externa", clique no botão "Inserir".
- Na janela "Abrir", selecione a pasta "C:\TQSW\USUARIO\TESTE\LIVRO".
- Caso o seu pacote seja o "Estudante", "EPP3", "EPP" ou "EPP Plus", selecione a pasta "...LIVRO\EPP".
- Caso o seu pacote seja o "UniPro12", "UniPro" ou "Pleno", selecione a pasta "...LIVRO\PLENO".
- No dado "Tipo", selecione "Arquivos DXF (*.DXF)".
- Clique no arquivo "Arquitetura - Primeiro edifício.DXF".
- Clique no botão "Abrir".
- Na janela "Desenhos de referência externa", verifique se o arquivo foi adicionado à lista.
- Clique no botão "Fechar".

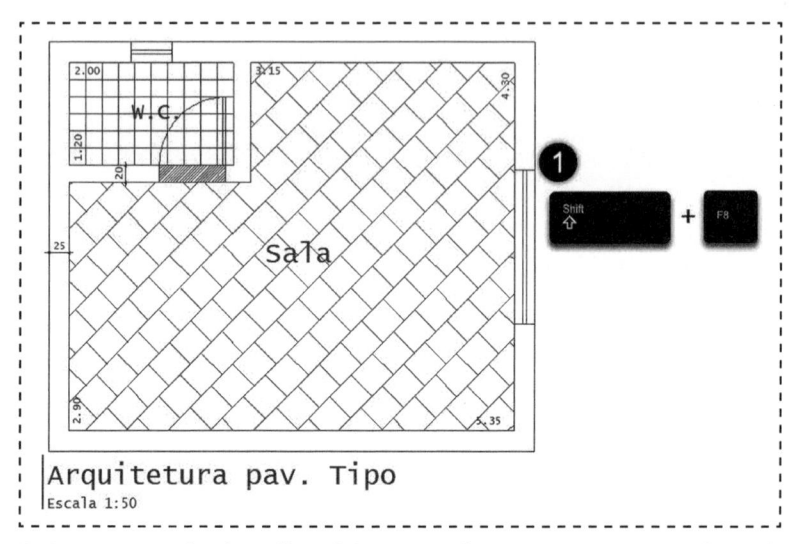

[1] Aperte as teclas de atalho "Shift+F8" simultaneamente para enquadrar todo o desejo na janela gráfica.

Itens desnecessários

Antes de prosseguirmos, vamos desligar os elementos do desenho de arquitetura que não precisam ser visualizados durante a definição da estrutura. São eles: hachuras, portas, títulos etc.

EDITANDO O DESENHO DE REFERÊNCIA EXTERNA

- ▶ Na aba "Modelo", no grupo "Planta", clique no botão "Referência externa".
- ▶ Selecione o desenho de arquitetura. Para selecionar, clique sobre o nome do arquivo.
- ▶ Clique no botão "Atual".
- ▶ Note que um "X" irá aparecer na mesma linha do arquivo de arquitetura.
- ▶ Clique no botão "Fechar".

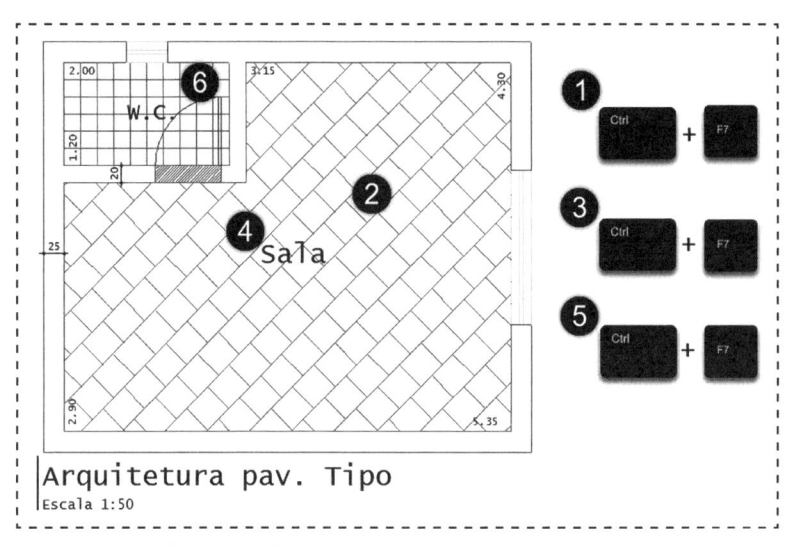

[1] Aperte "Ctrl+F7" simultaneamente para desligar um nível (*layer*).
[2] Clique na hachura.
[3] Aperte "Ctrl+F7" novamente.
[4] Clique no título da sala.
[5] Aperte "Ctrl+F7" novamente.
[6] Clique na porta.

CONFIGURANDO O DESENHO DE REFERÊNCIA EXTERNA

▶ Na aba "Modelo", no grupo "Planta", clique no botão "Referência externa".
▶ Selecione o "Pavimento Tipo - Modelo Estrutural".
▶ Clique no botão "Atual".
▶ Clique no botão "Fechar".

A visualização final do desenho da arquitetura deve ficar exatamente como na figura a seguir.

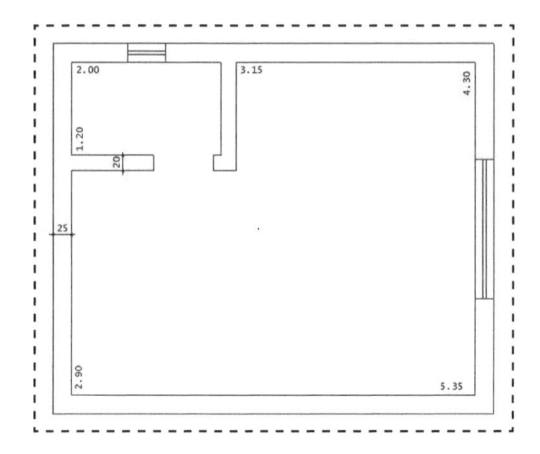

Acerto da escala

Pergunta: será que a escala do desenho de arquitetura está correta, isto é, compatível com as dimensões dos elementos que serão definidos?

Vamos executar um comando que acertará esta questão.

CONFIGURANDO A ESCALA DO DESENHO DE ARQUITETURA

- ▶ Na aba "Modelo", no grupo "Planta", clique no botão "Referência externa".
- ▶ Selecione o desenho de arquitetura. Para selecionar, clique sobre o nome do arquivo.
- ▶ Clique no botão "Medir escala".

Na janela gráfica, vamos definir a medida de uma distância conhecida. A espessura das paredes externas tem 25 cm.

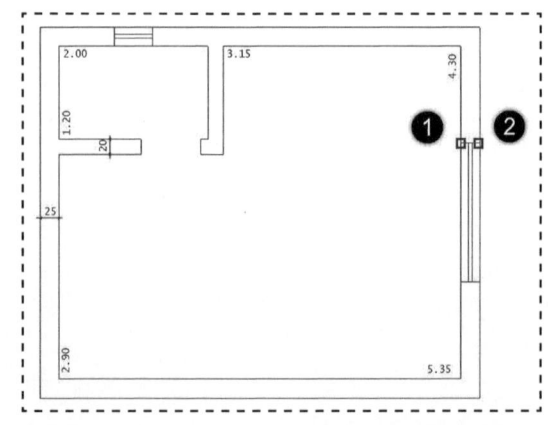

[1] Com o auxílio da captura automática, clique para selecionar a interseção entre a janela e a parede externa (à esquerda).

[2] Com o auxílio da captura automática, clique para selecionar a interseção entre a janela e a parede externa (à direita).

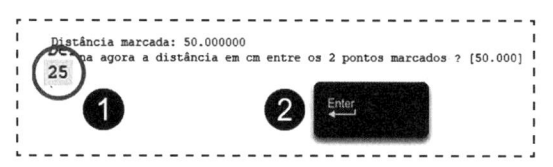

[1] Digite "25".
[2] Aperte a tecla "Enter".

VERIFICANDO A ESCALA DO DESENHO DE ARQUITETURA
▶ Na janela "Desenhos de referência externa", note que a escala foi alterada para "0.50".
▶ Clique no botão "Fechar".

4.2.4 Inserção dos pilares
Uma vez com a planta de arquitetura inserida e devidamente configurada, vamos iniciar o lançamento dos pilares.

CONFIGURANDO OS PILARES
▶ Na aba "Pilares", no grupo "Inserção", clique no botão "Dados atuais".
▶ Na janela "Dados de pilares", na aba "Seção", no grupo "Posição de inserção", marque a opção "Canto".
▶ Note que, após marcar a opção "Canto", o dado na frente dessa posição será habilitado para edição. Nesse dado, digite "4".
▶ Na aba "Retangular", no dado "B1", digite a dimensão "19".
▶ No dado "H1", digite a dimensão "50".
▶ No dado "Revestimento (cm)", digite "3".
▶ Clique no botão "OK".

INSERINDO OS PILARES
▶ Na aba "Pilares", no grupo "Inserção", clique no botão "Inserir pilar".

Com o auxílio da captura automática, posicione o primeiro pilar no canto conforme mostra a figura a seguir.

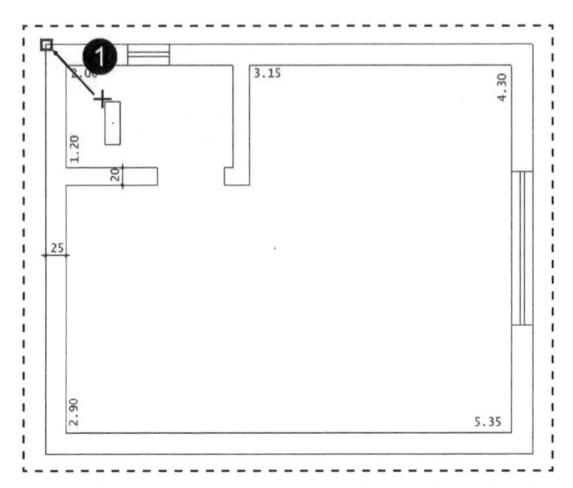

[1] Com o auxílio da captura automática, clique sobre a janela gráfica.

Insira agora o segundo pilar no canto superior direito. No menu "Pilares", execute novamente o comando "Inserir".

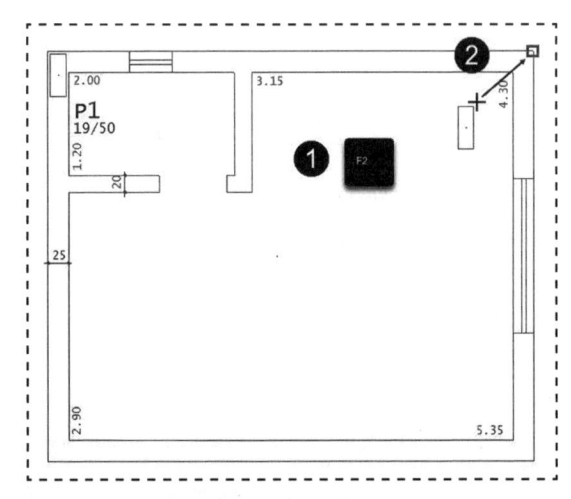

[1] Ajuste o ponto de inserção apertando a tecla "F2".
[2] Com o auxílio da captura automática, clique sobre a janela gráfica.

Repita o mesmo procedimento para inserir os pilares inferiores P3 e P4.

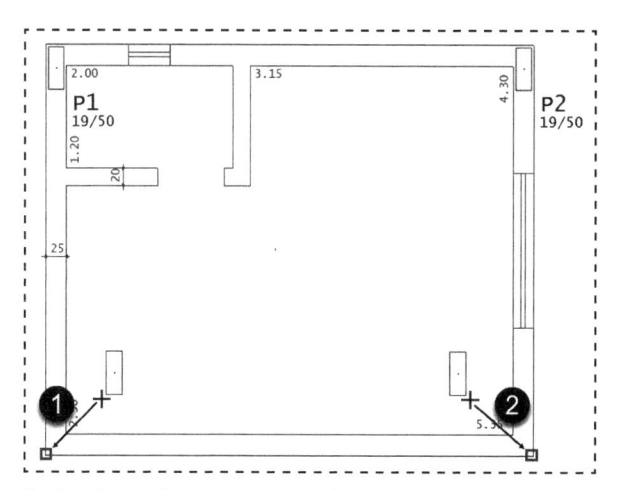

[1] Insira o pilar P3 no canto inferior esquerdo.
[2] Insira o pilar P4 no canto inferior direito.

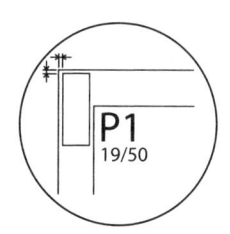

Note que o revestimento predefinido de 3 cm foi considerado automaticamente em todos os pilares.

4.2.5 Inserção das vigas

Uma vez definidos os pilares, vamos agora lançar as vigas do pavimento.

CONFIGURANDO AS VIGAS

- Na aba "Vigas", no grupo "Inserção", clique no botão "Dados atuais".
- Na janela "Dados Gerais da Viga", na aba "Inserção", no grupo "Inserir pela face", marque a opção "Esquerda".
- Na aba "Seção/Carga", no dado "Largura (cm)", digite "19".
- No dado "Altura (cm)", digite "50".
- Clique no botão "Carga distribuída em todos os vãos".

DEFININDO AS CARGAS NAS VIGAS

- Na janela "Definição de carregamentos", na aba "Alfanuméricas", marque a opção "P/ unidade de área mais altura de parede".
- No grupo "Carga distribuída linear", selecione o item "BLOCO19".
- No dado "Altura de parede", digite "2.3".
- Clique no botão "OK".

INSERINDO AS VIGAS

▶ De volta à janela "Dados Gerais da Viga", verifique se, na frente do botão "Carga distribuída em todos os vãos", a carga foi definida.

▶ Clique no botão "OK".

Altura da parede

Veja na figura ao lado por que a altura da parede foi definida como igual a 2,3 m.

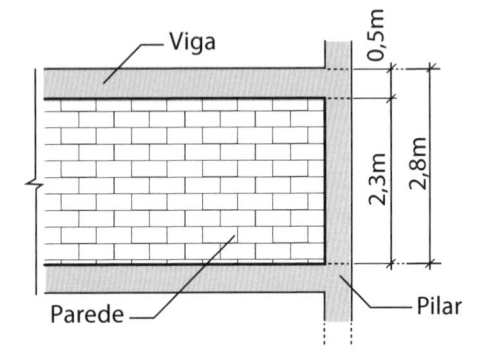

Na aba "Vigas", no grupo "Inserção", clique no botão "Inserir".

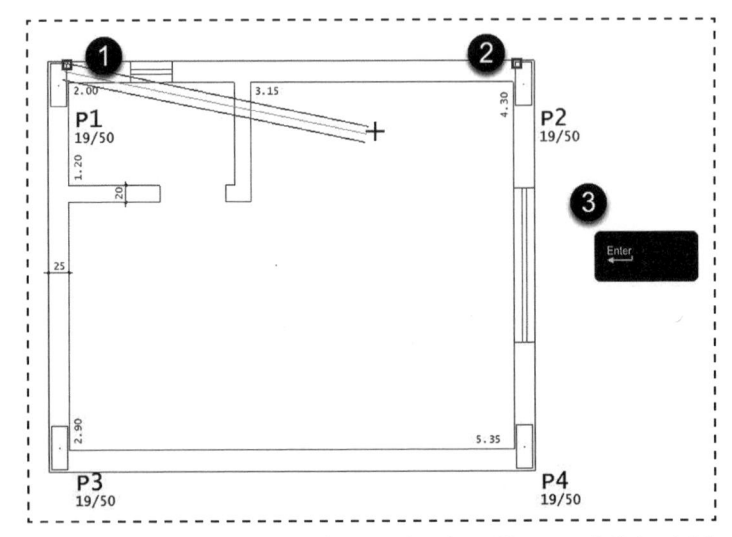

[1] Com o auxílio da captura automática, clique na janela gráfica para definir o início da viga.
[2] Com o auxílio da captura automática, clique na janela gráfica para definir o final da viga.
[3] Aperte "Enter" no teclado ou clique no botão direito do *mouse* para finalizar o comando.

A disposição final da viga deve ficar conforme a figura a seguir.

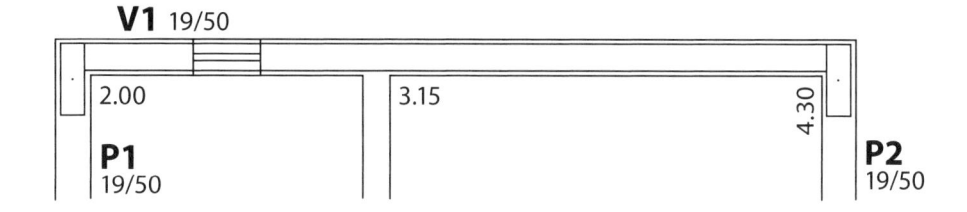

V1 19/50

2.00	3.15	
P1 19/50		**P2** 19/50

(4.30)

Vamos inserir a segunda viga. No menu "Vigas", execute novamente o comando "Inserir".

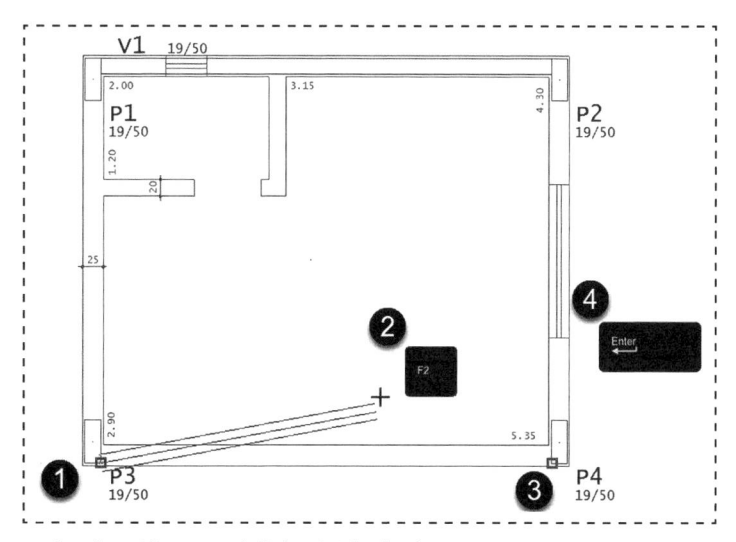

[1] Clique na janela gráfica para definir o início da viga.
[2] Aperte a tecla "F2" para ajustar o alinhamento das faces.
[3] Clique na janela gráfica para definir o final da viga.
[4] Aperte "Enter" no teclado ou clique no botão direito do *mouse* para finalizar o comando.

Repita o mesmo procedimento para inserir as demais vigas V3 e V4.

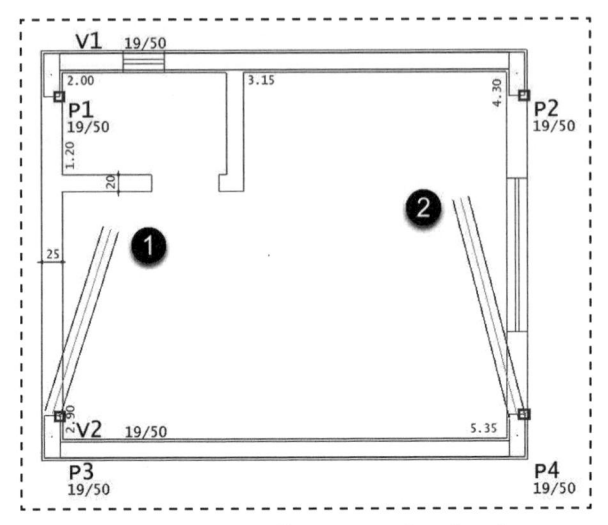

[1] Repita o mesmo procedimento para inserir a viga V3.
[2] Repita o mesmo procedimento para inserir a viga V4.

As vigas do pavimento deverão ficar exatamente como mostra a figura a seguir.

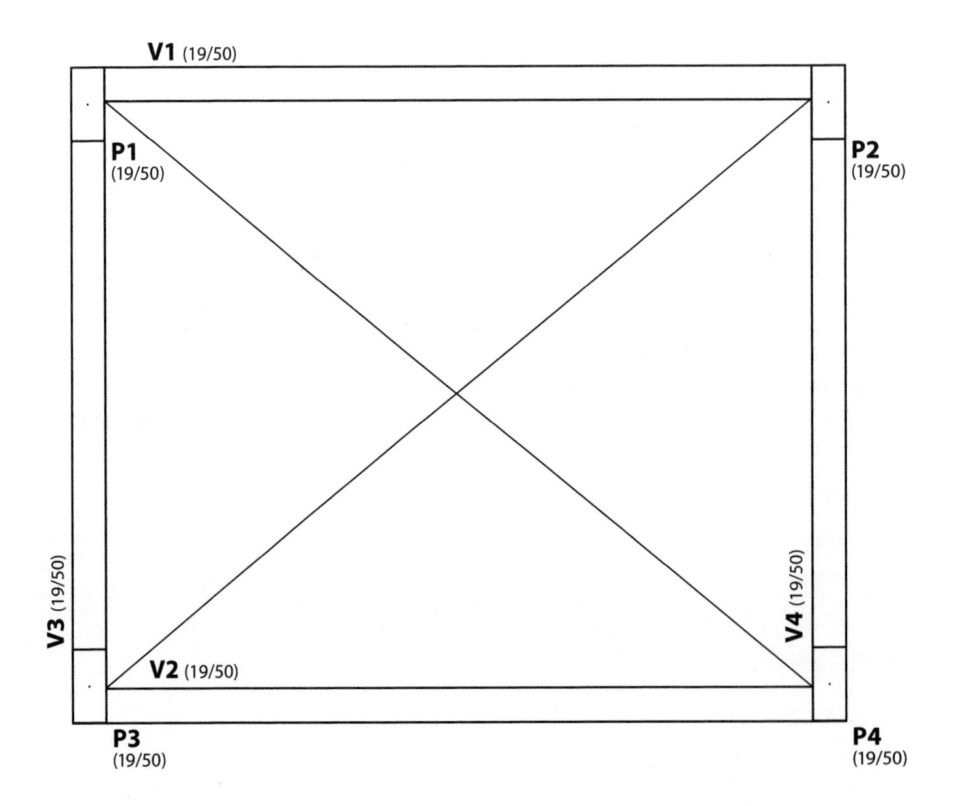

4.2.6 Inserção da laje

Note que, assim que um contorno fechado foi definido, o programa indicou a existência de um vazio (com um "X"), onde uma laje pode ser colocada.

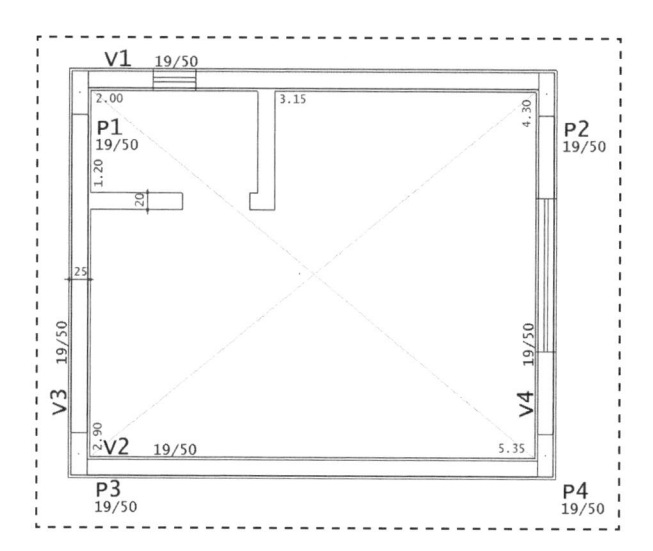

Vamos inserir a laje.

CONFIGURANDO A LAJE

- ▶ Na aba "Lajes", no grupo "Inserção", clique no botão "Dados atuais".
- ▶ Na janela "Dados de lajes", clique na aba "Seção/Carga".
- ▶ Na aba "Maciça", no dado "Espessura HL (cm)", digite "12".
- ▶ Ainda na janela "Dados de lajes", clique no botão "Alterar".

DEFININDO A CARGA NA LAJE

- ▶ Na janela "Definição de carregamentos", na aba "Alfanuméricas", no grupo "Carga distribuída por área", selecione o item "COMERC1".
- ▶ Clique no botão "OK".

CONFIGURANDO A LAJE

- ▶ De volta à janela "Dados de lajes", verifique se, na frente do dado "Carga distribuída (tf/m²)", a carga foi definida.
- ▶ Clique no botão "OK".

INSERINDO A LAJE

▶ No "Modelador Estrutural", na aba "Lajes", no grupo "Inserção", clique no botão "Inserir laje".

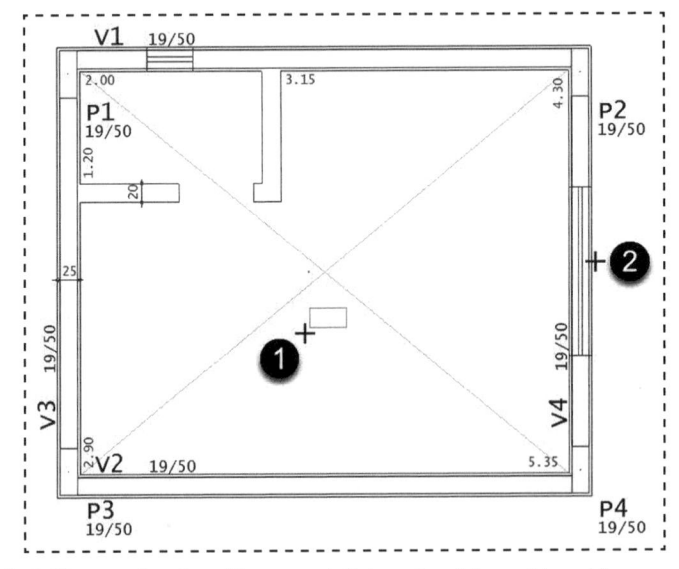

[1] Clique na janela gráfica para definir onde a laje será inserida.
[2] Clique sobre a viga vertical para definir a direção principal da laje.

A disposição final dos pilares, das vigas e da laje no pavimento deve ficar conforme a figura a seguir.

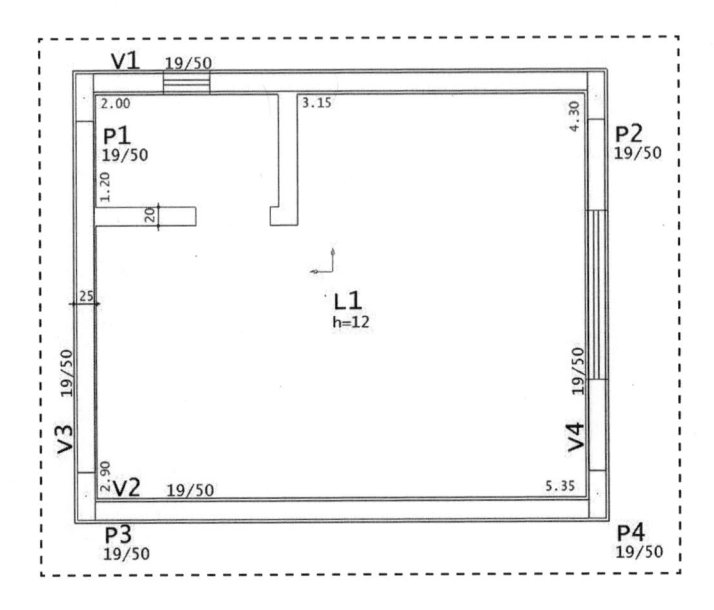

PRIMEIRO EDIFÍCIO: | 209
SIMPLES, MAS IMPORTANTE

4.2.7 Inserção das cargas de alvenaria

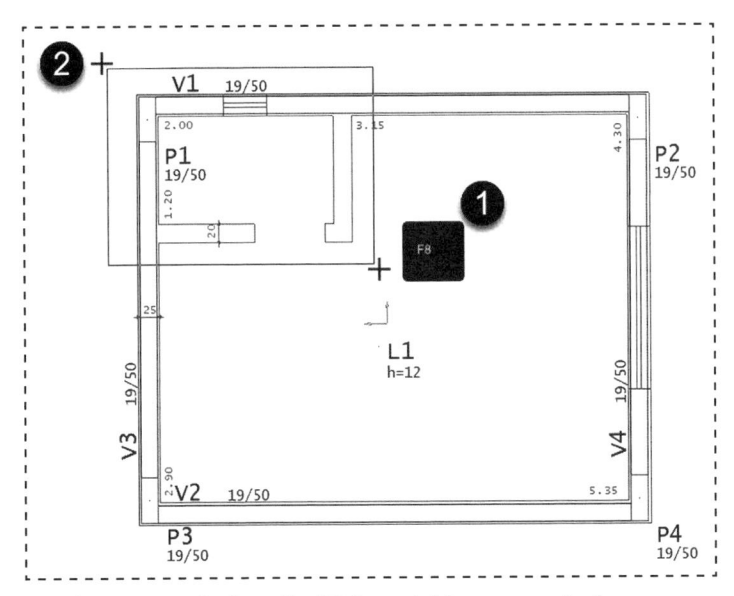

[1] Aperte a tecla de atalho "F8" para iniciar o comando de *zoom*.
[2] Clique na janela gráfica para delimitar o final do retângulo.

INSERINDO AS CARGAS LINEARES

▶ No "Modelador Estrutural", na aba "Cargas", no grupo "Em planta", clique no botão "Distribuída linearmente".
▶ Na janela "Definição de carregamentos", na aba "Alfanuméricas", selecione a opção "P/ unidade de área mais altura de parede".
▶ No grupo "Carga distribuída linear", selecione a opção "BLOCO14".
▶ No dado "Altura de parede", digite "2,68".
▶ Clique no botão "OK".

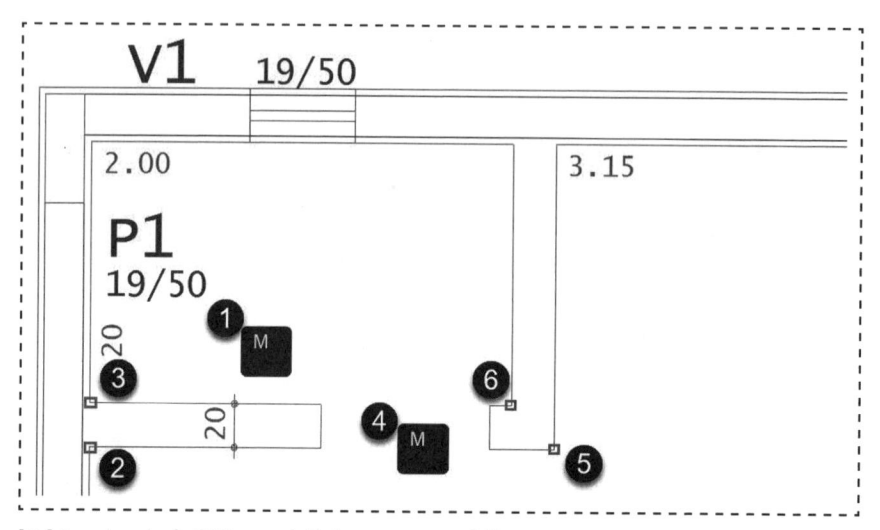

[1] Aperte a tecla "M" para definir um ponto médio.
[2 e 3] Com o auxílio da captura automática, clique para definir o primeiro ponto.
[4] Aperte a tecla "M" novamente.
[5 e 6] Com o auxílio da captura automática, clique para definir o segundo ponto.

Continue no comando para inserir a segunda alvenaria.

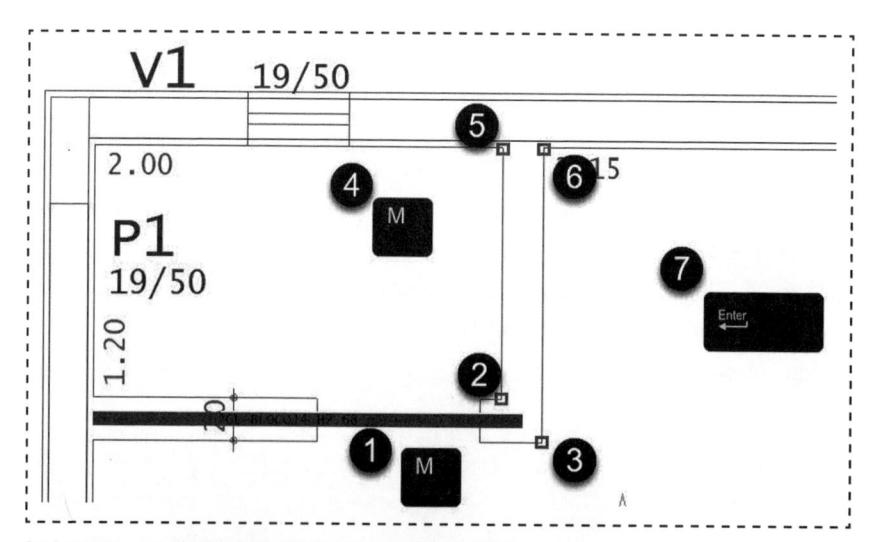

[1] Aperte a tecla "M" para definir um ponto médio.
[2 e 3] Com o auxílio da captura automática, clique para definir o primeiro ponto.
[4] Aperte "M" novamente.
[5 e 6] Com o auxílio da captura automática, clique para definir o segundo ponto.
[7] Aperte "Enter" no teclado para finalizar o comando.

A disposição final das alvenarias deve ficar como mostra a figura a seguir.

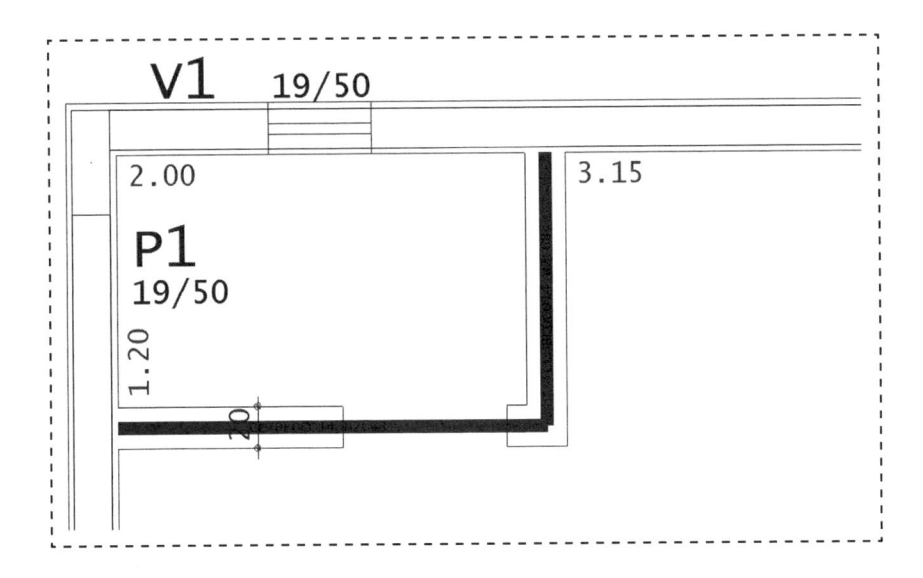

Altura da parede

A definição da alvenaria sobre a laje gerará uma carga permanente sobre esta. Veja na figura ao lado por que a altura da parede foi definida em "2,68".

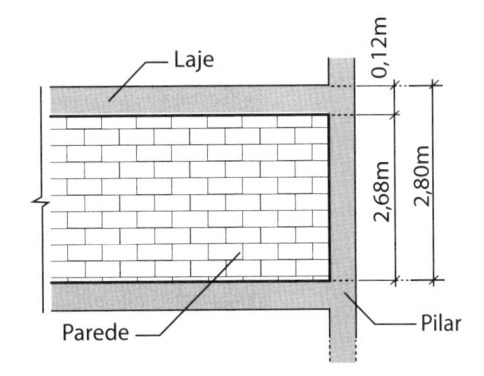

4.2.8 Cópia de dados para cobertura

Todos os dados do pavimento-tipo, até então, já foram definidos (pilares, vigas, laje e alvenarias). Como o pavimento cobertura segue a mesma geometria do pavimento-tipo, vamos copiar os dados de uma planta para outra.

Inicialmente, altere o pavimento atual utilizando a barra de ferramentas.

ALTERANDO O PAVIMENTO ATUAL
- No "Modelador Estrutural", na aba "Modelo", no grupo "Pavimentos", clique no botão "Pavimento atual".
- Na janela "Definir pavimento atual", selecione o pavimento "Cobertura".
- Clique no botão "OK".

COPIANDO O LANÇAMENTO PARA A COBERTURA
- Na aba "Modelo", no grupo "Planta", clique no botão "Copiar planta".

- Na janela "Copiar planta", no grupo "Copiar", desative a opção "Cargas".
- Clique no botão "OK".

No menu "Modelo", execute o comando "Parâmetros de visualização".

CONFIGURANDO OS PARÂMETROS DE VISUALIZAÇÃO

- Na aba "Modelo", no grupo "Configurações", clique no botão "Parâmetros de visualização".
- Na janela "Parâmetros de visualização", no grupo "Grupos padrão", clique no botão "Verificação".
- Na aba "Cargas", clique no botão "Ligar/Desligar".
- Note que todas as opções de cargas serão ativadas.
- Clique no botão "OK".

A visualização do pavimento cobertura deve ficar conforme a figura a seguir.

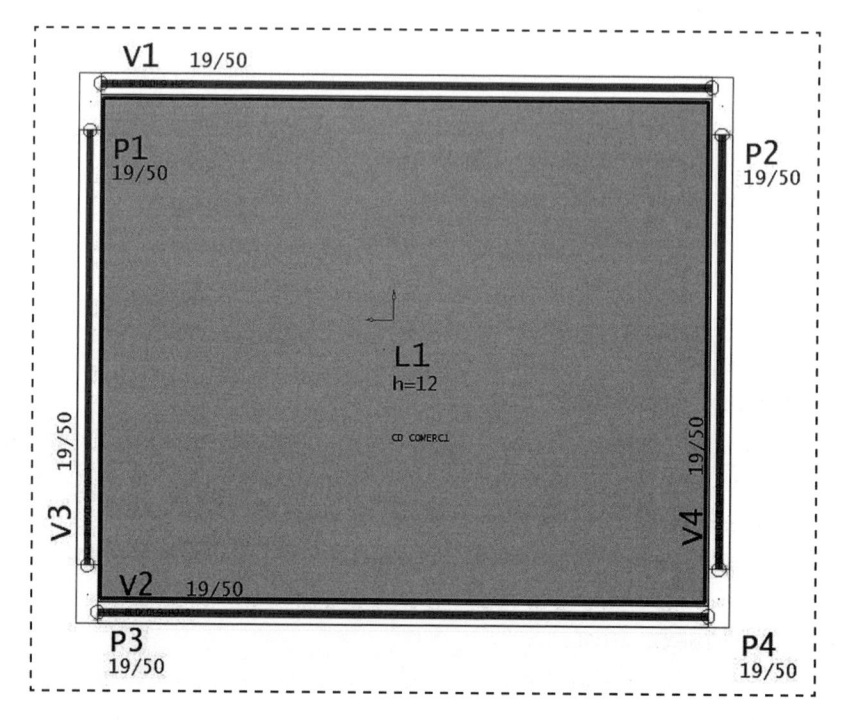

Note que as cargas em todos os elementos, bem como os apoios das vigas, são visualizadas graficamente, facilitando a verificação dos dados.

V1 (19/50)

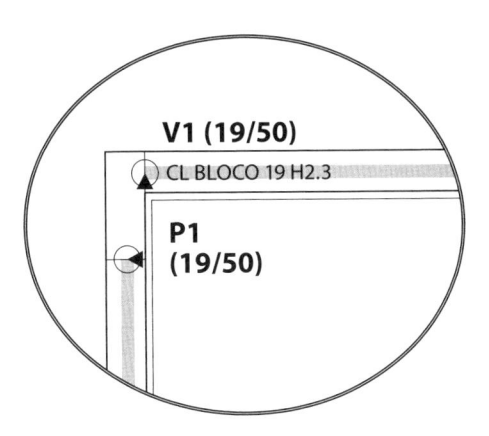

CL BLOCO 19 H2.3

**P1
(19/50)**

Vamos, agora, alterar a espessura e a carga da laje, bem como retirar as cargas de alvenarias sobre as vigas.

A maneira mais fácil de realizar essas tarefas é dando um duplo clique sobre os títulos dos elementos.

Para alterar os dados da laje, dê um duplo clique no título da laje.

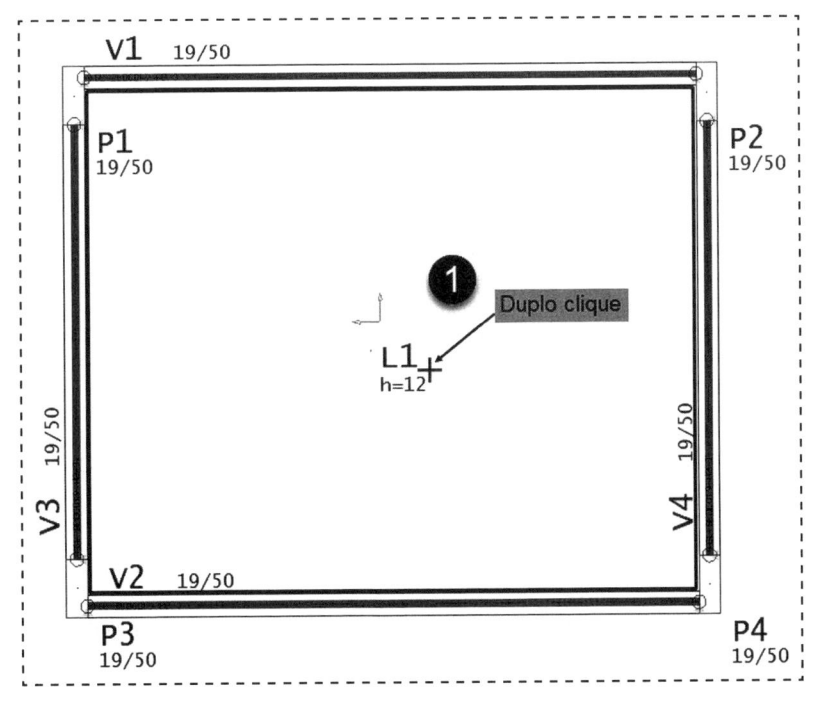

[1] Dê um duplo clique no título da laje.

Na janela aberta, altere a espessura da laje e a carga.

ALTERANDO OS DADOS DA LAJE

- Na janela "Dados de lajes", clique na aba "Seção/Carga".
- Na aba "Maciça", no dado "Espessura HL (cm)", digite "10".
- Ainda na janela "Dados de lajes", clique no botão "Alterar".
- Na janela "Definição de carregamentos", na aba "Alfanuméricas", no grupo "Carga distribuída por área", selecione a opção "COBERT1".
- Clique no botão "OK".
- De volta à janela "Dados de lajes", verifique se, na frente do dado "Carga distribuída (tf/m²)", a carga foi alterada para "COBERT1".
- Clique no botão "OK".

Para alterar os dados da viga, dê um duplo clique no título da viga.

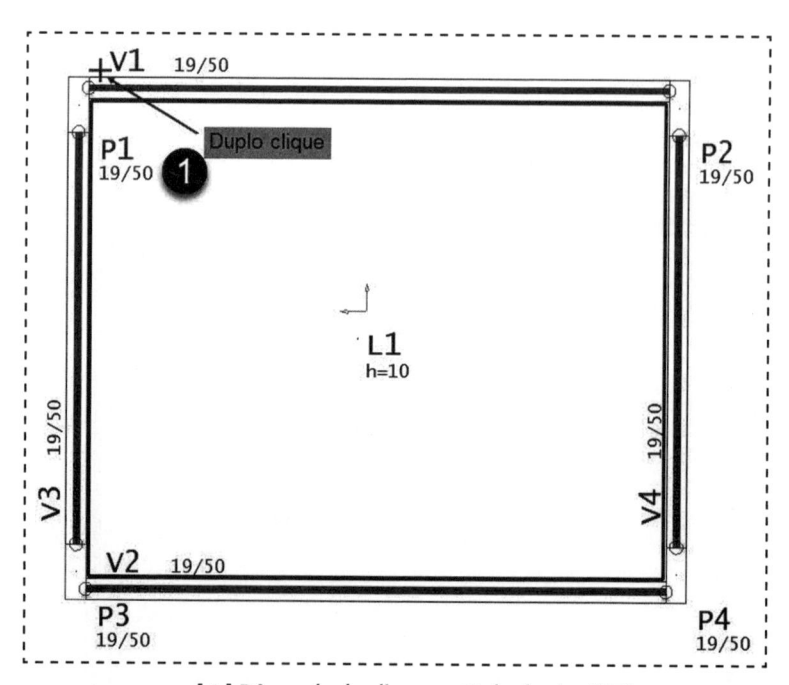

[1] Dê um duplo clique no título da viga "V1".

Na janela aberta, vamos zerar o valor da carga.

ALTERANDO OS DADOS DE VIGAS

- Na janela "Dados de vigas", na aba "Seção/Carga", clique no botão "Carga distribuída em todos os vãos".
- Na janela "Definição de carregamentos", clique na aba "Numéricas".
- Clique no botão "OK".

- De volta à janela "Dados Gerais da Viga", verifique se, na frente do botão "Carga distribuída em todos os vãos", a carga foi zerada.
- Clique no botão "OK".

Repita o mesmo procedimento para zerar as cargas nas demais vigas (V2, V3, V4). A visualização final do pavimento "Cobertura" deve ficar conforme mostra a figura a seguir.

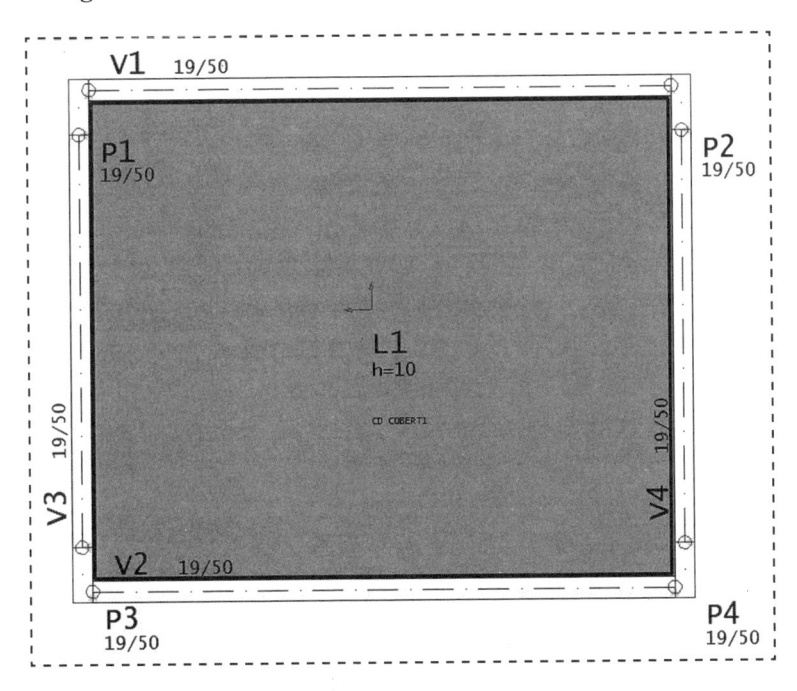

Renumeração automática

Durante a entrada de dados, não se preocupe em manter exatamente a sequência dos números dos elementos (P1, P2, P3, ..., V1, V2, V3, ..., L1, L2, L3, ...), pois existe um comando capaz de renumerá-los automaticamente no final.

RENUMERANDO OS ELEMENTOS
- No "Modelador Estrutural", na aba "Modelo", no grupo "Elementos", clique no botão "Renumerar".
- Na janela "Renumeração de elementos", no grupo "Tipo", selecione o elemento que deseja renumerar.
- Clique no botão "Renumerar".

4.2.9 Visualização 3D

A visualização da estrutura em 3D é útil para verificar se o posicionamento dos elementos inseridos está correto.

VISUALIZANDO O MODELO 3D

- ▶ No "Modelador Estrutural", na aba "Modelo", no grupo "Visualização", clique no botão "Visualização do modelo 3D".
- ▶ Na janela "Geração de modelo tridimensional do edifício", selecione o pavimento "Fundacao" no dado "Planta inicial" e o pavimento "Cobertura" no dado "Planta final".
- ▶ Clique em "OK".

Uma nova janela com o desenho da estrutura em 3D será aberta.

Para "caminhar" por dentro do edifício, utilize as teclas de atalho a seguir ou utilize o *mouse* (*scroll* e tecla Shift).

Teclas	Função
A	Aproximar
Z	Afastar
Setas direcionais	Girar
+	Subir
-	Descer

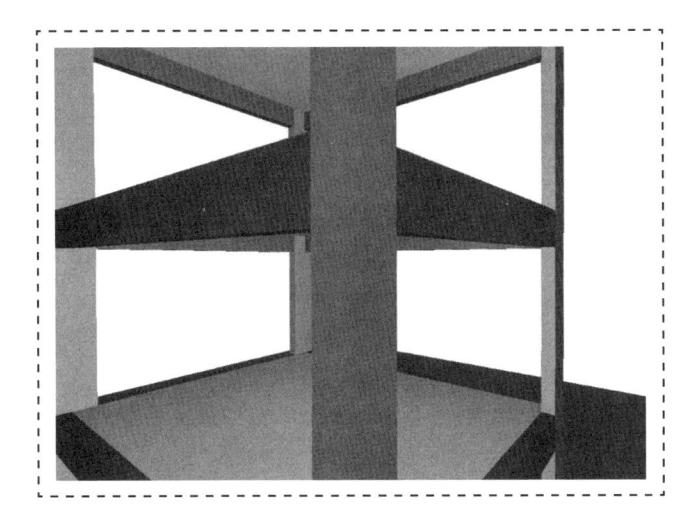

Feche o visualizador 3D.

Gravação de dados

Finalmente, após todos os dados do edifício serem definidos, vamos sair do Modelador Estrutural.

SAINDO DO MODELADOR ESTRUTURAL

▶ No "Modelador Estrutural", clique na aba "Arquivo" e clique em "Sair".

Durante o fechamento do Modelador Estrutural, serão feitas duas perguntas a respeito da gravação de dados. Não se esqueça de optar pelo "Sim" para não perdê-los.

4.3 Cálculo da estrutura

O cálculo completo de todo o edifício pode ser realizado por um único comando, chamado de "Processamento Global".

PROCESSANDO A ESTRUTURA

▶ No "Gerenciador", na aba "Sistemas", clique em "TQS Formas".
▶ Na aba "TQS Formas", no grupo "Processar", clique no botão "Processamento Global".

Na janela aberta, defina os itens a serem calculados.

CONFIGURANDO O PROCESSAMENTO GLOBAL

▶ Na janela "Processamento Global", será necessário alterar alguns parâmetros.

- No grupo "Plantas de formas", marque "Extração gráfica e processamento" e "Desenhar planta de formas".
- No grupo "Lajes", marque a opção "Esforços e desenho".
- No grupo "Vigas", marque a opção "Dimensionamento, detalhamento, desenho".
- No grupo "Pilares", marque a opção "Dimensionamento, detalhamento, desenho".
- Clique no botão "OK".

O processamento levará alguns minutos. Aguarde... Assim que for finalizado, a seguinte janela será aberta.

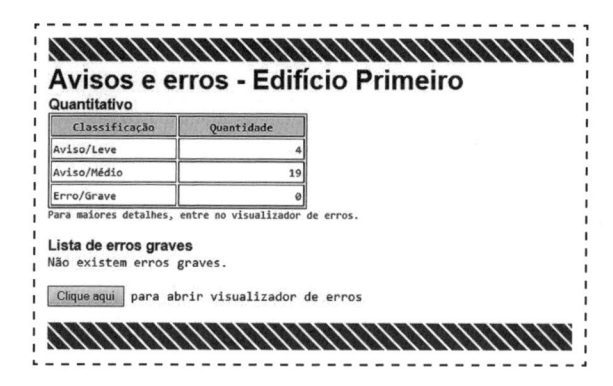

Avisos e erros - Edifício Primeiro
Quantitativo

Classificação	Quantidade
Aviso/Leve	4
Aviso/Médio	19
Erro/Grave	0

Para maiores detalhes, entre no visualizador de erros.

Lista de erros graves
Não existem erros graves.

[Clique aqui] para abrir visualizador de erros

Feche a janela com os avisos e erros.

4.4 Visualização das armaduras

Vamos visualizar as armaduras obtidas pelo processamento no gerenciador.

Nos pilares

VISUALIZANDO AS ARMADURAS DOS PILARES
- No "Gerenciador", selecione o ramo "Pilares" do edifício "Primeiro".
- No "Painel Central", selecione o pilar "P1" e dê um duplo clique sobre esse desenho.
- Observe o detalhamento do pilar P1.

Nas vigas

VISUALIZANDO AS ARMADURAS DAS VIGAS
- No "Gerenciador", selecione o ramo "Vigas" do pavimento "Tipo".
- No "Painel Central", selecione a viga "V1" e dê um duplo clique sobre esse desenho.
- Observe o detalhamento da viga V1.

Nas lajes

VISUALIZANDO AS ARMADURAS DAS LAJES
- No "Gerenciador", selecione o ramo "Tipo" do edifício "Primeiro".
- No "Painel Central", selecione o desenho "ARP1002H - Armação positiva horizontal" e dê um duplo clique sobre esse desenho.
- Observe o detalhamento dessa laje.

Note que as armaduras em todos os elementos da estrutura (pilares, vigas e lajes) foram dimensionadas e detalhadas automaticamente pelo sistema computacional.

Todo o cálculo do edifício foi realizado apenas com alguns cliques do *mouse*!

4.5 Montagem das plantas

Finalmente, vamos montar uma planta numa folha A1 contendo o conjunto de desenhos de armações de pilares do edifício, a moldura, o carimbo e a tabela com o resumo de ferros.

SELECIONANDO O LOCAL ONDE AS PLANTAS SERÃO SALVAS
- No "Gerenciador", selecione o ramo "Plantas" do edifício "Primeiro".

No menu "Plotagem" do gerenciador, vamos iniciar o editor de plantas.

ABRINDO O EDITOR DE PLANTAS
- No "Gerenciador", clique na aba "Plotagem".
- No grupo "Edição de plantas", clique no botão "Editor de Plantas".
- A janela que será aberta será denominada "Editor de Plantas".

Na janela aberta, primeiramente, vamos selecionar todos os desenhos de armações de pilares.

SELECIONANDO OS DESENHOS
- No "Editor de Plantas", na aba "Desenhos", no grupo "Edição", clique no botão "Selecionar desenhos".

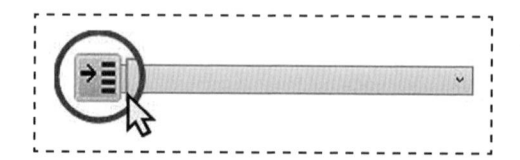

- Na janela "Seleção de desenhos", no grupo "Edifício", clique no ramo "Pilares".
- Clique no botão "Projeto".
- A janela "Lances e escala de pilares" será aberta.
- Na janela "Lances e escala de pilares", clique no botão "OK".
- Observe que os desenhos foram adicionados no grupo "Seleção atual".
- Clique no botão "OK".

INSERINDO OS DESENHOS NA PLANTA
- Na aba "Desenhos", no grupo "Distribuição", verifique se a folha "A1" está selecionada.
- Ainda na aba "Desenhos", no grupo "Distribuição", clique no botão "Distribuir em planta".

A janela gráfica deverá então ficar assim:

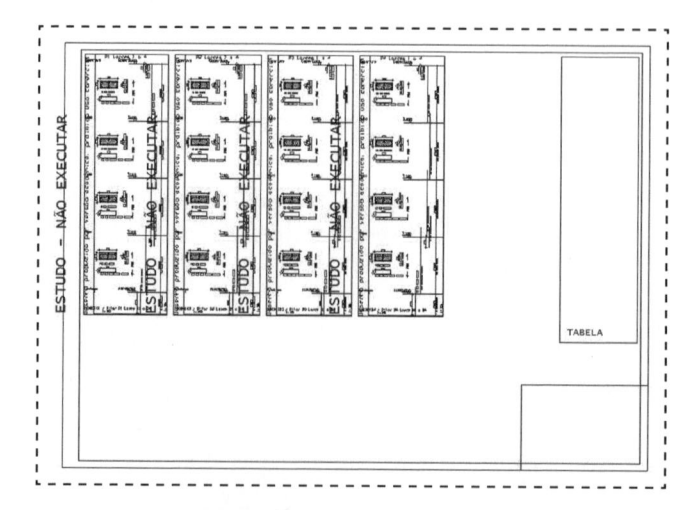

Vamos extrair a tabela com o resumo dos ferros existentes nos desenhos de armações inseridos na planta.

EXTRAINDO A TABELA DE FERROS
- No "Editor de Plantas", na aba "Plantas", no grupo "Tabela de ferros", clique no botão "Extrair".
- Na janela "Escolha de prefixo de plantas", clique no botão "OK".
- Uma listagem da tabela de ferros será aberta.

```
Tabela de Ferros
================

T Q S INFORMATICA LTDA
RUA DOS PINHEIROS, 706

Planta PRI-PIL-PIL-001  13/06/18  20:21:58
-------------------------------------------------
ELEM   AÇO   POS    BIT     QUANT    COMPRIMENTO
                    (mm)             UNIT   TOTAL
                                     (cm)    (cm)
-------------------------------------------------
P1 Lances 1 a 4
       50A    1    12.5       3      100     300
       50A    2    10          6      330    1980
       50A    3    10          6      140     840
       60A    4     5         56      129    7224
       60A    5     5         56       29    1624
       50A    6    12.5       12      330    3960
       50A    7     6.3       38      130    4940
       50A    8     6.3       38       31    1178
       50A    9    10          6      277    1662
       60A   10     5          3       93     279
P2 Lances 1 a 4
       50A    1    12.5       3      100     300
       50A    2    10          6      330    1980
       50A    3    10          6      140     840
       60A    4     5         56      129    7224
       60A    5     5         56       29    1624
       50A    6    12.5       12      330    3960
       50A    7     6.3       38      130    4940
       50A    8     6.3       38       31    1178
       50A    9    10          6      277    1662
       60A   10     5          3       93     279
P3 Lances 1 a 4
       50A    1    12.5       3      100     300
```

FECHANDO A LISTAGEM

▶ Clique no "X" para fechar essa janela.

Vamos, agora, preencher o carimbo da planta.

PREENCHENDO O CARIMBO

▶ Voltando ao "Editor de Plantas", na aba "Plantas", no grupo "Carimbo", clique no botão "Preencher".
▶ Na janela "Preenchimento de carimbo/selo", no dado "TITULO_L1", digite: "Armação de pilares".
▶ Clique no botão "OK".

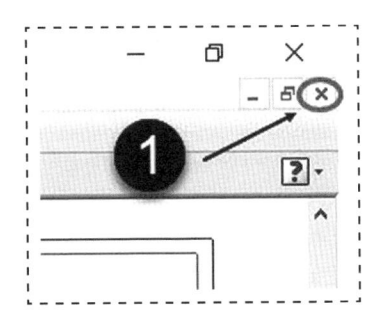

[1] Clique para fechar o desenho com a moldura e o carimbo.

SALVANDO O DESENHO DA MOLDURA
▶ Após clicar no comando "Fechar", clique no botão "Sim" para salvar o desenho.

Finalmente, vamos visualizar a planta montada.

VISUALIZANDO A PLANTA
▶ De volta ao "Editor de Plantas", clique na aba "Plantas".
▶ No grupo "Editar", clique em "Visualização".

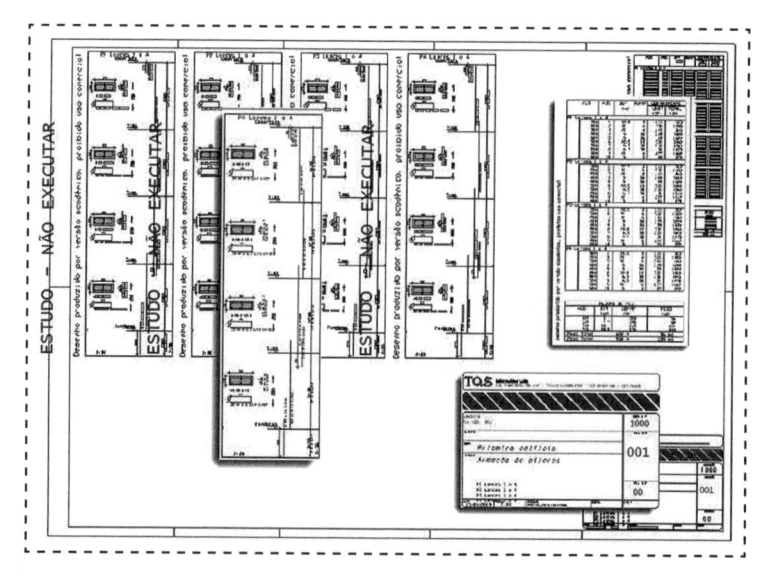

Pronto! Veja como é fácil montar uma planta final por meio de um sistema computacional.

Feche o editor de plantas, salvando as alterações.

4.6 Exportação

O produto final de um projeto estrutural é composto de desenhos de fôrma e armação, além de informações complementares. Nos dias atuais, esses desenhos ainda são impressos e enviados à obra em folhas de papel. Contudo, com os recentes avanços tecnológicos, o modo de disponibilizar as informações referentes ao projeto estrutural tem sido largamente ampliado.

A seguir, vamos exportar as informações do edifício "Primeiro" para os tipos mais comuns nos dias atuais, lembrando que novas alternativas provavelmente deverão surgir no futuro próximo.

4.6.1 Desenhos 2D

Desenhos 2D, como plantas de fôrma e desenhos de armação, podem ser exportados para impressão em *plotters* em diversos tipos de formato, tais como o DXF (*Drawing Exchange Format*), o PLT (*Plotting Format*) ou o PDF (*Portable Document Format*), sendo este último o mais usual atualmente.

CONFIGURANDO PLOTTER
- No "Gerenciador", clique na aba "Plotagem".
- Na aba "Plotagem", no grupo "Critérios, clique no botão "Configuração", item "Configuração de plotters".
- Na janela "Escolha do controlador de plotagem", ative "Usar o driver de plotagem TQS-HPGL2...", clique no botão "OK".
- Na janela "Configuração de plotagem TQS HPGL2", clique no botão "OK".

EXPORTANDO ARQUIVO PDF 2D
- No "Gerenciador", selecione o ramo "Plantas" do edifício "Primeiro".
- Na aba "Plotagem", no grupo "Plotagem", clique no botão "Plotar", item "Em PDF".
- Na janela "Projeto Primeiro...", clique no botão "Todos".
- Clique no botão "OK".
- No "Gerenciador", no "Painel Central", dê um duplo clique em "PRJ-PIL-PIL....PDF".

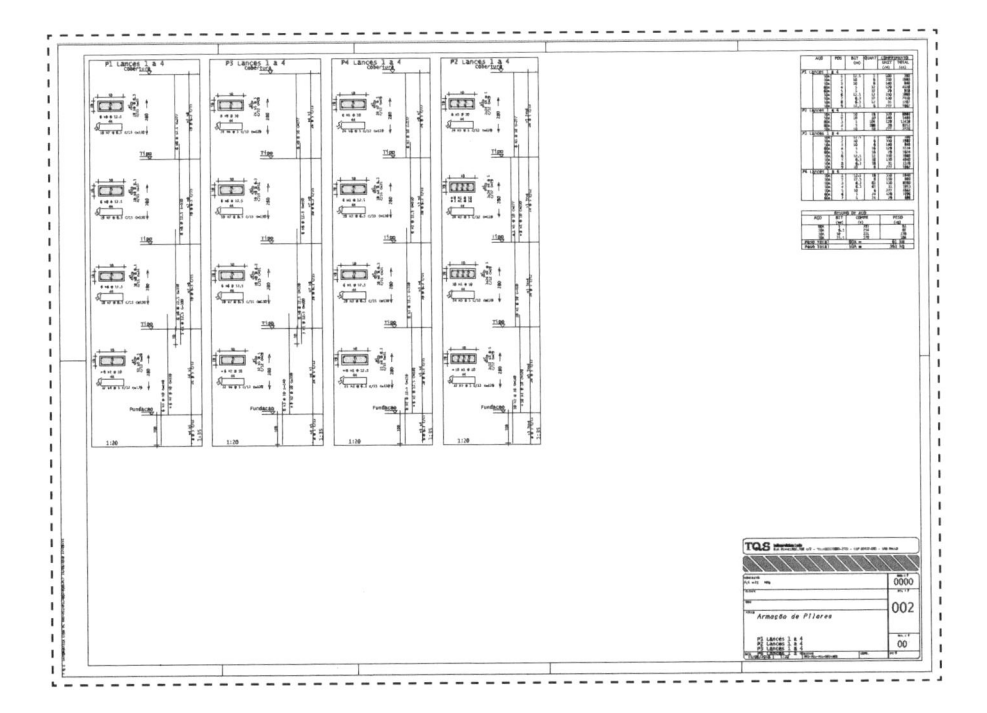

4.6.2 Geometria 3D

A volumetria de uma estrutura, isto é, as informações geométricas de seu modelo digital contendo todos os elementos estruturais para visualização tridimensional, pode ser exportada em diversos formatos, como o DXF 3D e o PDF 3D, e também em formatos proprietários para modeladores 3D, como o SketchUp®.

EXPORTANDO ARQUIVO PDF 3D

- ▶ No "Gerenciador", na aba "Interfaces BIM", no grupo "Modelo 3D", clique no botão "Exportar PDF 3D".
- ▶ Na janela "Salvar como", clique no botão "Salvar".
- ▶ Na janela "Geração do modelo tridimensional...", selecione a "Planta inicial" = "Fundacao" e a "Planta final" = "Cobertura".
- ▶ Clique no botão "OK".
- ▶ No "Gerenciador", no "Painel Central", dê um duplo clique em "Primeiro.PDF".

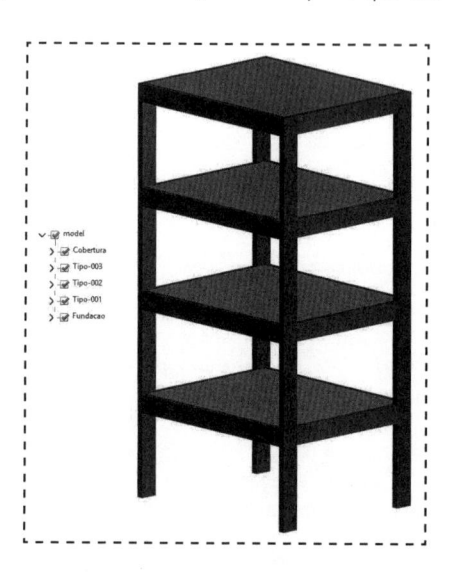

4.6.3 STL

É possível exportar o desenho 3D para um arquivo com extensão STL (*Stereolithography Format*), compatível com impressoras 3D, *softwares* de modelagem 3D e realidade virtual.

EXPORTANDO ARQUIVO STL

- ▶ No "Gerenciador", na aba "Interfaces BIM", no grupo "Modelo 3D", clique no botão "Exportar STL".

- Na janela "Salvar como", selecione uma pasta e clique no botão "Salvar".
- Na janela "Geração do modelo tridimensional...", selecione a "Planta inicial" = "Fundacao" e a "Planta final" = "Cobertura".
- Clique no botão "OK".

O arquivo STL pode ser visualizado em certos programas do próprio Windows®, assim como em aplicativos de dispositivos móveis.

4.6.4 Dispositivos móveis

Sem dúvida, uma das maiores novidades tecnológicas nos últimos anos foi a criação e a disseminação em larga escala dos dispositivos móveis. É possível exportar os desenhos de um projeto estrutural para serem visualizados de forma nativa em *smartphones* e *tablets*.

EXPORTANDO PARA DISPOSITIVOS MÓVEIS
- No "Gerenciador", na aba "Interfaces BIM", no grupo "Edifício", clique no botão "Dispositivos móveis".
- Na janela "Exportar projeto...", clique no botão "Todos".
- Clique no botão "Gravar".

Após a exportação dos arquivos, basta transferir todo o conteúdo da pasta "C:\IMAGEMCD\Primeiro" para o dispositivo ou mesmo compartilhá-lo na nuvem.

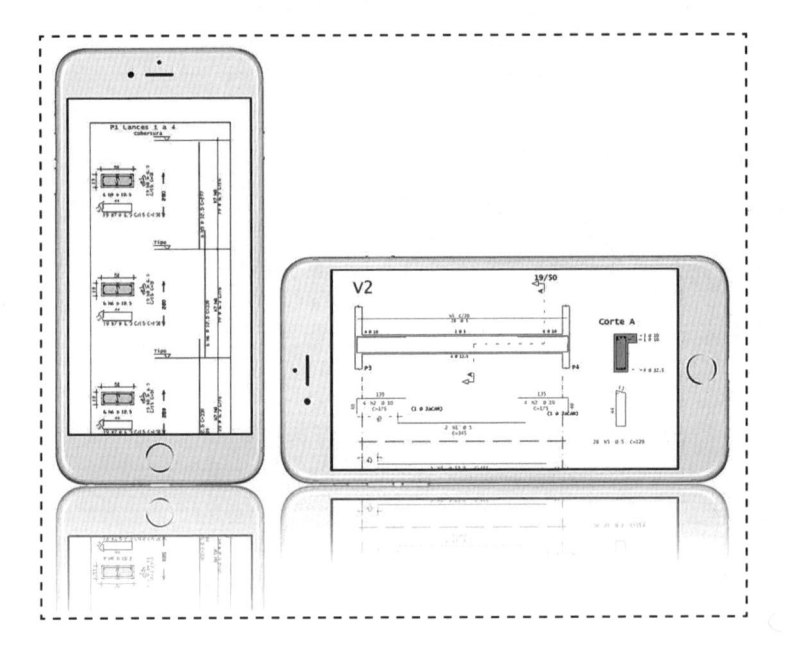

4.6.5 BIM

Esse tema será abordado com um pouco mais de detalhes no item seguinte. Atualmente, é possível exportar as informações de uma estrutura para diversas plataformas compatíveis com o BIM, utilizando formatos abertos ou fechados. De antemão, é fundamental esclarecer que, muito embora o BIM seja baseado num modelo 3D, a exportação de dados para ele incorpora diversos outros atributos e padrões, e não apenas a geometria da estrutura. Por isso, a exportação para o BIM é bem diferente de uma simples exportação da estrutura em 3D.

4.7 BIM (coautoria de Adriano Lima)

O sucesso de um empreendimento na construção civil, qualquer que seja o seu porte, é fortemente dependente de uma adequada interação entre diversas áreas, desde a fase de planejamento, passando pela execução, até chegar à fase de manutenção.

A construção de uma edificação é uma atividade complexa, que envolve milhões de informações. É como montar um "Lego" gigante com uma grande quantidade de peças de diferentes tipos e tamanhos, sendo essa tarefa dividida entre diversas equipes com as mais variadas especialidades. Se não houver uma comunicação adequada entre elas, pode-se afirmar que a chance de errar é de quase 100%. Muitas imprecisões, inclusive, podem ocorrer de forma totalmente despercebida. Por melhor que seja a tecnologia empregada, projetar e construir um edifício jamais será uma tarefa fácil.

No que se refere aos projetos, há muito tempo, mas sobretudo desde que o CAD se estabeleceu como um padrão de mercado, a interface entre os projetistas de diferentes áreas tem se dado por meio da compatibilização de desenhos 2D. Em outras palavras, para integrar os diferentes projetos, o que se tem feito é sobrepor um desenho sobre outro com o objetivo de detectar e resolver possíveis interferências entre as disciplinas.

Evidentemente, essa é uma visão muito simplista, sendo mais do que sabido que uma adequada integração entre as áreas (que sempre existiu antes do BIM) requer muita inteligência e diversas reuniões multidisciplinares e está muito distante de ser algo meramente operacional.

Essa prática, no entanto, tem evoluído e tende a ser aprimorada drasticamente. A conexão entre os projetos das diferentes áreas da construção civil se tornará cada vez mais "digitalizada", possibilitando assim uma compatibilização de informações de forma muito mais automatizada. A visualização 3D com todas as disciplinas agrupadas tomará o lugar dos desenhos 2D sobrepostos, a detecção de interferências será automática, a interligação entre os departamentos de projeto, orçamento, compras, execução, manutenção etc. será instantânea, será possível interagir virtualmente com a estrutura antes mesmo de ela existir – enfim, é o reflexo direto dos avanços tecnológicos no setor da construção civil.

O conceito que estabelece essa conexão "digitalizada" entre todas as disciplinas envolvidas numa construção e que servirá de base para que esses avanços se tornem reais é denominado *Building Information Modeling* ou Modelagem das Informações da Construção, ou simplesmente BIM.

O BIM é um tema muito amplo, cuja definição conceitual precisa e detalhada pode ser encontrada em diversas publicações específicas. A seguir, ele será abordado de maneira resumida e introdutória, procurando privilegiar uma visão mais prática, com foco no projeto de estruturas de concreto.

4.7.1 Modelo 3D

O BIM tem como base um protótipo virtual 3D composto de todos os elementos da edificação, tais como vigas, pilares, lajes, paredes, tubulações, janelas, revestimentos etc. Ou seja, o BIM é baseado num modelo digital completo da construção antes mesmo de ela existir na vida real.

No entanto, é importante entender que o BIM vai muito além de um simples modelo que pode ser visualizado em 3D no computador. Além da volumetria, é fundamental que todos os elementos sejam definidos com atributos que os caracterizem como são na realidade. Por exemplo, um lance de pilar de concreto armado, além de suas dimensões geométricas, também deve ser definido com o material que o compõe, suas armaduras, a data em que será executado etc.

▶ O modelo 3D é apenas um requisito inicial do BIM.

BIM = modelo 3D + atributos + ...

4.7.2 Softwares

Para a materialização do BIM, isto é, para colocá-lo efetivamente em prática, é necessário o uso de diversos *softwares* específicos para cada área (arquitetura, estrutura, instalações, orçamento etc.) e adequados para o BIM. Ou seja, *softwares* que permitam uma modelagem coerente com os conceitos expostos, além da capacidade de importar e exportar as informações de acordo com padrões preestabelecidos, de tal modo que a conexão entre eles aconteça sem perda de dados.

Essa capacidade dos *softwares* de "conversarem" entre si é denominada interoperabilidade e, basicamente, pode ser realizada de duas formas:
- com arquivo de formato fechado ou proprietário, estabelecido por relações entre empresas particulares;
- com arquivo de formato aberto ou neutro, criado e padronizado por comitês ou alianças entre diversas empresas. O exemplo mais comum é o arquivo IFC (*Industry Foundation Classes*), mantido pela buildingSMART. Simplificadamente, o arquivo IFC é como se fosse o arquivo "DXF do BIM".

É importante salientar que é um enorme equívoco imaginar ou entender que os *softwares* "fazem BIM" automaticamente. *Softwares*, por mais sofisticados que sejam, assim como no cálculo estrutural, são e sempre serão apenas ferramentas auxiliares. Engana-se muito quem pensa que a implantação do BIM se restringe a uma mera adequação operacional. O seu uso envolve inteligência e discernimento na definição das informações, qualidades essas que só podem ser supridas por pessoas capacitadas para tal.

▶ *Softwares* são importantes, mas não são e não "fazem" BIM automaticamente.

> BIM ≠ *softwares*

A busca pela interoperabilidade perfeita é um dos grandes desafios do BIM, uma vez que cada *software* possui sua base de dados própria, com características particulares ao fim a que se destina, o que dificulta a comunicação completa e precisa entre as diferentes plataformas. Quando o BIM surgiu no mercado, era notório que as bases de dados dos *softwares*, de um modo geral, não estavam preparadas para tratar as informações de forma adequada. Com o avanço dos *hardwares*, mas sobretudo dos *softwares*, esse problema tem sido bastante minimizado. Mas ainda há muito o que evoluir nesse sentido.

4.7.3 Complexidade

O BIM não é um assunto excessivamente complexo de ser compreendido. Muitos já entenderam e perceberam claramente os benefícios que ele pode gerar. É difícil encontrar alguém que discorde frontalmente dele. Pode-se afirmar que o BIM é uma consequência natural dos avanços tecnológicos em face de desafios presentes nas construções desde que elas existem.

▶ O BIM é uma proposta nova dentro de um "problema" antigo.

A aplicação prática do BIM torna-se complexa na medida em que diversas disciplinas, que evoluíram de forma particular e muitas vezes segmentada ao longo dos anos, precisam obrigatoriamente saber trabalhar em conjunto sob uma mesma plataforma. Essa complexidade se torna mais evidente com a grande quantidade de informações presentes numa construção, que necessitam ser modeladas e "misturadas" respeitando certos padrões. Enquanto no BIM há uma única construção envolvida (B^1), assim como um único modelo que a representa (M^1), a quantidade de informações que devem ser agregadas é enorme (I^n).

$$BIM = B^1 I^n M^1$$

Mas será que 100% das informações precisam ser modeladas? Devem participar do BIM apenas as informações que poderão ser "consumidas" de forma inteligente. Por exemplo, um atributo de cálculo que será utilizado exclusivamente para o dimensionamento de um elemento estrutural, ou seja, que será definido e usado somente pelo Engenheiro de Estruturas, sem nenhuma utilidade para as demais disciplinas, não precisa ser modelado no BIM.

▶ A modelagem das informações requer inteligência e discernimento. Nem tudo deve fazer parte do BIM.

4.7.4 Responsabilidade

O modelo único preconizado no BIM (M^1) reúne informações de diversas áreas.

$$B^1I^nM^1 = B^1(I^{n(arquitetura)} + I^{n(estrutura)} + I^{n(instalações)} + I^{n(...)})M^1$$

Ou seja, na realidade, esse modelo único é formado pela conjunção de um modelo com dados da arquitetura, de um modelo com informações da estrutura, de mais um modelo com a parte de instalações etc.

Nesse ponto, surge mais uma questão importante relacionada com a implantação do BIM: a responsabilidade sobre a modelagem das informações. Cada projetista continuará sendo responsável pelo seu próprio projeto e jamais poderá alterar o projeto do outro, mesmo que uma determinada plataforma ou *software* possibilite a execução desse tipo de tarefa. Assim, por exemplo, o responsável pelo projeto de instalações jamais deverá criar furos ou aberturas na estrutura para poder passar tubulações. Se houver alguma necessidade nesse sentido, ele deverá contatar o Engenheiro responsável pelo projeto estrutural para que este, sim, estude a viabilidade de introduzir ou não o furo na estrutura.

▶ Cada área pode utilizar o modelo BIM de outra área apenas como referência auxiliar (*read-only*) e nunca poderá modificá-lo.

4.7.5 Vantagens

A aplicação do BIM implica, necessariamente, uma fase de projetos mais detalhada e precisa, e, com isso, torna-se possível prever e evitar erros construtivos por meio da criação de procedimentos que facilitem a execução da obra. A possibilidade de executar e visualizar a obra digitalmente, em 3D, antes do início da sua efetiva execução traz uma série de benefícios, como a eliminação de interferências entre elementos. Uma das vantagens da aplicação do BIM é o ganho de previsibilidade.

Além disso, uma vez que o BIM permite uma melhor visualização e monitoramento da interface entre as disciplinas, desde a fase de projeto até a manutenção da edificação, torna-se possível atingir e manter níveis melhores de desempenho durante a vida útil desta.

O BIM ainda tem o potencial de gerar um maior controle e transparência no planejamento e na execução de obras, evitando assim desvios de verbas destinadas a elas. Com ele será possível acompanhar, de forma mais prática e confiável, se os recursos orçados foram efetivamente empregados nas obras, comparando-os com os custos iniciais previstos.

A implantação do BIM é ampla e vai muito além da fase de projetos. Por isso, é fundamental pensar em qualidade, rastreabilidade, custo-benefício e lucro, e não somente em custos. Em um primeiro momento, como é necessário haver investimentos, sobretudo na montagem e na manutenção de uma equipe de pessoas altamente qualificadas, é natural que o BIM gere uma elevação dos custos iniciais. Porém, posteriormente, se bem empregado, ele tem o potencial de reduzir custos, compensando os investimentos iniciais. Ganha-se em assertividade, planejamento e otimização. É de conhecimento geral e unânime que os ajustes realizados de última hora durante a execução de uma obra geram gastos e desperdícios extremamente elevados. O BIM pode minimizar a necessidade de improvisos em obra, evitando assim retrabalhos, acelerando a tomada de decisões estratégicas e otimizando o uso dos materiais e da mão de obra.

▶ A correta aplicação do BIM pode gerar grandes benefícios para todos da cadeia, inclusive para o Engenheiro de Estruturas.

4.7.6 BIM no projeto estrutural

Alguns Engenheiros de Estruturas "torcem o nariz" quando ouvem a palavra BIM, o que é bastante compreensível. Afinal de contas, o Engenheiro já tem uma enorme responsabilidade de entregar um bom projeto estrutural, que é a semente para a obtenção de uma estrutura segura e, ao mesmo tempo, econômica.

É fundamental entender que o BIM não alterará o cálculo da estrutura propriamente dito. Concepção estrutural, análise estrutural, dimensionamento e detalhamento dos elementos estruturais continuarão sendo a essência do projeto estrutural e não serão afetados pelo BIM. O dimensionamento da armadura numa seção de concreto, por exemplo, continuará sendo realizado pelas mesmas formulações que conhecemos. Ou seja, o BIM não terá influência direta no conhecimento principal do Engenheiro, que é saber projetar e calcular a estrutura.

▸ O BIM não afetará a essência da Engenharia de Estruturas, que está pautada em elaborar projetos estruturais que atendam a requisitos de qualidade como a segurança, a durabilidade e o desempenho em serviço.

O que precisa ser compreendido é que as informações do projeto estrutural, além de estarem corretas do ponto de vista técnico – claro, isso é primordial e não deve ser afetado pelo BIM em hipótese alguma –, necessitam ser modeladas de tal forma que possam ser conectadas ao modelo virtual 3D de maneira adequada.

O BIM exige que as informações de um projeto estrutural sejam manipuladas e organizadas dentro de certos padrões. As informações "burras", isto é, aquelas desconectadas do modelo virtual, aquelas que ficam "perdidas" num desenho 2D, ou mesmo aquelas que são definidas num croqui expedito enviado para a obra de última hora, passam a não ter mais qualquer valor dentro do BIM, não pelo fato de essas informações estarem incorretas, mas sim porque elas ficam alheias ao contexto global da construção, impedem o seu uso inteligente, impossibilitam a rastreabilidade etc.

▸ O BIM potencializa a elaboração de projetos estruturais com mais qualidade no que se refere à integração com as demais disciplinas.

É certo que o BIM trará benefícios para o Engenheiro Estrutural. Implantá-lo não significará colocar o conhecimento em Engenharia em segundo plano nem "robotizar" o trabalho do Engenheiro. O projeto estrutural continuará sendo um processo altamente intelectual e fundamentalmente baseado no profundo conhecimento teórico e prático dos conceitos de Engenharia.

▸ O BIM não é a garantia de um bom projeto estrutural e nunca será a solução para um projeto estrutural elaborado de forma inadequada.

4.7.7 Desafios

Toda a tecnologia disponível em nosso cotidiano evoluiu drasticamente ao longo dos últimos anos. O grande desafio para todos nós é saber compreender esse avanço, para poder fazer parte dele e usufruir de seus benefícios, pois, se mal aplicada, a tecnologia pode trazer malefícios. A difusão em massa de qualquer tecnologia demanda tempo, não acontece bruscamente. No caso do BIM, não é diferente e é mais do que natural que a sua difusão ainda leve um tempo para atingir patamares elevados.

A efetiva implantação do BIM representa uma verdadeira globalização dentro da construção civil. Ao longo de anos, tivemos uma prática de projetos bastante segmentada, muitas vezes sem qualquer interação entre as diferentes áreas. A aplicação do BIM exige uma postura frontalmente oposta a essa, isto é, implica um cenário onde todos os projetistas precisam saber trabalhar em conjunto, de forma colaborativa. Todos passarão a trabalhar dentro do "mesmo quadrado", por mais que os objetivos de cada um sejam distintos.

▶ No BIM, é imperativo saber trabalhar de forma colaborativa.

Implantar efetivamente o BIM não é uma tarefa fácil e não necessariamente pode representar uma redução imediata de custos envolvidos, sobretudo durante a fase inicial. Engana-se aquele que pensa que, para aplicar o BIM, basta investir em *softwares* e em computadores. É muito além disso. A sua implantação envolve uma série de quebras de paradigmas.

▶ Trabalhar com o BIM exige investimentos, mas sobretudo mudança de postura.

4.7.8 Cenário atual

O BIM é algo que está sendo mundialmente difundido, ou seja, não é restrito ao mercado nacional. Na média, considerando o Brasil inteiro, a sua efetiva difusão ainda não atingiu patamares elevados. Há muita gente que já ouviu algo sobre o assunto; o BIM se tornou a "palavra da moda". Porém, poucos já entenderam o que ele realmente é. Em outras palavras, a difusão da palavra BIM é ampla, mas a do conhecimento sobre ele, ainda não. É comum encontrar pessoas confundindo-o com 3D, com *softwares* etc., deixando de lado a sua verdadeira essência. Contudo, aos poucos, a correta difusão do BIM tende a melhorar.

Equilíbrio de responsabilidades e valores (inclusive financeiros) entre todas as áreas da cadeia produtiva é o ponto fundamental que definirá um cenário ideal para a implantação efetiva do BIM na construção civil e, consequentemente, nos escritórios de projeto de estruturas. Uma vez definido esse cenário, o fluxo de informações se tornará naturalmente estável e cada elo da construção estará perfeitamente encaixado dentro do BIM. Essa maturidade, contudo, só virá com tempo e investimentos.

> O desenvolvimento de projetos com BIM ainda não é aplicado em larga escala no Brasil. Mas a tendência é a demanda crescer.

4.7.9 Exemplo

O objetivo deste exemplo é demonstrar, de forma bastante resumida e superficial, a interoperabilidade entre *softwares*. Será realizada a simulação do lançamento da mesma estrutura que foi objeto de estudo neste capítulo, evidenciando algumas vantagens que o BIM pode proporcionar a quem elabora o projeto estrutural.

Importação da arquitetura

Ao contrário do que parece à primeira vista, a importação de elementos não estruturais existentes nos modelos BIM vai muito além de uma simples visualização 3D da arquitetura e pode gerar benefícios diretos ao Engenheiro durante o lançamento do modelo estrutural.

Inicialmente, vamos descrever um cenário comum nos dias atuais: para iniciar um novo projeto, o gestor do empreendimento coloca à disposição do Engenheiro de Estruturas centenas de desenhos (arquivos DWG ou DXF), que ficam armazenados num servidor de internet onde todos os documentos relacionados com o empreendimento estão compartilhados. Muitos dos desenhos não têm relação direta com a estrutura que será modelada, mas o Engenheiro precisa carregar cada um deles a fim de separar os que realmente são necessários para o lançamento estrutural, inserindo, depois, os arquivos selecionados como desenhos de referência na posição e na escala corretas. Ou seja, para o Engenheiro iniciar efetivamente a concepção da estrutura, é preciso um tempo razoável de preparação.

Agora, vamos imaginar um novo cenário: além de disponibilizar arquivos de desenho, o gestor do empreendimento fornece ao Engenheiro de Estruturas o modelo BIM da arquitetura. Então, para o mesmo *software* em que está acostumado a elaborar os seus projetos estruturais, o Engenheiro importa o modelo BIM da arquitetura, de tal forma que um novo edifício é criado automaticamente com todos os pavimentos, com os seus respectivos desenhos de referência corretamente posicionados e escalados, possibilitando que ele inicie o lançamento preciso do modelo estrutural de maneira quase imediata. Será isso um cenário possível?

Apenas para relembrar, no início deste capítulo, foi criado um edifício com cinco pisos, sendo uma fundação, um pavimento-tipo com três pisos repetidos e uma cobertura.

(Corte esquemático)

Para o lançamento da estrutura, a planta de arquitetura a seguir foi inserida como desenho de referência (2D) no pavimento-tipo, a fim de servir de base para o lançamento dos pilares, vigas, lajes e paredes, sendo essas cargas definidas como lineares.

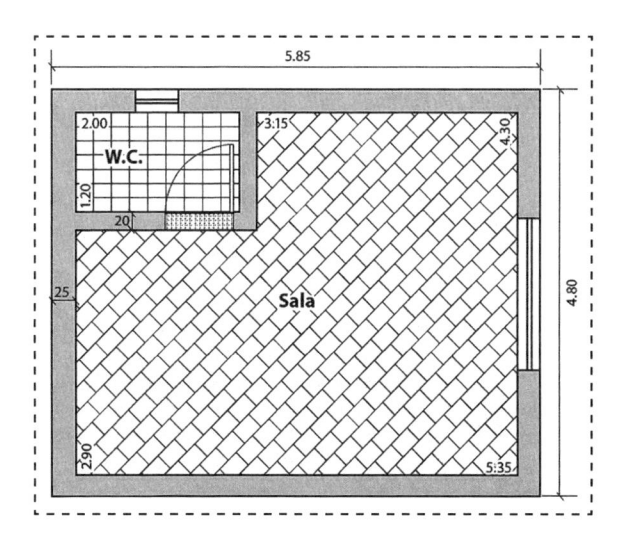

Imagine agora que o arquiteto tenha elaborado esse mesmo projeto arquitetônico com o auxílio de um *software* compatível com o BIM, conforme ilustrado nas imagens seguintes.

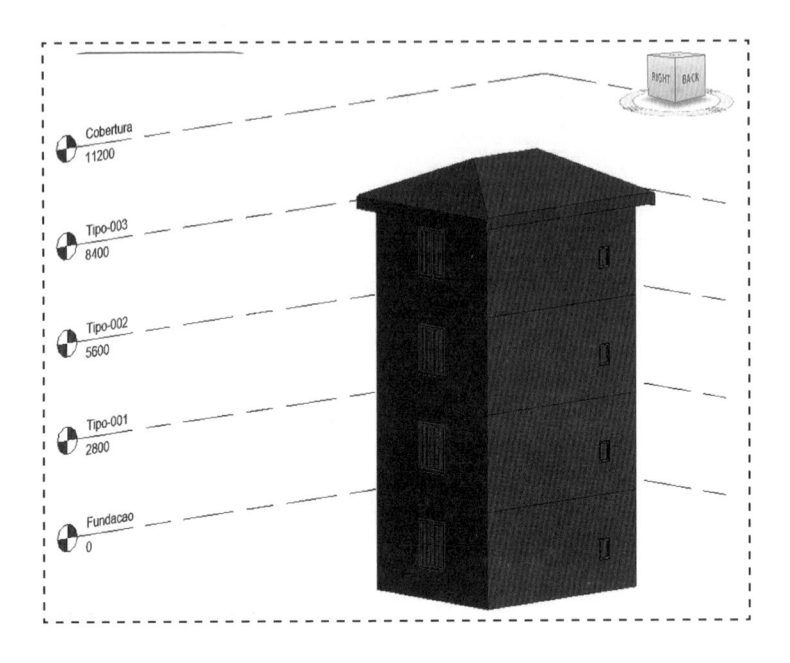

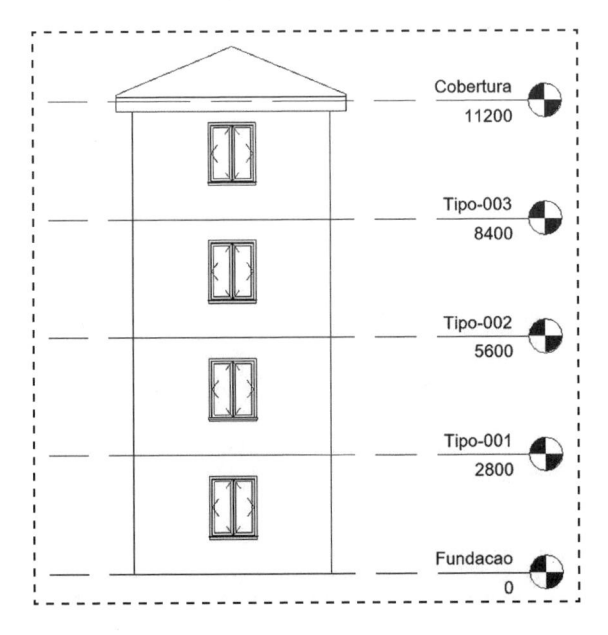

INFORMÁTICA APLICADA A ESTRUTURAS DE CONCRETO ARMADO

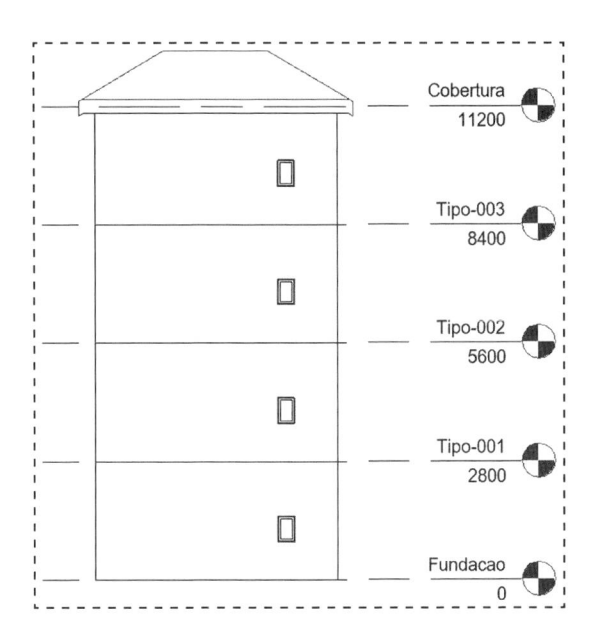

Vamos importar os dados desse modelo BIM de arquitetura (nesse caso, criado no Autodesk Revit® e posteriormente exportado) para o mesmo *software* que utilizamos para calcular a estrutura deste capítulo.

INICIANDO O TQS
- Inicie o TQS.

IMPORTANDO ARQUIVO RTQ
- No "Gerenciador", clique na aba "Interfaces BIM".
- Na aba "Interfaces BIM", no grupo "Modelo BIM", clique no botão "Revit".
- Na janela "Interface TQS...", clique no botão "OK".
- Na janela "Abrir", selecione a pasta "C:\TQSW\USUARIO\TESTE\Livro\(Pleno ou EPP)".
- Selecione o arquivo "PrimeiroBIM.RTQ".
- Clique no botão "Abrir".
- Na janela "NEDIRST", clique no botão "Sim".
- Na janela "Sincronização de pavimentos...", clique no botão "OK".
- Feche o "Modelador Estrutural".
- Na janela "EAGME", clique no botão "Sim" para salvar os dados.
- No "Gerenciador", verifique se o edifício "PrimeiroBIM" foi criado.

Note que o edifício "Primeiro BIM" foi criado automaticamente com todos os pavimentos definidos a partir da importação do modelo de arquitetura.

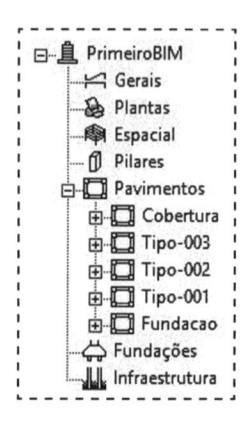

VISUALIZANDO O MODELO DE ARQUITETURA IMPORTADO EM 3D

- ▶ No "Gerenciador", selecione o edifício "PrimeiroBIM".
- ▶ Clique na aba "Edifício".
- ▶ Na aba "Edifício", no grupo "Esquema", clique no botão "Visualizador 3D".
- ▶ Na janela "Geração de modelo...", clique no botão "OK".

Note que o modelo de arquitetura foi importado como uma referência externa 3D com todos os atributos dos elementos.

VISUALIZANDO ATRIBUTOS DA ARQUITETURA
- ▶ No "Visualizador 3D", clique sobre qualquer elemento da arquitetura (uma janela, por exemplo).
- ▶ As listas laterais "Objetos" e "Propriedades" são atualizadas com informações do elemento selecionado.
- ▶ Feche o "Visualizador 3D".

VISUALIZANDO OS DESENHOS DE REFERÊNCIA
- ▶ No "Gerenciador", selecione o ramo "Tipo-001" do edifício "PrimeiroBIM".
- ▶ No "Painel Central", no grupo "Modelo Estrutural", dê um duplo clique no item "Modelo estrutural".

Note que, em cada pavimento, há desenhos de referência devidamente posicionados e escalados, prontos para servir de base para o lançamento estrutural.

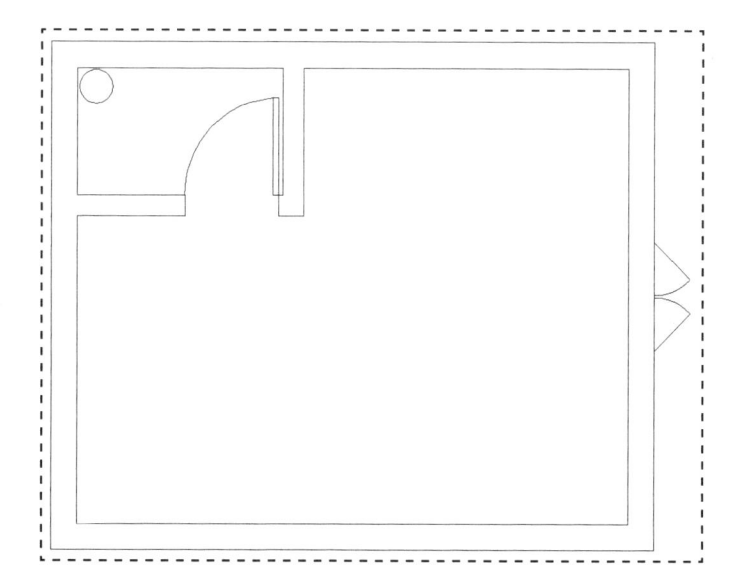

FECHANDO O MODELADOR ESTRUTURAL
- ▶ Feche o "Modelador Estrutural".

▶ Com o modelo BIM de arquitetura disponível para o Engenheiro de Estruturas, torna-se mais fácil, rápida e segura a preparação necessária para iniciar a modelagem estrutural.

Importação da estrutura

Uma vez que o BIM é baseado num único modelo 3D que reúne informações de todas as disciplinas da cadeia da construção civil, será que o Engenheiro deve lançar os dados de seu projeto estrutural num outro *software* que não é de seu conhecimento? Existirá um único *software* ou plataforma no qual todas as informações relacionadas com a arquitetura, a estrutura e as instalações deverão ser criadas?

Essas são questões cujas respostas ainda são incertas e geram um debate interessante. Mas o fato é que cada disciplina (arquitetura, estrutura, instalações) possui focos diferentes, objetivos distintos, informações próprias, que necessitam ser preservados e respeitados. O arquiteto está preocupado com aspectos particulares ao seu projeto (conforto, forma etc.), assim como o Engenheiro de Estruturas deve estar focado em conceber uma estrutura segura, durável e com desempenho em serviço adequado. Mesmo que o arquiteto, eventualmente, crie uma viga de concreto dentro de seu modelo BIM, certamente ele não faria isso pensando em seu comportamento estrutural.

Desse modo, ao que parece, o Engenheiro de Estruturas continuará lançando os dados de seu projeto no mesmo *software* a que está acostumado e no qual tem confiança (desde que esse seja compatível com o BIM), assim como o Engenheiro responsável pelo projeto de instalação hidráulica continuará utilizando o *software* específico para sua área e assim por diante.

Muito embora os *softwares* específicos para o cálculo estrutural possam até conter recursos para importar dados básicos da estrutura (vigas, pilares, lajes), inúmeras informações relevantes para o adequado dimensionamento e detalhamento dos elementos estruturais não são contempladas nessa importação. Por exemplo, ao importar uma estrutura previamente lançada num *software* que não é específico para o cálculo estrutural, embora seja possível ler a geometria básica da estrutura, não são considerados os dados para a geração da ação do vento, as condições particulares de dimensionamento e detalhamento etc.

É importante ressaltar ainda que lançar as informações da estrutura de forma duplicada e redundante em dois ou mais *softwares* distintos, conforme às vezes é observado no mercado atual, é frontalmente oposto ao que o BIM preconiza. Isso não deve ser feito.

▶ Para se adequar ao BIM, não é necessário que o Engenheiro lance o seu modelo estrutural em outro *software*. Ele pode continuar utilizando o mesmo *software* específico para cálculo estrutural a que está acostumado, desde que ele seja compatível com o BIM.

Nesse exemplo, não iremos importar a estrutura de outra plataforma.

Descompactação da estrutura

Para prosseguir com o exemplo, em vez de lançar os pilares, vigas, lajes e cargas, como fizemos ao longo deste capítulo, vamos descompactar uma estrutura com os dados previamente definidos.

DESCOMPACTANDO O EDIFÍCIO
- Descompacte o edifício "PrimeiroBIM.TQS", sobrescrevendo o existente.

VISUALIZANDO O MODELO ESTRUTURAL EM 3D
- No "Gerenciador", selecione o edifício "PrimeiroBIM".
- Clique na aba "Edifício".
- Na aba "Edifício", no grupo "Esquema", clique no botão "Visualizador 3D".
- Na janela "Geração de modelo...", clique no botão "OK".
- No "Visualizador 3D", no menu "Editar", clique no item "Transparência".
- Na janela "Elementos transparentes", selecione o item "Arquitetura".
- Ative as opções "Floors", "Walls", "Doors", "Windows", "Generic Models" e "Roofs".
- Clique no botão "OK".

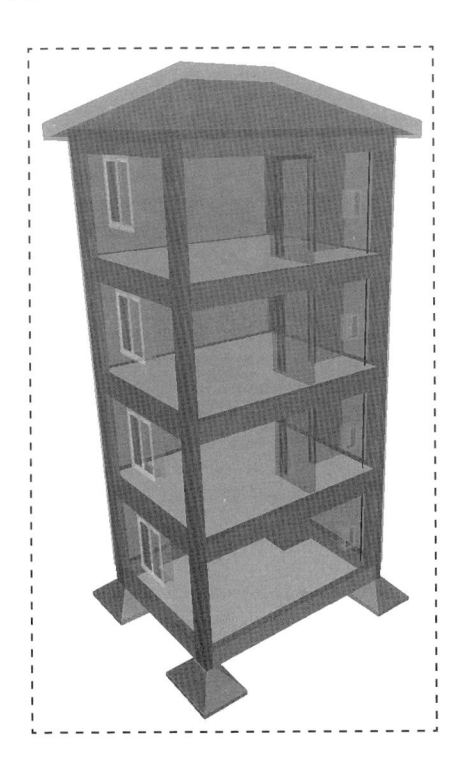

Note que os elementos da estrutura estão mesclados com a arquitetura.

FECHANDO O VISUALIZADOR 3D
▶ Feche o "Visualizador 3D".

VISUALIZANDO O MODELO ESTRUTURAL
▶ No "Gerenciador", selecione o ramo "Tipo-001" do edifício "PrimeiroBIM".
▶ No "Painel Central", no grupo "Modelo Estrutural", dê um duplo clique no item "Modelo estrutural".

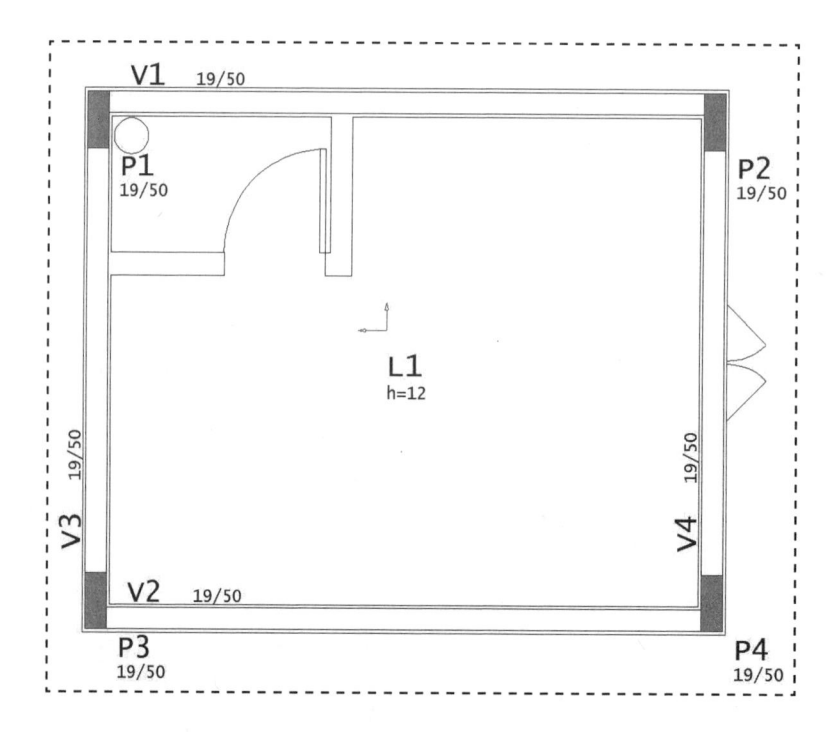

FECHANDO O MODELADOR ESTRUTURAL
▶ Feche o "Modelador Estrutural".

Importação de paredes

É usual que as paredes presentes numa edificação estejam definidas com precisão no projeto arquitetônico. O Engenheiro necessita dessas informações para conceber a estrutura e aplicar as cargas geradas pelas alvenarias sobre ela. Ou seja, é comum o Engenheiro definir cargas lineares para simular o peso das paredes e dos revestimentos, assim como fizemos no lançamento da estrutura neste capítulo. Lembre que, ao longo deste capítulo, lançamos cargas lineares sobre as vigas e lajes devidas às alvenarias, conforme mostra a imagem a seguir.

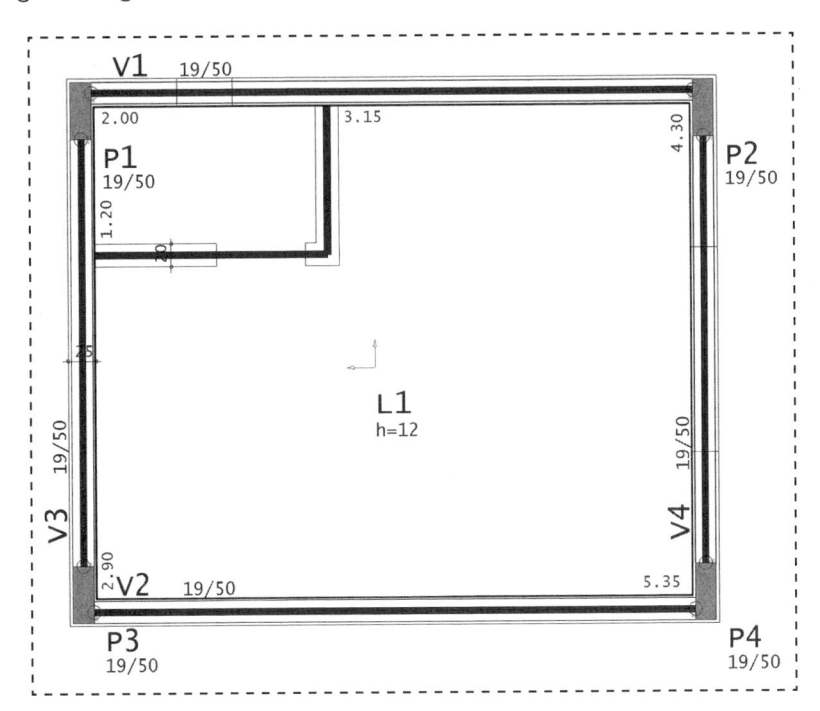

Em projetos de grande porte, é comum o Engenheiro de Estruturas gastar muitas horas de trabalho definindo as cargas lineares geradas pelas alvenarias.

Se o modelo BIM da arquitetura fosse convenientemente importado no *software* para cálculo estrutural, seria possível as paredes serem transformadas automaticamente em cargas lineares? Vamos demonstrar a resposta dessa questão a seguir.

IMPORTANDO PAREDES COMO CARGAS LINEARES

- No "Gerenciador", selecione o ramo "Tipo-001" do edifício "PrimeiroBIM".
- No "Painel Central", no grupo "Modelo Estrutural", dê um duplo clique no item "Modelo estrutural".
- No "Modelador Estrutural", clique na aba "Instalações".
- Na aba "Instalações", no grupo "Paredes", clique no botão "Importar".
- Na janela "Abrir", selecione a pasta "C:\TQSW\USUARIO\TESTE\Livro\(Pleno ou EPP)".
- Selecione o arquivo "PrimeiroBIM.RTQ".
- Clique no botão "Abrir".
- Na janela "Carga de Paredes", clique no botão "OK".

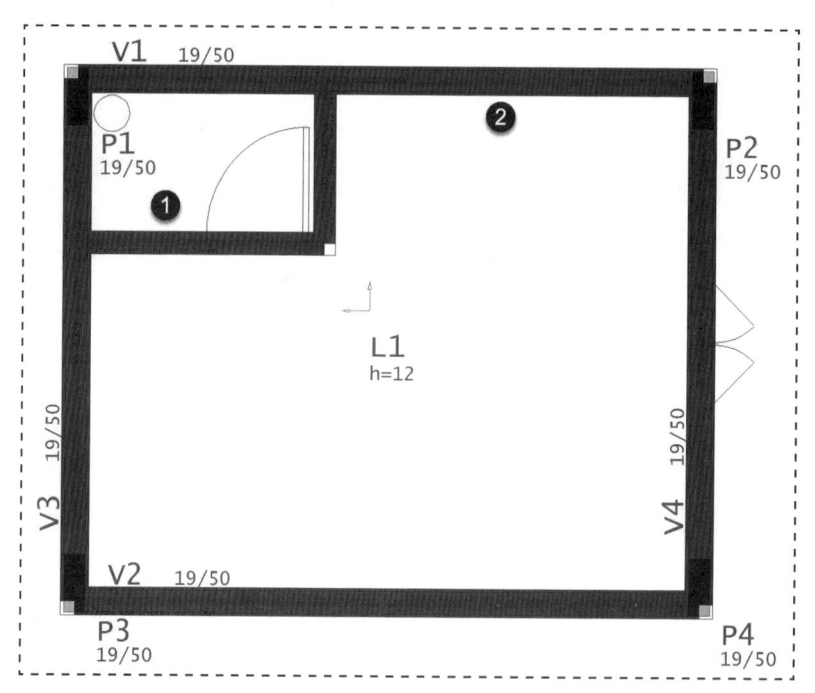

[1 e 2] Note que as paredes foram convertidas automaticamente em cargas lineares sobre as lajes e vigas, em todos os pisos.

FECHANDO O MODELADOR ESTRUTURAL

▶ Feche o "Modelador Estrutural", sem salvar as alterações.

▶ Com o modelo BIM de arquitetura disponível para o Engenheiro de Estruturas, torna-se possível converter as paredes em cargas lineares de forma automática.

Importação de tubulações

Durante a compatibilização de um projeto estrutural com o projeto de instalações prediais, é muito comum surgir a necessidade de o Engenheiro de Estruturas criar aberturas e furos nos elementos estruturais, assim como dimensionar e detalhar as armaduras de reforço ao redor deles.

Em projetos de grande porte, a inserção dos furos é uma etapa que requer muitas horas de trabalho por parte do Engenheiro de Estruturas.

Se o modelo BIM de instalações fosse convenientemente importado no *software* para cálculo estrutural, seria possível gerar furos de forma automática nos pontos onde as tubulações interceptam os elementos estruturais? Vamos demonstrar a resposta dessa questão a seguir.

Imagine que o Engenheiro responsável pelo projeto de instalações tenha realizado o seu trabalho com o auxílio de um *software* compatível com o BIM, conforme ilustrado na imagem a seguir.

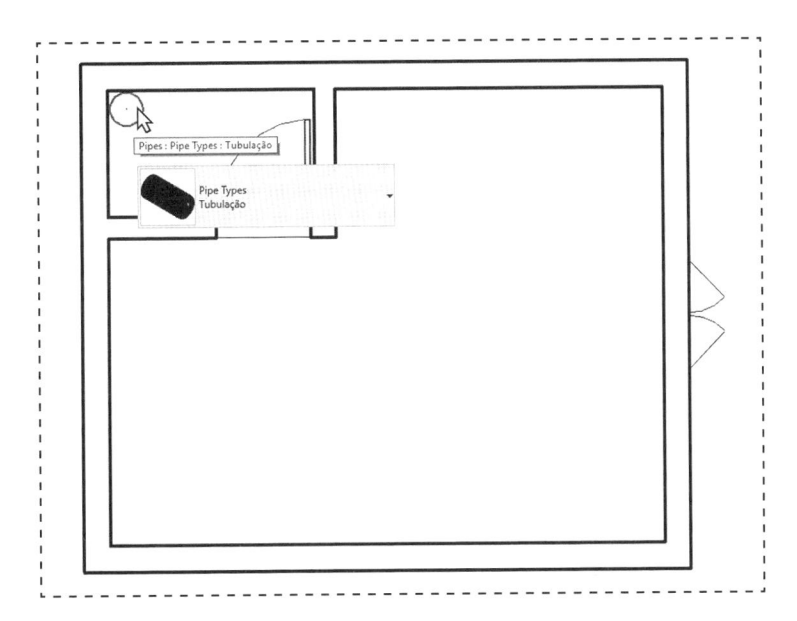

Vamos importar os dados desse modelo BIM de instalações (nesse caso, criado no Autodesk Revit® e posteriormente exportado) para o mesmo *software* que estamos utilizando para calcular a estrutura.

IMPORTANDO TUBULAÇÕES
- No "Gerenciador", selecione o ramo "Tipo-001" do edifício "PrimeiroBIM".
- No "Painel Central", no grupo "Modelo Estrutural", dê um duplo clique no item "Modelo estrutural".
- No "Modelador Estrutural", clique na aba "Instalações".
- Na aba "Instalações", no grupo "Tubos", clique no botão "Importar".
- Na janela "Abrir", selecione a pasta "C:\TQSW\USUARIO\TESTE\Livro\(Pleno ou EPP)".
- Selecione o arquivo "PrimeiroBIM.RTQ".
- Clique no botão "Abrir".
- Na janela "Dimensões de furos...", clique no botão "OK".

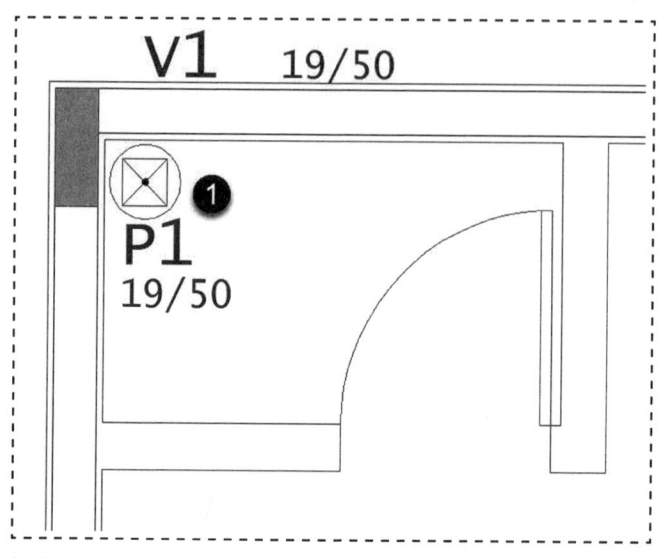

[1] Note que um furo foi criado no canto superior esquerdo da laje.

É importante lembrar que o Engenheiro de Estruturas tem a responsabilidade de avaliar com muito cuidado a viabilidade da criação de cada furo gerado a partir da importação das tubulações. Nas situações em que a inserção do furo é inviável do ponto de vista estrutural, é necessário contatar o Engenheiro responsável pelo projeto de instalações e solicitar uma adequação de seu projeto.

▶ Com o modelo BIM de instalações disponível para o Engenheiro de Estruturas, torna-se possível gerar furos de forma automática nos pontos onde as tubulações interceptam os elementos estruturais.

FECHANDO O MODELADOR ESTRUTURAL
▶ Feche o "Modelador Estrutural", sem salvar as alterações.

Exportação da estrutura
Uma vez modelada a estrutura, é possível exportar as suas informações para outras plataformas compatíveis com o BIM. Isso pode ser relevante para diversos objetivos, como a detecção de interferências entre elementos das diferentes disciplinas ainda na fase de projeto, o planejamento e o controle da qualidade da execução, a elaboração de orçamentos etc.

A seguir, vamos exportar a estrutura modelada por meio de um arquivo aberto (IFC) e também por meio de arquivos fechados (para o Autodesk Revit® e o Trimble Tekla®).

EXPORTANDO ARQUIVO IFC
- ▶ No "Gerenciador", selecione o edifício "PrimeiroBIM".
- ▶ Clique na aba "Interfaces BIM".
- ▶ Na aba "Interfaces BIM", no grupo "Modelo BIM", clique na seta do botão "IFC", depois no item "Exportar modelo IFC".
- ▶ Na janela "Salvar como", selecione uma pasta qualquer e clique no botão "Salvar".
- ▶ Na janela "Geração de modelo...", clique no botão "OK".
- ▶ Na janela "Critérios de geração...", clique no botão "Sugerir".
- ▶ Na janela "Sugestão de critérios", selecione o item "Graphisoft Archicad 14 ou superior", depois clique no botão "OK".
- ▶ Na janela "Critérios de geração...", clique no botão "OK".

O arquivo IFC gravado poderá ser importado para o Graphisoft Archicad®, com todos os dados e atributos relevantes do modelo estrutural.

EXPORTANDO ARQUIVO TQR (PARA AUTODESK REVIT®)
- ▶ No "Gerenciador", selecione o edifício "PrimeiroBIM".
- ▶ Clique na aba "Interfaces BIM".
- ▶ Na aba "Interfaces BIM", no grupo "Modelo BIM", clique na seta do botão "Revit", depois no item "Exportar/sincronizar modelo para o Revit".
- ▶ Na janela "Salvar como", selecione uma pasta qualquer e clique no botão "Salvar".
- ▶ Na janela "Geração de modelo...", clique no botão "OK".
- ▶ Na janela "Critérios de Exportação", clique no botão "OK".

O arquivo TQR gravado poderá ser importado para o Autodesk Revit® (é necessário instalar o *plug-in* disponível em <https://store.tqs.com.br/apps/plugins>), com todos os dados e atributos relevantes do modelo estrutural, inclusive com a definição das famílias necessárias.

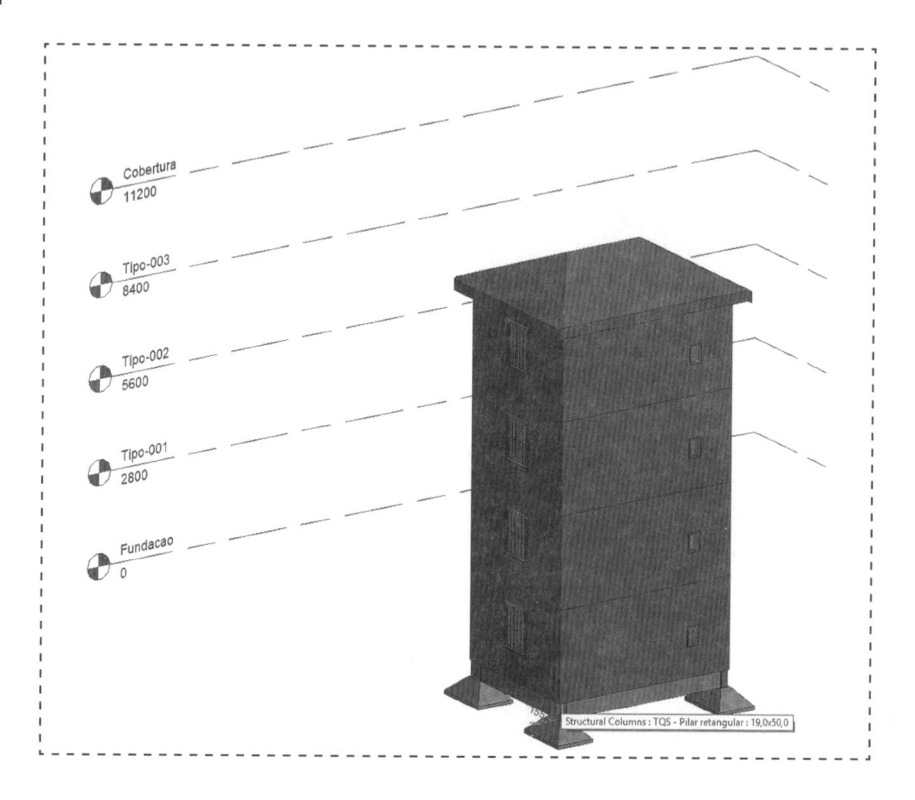

EXPORTANDO ARQUIVO TQR (PARA TRIMBLE TEKLA®)
- No "Gerenciador", selecione o edifício "PrimeiroBIM".
- Clique na aba "Interfaces BIM".
- Na aba "Interfaces BIM", no grupo "Modelo BIM", clique no botão "Exportar para Tekla".
- Na janela "Salvar como", selecione uma pasta qualquer e clique no botão "Salvar".
- Na janela "Geração de modelo...", clique no botão "OK".
- Na janela "Critérios de Exportação", clique no botão "OK".

O arquivo TQR gravado poderá ser importado para o Trimble Tekla® (é necessário instalar o *plug-in* disponível em <https://store.tqs.com.br/apps/plugins>), com todos os dados e atributos relevantes do modelo estrutural.

Comentários finais

Por meio desse simples exemplo, foi possível demonstrar algumas vantagens que podem ser proporcionadas pela interoperabilidade entre *softwares* compatíveis com o BIM, tais como:

- Criação do edifício (pisos) a partir da importação da arquitetura, com definição automática de desenhos de referência 2D para o lançamento da estrutura.
- Visualização da arquitetura como referência 3D, com atributos.
- Conversão automática de paredes em cargas lineares sobre a estrutura.
- Visualização das tubulações como referência 3D.
- Geração automática de furos na estrutura a partir da importação das tubulações.
- Exportação dos dados da estrutura para compatibilização com as demais disciplinas.

É muito importante perceber que a presença do BIM não alterou em nada a essência do cálculo estrutural, que continua sendo de exclusiva responsabilidade do Engenheiro de Estruturas.

Note também que as informações de outras disciplinas (arquitetura e instalações) foram utilizadas apenas como referências auxiliares e em nenhum momento foram editadas pelo *software* destinado ao cálculo estrutural.

É relevante frisar que, para as vantagens mencionadas se tornarem possíveis, os projetistas das demais disciplinas (arquitetura e instalações) necessitam estar engajados com o BIM. Não adiantará nada se apenas a estrutura for modelada de forma compatível com o BIM.

4.7.10 O futuro do BIM

O que foi apresentado sobre BIM neste capítulo deve ser encarado apenas como uma mera introdução sobre um assunto que é amplo e ainda evoluirá muito. Inúmeras novidades surgirão sobre esse tema nos próximos anos. É difícil fazer previsões quando o assunto envolve tecnologia, e o BIM, certamente, representa uma grande inovação tecnológica na Engenharia Civil.

A interoperabilidade, que foi foco do exemplo apresentado, vai ser aprimorada, tornando o fluxo de informações entre os inúmeros *softwares* presentes no mercado cada vez mais confiável, com menos perda de dados, assim como mais produtiva. O nível de detalhamento das informações crescerá, tornando os modelos cada vez mais completos.

Além disso, é esperado que o uso do BIM seja estendido para fases de execução e manutenção da edificação. As informações do projeto estrutural serão exportadas para o canteiro de obras com o objetivo de auxiliar no planejamento e no controle de qualidade da execução da estrutura, o que, sem dúvida, será de grande valia ao Engenheiro de Estruturas. Afinal, para quem projetou a estrutura, nada melhor do que ter uma garantia de que o que foi projetado foi realmente bem executado, inclusive com o registro digital, possibilitando assim uma rastreabilidade completa de informações no futuro.

É recomendável se manter "antenado" sobre as novidades do BIM, pois, embora ele não afete diretamente o cálculo da estrutura em si, é bastante provável que exerça forte influência nas relações existentes no mercado da construção, do qual o projeto de estruturas faz parte. O BIM está deixando de ser uma utopia teórica para se tornar uma realidade prática e, futuramente, tende a ser um paradigma.

4.8 Considerações finais

Com o exemplo que acabou de ser demonstrado, foi possível perceber toda a agilidade proporcionada por um sistema computacional. Afinal de contas, se fôssemos calcular, dimensionar e desenhar todas as vigas, pilares e lajes de forma manual, certamente seria necessário muito mais tempo.

Também ficou evidente que manipular um *software* destinado à análise de estruturas é uma tarefa relativamente simples. Existem diversos recursos que facilitam a entrada de dados; o processamento é feito de forma automática por meio de um único comando; e as armaduras são visualizadas graficamente.

Finalmente, apresentou-se uma brevíssima introdução sobre o BIM e de como seria a interoperabilidade entre *softwares* proporcionada por ele.

No entanto, como interpretar os resultados obtidos?

Ficam em aberto, então, algumas questões fundamentais que necessitam ser respondidas:
- Será que a estrutura definida é segura?
- Ela terá um comportamento adequado?
- Posso confiar nas armaduras dimensionadas e detalhadas?
- Os resultados obtidos estão corretos?

As respostas dessas perguntas serão discutidas no capítulo seguinte.

Verificação de resultados: uma etapa obrigatória | 5

No capítulo anterior, um edifício de concreto armado foi inteiramente calculado com o auxílio de uma ferramenta computacional. Foi possível constatar a enorme agilidade proporcionada pelo uso do computador durante a elaboração do projeto. Todas as suas etapas, desde a concepção estrutural até a montagem das plantas, foram otimizadas pelos inúmeros recursos disponíveis num *software* integrado.

No entanto, algumas questões fundamentais haviam ficado em aberto:
- Será que os resultados obtidos estavam corretos?
- Será que a estrutura definida atende a todos os requisitos de qualidade?
- Posso confiar nas armaduras dimensionadas e detalhadas pelo sistema?
- Posso enviar as plantas da obra para o edifício a ser executado?

A primeira resposta para todas essas perguntas é bastante direta. Nada mais é do que um categórico "NÃO!!!".

▶ Nunca confie nos resultados emitidos de forma automática pelos sistemas computacionais. Eles só podem ser considerados corretos após serem validados por uma metodologia adequada e consistente.

Neste capítulo, será dado um primeiro passo para que essas questões sejam melhor esclarecidas. Será demonstrado passo a passo como fazer um *check-up* inicial de uma estrutura processada no computador.

O objetivo principal é mostrar claramente que, na grande maioria das vezes, todo o caminho percorrido por um *software* durante a elaboração de um projeto estrutural, por mais requintado que seja, pode e deve ser validado por contas simples e verificações aproximadas.

Além disso, alguns aspectos referentes à análise estrutural abordados no Cap. 3 serão estudados com um pouco mais de detalhes.

Pré-requisitos

Para que os conceitos apresentados neste capítulo sejam plenamente compreendidos, é necessário que os Caps. 2 a 4 tenham sido previamente estudados. Diversos assuntos já abordados nesses capítulos não serão novamente explicados com detalhes.

5.1 Importância

O trabalho de projetar estruturas de concreto armado tem uma característica peculiar muito importante: quase nunca é repetitivo. Todos os edifícios diferem uns dos outros, cada qual com as suas particularidades. E, consequentemente, dificilmente os projetos se repetem de forma 100% exata. Cada projeto tem uma história diferente. Não é como projetar a peça de uma máquina que será produzida e utilizada diversas vezes da mesma forma.

Qualquer sistema computacional destinado à elaboração de projetos de estruturas de concreto armado, por mais direcionado e sofisticado que seja, não está apto para se adequar a todas as particularidades presentes nos edifícios. Sempre há algo para ser otimizado, ou mesmo corrigido. Nesse momento, a participação do Engenheiro na tomada de decisões e na validação de resultados torna-se fundamental.

▶ A verificação dos resultados obtidos por um sistema computacional destinado à elaboração de projetos estruturais de edifícios de concreto armado é muito importante. Aliás, é imprescindível! É uma etapa obrigatória!

Enviar as plantas de um projeto estrutural para a obra sem a verificação dos resultados emitidos pelo computador é extremamente perigoso. É um ato irresponsável. Erros grosseiros podem estar sendo cometidos!

O seu projeto está cheio de desenhos carimbados com uma tarja "ERRO GRAVE NO DIMENSIONAMENTO". Posso montar as peças assim mesmo???

5.2 O que verificar? Como verificar?

Verificar uma estrutura calculada por um sistema computacional não significa checar cada um dos mínimos detalhes obtidos pelo computador. Não é isso!

Consiste, sim, em analisar os resultados de forma global e abrangente, a fim de evitar que erros grosseiros deixem de ser notados. É praticamente impossível e até mesmo inviável validar todos os resultados de forma 100% exata, mesmo porque são milhares os cálculos realizados internamente pelo *software*.

Na prática, durante a elaboração de um projeto estrutural é necessário avaliar a ordem de grandeza dos resultados. Somente em casos específicos torna-se necessário verificar os valores de forma extremamente precisa.

▶ Durante a elaboração de projetos estruturais, na grande maioria das vezes, não é necessário checar os resultados com inúmeras casas decimais após a vírgula. A Engenharia é que precisa ser avaliada, não há espaço para a precisão matemática.

Exemplo

Seja o momento fletor no meio do vão de uma viga de um edifício calculado por um sistema computacional e exibido na tela do computador com um valor igual a 9,9 tf.m.

Imagine, então, que você faça rapidamente um cálculo aproximado, considerando a mesma viga biapoiada, $M = p.L^2/8$, que resulta num momento fletor igual a 9,7 tf.m.

$$M = \frac{p\ell^2}{8} = 9{,}7 \text{ tf.m}$$

Muito embora os valores não sejam perfeitamente idênticos, o resultado obtido pelo *software* pode ser considerado válido. A diferença, além de ser muito pequena, está a favor da segurança.

Agora, imagine se, para essa mesma viga, o valor do momento exibido pelo sistema computacional fosse de 0,9 tf.m!!! Parece brincadeira, mas, acredite, isso acontece muitas vezes e não pode passar despercebido. Com certeza, existe algo incorreto que precisa ser corrigido.

▶ Durante a verificação dos resultados, o que importa é a ordem de grandeza dos valores obtidos. Pequenas diferenças, desde que estejam a favor da segurança, podem ser toleradas.

Antes de iniciar a verificação

▶ Prever resultados, definir pontos críticos e eleger os elementos mais importantes.

Essas são algumas atitudes que devem ser sempre realizadas antes da verificação dos resultados propriamente dita. Vire as costas para o computador e imagine qual o comportamento esperado para a estrutura. Dessa forma, você estará estimulando o seu senso crítico. Pense na estrutura!

Atenção inicial para valores globais

Uma vez calculado o edifício, é necessário buscar informações de seu processamento de forma a averiguar se o comportamento da estrutura está adequado ou não. É necessário ter uma visão ampla do projeto estrutural para garantir um resultado final de qualidade.

▶ Num primeiro momento, a avaliação dos resultados emitidos por um *software* deve ser realizada por números que possibilitem uma interpretação mais abrangente e que despertem algum tipo de sensibilidade.

Procure se concentrar nos detalhes da estrutura somente após os valores globais mais significativos terem sido previamente avaliados.

Pense bem: por que gastar diversas horas no início do projeto tentando solucionar um problema num ponto específico da estrutura, se ela possui um comportamento global completamente inadequado que possivelmente acarretará alterações em todo o projeto no futuro? Todo o trabalho inicial poderá ser jogado fora!

VERIFICAÇÃO DE RESULTADOS: UMA ETAPA OBRIGATÓRIA

"Contas de padaria"

Por mais complicada que seja uma estrutura, na grande maioria das vezes, é possível checar a ordem de grandeza dos resultados por um modelo simplificado que inclusive pode ser calculado à mão.

Imaginar e montar modelos aproximados que representem a estrutura de uma forma aproximada ajuda a "enxergar" melhor como uma estrutura se comporta.

▶ Nunca deixe de realizar as famosas "contas de padaria". Elas despertam a sensibilidade e ajudam a adquirir confiança.

Engenheiros mais experientes conseguem detectar erros importantes somente ao "bater" os olhos nos resultados, pois possuem metodologias simples para validá-los que foram assimiladas ao longo dos anos de trabalho. Muitas vezes, eles conseguem fazer à mão em uma página A4 o que o computador leva horas para processar.

▶ Durante a verificação de resultados, dificilmente se faz o uso de recursos matemáticos sofisticados. Uma calculadora simples com as 4 operações básicas (+,-,x,÷) normalmente já resolve o problema!

A seguir, são apresentadas algumas fórmulas simples que serão utilizadas em validações manuais realizadas ao longo deste livro.

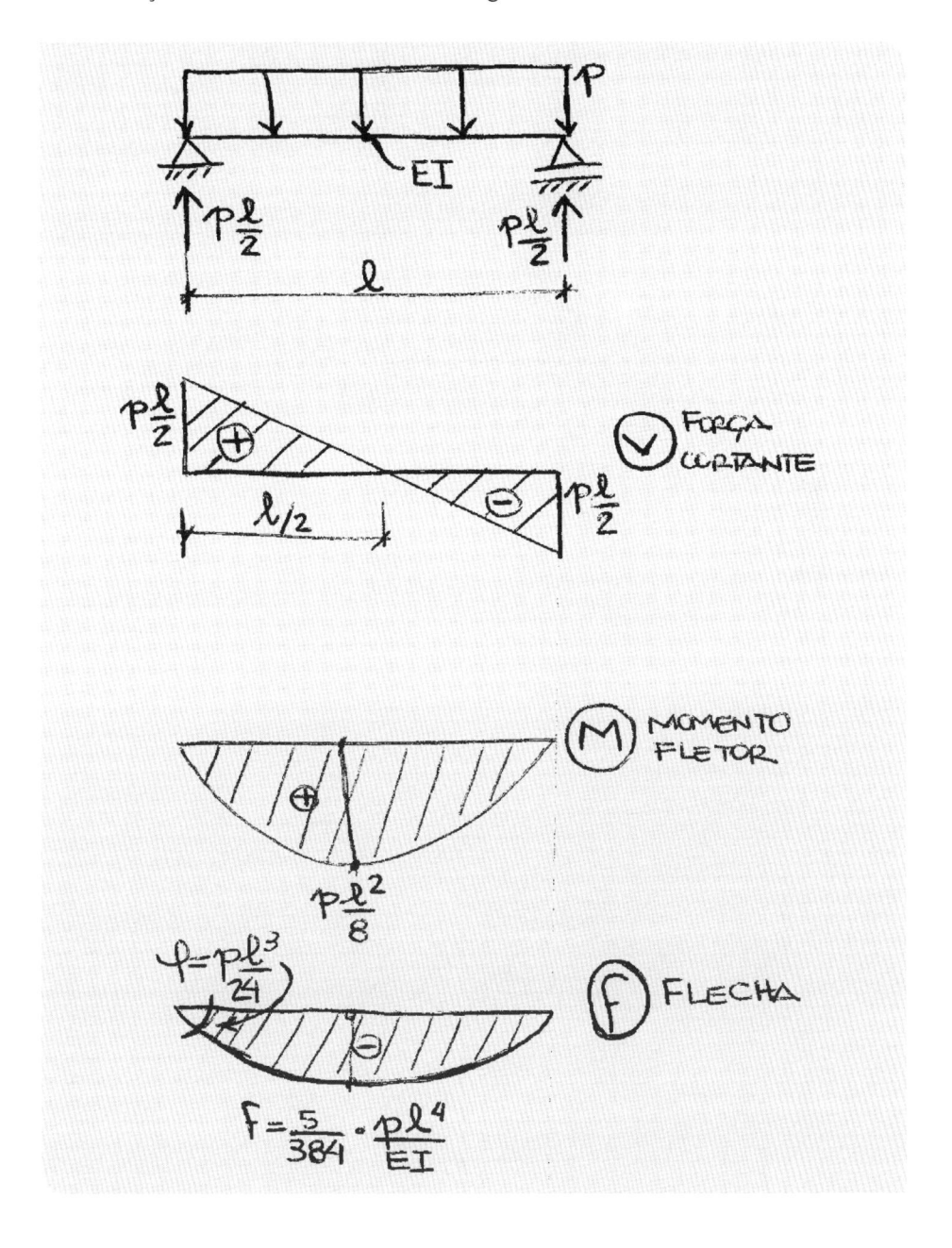

$$f = \frac{1}{384} \cdot \frac{p\ell^4}{EI}$$

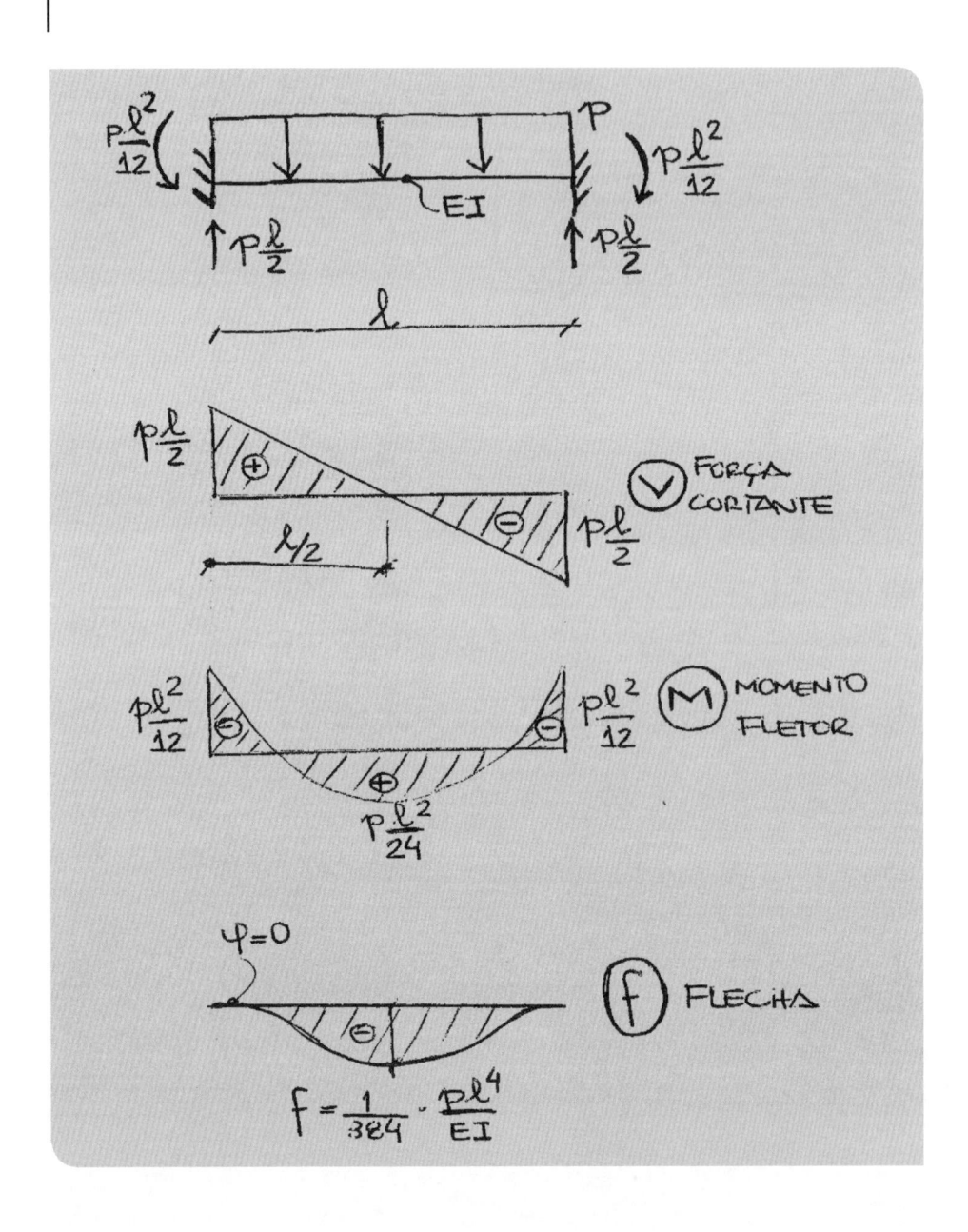

VERIFICAÇÃO DE RESULTADOS: UMA ETAPA OBRIGATÓRIA | 263

$$d = \frac{Fx^2 \cdot (\ell - x/3)}{2EI}$$

$$d = \frac{F\ell^3}{3EI}$$

OBS.: Em livros de análise de estruturas, bem como em apostilas de graduação, existem inúmeras outras fórmulas simples que podem ser utilizadas durante a validação de resultados. É interessante tê-las sempre à mão.

Tudo deve ter uma explicação

Qualquer valor emitido pelo *software*, seja um deslocamento, um esforço ou uma armadura, possui um porquê. Nunca siga em frente sem antes achar uma explicação para o resultado. Desconfie, critique, valide.

▶ Se não encontrar uma explicação para algum resultado importante emitido pelo *software*, não siga em frente. Não existem números mágicos! Todo valor deve ter uma explicação!

Análise estrutural

Conforme já foi exaustivamente salientado no Cap. 3, a análise estrutural consiste numa etapa fundamental em todo projeto estrutural. Portanto, procure dedicar mais tempo verificando o comportamento da estrutura (deslocamentos, distribuição de esforços, ...), em vez de se precupar somente com os desenhos finais de armação.

> ▶ Utilize os inúmeros recursos gráficos disponíveis nos *softwares* atuais para avaliar os resultados. Procure averiguar como a estrutura está sendo modelada no computador. Entenda como ela está se comportando. É nessa hora que o Engenheiro deve usufruir dos benefícios proporcionados pela informática!

Validações iniciais

Logo que adquirir um novo *software*, execute testes simples capazes de serem facilmente validados à mão. Monte um exemplo no qual você tenha a resolução definida e um total controle dos resultados. Isso ajudará a compreender o funcionamento do sistema computacional de forma correta.

> ▶ É recomendável não utilizar um *software* na elaboração de projetos de estruturas de maior porte "logo de cara", pois a validação de resultados é bem mais complicada.

Lembre-se: verificar os resultados de uma simples residência não é uma tarefa tão simples quanto parece. Imagine então um edifício alto e complexo!

Metodologia consistente

Procure definir sua própria metodologia de verificação de resultados à medida que os projetos forem sendo elaborados com o auxílio de um *software*. Isso proporcionará cada vez mais confiança, segurança e produtividade no uso do sistema. Nessa hora, ter uma boa organização ajuda bastante.

Elementos mais importantes

O que faz um edifício entrar em colapso?

Trata-se de uma questão extremamente complicada de se responder, pois existem inúmeras causas que podem levar um prédio à ruína. Cada caso é um caso, e é impossível generalizar a resposta.

No entanto, todo Engenheiro de Estruturas precisa pensar sobre este assunto, tirar suas conclusões próprias e, principalmente, cercar-se de atitudes que evitem tal desastre.

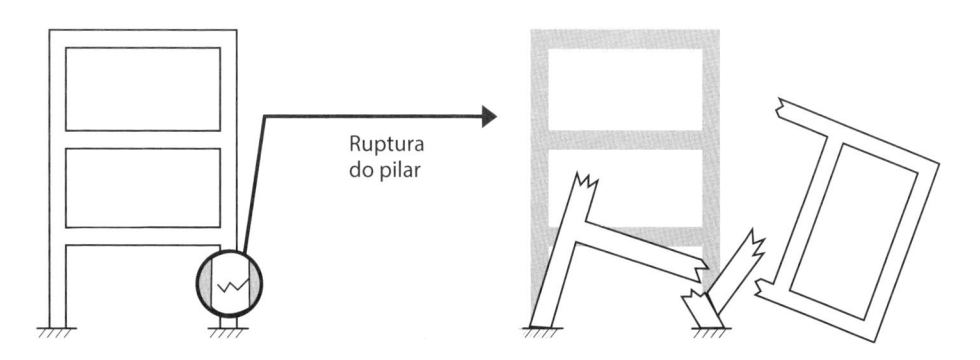

Ruptura do pilar

Obviamente, em tese, qualquer peça numa estrutura tem a sua devida importância e precisa ser dimensionada corretamente para atender às funções a que se destina. Existem, porém, certos tipos de elementos que necessitam de um cuidado redobrado, pois podem ocasionar consequências mais graves, como o colapso total da edificação ou parte dela. Entre eles, estão os pilares, as vigas de transição, os balanços etc.

▶ Um erro grosseiro no cálculo de certos tipos de elementos pode derrubar um edifício ou parte dele de forma trágica.

Trata-se de uma afirmação bastante "pesada". Encare-a não como uma ameaça, mas sim como uma forma de lembrá-lo de que certos elementos são vitais na segurança estrutural de um edifício. E, por isso, precisam ser verificados sempre com muito mais cuidado.

▶ É importante eleger os elementos mais importantes na estrutura e, assim, verificá-los de forma mais detalhada.

5.3 Exemplo

A seguir, serão realizadas algumas verificações de resultados de uma forma bem simples, procurando mostrar que, na maioria das vezes, fazer certas contas expeditas é um ótimo começo para a validação de uma estrutura calculada pelo computador.

Descompactação do edifício

Utilizaremos como exemplo o mesmo edifício calculado no capítulo anterior, porém com pequenas alterações efetuadas no seu processamento com o intuito de facilitar a compreensão dos resultados.

DESCOMPACTANDO O EDIFÍCIO
▶ Descompacte o edifício "Verificação.TQS".

INICIANDO O TQS
▶ Inicie o TQS.

VERIFICAÇÃO DE RESULTADOS: UMA ETAPA OBRIGATÓRIA

Em seguida, selecione o edifício chamado "Verificação" na árvore de edifícios do gerenciador.

SELECIONANDO O EDIFÍCIO
▶ No "Gerenciador", selecione o edifício "Verificação".

5.3.1 Revisão

Inicialmente, vamos relembrar alguns dados da estrutura, tais como geometria, ações, modelo estrutural e parâmetros de estabilidade.

Geometria

Trata-se de um edifício para uso comercial composto de um pavimento-tipo com três repetições e uma cobertura, com a distância entre pisos igual a 2,8 m, resultando em uma estrutura com altura total equivalente a 11,2 m.

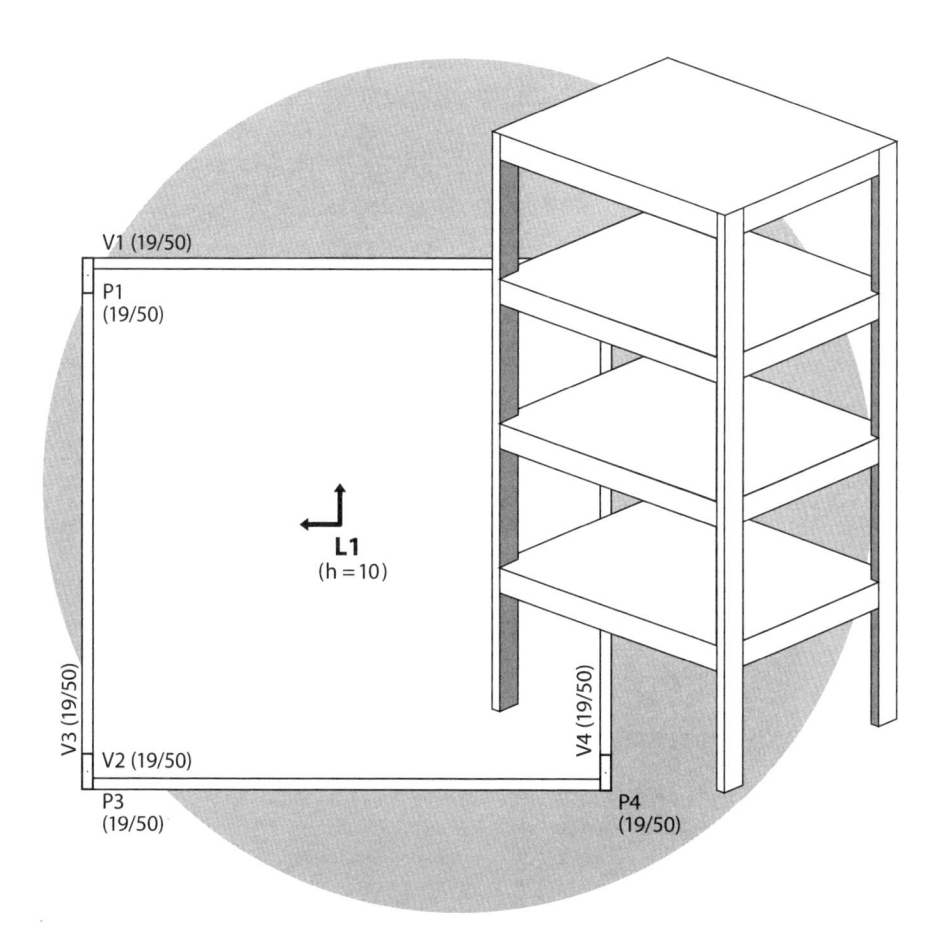

VERIFICANDO O ESQUEMA GRÁFICO DO EDIFÍCIO
- No "Gerenciador", selecione o ramo "Espacial" do edifício "Verificação".
- No "Painel Central", no grupo "Outros Desenhos", dê um duplo clique no desenho "Esquema gráfico do edifício".

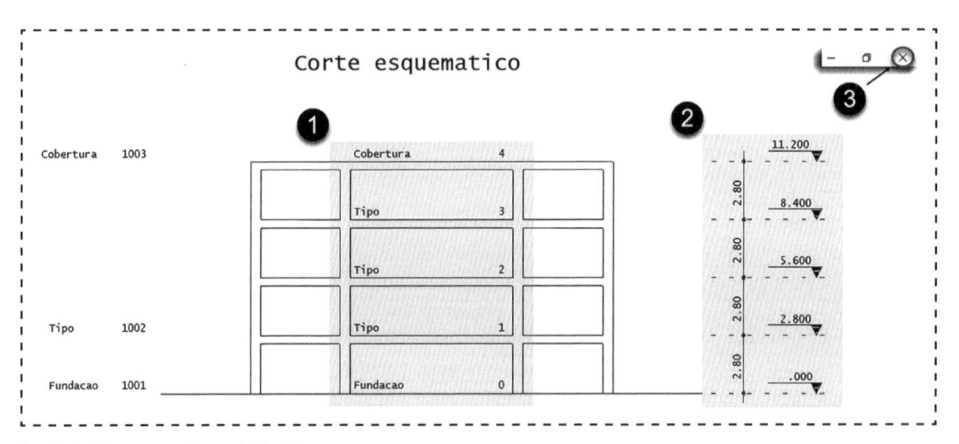

[1] Verifique os pisos definidos.
[2] Verifique a distância entre pisos e a altura total da edificação.
[3] Clique para fechar a janela.

A estrutura contém quatro pilares de canto de 19 cm x 50 cm e vigas de borda de 19 cm x 50 cm em ambos os pavimentos. No tipo, adotou-se uma laje com espessura de 12 cm. E, na cobertura, uma laje com espessura de 10 cm.

ABRINDO O MODELADOR ESTRUTURAL DO PAVIMENTO "TIPO"
- No "Gerenciador", selecione o pavimento "Tipo" na árvore de edifícios.
- No "Painel Central", dê um duplo clique no desenho "Modelo Estrutural".

A estrutura tem um formato em planta retangular com as dimensões externas de 5,79 m x 4,74 m, resultando numa área total igual a 27,4 m².

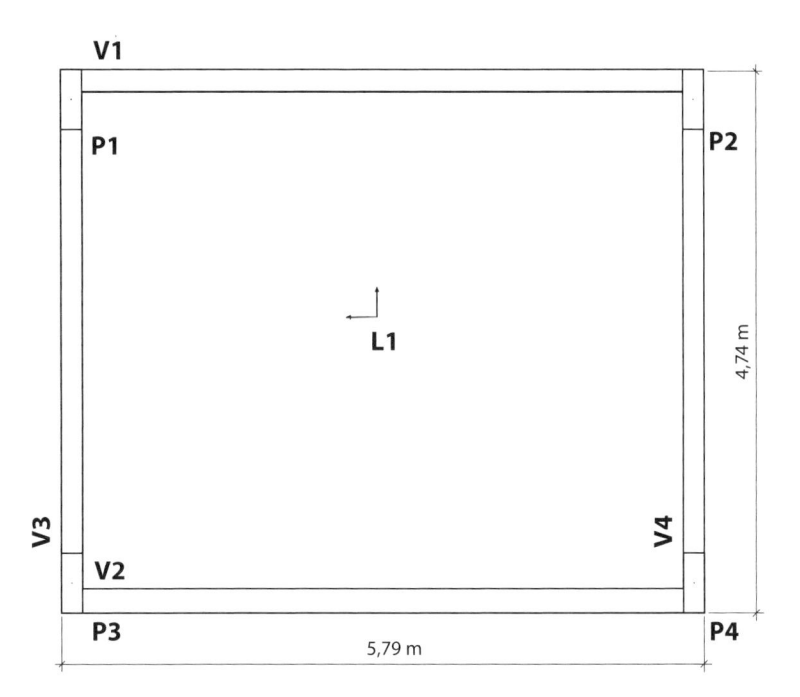

VERIFICAÇÃO DE RESULTADOS: 269
UMA ETAPA OBRIGATÓRIA

Vamos conferir esses dados geométricos.

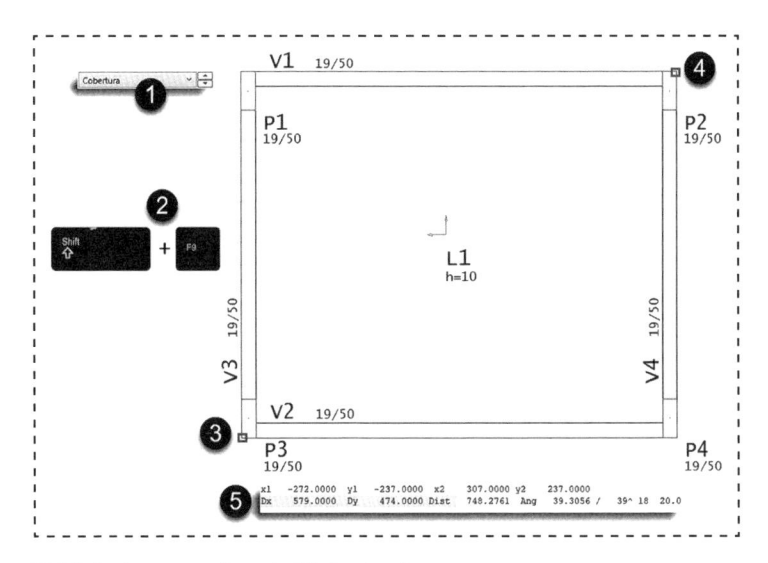

[1] Selecione o pavimento "Cobertura".
[2] Aperte simultaneamente as teclas "Shift+F9" para medir uma distância.
[3] Clique para definir o ponto inicial.
[4] Clique para definir o ponto final.
[5] Verifique as distâncias medidas: "579 cm x 474 cm".

Agora, vamos medir a área graficamente.

MEDINDO A ÁREA

▶ No "Modelador Estrutural", na aba "Exibir", no grupo "Listar", clique no botão "Área" e, depois, "Área por pontos".

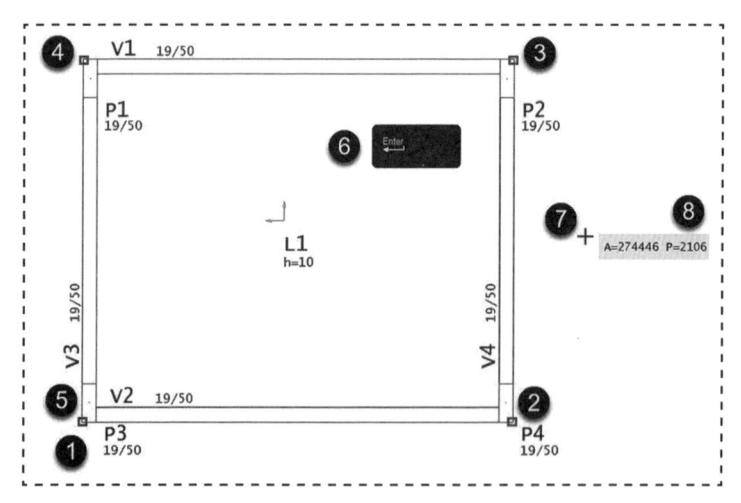

[1 a 5] Clique para definir os pontos do contorno fechado.
[6] Aperte "Enter" para finalizar a definição dos pontos.
[7] Clique sobre a janela gráfica para definir a posição do texto.
[8] Verifique a área e o perímetro medido: "A=274.446 cm^2" e "P=2.106 cm".

Ações

As ações aplicadas na estrutura foram:
- Carga equivalente à área de cobertura externa sobre a laje da cobertura.
- Carga equivalente à área de uso comercial sobre a laje do pavimento-tipo.
- Carga equivalente à alvenaria de 19 cm sobre as vigas do pavimento-tipo.
- Carga equivalente à alvenaria de 14 cm sobre a laje do pavimento-tipo (paredes do W.C.).
- Ação do vento com uma velocidade básica de 45 m/s em quatro sentidos (0°, 90°, 180°, 270°).

CONFERINDO AS CARGAS LANÇADAS

▶ No "Modelador Estrutural", na aba "Modelo", no grupo "Configurações", clique no botão "Parâmetros de visualização".

CONFIGURANDO OS PARÂMETROS DE VISUALIZAÇÃO

▶ Na janela "Parâmetros de visualização", na aba "Cargas", clique no botão "Ligar/Desligar" para que todas as cargas fiquem ativadas.

▶ Na janela "Parâmetros de visualização", clique no botão "OK".

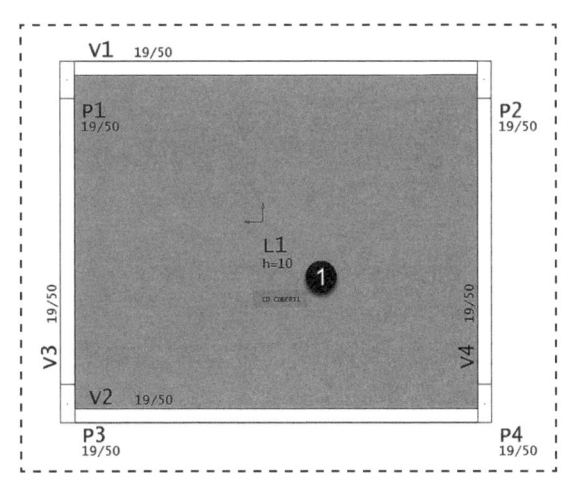

[1] Verifique a carga distribuída sobre a laje: "COBERT1".

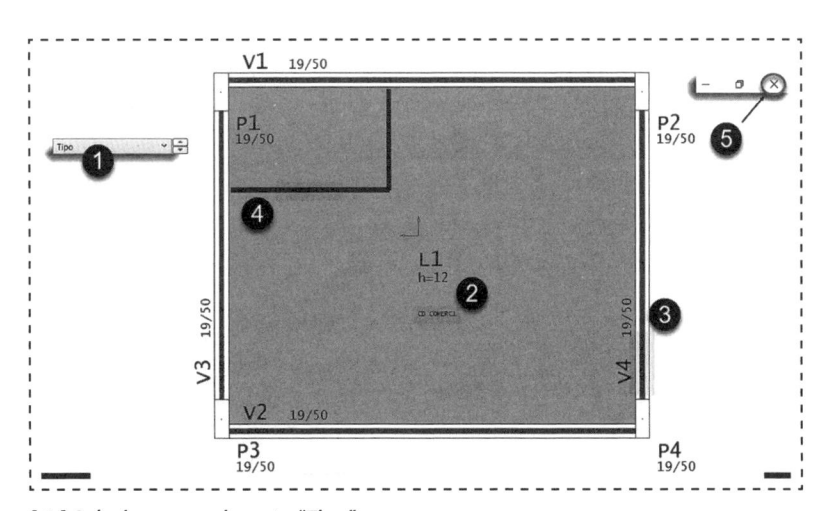

[1] Selecione o pavimento "Tipo".
[2] Verifique a carga distribuída sobre a laje: "COMERC1".
[3] Verifique a carga linear sobre as vigas: "BLOCO19".
[4] Verifique a carga linear sobre a laje: "BLOCO14".
[5] Clique para fechar a janela.

FECHANDO O MODELADOR ESTRUTURAL

▶ Ao fechar o "Modelador Estrutural", clique no botão "Não" para não salvar as alterações.

EDITANDO OS DADOS DO EDIFÍCIO
▶ No "Gerenciador", selecione o edifício "Verificação".
▶ Na aba "Edifício", no grupo "Edifício", clique no botão "Editar".

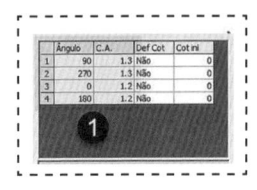

[1] Verifique os casos de ventos definidos.

VERIFICANDO OS DADOS DO VENTO
▶ Na janela "Dados do edifício...", clique na aba "Cargas".
▶ Na aba "Vento", verifique os casos de ventos definidos, juntamente com os respectivos coeficientes de arrasto.

Modelo estrutural
O edifício foi modelado por grelha de vigas e lajes nos pavimentos (Tipo e Cobertura) e por pórtico espacial para avaliação global do edifício.

VERIFICANDO O MODELO DO EDIFÍCIO
▶ Na aba "Modelo", no grupo "Modelo estrutural do edifício", verifique se a opção "IV" está selecionada.

VERIFICANDO MODELO DO PAVIMENTO "COBERTURA"
▶ Clique na aba "Pavimentos".
▶ Na lista de pavimentos, selecione o pavimento "Cobertura".
▶ No grupo "Pavimento Cobertura", clique no botão "Avançado".
▶ Na janela "Avançado: ...", no grupo "Modelo estrutural", verifique se está selecionado "Grelha de lajes planas".

Parâmetros de durabilidade
Finalmente, vamos verificar o concreto e os cobrimentos de armaduras adotados em função da classe de agressividade ambiental definida para o edifício.

VERIFICANDO OS MATERIAIS DO EDIFÍCIO
▶ Na aba "Materiais", no grupo "Classe de agressividade ambiental", verifique a classe de agressividade definida: "II - Moderada - Urbana".
▶ No grupo "Fcks gerais", verifique as classes dos concretos.

VERIFICANDO OS COBRIMENTOS DEFINIDOS
▶ Na aba "Cobrimentos", no grupo "Cobrimentos em cm", verifique os cobrimentos adotados.

SAINDO DA EDIÇÃO DO EDIFÍCIO
▶ Clique no botão "Cancelar".
▶ Na sequência, clique no botão "Sim" para confirmar a saída dos dados do edifício.

5.3.2 Entrada de dados

A maior parte dos erros em projetos estruturais são oriundos de falhas humanas ocorridas durante a entrada de dados no computador. Embora os *softwares* atuais usualmente possuam comandos sofisticados de verificação de consistência, eles não são capazes de interpretar e evidenciar qualquer tipo de equívoco.

▶ É necessária muita concentração e cuidado durante a entrada de dados no computador.

Os dois tipos de erros mais comuns durante a entrada de dados são:
- Definição de valores em unidade errada.
- Definição de critérios de forma equivocada.

Unidades

Imagine se uma carga real de 10 tf sobre uma viga for solicitada pelo *software* em kN. E o usuário, despercebido, definir um valor igual a 10. A carga efetivamente utilizada pelo sistema será então de 1 tf (em vez de 10 tf), e a viga, consequentemente, será dimensionada com muito menos armadura!

▶ Muitos *softwares* atuais disponíveis no mercado não seguem um sistema de unidades padrão. É necessário estar sempre atento às unidades utilizadas, um zero a mais ou a menos pode ocasionar resultados totalmente equivocados!

As conversões de unidades mais comuns no projeto de estruturas de concreto armado estão exemplificadas a seguir:

CARGA:
$$1 \text{ tf} = 1.000 \text{ kgf} = 10 \text{ kN}$$
$$1 \text{ tf.m} = 100.000 \text{ kgf.cm} = 10 \text{ kN.m}$$
$$1 \text{ tf/m} = 10 \text{ kgf/cm} = 10 \text{ kN/m}$$
$$1 \text{ tf/m}^2 = 0,1 \text{ kgf/cm}^2 = 10 \text{ kN/m}^2$$

> CONCRETO C25:
> $f_{ck} = 25 \text{ MPa} = 250 \text{ kgf/cm}^2 = 2.500 \text{ tf/m}^2$
> $E_{cs} = 23.800 \text{ MPa} = 238.000 \text{ kgf/cm}^2 = 2.380.000 \text{ tf/m}^2$

> AÇO CA50:
> $f_{yk} = 500 \text{ MPa} = 5.000 \text{ kgf/cm}^2 = 50.000 \text{ tf/m}^2$
> $E_s = 210.000 \text{ MPa} = 2.100.000 \text{ kgf/cm}^2 = 21.000.000 \text{ tf/m}^2$

Critérios

Os parâmetros que governam a elaboração do projeto no computador, comumente denominados de critérios, apesar de serem definidos inicialmente com valores-padrão (valores *default*), devem ser configurados pelo Engenheiro de acordo com cada projeto para se adequarem às particularidades da edificação.

▶ A definição correta dos critérios é de responsabilidade do Engenheiro, e nunca do *software*!

Os sistemas integrados, em geral, possuem inúmeros critérios para serem configurados. Alguns deles são menos importantes, como por exemplo um parâmetro que controla a cor de um determinado elemento na tela do computador. Outros, porém, são importantíssimos e podem influenciar diretamente a segurança da estrutura. Por isso, tome muito cuidado na configuração dos critérios!

5.3.3 Resumo estrutural

A verificação dos resultados emitidos por um sistema computacional é uma etapa bastante trabalhosa e que requer extrema atenção, pois são muitas as condições que precisam ser avaliadas ao mesmo tempo.

Diante de tantos números mostrados na tela do computador:

- Como saber se os dados fornecidos ao sistema foram interpretados de forma correta?
- Como saber, sob o ponto de vista global, se a estrutura está com um comportamento adequado?
- Como obter, de forma ágil, parâmetros que evidenciem que o projeto está no caminho certo?
- Como saber se ocorreu alguma falha grave durante o processamento?

São questões difíceis de ser respondidas, pois não existe um único "número mágico" que define se a solução estrutural adotada é adequada ou não.

▶ Num primeiro momento, logo no início da verificação de resultados, é necessário buscar valores globais que despertem algum tipo de "sensibilidade" em relação à estrutura analisada. São "números de Engenharia", sem espaço para preciosismo, e que retratam uma certa ordem de grandeza do comportamento do edifício.

Os sistemas integrados atuais usualmente possuem relatórios gerais que facilitam a avaliação global da estrutura de forma resumida. É recomendável sempre iniciar a verificação de resultados por eles.

Informações importantes contidas nesses relatórios, tais como a distribuição de carga no edifício, as reações obtidas nas grelhas e no pórtico espacial, as cargas médias, as taxas de consumo de aço, concreto e fôrma, servem como excelentes subsídios para que o Engenheiro possa avaliar se existe algum dado definido incorretamente no *software*.

Já outros resultados relevantes, como os parâmetros de instabilidade global, os deslocamentos no topo do edifício e as flechas nos pavimentos, servem como um ótimo ponto de partida para uma análise mais completa do comportamento da estrutura.

PROCESSANDO O RESUMO ESTRUTURAL

▶ No "Gerenciador", selecione o edifício "Verificação".
▶ Clique na aba "Edifício".
▶ Na aba "Edifício", no grupo "Listagens de Projeto", clique no botão "Resumo Estrutural".

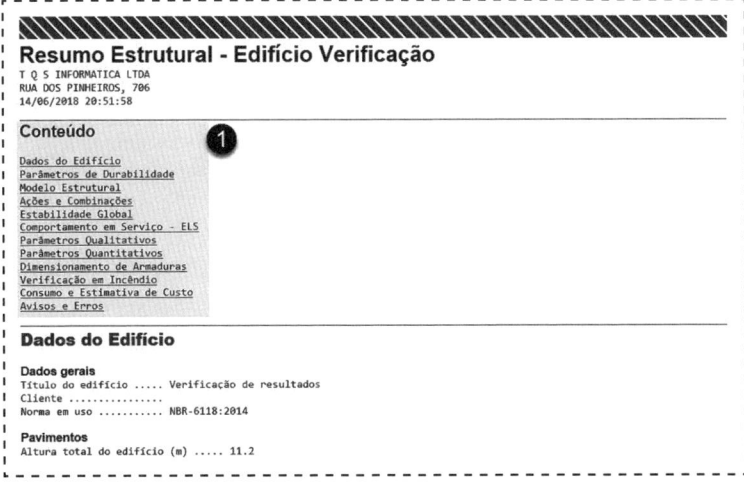

[1] Verifique o conteúdo do relatório.

A seguir, vamos conferir alguns itens presentes neste relatório.

No primeiro item, "Dados do edifício", verifique os dados gerais do edifício.

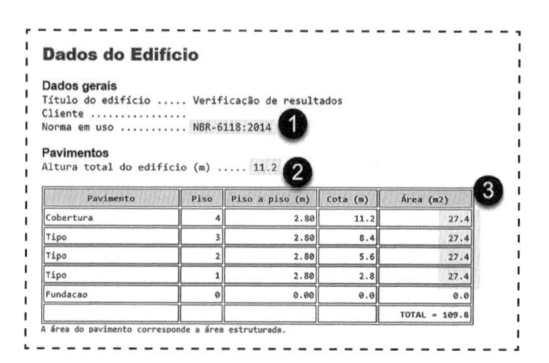

```
Dados do Edifício

Dados gerais
Título do edifício ..... Verificação de resultados
Cliente ................
Norma em uso ........... NBR-6118:2014    ①

Pavimentos
Altura total do edifício (m) ..... 11.2  ②
```

Pavimento	Piso	Piso a piso (m)	Cota (m)	Área (m2)
Cobertura	4	2.80	11.2	27.4
Tipo	3	2.80	8.4	27.4
Tipo	2	2.80	5.6	27.4
Tipo	1	2.80	2.8	27.4
Fundacao	0	0.00	0.0	0.0
			TOTAL =	109.8

A área do pavimento corresponde a área estruturada.

[1] Verifique a norma utilizada: "NBR 6118:2014".
[2] Verifique a altura total da estrutura: "11,2 m".
[3] Verifique as áreas dos pavimentos: "27,4 m²".

Pelo item "Parâmetros de durabilidade", é possível notar que todos os requisitos referentes à durabilidade da estrutura estão sendo adequadamente atendidos.

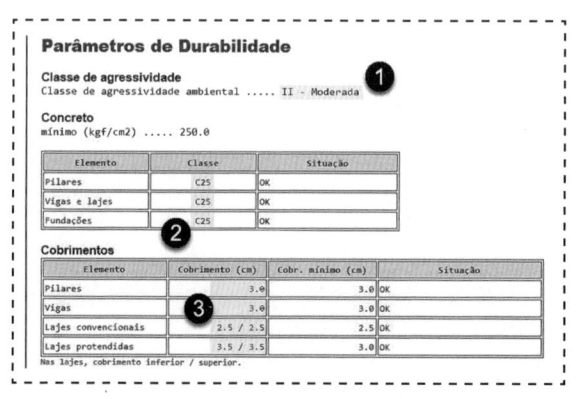

```
Parâmetros de Durabilidade

Classe de agressividade
Classe de agressividade ambiental ..... II - Moderada   ①

Concreto
mínimo (kgf/cm2) ..... 250.0
```

Elemento	Classe	Situação
Pilares	C25	OK
Vigas e lajes	C25	OK
Fundações	C25	OK

Cobrimentos

Elemento	Cobrimento (cm)	Cobr. mínimo (cm)	Situação
Pilares	3.0	3.0	OK
Vigas	3.0	3.0	OK
Lajes convencionais	2.5 / 2.5	2.5	OK
Lajes protendidas	3.5 / 3.5	3.0	OK

Nas lajes, cobrimento inferior / superior.

[1] Verifique a classe de agressividade ambiental: "II – Moderada".
[2] Verifique as classes dos concretos dos elementos: "C25".
[3] Verifique os cobrimentos de armaduras nos elementos.

No item "Modelo estrutural", é possível checar os modelos estruturais utilizados no cálculo da estrutura.

VERIFICAÇÃO DE RESULTADOS: UMA ETAPA OBRIGATÓRIA

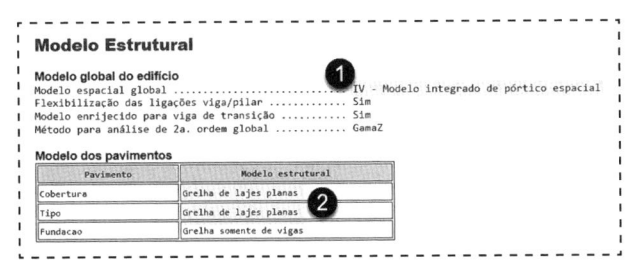

```
Modelo Estrutural

Modelo global do edifício
Modelo espacial global .....................  IV - Modelo integrado de pórtico espacial
Flexibilização das ligações viga/pilar ...........  Sim
Modelo enrijecido para viga de transição ..........  Sim
Método para análise de 2a. ordem global ..........  GamaZ

Modelo dos pavimentos
```

Pavimento	Modelo estrutural
Cobertura	Grelha de lajes planas
Tipo	Grelha de lajes planas
Fundacao	Grelha somente de vigas

[1] Verifique o modelo global adotado para a estrutura.
[2] Verifique os modelos estruturais adotados na análise dos pavimentos.

Pelo item "Ações e combinações", é possível checar os dados das ações aplicadas na estrutura. Nos dados do vento, é possível estabelecer a ordem de grandeza das forças totais atuantes na estrutura em cada direção e sentido.

```
Ações e Combinações

Carga vertical
Separação de carga permanente e variável .....  Sim
Redução de sobrecargas .....................  Não

Vento
Velocidade básica (m/s) ..........  45.0
Fator topográfico (S1) ...........  1.00
Categoria de rugosidade (S2) .....  IV - Terrenos com obstáculos numerosos e pouco espaçados
Classe da edificação (S2) ........  A - Maior dimensão horizontal ou vertical < 20 m
Fator estatístico (S3) ...........  1.00 - Edificações em geral
```

Caso	Ângulo (graus)	Coef. arrasto	Área (m2)	Pressão (tf/m2)
5	90.0	1.30	64.8	0.102
6	270.0	1.30	64.8	0.102
7	0.0	1.20	53.1	0.094
8	180.0	1.20	53.1	0.094

[1] Verifique os dados dos ventos em cada um dos sentidos.

Para calcular a força total de vento em cada direção, basta multiplicar a área exposta ao vento pela pressão.

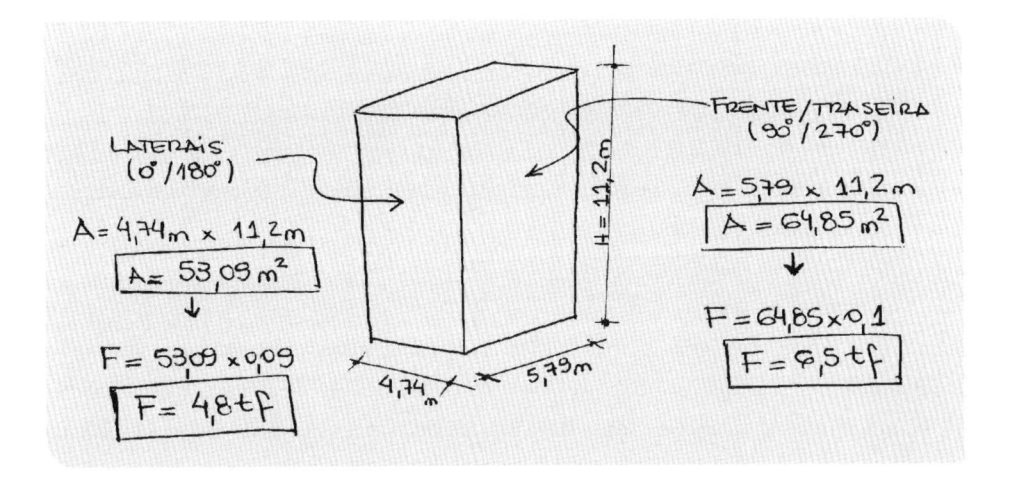

LATERAIS (0°/180°)
$A = 4{,}74\,m \times 11{,}2\,m$
$A = 53{,}09\,m^2$
$F = 53{,}09 \times 0{,}09$
$F = 4{,}8\,tf$

$H = 11{,}2\,m$
$4{,}74\,m \quad 5{,}79\,m$

FRENTE/TRASEIRA (90°/270°)
$A = 5{,}79 \times 11{,}2\,m$
$A = 64{,}85\,m^2$
$F = 64{,}85 \times 0{,}1$
$F = 6{,}5\,tf$

Além disso, é possível verificar a quantidade de combinações de ações necessárias para o dimensionamento e a análise em serviço da estrutura.

Combinações no modelo global		
Tipo	Título	Número de casos
ELU1	Verificações de estado limite último - Vigas e lajes	18
ELU2	Verificações de estado limite último - Pilares e fundações	18
FOGO	Verificações em situação de incêndio	2
ELS	Verificações de estado limite de serviço	12
COMBFLU	Cálculo de fluência (método geral)	2
LAJEPRO	Combinações p/ flechas em lajes protendidas	0
		TOTAL = 52

[1] Verifique a quantidade total de combinações de ações geradas pelo sistema.

Visualize o último item presente no relatório, "Avisos e erros". É possível perceber que o sistema não detectou nenhum erro grave durante o cálculo da estrutura.

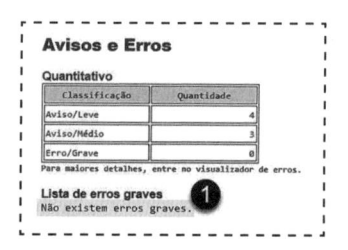

Avisos e Erros

Quantitativo

Classificação	Quantidade
Aviso/Leve	4
Aviso/Médio	3
Erro/Grave	0

Para maiores detalhes, entre no visualizador de erros.

Lista de erros graves
Não existem erros graves.

[1] Verifique que não há erros graves.

Na prática, isto é, durante a elaboração de projetos de edifícios reais, principalmente durante a fase inicial de definição da estrutura, é muito comum o surgimento de erros graves. Não se assuste, isso é mais do que normal. O importante é saber interpretá-los corretamente e fazer as devidas alterações até que os erros considerados graves sejam completamente solucionados.

> ▶ Nunca prossiga um projeto com um erro grave detectado pelo sistema. É necessário entender o problema e corrigi-lo de acordo. Erro grave, conforme o próprio nome diz, é grave mesmo. Não o ignore!

Não feche ainda a janela do resumo estrutural, pois o utilizaremos diversas vezes durante este capítulo.

5.3.4 Avisos e erros

Além dos relatórios gerais, um outro recurso muito comum nos sistemas integrados é o "Visualizador de avisos e erros". Trata-se de uma ótima alternativa para obter informações mais detalhadas do processamento de um edifício.

VERIFICAÇÃO DE RESULTADOS: | 279
UMA ETAPA OBRIGATÓRIA

ABRINDO OS AVISOS E ERROS
- ▶ No "Gerenciador", selecione o edifício "Verificação".
- ▶ Clique na aba "Edifício".
- ▶ Na aba "Edifício", no grupo "Listagens de Projeto", clique no botão "Avisos e Erros".

VISUALIZANDO OS ERROS
- ▶ Na janela "Visualizador de Erros", clique no botão "Todos" (ícone "T").
- ▶ Clique sobre uma linha da tabela de erros.
- ▶ Leia a descrição do aviso/erro.
- ▶ Feche o visualizador de erros.

5.3.5 Cargas

A quantificação do total de cargas aplicadas num edifício é uma tarefa extremamente importante durante a elaboração de um projeto estrutural. Por meio de poucas contas, é possível executar esse trabalho de forma rápida e simples.

▶ Errar na consideração das cargas, seja para mais, mas principalmente para menos, é muito grave e pode comprometer a estrutura na vida real!

Cargas verticais

Relembrando as cargas verticais que foram aplicadas na estrutura:
- Laje do tipo: carga chamada "COMERC1".
- Laje da cobertura: carga chamada "COBERT1".
- Vigas do tipo: carga linear referente à alvenaria externa, com blocos de 19 cm e H = 2,3 m.
- Laje do tipo: carga linear referente à alvenaria interna, com blocos de 14 cm e H = 2,68 m.

Primeiramente, vamos verificar quais são os valores efetivos para essas cargas definidos no *software*.

VERIFICANDO OS VALORES DAS CARGAS CADASTRADAS
- ▶ No "Gerenciador", selecione o ramo "Cobertura" do edifício "Verificação".
- ▶ Clique na aba "Sistemas".
- ▶ Na aba "Sistemas", clique no botão "TQS Formas".
- ▶ Na aba "TQS Formas", no grupo "Editar", clique no botão "Tabelas" e, na sequência, no item "Tipos de cargas".

▶ Na janela "Edição de tabela de cargas", clique no botão "OK".

Verifique os valores das cargas "COBERT1" e "COMERC1".

VERIFICANDO OS VALORES DAS CARGAS CADASTRADAS PARA AS LAJES

▶ Na janela "TQS Formas - Edição da tabela...", verifique os valores das cargas permanentes e variáveis das cargas "COBERT1" e "COMERC1".

Título	Descrição	Permanente (tf/m²)	Variável (tf/m²)
APART1	SALA/COZINHA/DORMITORIO	0,1	0,15
APART7	APARTAMENTO COM ENCHIMENTO DE 7 cm	0,15	0,15
BAILE1	SALAO DE BAILE/GINASTICA	0,1	0,5
BARRILET	BARRILETE	0,05	0,1
CASAMAQ	CASA DE MAQUINAS	0,5	0,1
COBERT1	TERRAÇO DESCOBERTO (Impermeabilizado)	0,15	0,1
COMERC1	AREAS DE USO COMERCIAL	0,2	0,3
DECK1	CARGA EM DECKS (BORDA DE PISCINAS)	0,2	0,15
ESCADA	ESCADAS	0,1	0,3
GARAGEM1	GARAGEM	0,1	0,4

[1] Verifique os valores das cargas permanentes e variáveis.

Verifique também os valores das cargas "BLOCO14" e "BLOCO19".

VERIFICANDO OS VALORES DAS CARGAS CADASTRADAS PARA AS PAREDES

▶ No grupo "Tipo de carga", clique na opção "Carga distribuída por área de paredes".

Título	Descrição	Permanente (tf/m²)	Variável (tf/m²)
BLOCO14	ALVENARIA DE BLOCO DE CONCRETO C/14cm	0,26	0
BLOCO19	ALVENARIA DE BLOCO DE CONCRETO C/19 cm	0,32	0
TJVAZ15	ALVENARIA DE TIJOLO FURADO C/15cm	0,18	0
TJVAZ25	ALVENARIA C/ TIJOLO FURADO C/ 25cm	0,3	0

[1] Verifique os valores das cargas permanentes.

Anote esses valores, pois eles serão utilizados posteriormente com frequência.

$$\text{LAJES} \begin{cases} \text{COBERT 1}: & g = 0{,}15\ tf/m^2\ ;\ q = 0{,}10\ tf/m^2 \\ \text{COMERC 1}: & g = 0{,}20\ tf/m^2\ ;\ q = 0{,}30\ tf/m^2 \end{cases}$$

$$\text{ALVENARIA} \begin{cases} \text{BLOCO 14}: & g = 0{,}26\ tf/m^2 \\ \text{BLOCO 19}: & g = 0{,}32\ tf/m^2 \end{cases}$$

FECHANDO JANELA DE VALORES DE CARGAS

▶ Na janela "TQS Formas - Edição...", clique no botão "Cancelar".

Vamos iniciar o cálculo manual da carga total aplicada no edifício. Procure entender exatamente as contas que serão realizadas a seguir.

Cargas nas lajes

No pavimento "Cobertura":

Para determinar a carga total aplicada na laje da cobertura, é necessário, primeiramente, calcular a carga total por metro quadrado, incluindo o peso próprio, a carga permanente e a carga variável.

O valor por metro quadrado da carga referente ao peso próprio é obtido pela multiplicação do peso específico do concreto (2,5 tf/m³) pela espessura da laje.

$$\text{Peso próprio} = 2{,}5 \text{ tf/m}^3 \times \underbrace{0{,}10 \text{ m}}_{h_{laje}} = 0{,}25 \text{ tf/m}^2$$

$$\text{Carga permanente} = 0{,}15 \text{ tf/m}^2 \quad (\text{carga COBERT1})$$

$$\text{Carga variável} = 0{,}10 \text{ tf/m}^2 \quad (\text{carga COBERT1})$$

$$\text{TOTAL} = 0{,}25 + 0{,}15 + 0{,}10 = 0{,}5 \text{ tf/m}^2$$

A carga total resulta da multiplicação da carga total por metro quadrado pela área interna da laje.

$$\text{TOTAL} = 0{,}5 \times (5{,}41 \times 4{,}36) = \boxed{11{,}8 \text{ tf}}$$

No pavimento "Tipo":

A carga total aplicada na laje do pavimento-tipo é obtida de forma similar à da cobertura. Inicialmente, calcula-se a carga total por metro quadrado.

$$\text{Peso próprio} = 2{,}5 \text{ tf/m}^3 \times 0{,}12 \text{ m} = 0{,}30 \text{ tf/m}^2$$

$$\text{Carga permanente} = 0{,}20 \text{ tf/m}^2 \quad (\text{carga COMERC1})$$

$$\text{Carga variável} = 0{,}30 \text{ tf/m}^2 \quad (\text{carga COMERC1})$$

$$\text{TOTAL} = 0{,}30 + 0{,}20 + 0{,}30 = 0{,}8 \text{ tf/m}^2$$

Depois, multiplica-se esse valor pela área interna da laje para se chegar à carga total.

$$\text{TOTAL} = 0,8 \times (5,41 \times 4,36) = 18,9 \, tf$$

Não podemos esquecer que, no pavimento-tipo, ainda existe a carga referente à alvenaria interna.

O valor por metro linear da carga referente à alvenaria é obtido pela multiplicação de sua carga por metro quadrado tabelada (0,26 tf/m²) pela altura da parede.

$$\text{Alvenaria} = \underbrace{0,26 \, tf/m^2}_{\text{carga bloco 14}} \times \underbrace{2,68 \, m}_{h_{\text{alvenaria}}} = 0,70 \, tf/m$$

Depois, multiplica-se a carga por metro linear pelos comprimentos das paredes para se obter a carga total.

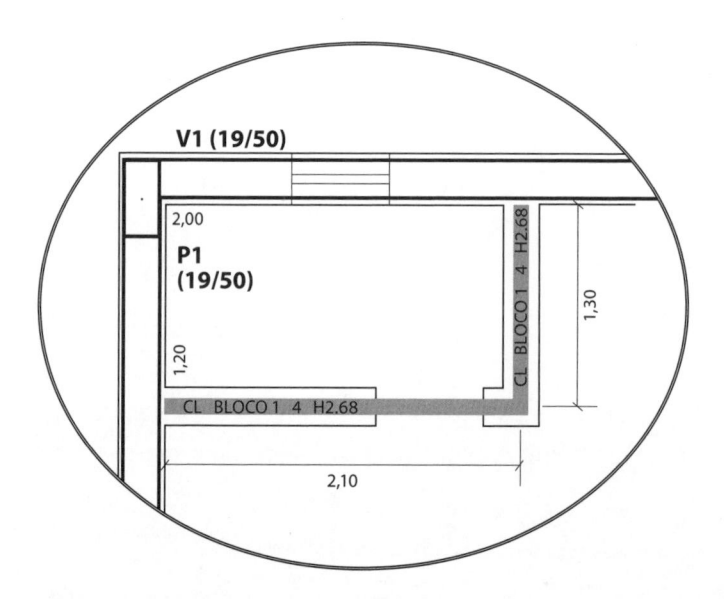

$$\text{Alvenaria} = 0,70 \times (2,10 + 1,30) = 2,4 \, tf$$

Portanto, o total final de cargas na laje no pavimento-tipo é:

$$\text{TOTAL} = 18{,}9 + 2{,}4 = 21{,}3 \text{ tf}$$

Cargas nas vigas

No pavimento "Cobertura":

Para se chegar à carga total aplicada nas vigas da cobertura, é necessário, inicialmente, calcular a carga total por metro linear devida ao peso próprio. Não foi definida nenhuma alvenaria sobre as vigas da cobertura.

O valor por metro linear da carga referente ao peso próprio é obtido pela multiplicação do peso específico do concreto (2,5 tf/m³) pela área da seção transversal da viga.

$$\text{Peso próprio} = 2{,}5 \text{ tf/m}^3 \times (0{,}19 \times 0{,}50) = 0{,}24 \text{ tf/m}$$

Depois, basta multiplicar esse valor pelos comprimentos das vigas para determinar a carga total:

$$\text{VIGAS } V_1 \text{ e } V_2 = (0{,}24 \times 5{,}41) \times 2 = 2{,}6 \text{ tf}$$
$$\text{VIGAS } V_3 \text{ e } V_4 = (0{,}24 \times 3{,}74) \times 2 = 1{,}8 \text{ tf}$$
$$\boxed{\text{TOTAL} = 4{,}4 \text{ tf}}$$

No pavimento "Tipo":

A carga total das vigas do pavimento-tipo é obtida de forma similar à da cobertura, porém com o acréscimo das alvenarias.

$$\text{Peso próprio} = 2{,}5 \text{ tf/m}^3 \times (0{,}19 \times 0{,}50) = 0{,}24 \text{ tf/m}$$
$$\text{ALVENARIA} = 0{,}32 \text{ tf/m}^2 \times (2{,}3) = 0{,}74 \text{ tf/m}$$

carga bloco 19   h alvenaria

$$\text{TOTAL} = 0{,}24 + 0{,}74 = 0{,}98 \text{ tf/m}$$

$$\text{VIGAS } V_1 \text{ e } V_2 = (0{,}98 \times 5{,}41) \times 2 = 10{,}5 \text{ tf}$$
$$\text{VIGAS } V_3 \text{ e } V_4 = (0{,}98 \times 3{,}74) \times 2 = 7{,}3 \text{ tf}$$
$$\text{TOTAL} = 10{,}5 + 7{,}3 = \boxed{17{,}8 \text{ tf}}$$

Cargas nos pilares

Para definir o valor total do peso próprio de um lance de pilar, é preciso multiplicar o peso específico do concreto (2,5 tf/m³) pelo seu volume.

$$\text{Peso próprio} = 2{,}5 \text{ tf/m}^3 \times (0{,}19 \times 0{,}50 \times \overset{h}{2{,}8}) = 0{,}67 \text{ tf}$$
$$\text{PILARES } P_1, P_2, P_3 \text{ e } P_4 = 0{,}67 \times 4 = \boxed{2{,}7 \text{ tf}}$$

Somatória de cargas verticais aplicadas

No pavimento "Cobertura":

COBERTURA:
$$\text{Laje} = 11{,}8 \text{ tf } +$$
$$\text{Vigas} = 4{,}4 \text{ tf } +$$
$$\text{Pilares} = 2{,}7 \text{ tf}$$
$$\boxed{18{,}9 \text{ tf}}$$

No pavimento "Tipo":

VERIFICAÇÃO DE RESULTADOS: UMA ETAPA OBRIGATÓRIA

```
TIPO:
  Laje    = 21,3 tf +
  Vigas   = 17,8 tf +
  Pilares =  2,7 tf
           ─────────
            41,8 tf
```

No edifício inteiro:
Lembre-se de que o edifício é composto de uma cobertura e três tipos.

```
EDIFÍCIO:
  COBERTURA = 18,9 tf
  TIPO      = 41,8 tf x 3   ← nº pisos
             ──────────────
              144,3 tf
```

Concluindo: a estrutura do edifício será calculada para resistir a uma carga total de aproximadamente 144 tf, sendo 42 tf em cada tipo e 19 tf na cobertura.

▶ Esses são números importantes que devem ser estimados em qualquer projeto.

Cargas horizontais

A única ação horizontal aplicada ao edifício é o vento. O total de carga aplicada em cada direção do vento já foi calculado anteriormente.

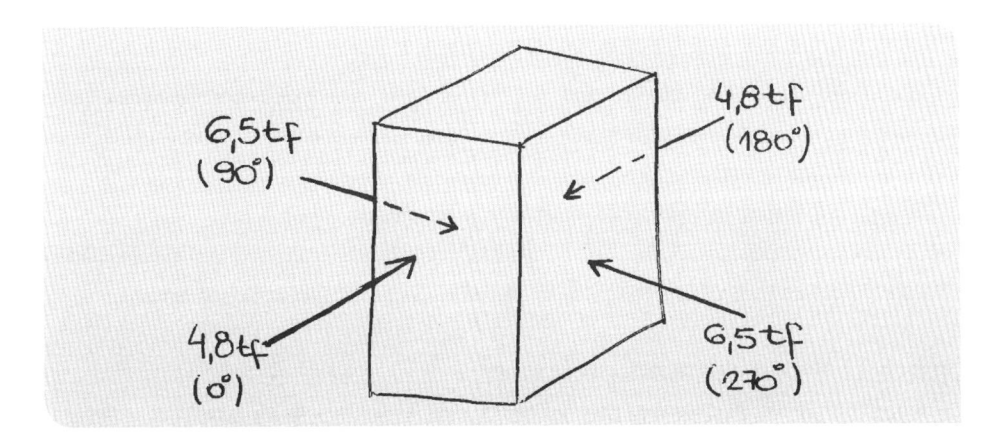

Somatória de reações

Uma maneira muito eficiente e simples de checar se as cargas calculadas no item anterior foram efetivamente aplicadas à estrutura modelada no computador é compará-las com a somatória de reações de apoio. Afinal de contas, todas as ações na estrutura devem se transformar em reações para mantê-la em equilíbrio.

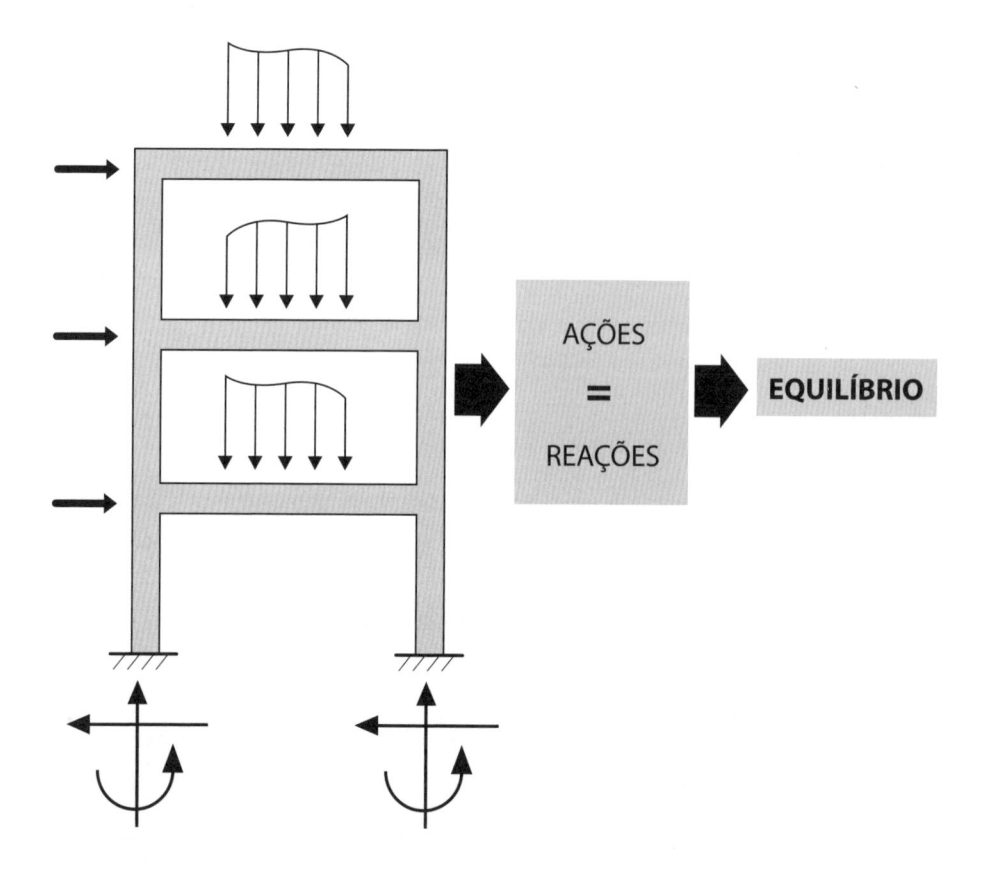

A somatória de reações de apoio do modelo analisado pelo computador deve ser próxima à carga total aplicada na estrutura. Caso contrário, investigue, pois deve haver algum erro.

A seguir, iremos comparar as cargas dos pavimentos cobertura e tipo com as respectivas somatórias de reações na grelha, lembrando que, nesse modelo, não é considerado o peso próprio dos pilares, pois eles são simulados como apoios.

CARREGANDO VISUALIZADOR DE GRELHA DA COBERTURA

▶ No "Gerenciador", selecione o ramo "Cobertura" do edifício "Verificação".

▶ Na aba "Sistemas", no grupo "Análise Estrutural", clique no botão "Grelha-TQS".
▶ Na aba "Grelha-TQS", no grupo "Visualizar", clique no botão "Visualizador de Grelhas".

Na janela aberta, veja que o valor da somatória das reações verticais (FZ) é aproximadamente 16,3 tf.

VERIFICANDO AS REAÇÕES
▶ No "Visualizador de Grelhas", na aba "Selecionar", no grupo "Casos/Pisos", selecione o caso "01 - Todas permanentes e acidentais dos pavimentos".
▶ Na aba "Selecionar", no grupo "Diagramas", clique no botão "Reações".

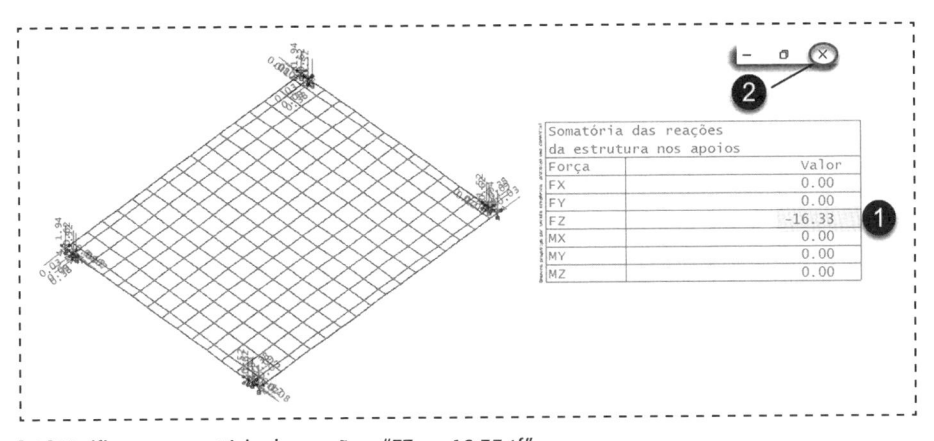

[1] Verifique a somatória de reações: "FZ = −16,33 tf".
[2] Clique para fechar a janela.

A diferença em relação à carga total na cobertura calculada anteriormente sem o peso próprio dos pilares, que não são considerados na grelha (18,9 − 2,7 = 16,2 tf), é muito pequena (+0,8%). Ou seja, a somatória de reações comprova que a carga foi efetivamente aplicada no pavimento.

CARREGANDO VISUALIZADOR DE GRELHA DO TIPO
▶ No "Gerenciador", clique no ramo "Tipo" do edifício "Verificação".
▶ Na aba "Sistemas", no grupo "Análise Estrutural", clique no botão "Grelha-TQS".
▶ Na aba "Grelha-TQS", clique no botão "Visualizador de Grelhas".

Na janela aberta, note que o valor da somatória das reações verticais (FZ) é aproximadamente 40,0 tf.

VERIFICANDO AS REAÇÕES

▶ No "Visualizador de Grelhas", na aba "Selecionar", no grupo "Casos/Pisos", selecione o caso "01 - Todas permanentes e acidentais dos pavimentos".

▶ Na aba "Selecionar", no grupo "Diagramas", clique no botão "Reações".

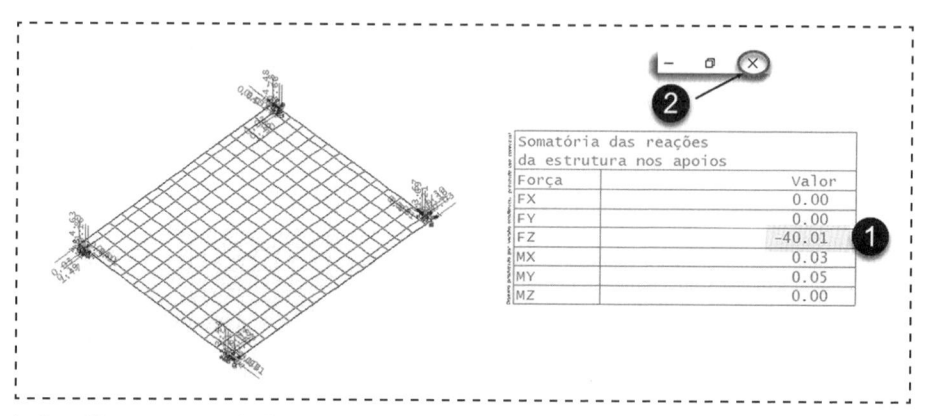

Somatória das reações da estrutura nos apoios	
Força	Valor
FX	0.00
FY	0.00
FZ	-40.01
MX	0.03
MY	0.05
MZ	0.00

[1] Verifique a somatória de reações: "FZ = –40,01 tf".
[2] Clique para fechar a janela.

Observe que a diferença em relação à carga total no tipo calculada anteriormente sem o peso próprio dos pilares (41,8 – 2,7 = 39,1 tf) é pequena (+2,3%). Isso confirma que a carga foi efetivamente aplicada no pavimento.

Agora, as cargas totais do edifício inteiro, tanto a vertical como as horizontais, serão comparadas com as somatórias de reações do pórtico espacial.

CARREGANDO VISUALIZADOR DE PÓRTICO ESPACIAL

▶ No "Gerenciador", selecione o ramo "Espacial" do edifício "Verificação".

▶ Na aba "Sistemas", no grupo "Análise Estrutural", clique no botão "Pórtico-TQS".

▶ Na aba "Pórtico-TQS", no grupo "Visualizar", clique no botão "Visualizador de Pórticos", e, na sequência, no item "Estado Limite Último (ELU)".

VERIFICANDO AS REAÇÕES

▶ No "Visualizador de Pórticos", clique na aba "Selecionar".

▶ Na aba "Selecionar", no grupo "Casos/Pisos", selecione o caso "01 - Todas permanentes e acidentais dos pavimentos".

▶ Na aba "Selecionar", no grupo "Diagramas", clique no botão "Reações".

Na janela aberta, confira que o valor da somatória de reações verticais (FZ) é aproximadamente igual a 147,0 tf.

Somatória das reações da estrutura nos apoios	
Força	Valor
FX	0.00
FY	0.00
FZ	-146.97 [1]
MX	-0.00
MY	0.01
MZ	0.00

[1] Verifique a somatória de reações: "FZ = −146,97 tf".

Observe que a diferença em relação à carga total do edifício calculada anteriormente (144,3 tf) é pequena (+1,9%). Isso confirma que a carga foi efetivamente aplicada no edifício.

VISUALIZANDO AS REAÇÕES DO CASO DE VENTO FRONTAL
▶ Na aba "Selecionar", no grupo "Casos/Pisos", selecione o caso "05 - Vento (1) 90°".

Somatória das reações da estrutura nos apoios	
Força	Valor
FX	-0.00
FY	6.60 [1]
FZ	0.00
MX	-12.37
MY	0.00
MZ	-0.00

[1] Verifique a somatória de reações: "FY = 6,60 tf".

Note que a diferença em relação à carga total de vento no edifício calculada anteriormente para os sentidos 90° e 270° (6,5 tf) é pequena (+1,5%), comprovando que ela foi efetivamente aplicada ao modelo de pórtico espacial.

VISUALIZANDO AS REAÇÕES DO CASO DE VENTO LATERAL
▶ Na aba "Selecionar", no grupo "Casos/Pisos", selecione o caso "07 - Vento (3) 0°".

Somatória das reações da estrutura nos apoios	
Força	Valor
FX	4.99
FY	0.00
FZ	0.00
MX	0.00
MY	9.25
MZ	0.00

[1] Verifique a somatória de reações: "FX = 4,99 tf".
[2] Clique para fechar a janela.

Note que a diferença em relação à carga total de vento no edifício calculada anteriormente para os sentidos 0° e 180° (4,8 tf) é pequena (+4,0%), comprovando que ela foi efetivamente aplicada ao modelo de pórtico espacial.

Foi possível notar, em todas as comparações realizadas anteriormente, que as cargas efetivamente aplicadas aos modelos estruturais (grelhas e pórtico espacial) foram ligeiramente maiores que as somatórias de cargas estimadas manualmente. Afinal, os valores das reações foram sempre ligeiramente maiores.

A diferença na carga vertical total, que é a ação preponderante na estrutura, foi igual a +2,68 tf, que corresponde a apenas +1,9%. A diferença é pequena e pode ser tranquilamente tolerada, principalmente pelo fato de resultar no cálculo a favor da segurança da estrutura.

▶ Em casos em que a diferença entre as cargas aplicadas estimadas e as somatórias de reações obtidas nos modelos for relativamente grande (>10%), e especialmente nos casos em que as reações resultantes forem menores, o que significa um cálculo contra a segurança, é muito importante checar o porquê dessas diferenças. É sinal de que existe algo de errado.

Resumo estrutural

Retorne à janela com o resumo estrutural que havia sido carregado logo no início deste capítulo (se por acaso você já havia fechado essa janela, basta executar o mesmo comando já mostrado anteriormente: botão "Resumo estrutural", localizado na barra de ferramentas do gerenciador).

Em seguida, localize o item "Parâmetros Quantitativos - Distribuição de cargas" e note que existe uma tabela que resume tudo o que foi conferido anteriormente, facilitando bastante a avaliação da distribuição das cargas na estrutura.

VERIFICAÇÃO DE RESULTADOS: UMA ETAPA OBRIGATÓRIA

Parâmetros Quantitativos

Distribuição de cargas
Soma de reações do pórtico espacial (tf) ...... 147.0 **①**

Pavimento	Piso	Carga aplicada (tf)	Área (m2)	Carga média (tf/m2)	Soma de reações (tf)
Cobertura	4	20.1 - **③** 17.4	27.4	0.73	**②** 16.3
Tipo	3	44.5 - 2.7 = 41.9	27.4	**④** 1.62	40.0
Tipo	2	44.5 - 2.7 = 41.9	27.4	1.62	40.0
Tipo	1	44.5 - 2.7 = 41.9	27.4	1.62	40.0
Fundacao	0	0.0 - 0.0 = 0.0	0.0	.0	0.0
		153.6 - 10.6 = 143.0	109.8	1.40	136.4

A carga aplicada é estimada e exclusiva para o processo simplificado. O valor subtraído corresponde ao peso-próprio dos pilares.
A soma de reações é obtida no modelo da grelha (não inclui o peso-próprio dos pilares).
Todos os valores incluem 100% das cargas variáveis (caso 1).
Todos os valores são característicos (não majorados).

[1] Verifique a somatória de reações do pórtico espacial: "147,0 tf".
[2] Verifique as somatórias de reações nas grelhas dos pavimentos.
[3] Verifique as somatórias de cargas estimadas pelo sistema em cada pavimento. Note que os valores são ligeiramente diferentes dos calculados manualmente neste capítulo. O cálculo efetuado pelo sistema é aproximado.
[4] Verifique a carga média aplicada nos pavimentos.

Carga média

Na tabela anterior, além da somatória de cargas aplicadas e reações, que, conforme já foi salientado, precisam resultar obrigatoriamente em valores semelhantes, é possível perceber a existência de uma coluna chamada "Carga média (tf/m^2)".

▶ A carga média nos pavimentos, isto é, a carga total dividida pela sua área em planta, é um valor que deve ser sempre checado após o processamento de uma estrutura no computador. Trata-se de um número que pode indicar algum erro durante a entrada de dados.

Imagine, por exemplo, se a carga média no pavimento "Tipo" na tabela anterior estivesse igual a 0,35 tf/m^2. Lembre que somente o peso próprio da laje de 12 cm de espessura corresponde a 0,30 tf/m^2! Com certeza, era um indicativo de que algo havia sido definido de forma equivocada durante a entrada de dados.

Cargas nas fundações

Na prática atual, mais notadamente em projetos de edificações de maior porte, o projeto da estrutura (ou superestrutura) é elaborado de forma separada do projeto de fundações (ou infra estrutura), isto é, há escritórios distintos, cada um especialista em sua área (estrutura ou fundação), que precisam trocar informações para que a construção do edifício seja viabilizada.

Dessa forma, é muito comum o Engenheiro responsável pelo projeto da estrutura ter que montar um desenho com as cargas nas fundações provenientes de diversos casos de carregamento. Esse desenho é usualmente chamado de "planta de cargas".

Trata-se, normalmente, da primeira planta requisitada ao Engenheiro de Estruturas, pois somente com ela é que os Engenheiros Geotécnicos podem dimensionar a fundação, que, por sua vez, é inevitavelmente a primeira parte do edifício que necessita ser executada.

> Por favor, me envie as CARGAS NA FUNDAÇÃO o quanto antes para eu repassar para o escritório de GEOTECNIA. Preciso iniciar a construção!

A planta de cargas é um desenho importante e contém valores que precisam ser checados com grande atenção. Um aspecto inicial que deve ser verificado é a somatória de todas as cargas na base dos pilares. Seu valor deve ser semelhante à somatória de cargas estimadas anteriormente.

Um outro fator importante que necessita ser avaliado por meio da planta de cargas é a distribuição da carga vertical total aplicada no edifício entre os pilares presentes na estrutura.

Vamos analisar a planta de cargas gerada pelo sistema computacional no exemplo em questão.

Não feche a janela com o resumo estrutural ainda, e retorne ao gerenciador.

ABRINDO O DESENHO DA PLANTA DE CARGAS
- No "Gerenciador", selecione o ramo "Espacial" do edifício "Verificação".
- No "Painel Central", no grupo "Planta de Cargas", dê um duplo clique no desenho "Reações de pórtico em desenho".

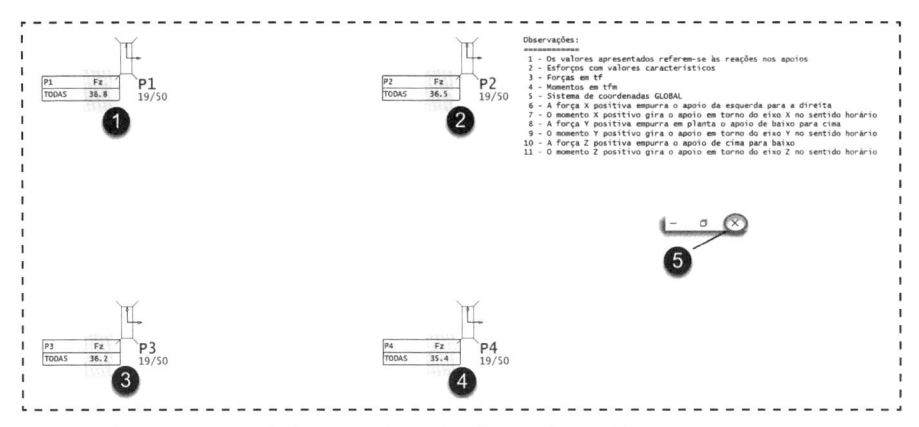

VERIFICAÇÃO DE RESULTADOS: 293
UMA ETAPA OBRIGATÓRIA

[1] Verifique a carga vertical total na base do pilar P1: "38,8 tf".
[2] Verifique a carga vertical total na base do pilar P2: "36,5 tf".
[3] Verifique a carga vertical total na base do pilar P3: "36,2 tf".
[4] Verifique a carga vertical total na base do pilar P4: "35,4 tf".
[5] Clique para fechar a janela.

Note que a somatória de cargas na base dos pilares relativa à ação da carga vertical total coincide exatamente com a somatória de reações estimadas anteriormente. Isso deve prevalecer em todo e qualquer projeto.

$$38,8 + 36,5 + 36,2 + 35,4 = 147 \, tf$$

É possível perceber também que o pilar P1 transferirá para a fundação um pouco mais de carga que os demais, o que nesse caso era mais do que esperado, já que as cargas referentes às paredes do W.C. estavam mais próximas desse elemento.

5.3.6 Estrutura deformada

Com uma simples visualização gráfica da estrutura deformada, é possível identificar se o processamento realizado por um sistema computacional está coerente ou não. Isso porque, mesmo intuitivamente, temos mais facilidade ou uma maior "sensibilidade" em validar as deformações na estrutura provocadas por um dado carregamento.

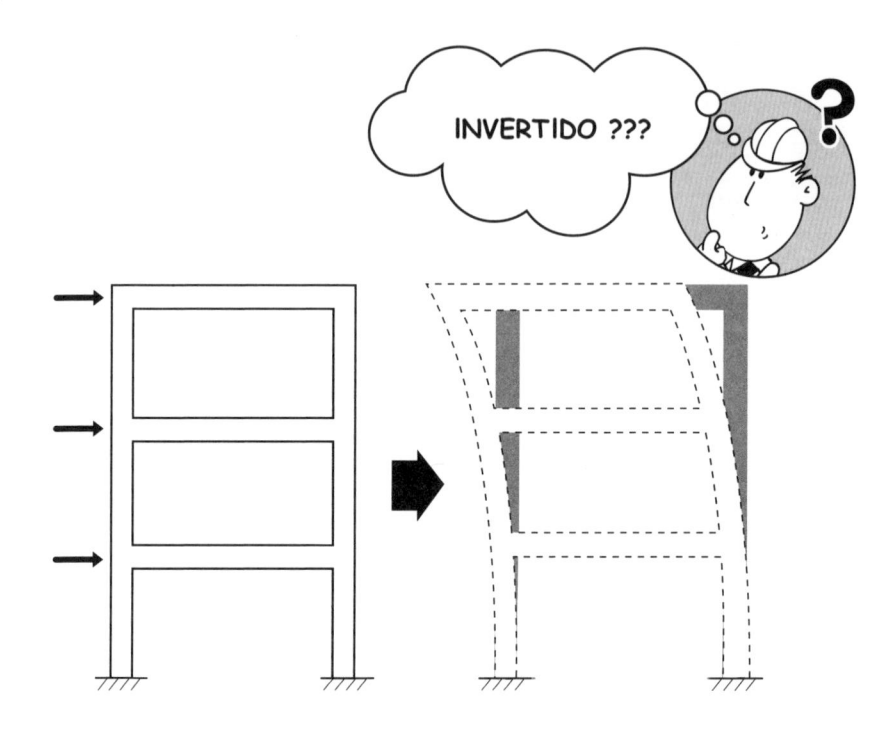

Visualizar graficamente a estrutura deformada durante a elaboração do projeto é essencial, pois por essa simples verificação é possível detectar se houve alguma incoerência no cálculo realizado pelo computador.

Vamos visualizar o pórtico espacial deformado para cada um dos casos de vento.

CARREGANDO VISUALIZADOR DE PÓRTICO ESPACIAL
- No "Gerenciador", selecione o ramo "Espacial" do edifício "Verificação".
- Clique na aba "Sistemas".
- Na aba "Sistemas", no grupo "Análise estrutural", clique no botão "Pórtico-TQS".
- Na aba "Pórtico-TQS", no grupo "Visualizar", clique no botão "Visualizador de Pórticos" e, na sequência, item "Estado Limite de Serviço (ELS)".

Na janela aberta, selecione o caso de carregamento referente ao vento frontal e note que a estrutura deformada está de acordo com o carregamento aplicado.

VISUALIZANDO O DESLOCAMENTO PARA O VENTO 90°
- No "Visualizador de Pórticos", na aba "Selecionar", no grupo "Casos/Pisos", selecione o caso "05 - Vento (1) 90°".
- Na aba "Selecionar", no grupo "Diagramas", clique no botão "Deslocamento".

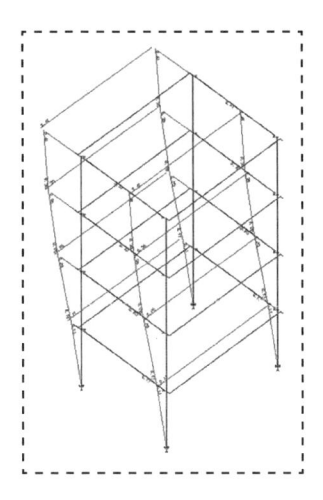

VERIFICAÇÃO DE RESULTADOS: UMA ETAPA OBRIGATÓRIA | 295

As estruturas deformadas também ficam coerentes com os demais casos de vento.

VISUALIZANDO O DESLOCAMENTO PARA O VENTO 270°
- No "Visualizador de Pórticos", na aba "Selecionar", no grupo "Casos/Pisos", selecione o caso "06 - Vento (2) 270°".
- Na aba "Selecionar", no grupo "Diagramas", clique no botão "Deslocamento".

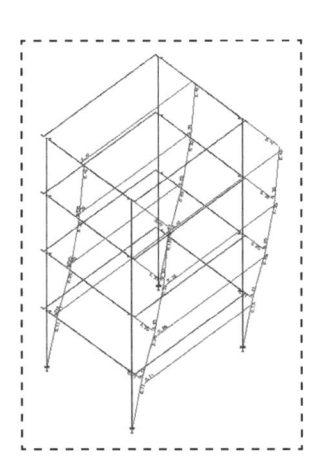

VISUALIZANDO O DESLOCAMENTO PARA O VENTO 0°
- No "Visualizador de Pórticos", na aba "Selecionar", no grupo "Casos/Pisos", selecione o caso "07 - Vento (3) 0°".
- Na aba "Selecionar", no grupo "Diagramas", clique no botão "Deslocamento".

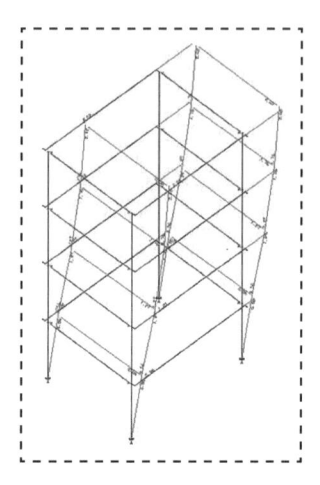

VISUALIZANDO O DESLOCAMENTO PARA O VENTO 180°
- No "Visualizador de Pórticos", na aba "Selecionar", no grupo "Casos/Pisos", selecione o caso "08 - Vento (4) 180°".
- Na aba "Selecionar", no grupo "Diagramas", clique no botão "Deslocamento".

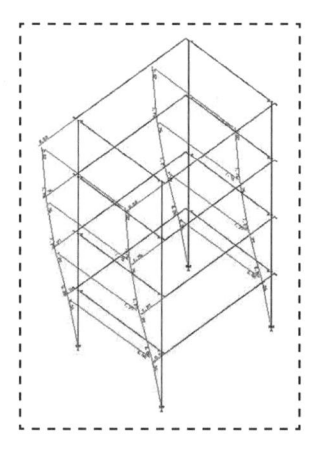

5.3.7 Estabilidade global

A análise da estabilidade global de um edifício de concreto armado é um item fundamental durante a elaboração do projeto estrutural.

Na prática atual, com o cálculo de alguns parâmetros, como por exemplo o coeficiente chamado γ_z, pode-se avaliar a estabilidade de uma estrutura de forma bastante consistente.

Esse tema será abordado com detalhes no Cap. 7.

Por enquanto, apenas localize o item "Estabilidade global" na janela com o resumo estrutural.

VERIFICAÇÃO DE RESULTADOS: UMA ETAPA OBRIGATÓRIA

```
Estabilidade Global

Parâmetros de instabilidade

| Parâmetro | Valor máximo |
|-----------|--------------|
| GamaZ     | 1.12         |
| FAVt      | 1.12         |
| Alfa      | 0.61         |

- Nessa tabela, são apresentados somente os valores máximos dos coeficientes. Para uma avaliação mais detalhada, consulte o relatório de parâmetros de estabilidade global.
- GamaZ é o parâmetro de estabilidade que NÃO considera os deslocamentos horizontais provocados pelas cargas verticais (calculado p/ casos de vento).
- FAVt é o fator de amplificação de esforços horizontais que pode considerar os deslocamentos horizontais gerados pelas cargas verticais (calculado p/ combinações ELU com a mesma formulação do GamaZ).

Avaliação e classificação da estrutura
Parâmetro adotado na análise do edifício ..... 1.12 (OK)
Valor limite de referência ................... 1.20
Tipo da estrutura ............................ Nós móveis
```

[1] Verifique que a estrutura é classificada como: "Nós móveis".
[2] Verifique os valores máximos dos parâmetros de estabilidade.

A estabilidade global deste exemplo será analisada com detalhes no Cap. 7. Por enquanto, apenas entenda que a estrutura, sob o ponto de vista global, está com um comportamento adequado.

Não feche a janela com o resumo estrutural ainda.

5.3.8 Esforços
Distribuição de esforços

Já foi constatado nos itens anteriores que as cargas lançadas nas vigas e lajes do edifício foram efetivamente aplicadas nos modelos adotados pelo sistema computacional (grelhas e pórtico espacial), uma vez que as somatórias de reações de apoio foram muito próximas dos valores das cargas aplicadas.

Essas cargas aplicadas, antes de resultarem em ações na fundação, geram solicitações (força normal, cortante, momento fletor e torsor) ao longo da estrutura. O estudo de como esses esforços são distribuídos na estrutura é fundamental durante o projeto do edifício.

Esse tema já foi abordado com certa profundidade no Cap. 3 e, portanto, não iremos repeti-lo neste exemplo. Porém, convém salientar novamente a importância desse tipo de análise, que jamais pode deixar de ser realizada durante um processo de verificação de resultados.

▶ Analisar a distribuição dos esforços solicitantes na estrutura é uma etapa fundamental durante o processo de verificação. É nesse momento que se "enxerga" como a estrutura realmente está se comportando.

▶ Nesta etapa, procure utilizar maciçamente os recursos gráficos oferecidos pelos sistemas computacionais!

Ordem de grandeza

É sempre conveniente verificar a ordem de grandeza dos esforços solicitantes nos principais elementos da estrutura pelos modelos aproximados, que, inclusive, muitas vezes podem ser resolvidos à mão.

Vamos avaliar a ordem de grandeza do momento fletor obtido pelo sistema na viga V1 da cobertura.

Retorne à janela do gerenciador TQS.

CARREGANDO VISUALIZADOR DE PÓRTICO ESPACIAL
- No "Gerenciador", selecione o ramo "Espacial".
- Na aba "Pórtico-TQS", no grupo "Visualizar", clique no botão "Visualizador de Pórticos" e, na sequência, no item "Estado Limite Último (ELU)".

AVALIANDO O MOMENTO FLETOR NA VIGA V1 DA COBERTURA
- No "Visualizador de Pórticos", na aba "Selecionar", no grupo "Casos/Pisos", selecione o caso "01 - Todas as permanentes e acidentais dos pavimentos".
- Na aba "Selecionar", no grupo "Diagramas", clique no botão "Momento My".
- Dê um *zoom* na viga V1 do último piso.

AVALIANDO O MOMENTO FLETOR NA VIGA V1 DA COBERTURA
- Na aba "Visualizar", no grupo "Tamanhos", ajuste a escala dos diagramas e os tamanhos dos textos.

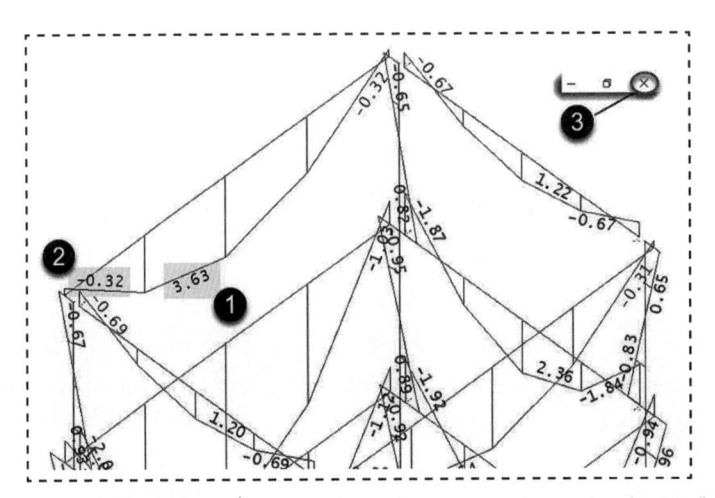

[1] Verifique o valor do momento fletor positivo na barra que representa a viga V1: "3,63 tf.m".
[2] Verifique o momento fletor negativo no apoio da viga V1: "−0,32 tf.m".
[3] Clique para fechar a janela.

Perguntas:
- Será que os esforços estão corretos?
- Será que o momento fletor positivo (3,6 tf.m) está dentro de uma ordem de grandeza esperada?

Antes de mais nada, pelo menos pelo formato do diagrama, é possível afirmar que os momentos fletores possuem um comportamento esperado, isto é, tipicamente de uma viga biapoiada, já que as vinculações com os dois pilares de apoio não possuem uma grande rigidez à flexão, gerando baixos momentos negativos nas suas extremidades.

Vamos estimar o momento fletor manualmente por meio de um modelo simplificado.

ESTIMANDO AS CARGAS NA VIGA V1 POR PROCESSO SIMPLIFICADO

▶ No "Gerenciador", selecione o ramo "Cobertura" do edifício "Verificação".
▶ No "Painel Central", no grupo "Outros Desenhos", dê um duplo clique em "TEL1003.DWG".
▶ No "Editor Gráfico", verifique a carga total distribuída no painel da laje: "0,50 tf/m²".
▶ Verifique a carga por metro na viga V1: "0,65 tf/m".

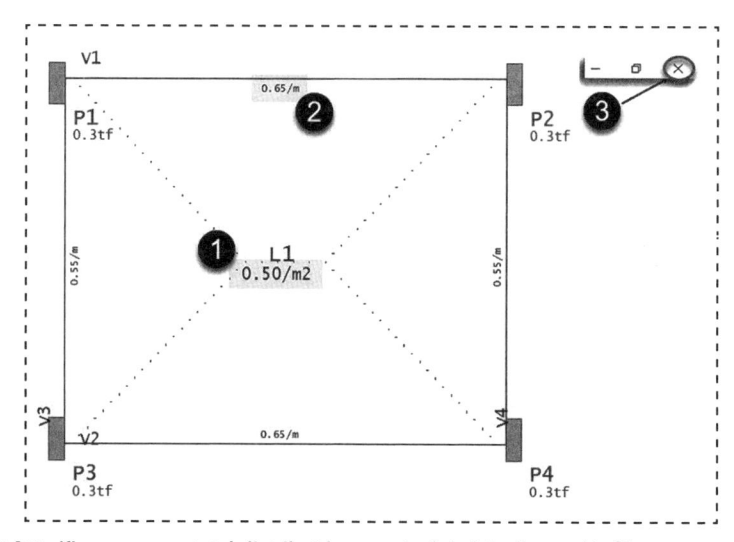

[1] Verifique a carga total distribuída no painel da laje: "0,50 tf/m²".
[2] Verifique a carga por metro na viga V1 oriunda da carga da laje: "0,65 tf/m".
[3] Clique para fechar a janela.

Perceba que o valor da carga por metro quadrado (0,5 tf/m²) é idêntico ao que havíamos calculado anteriormente. Note ainda que a distribuição dessa carga nas vigas resulta em: 0,65 tf/m nas vigas V1 e V2; e 0,55 tf/m nas vigas V3 e V4. Além disso, é importante se lembrar do peso próprio delas (0,24 tf/m).

Com isso, poderemos fazer uma aproximação considerando a viga V1 biapoiada, com um vão de 5,6 m e com uma carga distribuída uniforme de 0,89 tf/m. Trata-se de uma simplificação bem razoável para este elemento.

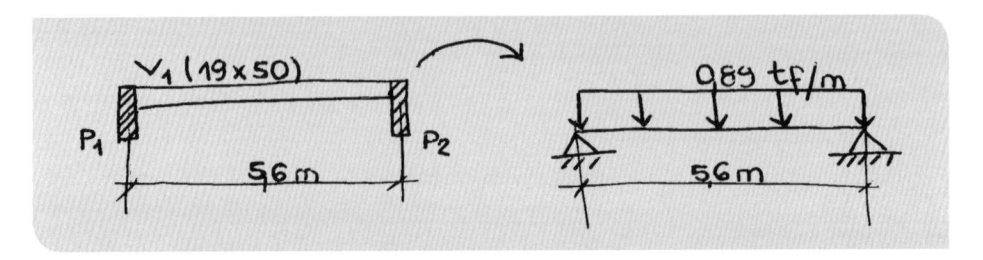

Obtemos, então, os seguintes diagramas de cortante e momento fletor.

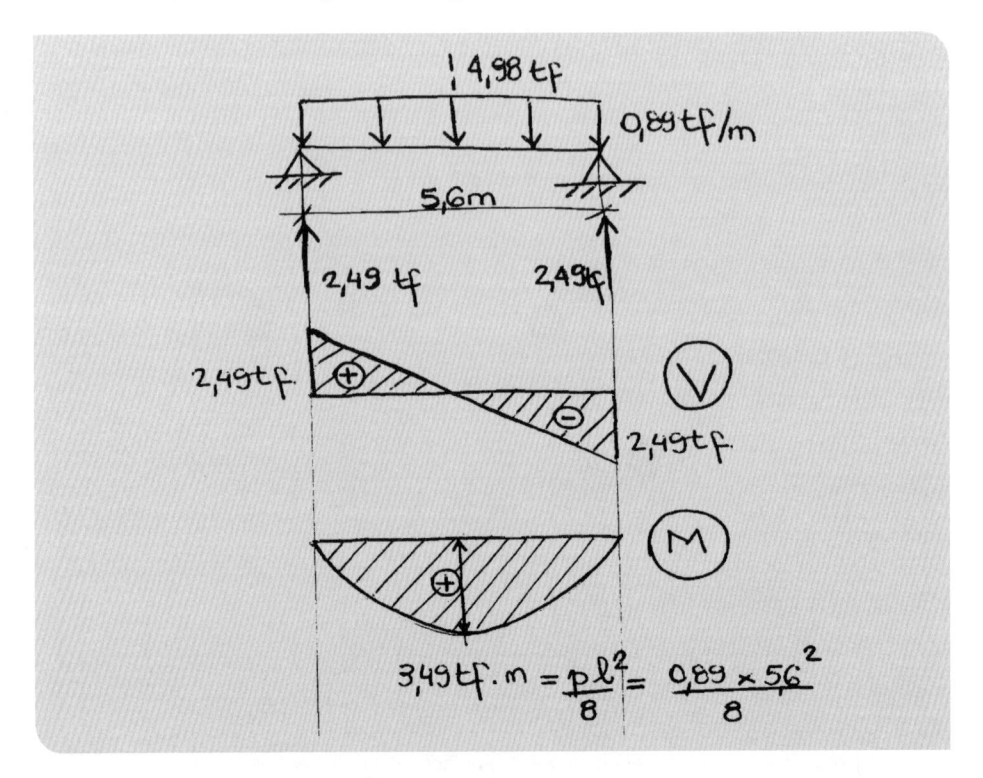

Veja que, apesar de a aproximação no cálculo manual (viga isostática) ser extremamente simplista, o momento fletor positivo no meio do vão da viga foi próximo ao obtido pelo *software*.

Isso comprova que, mesmo com modelos aproximados, é possível checar os resultados emitidos por um sistema computacional.

> Por mais que seja utilizado um modelo matemático complexo para analisar a estrutura, na grande maioria das vezes uma conta manual pode validar os resultados obtidos. Nunca deixe de fazer comparações com modelos mais simples.

5.3.9 Deslocamentos

Além dos esforços solicitantes, também é fundamental que os deslocamentos provocados pelas ações na estrutura sejam verificados de forma adequada. É necessário validar e conferir tanto os deslocamentos horizontais como os verticais.

Ordem de grandeza

Como saber se os valores de deslocamentos emitidos por um sistema computacional estão, a princípio, dentro de uma certa ordem de grandeza?

Isso pode ser feito por uma simplificação de uma determinada parte da estrutura em modelos aproximados, como realizado anteriormente para a verificação da ordem de grandeza dos esforços na viga V1.

Uma segunda alternativa interessante é comparar as flechas obtidas no processamento com os deslocamentos-limite, que podem ser facilmente estabelecidos de acordo com a tabela 13.3 da NBR 6118:2014.

Deslocamentos horizontais

Verificar os deslocamentos horizontais num edifício de concreto consiste basicamente em checar, sob o ponto de vista global, os movimentos laterais da estrutura provocados tanto por uma ação horizontal (ex.: vento) como por uma ação vertical (ex.: edifício com um balanço em um dos lados).

Os valores dos deslocamentos máximos obtidos durante o processamento devem estar abaixo de limites preestabelecidos.

Vamos verificar essa condição no exemplo em questão.

CARREGANDO VISUALIZADOR DE PÓRTICO ESPACIAL
- ▶ No "Gerenciador", selecione o ramo "Espacial" do edifício "Verificação".
- ▶ Na aba "Pórtico-TQS", no grupo "Visualizar", clique no botão "Visualizador de Pórticos" e, na sequência, no item "Estado Limite de Serviço (ELS)".

VERIFICANDO OS DESLOCAMENTOS HORIZONTAIS - VENTO 270°
- ▶ No "Visualizador de Pórticos", na aba "Selecionar", no grupo "Casos/Pisos", selecione o caso "06 - Vento (2) 270°".

- Na aba "Selecionar", no grupo "Diagramas", clique no botão "Deslocamentos".
- Na aba "Visualizar", no grupo "Vista", clique no botão "Vista lateral".
- Na aba "Selecionar", no grupo "Tamanhos", ajuste a escala dos diagramas e os tamanhos dos textos.

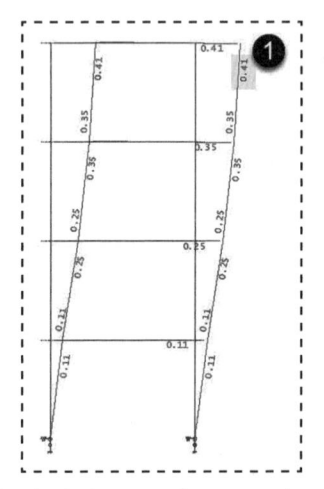

[1] Verifique o valor do deslocamento no topo da estrutura: "0,41 cm".

VERIFICANDO OS DESLOCAMENTOS HORIZONTAIS - VENTO 0°
- No "Visualizador de Pórticos", na aba "Selecionar", no grupo "Casos/Pisos", selecione o caso 07 - Vento (3) 0°".
- Na aba "Visualizar", no grupo "Vista", clique no botão "Vista frontal".

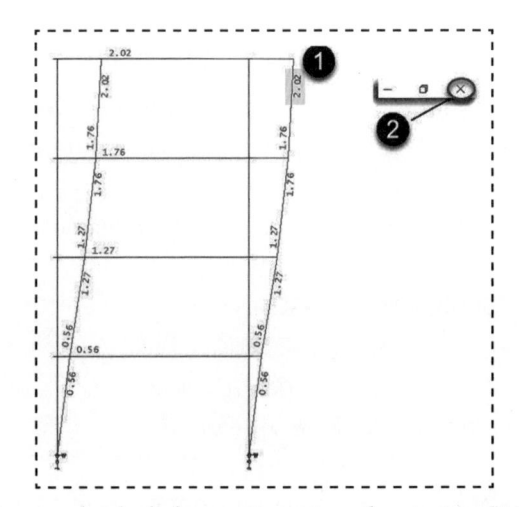

[1] Verifique o valor do deslocamento no topo da estrutura: "2,02 cm".
[2] Clique para fechar a janela.

A tabela 13.3 da NBR 6118:2014 estabelece que o efeito do vento para a combinação frequente ($\psi_1=0,3$) deve provocar um deslocamento máximo igual a H/1.700, sendo H a altura total da edificação. No exemplo em questão temos:

$$0,3 \times 2,02 = 0,61\,cm < \frac{1120}{1700} = 0,66\,cm \;(OK!)$$

onde $H = 11,2\,m$, ψ_1 e d_{Topo}.

Deslocamentos verticais

Adotando a mesma aproximação anteriormente utilizada no cálculo dos esforços, isto é, considerando a viga V1 da cobertura como um simples elemento biapoiado, vamos calcular a flecha no meio de seu vão por uma fórmula simples (comumente deduzida em alguma disciplina da graduação) e depois compará-la com o resultado na grelha processada pelo computador.

$V_1\,(19 \times 50)$, vão $= 5,6\,m$

NBR 6118-2014 (8.2.8)
CONCRETO C_{25}:
$E_{cs} = 985 \cdot 5600\sqrt{25}$
$E_{cs} = 23.800\,MPa = 2.380.000\,tf/m^2$

NBR 6118-2014 (14.6.2.2)
$a = 5,6\,m$
$b_1 = 0,1 \cdot a = 0,56\,m = 56\,cm$

Seção (cm): $b_1 = 56\,cm$, $h_{laje} = 10$, altura total 50, largura alma 19, $\frac{75}{}$

$$Y_{CG} = \frac{25 \cdot (19 \cdot 50) + 45 \cdot (56 \cdot 10)}{(19 \times 50) + (56 \times 10)} = 32,42\,cm$$

$$I = \left[\frac{19 \times 50^3}{12} + (32,42-25)^2 \times (19 \cdot 50)\right] + \left[\frac{56 \times 10^3}{12} + (32,42-45)^2 \times (56 \times 10)\right]$$

$$I = 343.510,5\,cm^4 = 0,003435\,m^4$$

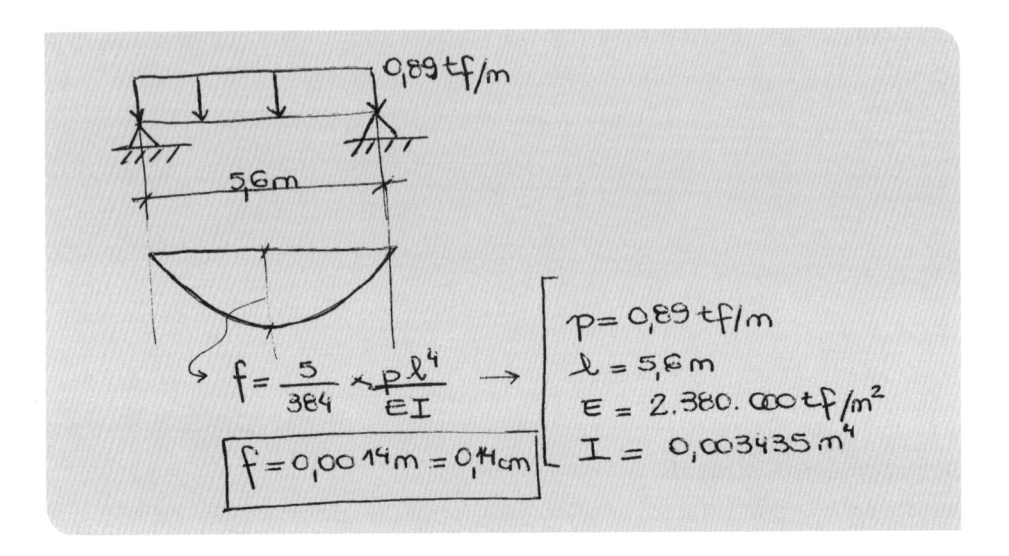

[Figura: viga biapoiada com carga distribuída de 0,89 tf/m, vão de 5,6 m]

$$f = \frac{5}{384} \times \frac{p\ell^4}{EI}$$

$$f = 0,0014\,m = 0,14\,cm$$

$\begin{cases} p = 0,89\,tf/m \\ \ell = 5,6\,m \\ E = 2.380.000\,tf/m^2 \\ I = 0,003435\,m^4 \end{cases}$

Vamos visualizar agora os deslocamentos na viga V1 da cobertura no modelo da grelha do pavimento.

CARREGANDO O VISUALIZADOR DE GRELHA
- No "Gerenciador", selecione o ramo "Cobertura" do edifício "Verificação".
- Na aba "Sistemas", no grupo "Análise Estrutural", clique no botão "Grelha-TQS".
- Na aba "Grelha-TQS", no grupo "Visualizar", clique no botão "Visualizador de Grelhas".

EDITANDO PARÂMETROS DE VISUALIZAÇÃO
- No "Visualizador de Grelhas", na aba "Visualizar", no grupo "Visualização", clique no botão "Parâmetros".
- Na janela "Parâmetros de Visualização", na aba "Diagramas", no grupo "Valores", no dado "Número de casas", defina "2".
- Na aba "Fôrmas", no grupo "Elementos no piso", desative os elementos: "V2", "V3", "V4" e "L1".
- Clique no botão "OK".

Note que os dados geométricos calculados pelo sistema computacional são idênticos aos que foram calculados à mão anteriormente.

VERIFICANDO DADOS GEOMÉTRICOS
- Na aba "Visualizar", no grupo "Vista", clique no botão "Vista frontal".
- Na aba "Selecionar", no grupo "Casos/Pisos", selecione o caso "01 - Toda as permanentes e acidentais dos pavimentos".
- Posicione o cursor do *mouse* próximo da barra da viga.

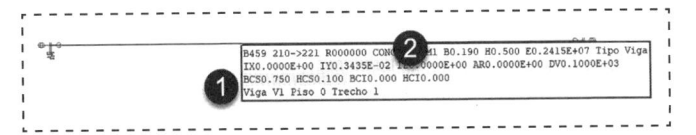

[1] Confira os dados da mesa colaborante superior: "BCS = 0,75 m" e "HCS = 0,10 m".
[2] Verifique a inércia da seção da barra: "Iy = 0,3435 x 10^{-2}".

Veja que a flecha obtida pelo programa é praticamente igual ao valor calculado manualmente.

VISUALIZANDO DESLOCAMENTOS
▶ Na aba "Selecionar", no grupo "Diagramas", clique no botão "Deslocamentos".
▶ Na aba "Visualizar", no grupo "Tamanhos", ajuste a escala dos diagramas e os tamanhos dos textos.

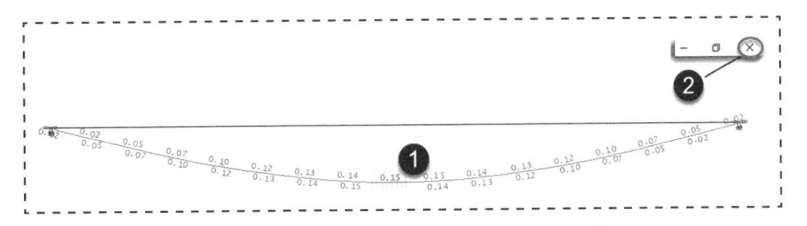

[1] Verifique o valor da flecha no meio da viga V1: "0,15 cm".
[2] Clique para fechar a janela.

Grelha não linear

O cálculo de flechas em pavimentos de concreto armado composto de vigas e lajes é um tema bastante interessante e que tem sido alvo de diversos estudos recentes. A flecha mostrada anteriormente somente contempla a parcela elástica imediata. Deve-se incluir ainda o relevante efeito da fluência ou deformação lenta, bem como da fissuração do concreto.

Atualmente, na prática, existem processos não lineares que permitem uma análise muito mais realista, que levam em consideração: a fissuração do concreto, a presença das armaduras detalhadas e o efeito da fluência.

Esse assunto será abordado com um pouco mais de detalhes no Cap. 6. Neste momento, a título de exemplo, apenas vamos visualizar as flechas obtidas pela análise não linear no pavimento "Cobertura".

ABRINDO O VISUALIZADOR DE GRELHA NÃO LINEAR
▶ No "Gerenciador", selecione o ramo "Cobertura" do edifício "Verificação".

- Na aba "Sistemas", no grupo "Análise Estrutural", clique no botão "Grelha-TQS".
- Na aba "Grelha-TQS", no grupo "Visualizar", clique no botão "Grelha Não Linear".

SELECIONANDO O CASO QUASE PERMANENTE
- Na janela "Visualizador de grelha não linear", no menu "Selecionar", clique em "Caso atual...".
- Na janela "Selecione o caso", selecione o carregamento "ELS/CQPERM/PP + PERM + 0.3ACID".
- Clique no botão "OK".
- No menu "Flechas", clique em "Ativar análise".

VERIFICANDO AS FLECHAS
- No menu "Flechas", clique em "Mostrar isovalores".

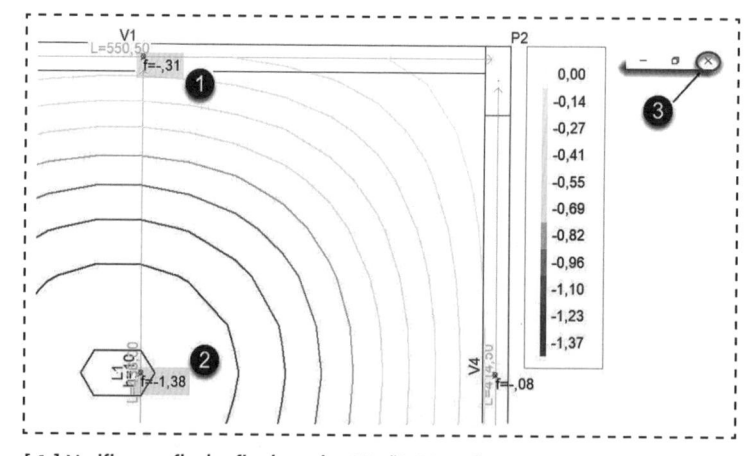

[1] Verifique a flecha final na viga V1: "0,31 cm".
[2] Verifique a flecha final na laje L1: "1,38 cm".
[3] Clique para fechar a janela.

Note que a flecha total na viga V1 (0,31 cm) é bem maior que a flecha anterior obtida pela análise puramente linear (0,15 cm). Houve um aumento de 106%.

- A análise das flechas nas lajes e nas vigas de um pavimento de concreto armado deve, obrigatoriamente, considerar a fissuração e a fluência do concreto.

Resumo estrutural

Retorne para a janela que contém o resumo estrutural e localize o item "Comportamento em Serviço - ELS". Note que existe uma tabela com o resumo dos valores máximos dos deslocamentos obtidos durante o processamento e os seus respectivos limites.

Cabe salientar, no entanto, que a verificação dos deslocamentos horizontais e verticais deve ser realizada de forma mais consistente pelos visualizadores gráficos disponíveis nos sistemas computacionais.

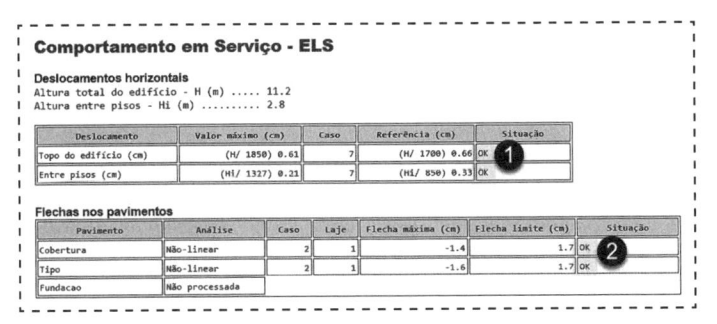

```
Comportamento em Serviço - ELS

Deslocamentos horizontais
Altura total do edifício - H (m) ..... 11.2
Altura entre pisos - Hi (m) .......... 2.8

| Deslocamento        | Valor máximo (cm) | Caso | Referência (cm) | Situação |
| Topo do edifício (cm) | (H/ 1850) 0.61   | 7    | (H/ 1700) 0.66  | OK       |
| Entre pisos (cm)    | (Hi/ 1327) 0.21   | 7    | (Hi/ 850) 0.33  | OK       |

Flechas nos pavimentos
| Pavimento | Análise       | Caso | Laje | Flecha máxima (cm) | Flecha limite (cm) | Situação |
| Cobertura | Não-linear    | 2    | 1    | -1.4               | 1.7                | OK       |
| Tipo      | Não-linear    | 2    | 1    | -1.6               | 1.7                | OK       |
| Fundacao  | Não processada|      |      |                    |                    |          |
```

[1] Verifique que os deslocamentos horizontais estão dentro dos limites.
[2] Verifique que as flechas nos pavimentos estão dentro dos limites.

Não feche o resumo estrutural ainda, e retorne à janela do gerenciador.

Demais verificações em serviço

Além da análise dos deslocamentos horizontais e verticais provocados pelas ações no edifício, também é fundamental que outros estudos sejam realizados para que o comportamento em serviço da estrutura seja adequadamente verificado. Alguns exemplos são:

- Em pavimentos esbeltos ou submetidos a um nível de carga vertical elevado, é necessário controlar a fissuração nas vigas e lajes. Nesses casos, é preciso calcular as aberturas de fissuras (w) e verificar se estão dentro de limites preestabelecidos.
- É necessário verificar as vibrações provocadas por ações variáveis (ex.: movimento de pessoas, existência de máquinas que gerem algum tipo de vibração, ...) principalmente em pavimentos com rigidezes reduzidas. Esse tipo de avaliação pode ser realizada com a verificação da frequência própria da estrutura (pavimento), que deve ficar acima de limites preestabelecidos.
- É necessário checar as vibrações provocadas pelas ações horizontais (ex.: vento) principalmente em edifícios altos e esbeltos. Essa avaliação é comumente realizada com a verificação da frequência natural (ou própria) da estrutura (edifício como um todo).

5.3.10 Armaduras

Passemos agora para a verificação das armaduras dimensionadas e detalhadas automaticamente pelo sistema computacional.

Essa também é uma etapa que obrigatoriamente necessita da participação efetiva do Engenheiro, pois nenhum *software*, por mais sofisticado que seja, é capaz de atender a todos os casos particulares presentes numa estrutura real.

Esforços utilizados

Em primeiro lugar, é necessário saber identificar claramente quais esforços foram realmente considerados no dimensionamento realizado pelo sistema computacional.

No exemplo em questão: quais foram os momentos fletores utilizados no dimensionamento das armaduras longitudinais da viga V1 do pavimento-tipo do edifício?

Lembre que esse pavimento é composto de três repetições e que, portanto, usualmente, os desenhos das armações das vigas serão os mesmos para os três pisos.

Vamos visualizar graficamente os diagramas de envoltória de esforços na viga V1 pelo visualizador de pórtico espacial.

CARREGANDO VISUALIZADOR DE PÓRTICO ESPACIAL
- ▶ No "Gerenciador", clique no ramo "Espacial" do edifício "Verificação".
- ▶ Na aba "Pórtico-TQS", no grupo "Visualizar", clique no botão "Visualizador de Pórticos" e, na sequência, no item "Estado Limite Último (ELU)".

ANALISANDO A ENVOLTÓRIA NA VIGA V1
- ▶ No "Visualizador de Pórticos", na aba "Selecionar", no grupo "Casos/Pisos", selecione o caso "35 - ELU1 - Verificações de estado limite último - Vigas e lajes".
- ▶ Na aba "Selecionar", no grupo "Diagramas", clique no botão "Momento My".
- ▶ Na aba "Visualizar", no grupo "Vista", clique no botão "Vista frontal".
- ▶ Na aba "Selecionar", no grupo "Tamanhos", ajuste a escala dos diagramas e os tamanhos dos textos.

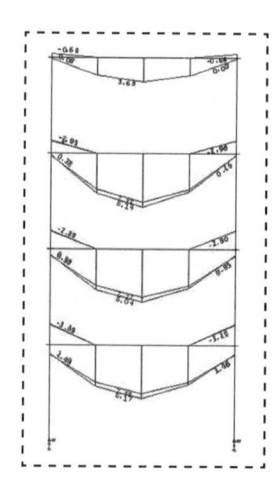

DEFININDO ELEMENTOS EM UMA CERCA

▶ Na aba "Selecionar", no grupo "Cerca", clique no botão "Definir cerca".

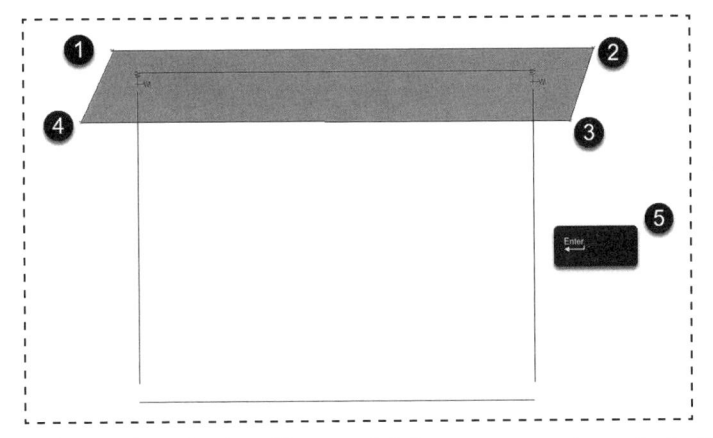

[1 a 4] Clique sobre a janela gráfica para definir uma cerca em torno da viga V1.
[5] Aperte a tecla "Enter" para finalizar o comando.

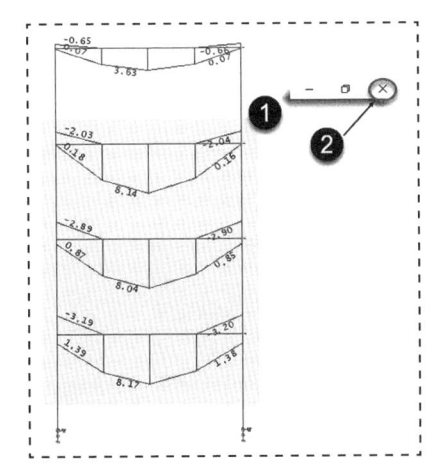

[1] Verifique a envoltória de esforços na viga V1 do pavimento-tipo com três pisos.
[2] Clique para fechar a janela.

Veja que em cada piso são detectados os valores máximos e mínimos ao longo da viga. No meio de seu vão, há apenas a presença de momento fletor positivo gerado pelas ações verticais. Já em seus apoios, existe tanto a atuação de momento negativo como positivo, sendo o primeiro gerado pelas ações verticais e o segundo ocasionado pela atuação das ações horizontais (vento), que inclusive é mais preponderante no piso mais próximo à base.

Com isso, a viga V1 será dimensionada para os três pisos aproximadamente com os seguintes esforços: +8,2 tf.m no meio do vão e –3,2 tf.m/+1,4 tf.m nos apoios (o momento positivo no apoio é gerado pelo vento). A eles, ainda é necessário adicionar esforços globais de 2ª ordem, que nesse exemplo são pequenos. O cálculo desses esforços será abordado no Cap. 7.

Convém ressaltar que, em vigas de edifícios que resistem a uma parcela considerável de vento, o diagrama de envoltória de momentos fletores para o dimensionamento das armaduras longitudinais pode assumir o aspecto apresentado a seguir.

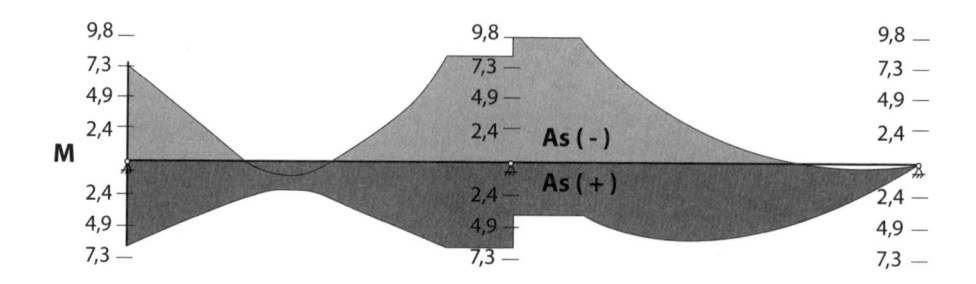

Essa envoltória tem um formato bastante distinto do diagrama de momentos que estamos acostumados a traçar durante a graduação (somente para cargas verticais), mas traduz os esforços para os quais as armaduras nas seções devem ser realmente dimensionadas.

Armaduras mínimas e máximas

Uma boa e rápida alternativa para estabelecer uma certa ordem de grandeza da quantidade de armadura dimensionada em uma seção é quantificar as taxas de armaduras máximas e mínimas especificadas pela norma.

Veja o caso dos pilares. Segundo a NBR 6118:2014, a taxa geométrica de armaduras em uma seção, isto é, a relação entre a área de aço e a área bruta de concreto (As/Ac), não deve ser inferior a 0,4% nem superior a 8%. Na prática, valores iguais ou superiores a 4% já são considerados elevados e podem indicar a necessidade de aumento da seção transversal do pilar.

Vamos carregar um relatório que mostra um resumo do detalhamento dos pilares no edifício que está sendo estudado.

CONFERINDO A TAXA DE ARMADURA DOS PILARES
- ▶ No "Gerenciador", clique no ramo "Pilares" do edifício "Verificação".
- ▶ No "Painel Central", no grupo "Relatórios", dê um duplo clique em "Resumo do detalhamento".

VERIFICAÇÃO DE RESULTADOS: UMA ETAPA OBRIGATÓRIA

```
PILAR:P1                                                            num: 1 Lances: 1 à 4
Lance Título    Seção    Área   NFer  Bitola PDD    As    Taxa  Estr  C/  PP   fck    Cobr  T    Lbd  Ni  2OrdM
                [cm]     [cm2]        [mm]   x y    [cm2] [%]   [mm]  [cm]     (MPa)  (cm)
 4 Cobertura    19.x 50. 950.0   6    10.0   N N    4.7   0.50  5.0   12.0 N  25.0    3.0   7.0  51. 0.0391 ----
 3 Tipo         19.x 50. 950.0   6    10.0   N N    4.7   0.50  5.0   12.0 N  25.0    3.0  23.7  51. 0.1328 ELOL KAPA
 2 Tipo         19.x 50. 950.0   6    10.0   N N    4.7   0.50  5.0   12.0 N  25.0    3.0  40.4  51. 0.2264 ELOL KAPA
 1 Tipo         19.x 50. 950.0   6    10.0   N N    4.7   0.50  5.0   12.0 N  25.0    3.0  57.1  46. 0.3200 ELOL KAPA
PILAR:P2                                                            num: 2 Lances: 1 à 4
Lance Título    Seção    Área   NFer  Bitola PDD    As    Taxa  Estr  C/  PP   fck    Cobr  T    Lbd  Ni  2OrdM
                [cm]     [cm2]        [mm]   x y    [cm2] [%]   [mm]  [cm]     (MPa)  (cm)
 4 Cobertura    19.x 50. 950.0   6    10.0   N N    4.7   0.50  5.0   12.0 N  25.0    3.0   7.0  51. 0.0392 ----
 3 Tipo         19.x 50. 950.0   6    10.0   N N    4.7   0.50  5.0   12.0 N  25.0    3.0  22.6  51. 0.1266 ELOL KAPA
 2 Tipo         19.x 50. 950.0   6    10.0   N N    4.7   0.50  5.0   12.0 N  25.0    3.0  38.2  51. 0.2140 ELOL KAPA
 1 Tipo         19.x 50. 950.0   6    10.0   N N    4.7   0.50  5.0   12.0 N  25.0    3.0  53.8  46. 0.3013 ELOL KAPA
PILAR:P3                                                            num: 3 Lances: 1 à 4
Lance Título    Seção    Área   NFer  Bitola PDD    As    Taxa  Estr  C/  PP   fck    Cobr  T    Lbd  Ni  2OrdM
                [cm]     [cm2]        [mm]   x y    [cm2] [%]   [mm]  [cm]     (MPa)  (cm)
 4 Cobertura    19.x 50. 950.0   6    10.0   N N    4.7   0.50  5.0   12.0 N  25.0    3.0   7.0  51. 0.0392 ----
 3 Tipo         19.x 50. 950.0   6    10.0   N N    4.7   0.50  5.0   12.0 N  25.0    3.0  22.5  51. 0.1258 ELOL KAPA
 2 Tipo         19.x 50. 950.0   6    10.0   N N    4.7   0.50  5.0   12.0 N  25.0    3.0  37.9  51. 0.2124 ELOL KAPA
 1 Tipo         19.x 50. 950.0   6    10.0   N N    4.7   0.50  5.0   12.0 N  25.0    3.0  53.4  46. 0.2991 ELOL KAPA
PILAR:P4                                                            num: 4 Lances: 1 à 4
Lance Título    Seção    Área   NFer  Bitola PDD    As    Taxa  Estr  C/  PP   fck    Cobr  T    Lbd  Ni  2OrdM
                [cm]     [cm2]        [mm]   x y    [cm2] [%]   [mm]  [cm]     (MPa)  (cm)
 4 Cobertura    19.x 50. 950.0   6    10.0   N N    4.7   0.50  5.0   12.0 N  25.0    3.0   7.0  51. 0.0392 ----
 3 Tipo         19.x 50. 950.0   6    10.0   N N    4.7   0.50  5.0   12.0 N  25.0    3.0  22.1  51. 0.1236 ELOL KAPA
 2 Tipo         19.x 50. 950.0   6    10.0   N N    4.7   0.50  5.0   12.0 N  25.0    3.0  37.1  51. 0.2080 ELOL KAPA
 1 Tipo         19.x 50. 950.0   6    10.0   N N    4.7   0.50  5.0   12.0 N  25.0    3.0  52.2  46. 0.2924 ELOL KAPA
```

[1] Verifique a taxa geométrica de armadura em cada lance.
[2] Clique para fechar a janela.

Note que a taxa de armaduras em todos os lances é inferior a 1% e semelhante em todos os pilares.

Consumo e taxas

O consumo de aço é um número geralmente requisitado pelo cliente ou construtora durante a elaboração do projeto, pois com ele é possível estimar o custo do material que será utilizado para a construção do edifício.

Retorne à janela do resumo estrutural e visualize os itens "Consumo de aço" e "Resumo do consumo e taxas".

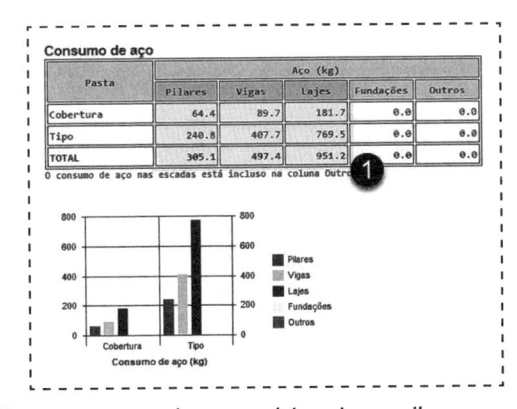

Consumo de aço					
Pasta	Aço (kg)				
	Pilares	Vigas	Lajes	Fundações	Outros
Cobertura	64.4	89.7	181.7	0.0	0.0
Tipo	240.8	407.7	769.5	0.0	0.0
TOTAL	305.1	497.4	951.2	0.0	0.0

O consumo de aço nas escadas está incluso na coluna Outros

[1] Verifique o consumo de aço nas lajes, vigas e pilares por pavimento.

Resumo do consumo e taxas							
Pavimento/Pasta	Concreto		Fôrmas		Aço		
	Consumo (m3)	Taxa (m3/m2)	Consumo (m2)	Taxa (m2/m2)	Consumo (kg)	Taxa (kg/m2)	Taxa (kg/m3)
Cobertura	5.2	0.19	59.0	2.1	335.8	12.2	65.1
Tipo	16.9	0.21	175.9	2.1	1418.0	17.2	83.9
Fundacao	0.0		0.0		0.0		
TOTAL	22.1	0.20	234.9	2.1	1753.7	16.0	79.5

Os valores /m2 são divididos pela área do pavimento e o /m3 pelo volume de concreto.

[1] Verifique as taxas de consumo de aço por pavimento.

De forma geral, é muito difícil estabecer um parâmetro ótimo para os valores das taxas de aço consumido. Depende do porte e do tipo da edificação. Porém, com esses números é possível verificar a ordem de grandeza da quantidade de aço utilizado no projeto.

FECHANDO O RESUMO ESTRUTURAL
▶ Feche a janela com o "Resumo Estrutural".

Distribuição de armaduras
Por fim, cabe apenas lembrar que a distribuição das armaduras na estrutura deve seguir uma certa lógica, isto é, normalmente os elementos mais solicitados possuem uma maior armadura. Não deixe de conferir essa condição pelo menos nos elementos mais importantes da estrutura.

No edifício que está sendo analisado, por exemplo, apesar de a altura da laje do pavimento-tipo ser maior, é de se esperar que ela necessite de uma quantidade maior de armaduras do que a laje da cobertura, uma vez que a carga aplicada no pavimento-tipo é bem superior (21,3 tf no tipo e 11,8 tf na cobertura).

VERIFICANDO A ARMADURA DA LAJE DO PAVIMENTO "COBERTURA"
▶ No "Gerenciador", selecione o ramo "Cobertura" do edifício "Verificação".
▶ No "Painel Central", no grupo "Armação de lajes", selecione o desenho "Armação positiva horizontal".
▶ Na janela de desenho, verifique a armadura positiva na direção principal: "ϕ6,3 mm c/10 cm".
▶ No "Painel Central", no grupo "Armação de lajes", selecione o desenho "Armação positiva vertical".
▶ Na janela de desenho, verifique a armadura positiva na direção secundária: "ϕ8 mm c/17,5 cm".

VERIFICANDO A ARMADURA DA LAJE DO PAVIMENTO "TIPO"
▶ No "Gerenciador", selecione o ramo "Tipo".

- No "Painel Central", no grupo "Armação de lajes", selecione o desenho "Armação positiva horizontal".
- Na janela de desenho, verifique a armadura positiva na direção principal: "ϕ10 mm c/17,5 cm".
- No "Painel Central", no grupo "Armação de lajes", selecione o desenho "Armação positiva vertical".
- Na janela de desenho, verifique a armadura positiva na direção secundária: "ϕ10 mm c/17,5 cm".

Resumindo:
- No pavimento "Cobertura", temos respectivamente nas direções principais e secundárias: 3,12 cm^2/m (ϕ6,3 mm c/10 cm) e 2,87 cm^2/m (ϕ8 mm c/17,5 cm).
- No pavimento "Tipo", em ambas as direções, temos: 4,49 cm^2/m (ϕ10 mm c/17,5 cm).
- Conforme era esperado, a armadura positiva na laje do tipo é bem maior.

5.4 Resumo dos passos necessários durante a verificação

De acordo com o que foi exposto neste capítulo, pode-se definir resumidamente os passos básicos que devem ser realizados durante a verificação de resultados de uma estrutura calculada no computador:

1. Antes de mais nada, é fundamental pensar na estrutura. Imagine como deve ser seu comportamento e eleja os elementos mais importantes da estrutura.
2. Revisar os dados de entrada, principalmente no que se refere às unidades dos valores definidos. Erros de digitação são mais comuns do que você pensa!
3. Rever os critérios de projeto adotados. A sua configuração correta é a chave para um projeto de qualidade!
4. Verificar os dados geométricos da estrutura, tais como: comprimento dos vãos, área dos pavimentos, altura total da edificação etc.
5. Verificar se a classe de agressividade ambiental do edifício está definida corretamente e certificar-se de que os cobrimentos de armaduras e os concretos utilizados estão de acordo com os requisitos mínimos necessários. Somente dessa maneira se obterá uma estrutura durável!
6. Verificar se todas as ações preponderantes no edifício foram definidas. Dando uma olhada geral nas combinações ELU e ELS geradas pelo sistema, é possível averiguar essa condição.

7. Fazer obrigatoriamente uma estimativa do total de cargas verticais e horizontais aplicadas à estrutura. É fundamental ter sempre em mente a quantidade total de cargas para a qual o edifício está sendo projetado!
8. Verificar se a somatória de cargas aplicadas é semelhante à somatória de reações. Desse modo, garante-se que as ações realmente foram introduzidas de forma correta nos modelos estruturais.
9. Verificar se as cargas médias nos pavimentos estão de acordo. É possível identificar erros graves dessa forma.
10. Pela planta de cargas, analisar se elas estão sendo descarregadas nas fundações da forma esperada.
11. Visualizar graficamente a estrutura deformada perante as ações que lhe foram aplicadas. Temos uma maior "sensibilidade" nesse quesito.
12. Verificar a estabilidade global da estrutura pelo coeficiente γ_z. Esse assunto será abordado com detalhes no Cap. 7.
13. Verificar como os esforços estão sendo distribuídos entre os elementos que compõem a estrutura. Não deixe de utilizar maciçamente os recursos gráficos disponíveis atualmente nos sistemas computacionais!
14. Verificar a ordem de grandeza dos esforços nos elementos mais importantes da estrutura. Nessa hora, o $p.l^2/8$ é um grande trunfo!
15. Verificar se os deslocamentos horizontais e verticais estão dentro da ordem de grandeza esperada. Utilize fórmulas aproximadas. Compare-os com os limites estabelecidos na norma.
16. Nos casos necessários, utilizar análises mais realistas no cálculo de flechas em pavimentos (grelha não linear). Verifique também o comportamento em serviço da estrutura de forma mais refinada (vibrações, fissuração, ...).
17. Nos elementos mais importantes, verificar quais são os esforços que estão efetivamente sendo utilizados para o dimensionamento das armaduras.
18. Verificar as taxas de armaduras nos elementos principais. Se estiverem muito próximas da mínima, pode ser um sinal de que os elementos principais podem ser reduzidos. Já se estiverem próximas dos valores máximos, talvez seja interessante aumentar suas dimensões e economizar armaduras.
19. Verificar se o consumo final de armaduras (kg/m^2 ou kg/m^3) está dentro dos limites esperados. Nesse ponto, pode-se também identificar erros graves no projeto.
20. Verificar se a distribuição das armaduras está de acordo com o esperado. As armaduras precisam ser posicionadas nos lugares corretos da estrutura!

É importante deixar claro que existem inúmeros outros tipos de verificações necessárias e relevantes durante a elaboração de um projeto estrutural. Encare os itens listados anteriormente apenas como passos básicos iniciais na verificação de resultados!

5.5 Considerações finais

Neste capítulo, foram verificados alguns resultados do edifício "Primeiro", calculado no capítulo anterior.

Em termos globais, pode-se afirmar que o projeto da estrutura desse edifício não está ruim, já que, em todos os itens analisados (cargas, esforços, deformações, durabilidade, estabilidade global, deslocamentos e armaduras), os resultados pareceram coerentes e estavam dentro da ordem de grandeza esperada.

Porém, isso não significa que a estrutura não tenha que ser avaliada com maiores detalhes. O que se apresentou aqui neste capítulo deve ser encarado apenas como um pontapé inicial para que ela seja analisada de forma mais eficiente.

Além disso, a estrutura em questão também pode ser otimizada. Será que os pilares não podem ter suas dimensões reduzidas?

Na realidade, esse é o grande desafio para o Engenheiro de Estruturas! Otimizar a estrutura de um edifício envolve conhecimento, criatividade e ousadia. Ou seja, o real significado da arte de engenhar. E, para isso, saber verificar os resultados emitidos por um sistema computacional torna-se vital para que esse feito seja alcançado.

▶ Confira os resultados! Somente dessa forma será possível tomar atitudes para otimizar o seu projeto e torná-lo diferenciado dos demais.

Um outro aspecto a que se deve prestar atenção: a verificação de um projeto real, de maior porte que o analisado neste capítulo, com toda certeza é bem mais complicada. A avaliação dos resultados não se dá de forma tão fácil e direta como foi apresentado. Porém, o caminho é praticamente o mesmo.

Finalmente, lembre-se sempre:

▶ A verificação de resultados emitidos por um sistema computacional é uma etapa obrigatória em todo e qualquer projeto de um edifício de concreto armado. Somente dessa forma evitam-se erros grosseiros e absurdos!

Análise não linear: uma visão prática | 6

O objetivo deste capítulo é fornecer uma visão introdutória e prática das não linearidades presentes em um edifício de concreto armado. Trata-se de um assunto que dificilmente é abordado durante a graduação em Engenharia Civil em função de sua complexidade. É, sim, alvo de muitos estudos e pesquisas nos cursos de pós-graduação em estruturas.

Por que, então, estudar esse assunto agora?

A razão é muito simples: as análises não lineares vêm sendo consideradas um paradigma nos dias atuais, influenciando de forma significativa a evolução dos modelos estruturais usualmente empregados no cálculo dos edifícios. Os termos "não linearidade física" e "não linearidade geométrica" têm se tornado cada vez mais comuns.

Além disso, os sistemas computacionais atuais destinados ao cálculo de estruturas de concreto armado dispõem de inúmeros tipos de análises não lineares, tornando assim fundamental que o Engenheiro Estrutural tenha noções, ainda que superficiais, da influência dos seus efeitos nos resultados obtidos no processamento.

Não é intenção deste capítulo demonstrar com detalhes as formulações que fazem parte do assunto. Seriam deduções bastante complexas e, no momento, inviáveis de serem estudadas. Espera-se, sim, transmitir os principais conceitos que envolvem o tema de forma prática e didática.

Durante este capítulo, as seguintes dúvidas serão esclarecidas:
- O que é uma análise não linear?
- Do que se trata a não linearidade física?
- Do que se trata a não linearidade geométrica?
- O que é curvatura e para que serve o diagrama momento-curvatura?
- Quando é importante considerar as não linearidades?

6.1 Análise não linear

6.1.1 O que é?

De forma bastante simplificada, pode-se dizer que uma análise não linear é um cálculo no qual a resposta da estrutura, seja em deslocamentos, esforços ou tensões, possui um comportamento não linear, isto é, desproporcional à medida que um carregamento é aplicado. Essa definição se tornará mais clara com o exemplo a seguir.

Análise linear x Análise não linear

Seja uma estrutura qualquer submetida a um carregamento "P", cujo deslocamento resultante num determinado ponto seja igual a "d".

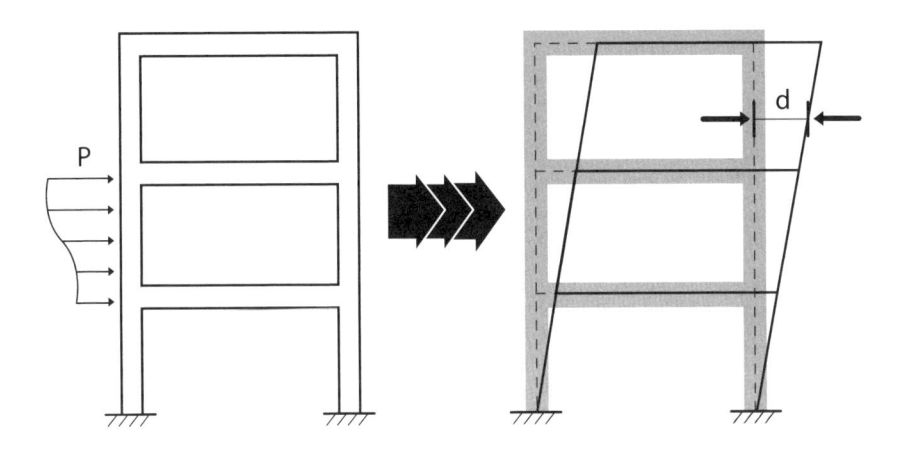

Agora, imagine se adicionássemos nessa estrutura mais uma mesma carga "P", de tal maneira que o carregamento total ficasse igual a "2.P".

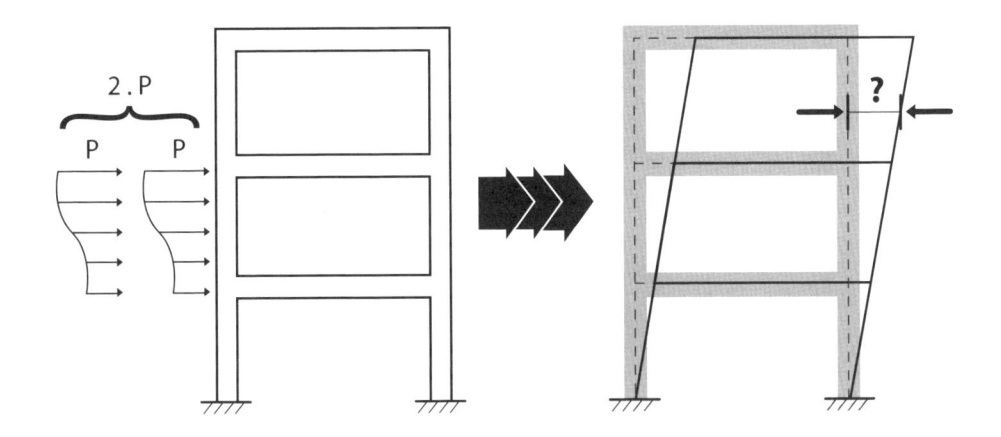

Qual seria o deslocamento no mesmo ponto analisado anteriormente?
A resposta para esta questão pode ter dois caminhos distintos.

Análise linear

Se fosse efetuada uma análise puramente linear — aquela que normalmente utilizamos durante toda a graduação —, com toda certeza, o deslocamento resultante seria proporcional ao acréscimo de carga, ou seja, igual a "2.d". A resposta da estrutura em termos de deslocamentos teria um comportamento linear à medida que o carregamento fosse aplicado.

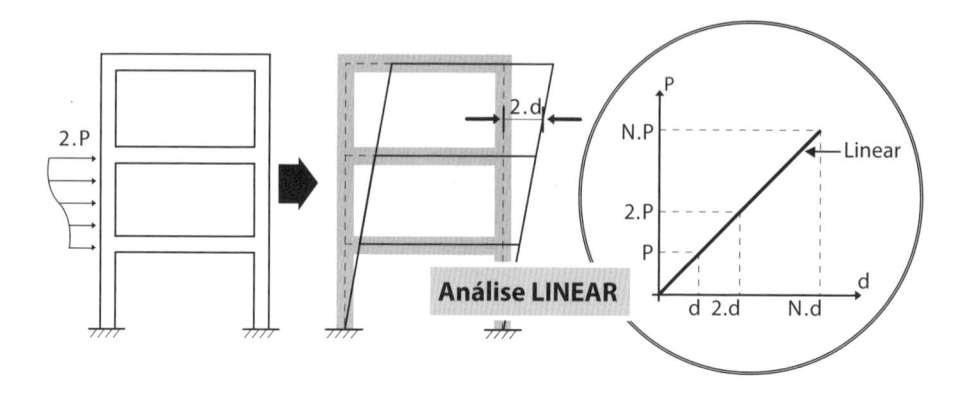

▶ Na análise linear, a resposta da estrutura tem um comportamento proporcional ao acréscimo de cargas.

Análise não linear

Por outro lado, se fosse efetuada uma análise não linear, o deslocamento resultante não seria proporcional ao acréscimo de carga, quer dizer, seria um valor diferente de "2.d". E mais: provavelmente maior que "2.d". A resposta da estrutura em termos de deslocamentos teria um comportamento não linear à medida que o carregamento fosse aplicado.

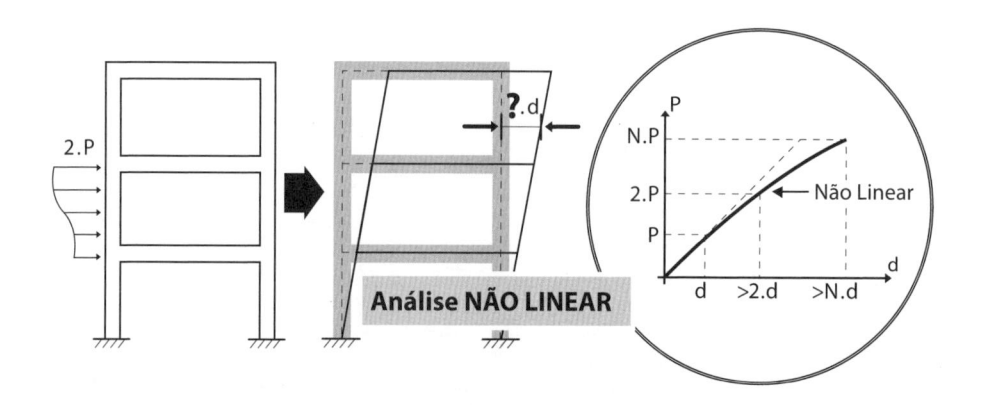

▶ Numa análise não linear, a resposta da estrutura tem um comportamento desproporcional ao acréscimo de cargas.

Perceba que, na análise puramente linear, o diagrama "P x d" ou "força x deslocamento" é definido por uma reta. Na análise não linear, por sua vez, é definido por uma curva.

6.1.2 O que provoca o comportamento não linear?

Basicamente, existem dois fatores principais que geram o comportamento não linear de uma estrutura à medida que o carregamento é aplicado:
- Alteração das propriedades dos materiais que compõem a estrutura, designada "não linearidade física" (NLF).
- Alteração da geometria da estrutura, designada "não linearidade geométrica" (NLG).

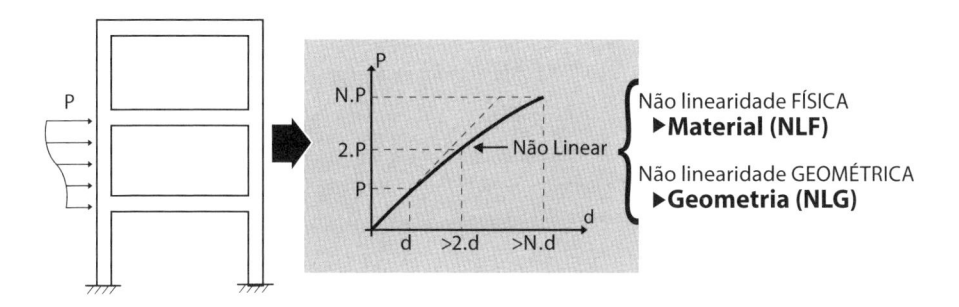

Tanto a não linearidade física como a não linearidade geométrica serão explicadas posteriormente com detalhes e exemplos. Por enquanto, o importante é entender o que significa uma análise não linear, bem como assimilar que ambas, NLF e NLG, geram uma resposta desproporcional da estrutura à medida que um carregamento é aplicado.

6.1.3 Importância

Atualmente, pode-se afirmar que 100% dos projetos de edifícios de concreto armado levam em consideração aspectos relativos ao comportamento não linear da estrutura, seja de forma simplificada ou de maneira mais refinada.

As análises não lineares estão cada vez mais comuns no dia a dia de um escritório de cálculo estrutural. Inúmeros sistemas computacionais disponibilizam recursos poderosíssimos neste quesito.

Eis alguns fatores que tornam as análises não lineares muito importantes no projeto estrutural de edifícios de concreto armado:

- O concreto armado é um material que possui um comportamento essencialmente não linear.

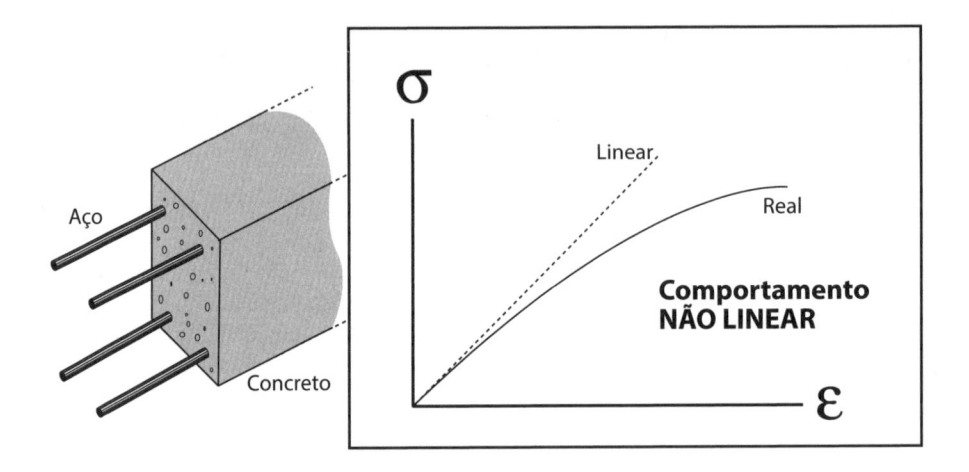

- Pelas análises não lineares, é possível simular o comportamento de um edifício de concreto armado de forma muito mais realista, pois as não linearidades (física e geométrica) estão presentes na vida real de uma estrutura.

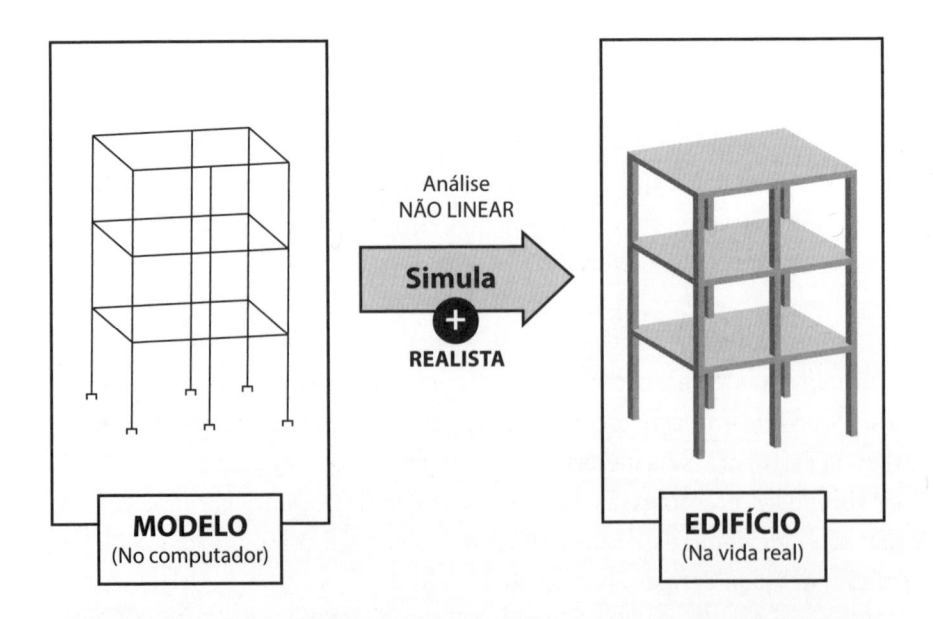

▶ Quando realizada corretamente, os resultados obtidos por uma análise não linear são muito mais realistas.

- A consideração das não linearidades (física e geométrica) pode ter uma influência significativa no cálculo dos deslocamentos e esforços em uma estrutura.
- Os elementos estruturais estão cada vez mais esbeltos, de tal forma que as não linearidades (física e geométrica), em muitos casos, passam a ser preponderantes.
- O tempo de processamento de uma análise não linear é maior do que o de uma análise linear. Há algum tempo, isso onerava demasiadamente a elaboração de um projeto. Porém, hoje, devido ao grande avanço da *performance* dos computadores, esse problema deixou de existir.

▶ A grande melhoria na velocidade de processamento dos computadores viabilizou as análises não lineares.

NBR 6118

De forma geral, pode-se afirmar que uma das grandes alterações das versões mais recentes da NBR 6118 em relação às normas antigas é a apresentação de maneira mais explícita e incisiva de como as não linearidades física e geométrica devem ser consideradas na elaboração de projetos estruturais de edifícios.

Por exemplo, o item 15.3 da NBR 6118:2014 ("Princípio básico de cálculo"), prescreve de forma bastante clara: "A não linearidade física, presente nas estruturas de concreto armado, deve ser obrigatoriamente considerada".

6.1.4 Formulação

As formulações que estão por trás de uma análise não linear são, na grande maioria das vezes, complexas.

Conforme já foi dito no início deste capítulo, este texto não tem a pretensão de mostrar as fórmulas envolvidas no cálculo não linear. Isso seria um tanto complicado.

▶ Em projetos de estruturas de concreto armado, é praticamente impossível realizar manualmente as contas envolvidas numa análise não linear. Ninguém faz isso! Essa tarefa é viável somente com o uso de um computador. O que um Engenheiro Estrutural precisa é estudar e entender plenamente os conceitos fundamentais que envolvem o assunto para poder então analisar os resultados de uma análise não linear de forma correta.

6.2 Não linearidade física

Conforme já foi comentado, a não linearidade física está relacionada ao comportamento do material empregado na estrutura.

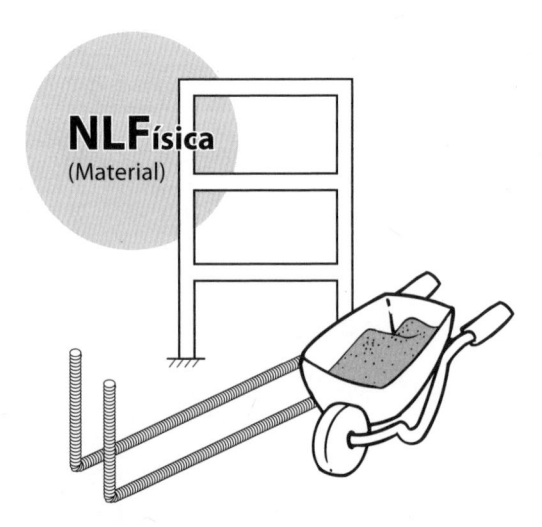

No caso de edifícios de concreto armado, as propriedades dos materiais envolvidos – concreto e aço – se alteram à medida que o carregamento é aplicado à estrutura, gerando uma resposta não linear desta.

Esse comportamento do material concreto armado fica bastante evidente logo que nos deparamos com qualquer diagrama $\sigma \times \varepsilon$ idealizado para o concreto.

É fácil perceber que a relação entre a tensão e a deformação não é linear. Isso significa que, à medida que o carregamento é adicionado e as tensões aumentam, a resposta do concreto se modifica de forma desproporcional.

6.2.1 Fissuração

Além do comportamento não linear dos materiais concreto e aço, existe um outro fator relacionado ao concreto armado que é preponderante na análise de edifícios: a fissuração.

Por causa da baixa resistência do concreto à tração, é muito comum o surgimento de fissuras à medida que o carregamento é aplicado à estrutura.

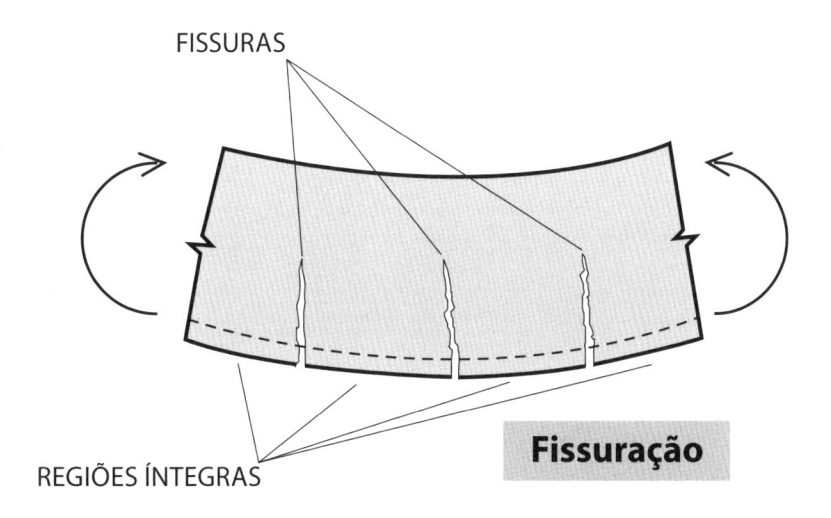

▶ Em elementos predominantemente fletidos, como as vigas e as lajes, a fissuração do concreto é um fator decisivo na resposta não linear da estrutura. A consideração da fissuração do concreto é fundamental para o cálculo dos deslocamentos dessas peças.

É importante ter ciência de que a presença da fissuração é um dos fatores que geram a não linearidade física em uma estrutura de concreto armado.

O item 17.3.2 da NBR 6118:2014 ("Estado-limite de deformação"), exige que seja considerada a presença de fissuras no concreto para o cálculo de deslocamentos.

6.2.2 Análise aproximada

Uma maneira aproximada de considerar a não linearidade física em uma estrutura de concreto armado, isto é, levar em conta a variação do comportamento do material à medida que o carregamento é aplicado no edifício, é alterar diretamente o valor da rigidez dos elementos que o compõem (o termo rigidez é explicado com detalhes no Cap. 3).

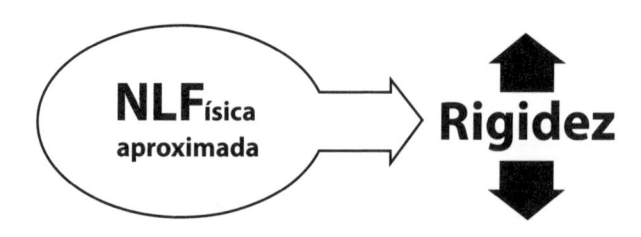

▶ A não linearidade física em uma estrutura pode ser simulada de forma aproximada pela correção direta da rigidez de seus elementos.

A fissuração do concreto no cálculo de uma viga, por exemplo, pode ser considerada reduzindo-se diretamente o valor de sua rigidez à flexão.

$E \cdot I_1$ — $E \cdot I_2 < E \cdot I_1$ Fissuração (Redução da rigidez) — $E \cdot I_2$

É claro que isso é uma simplificação. Não se pode corrigir o valor da rigidez de forma aleatória. Definir o quanto a rigidez necessita ser modificada, de tal modo a simular corretamente a não linearidade física em uma estrutura, exige estudos e pesquisas muito bem fundamentadas.

▶ Não se pode corrigir o valor da rigidez de qualquer forma e sair dizendo: "Estou considerando a não linearidade física na análise da estrutural".

Veja, a seguir, dois exemplos da simulação da não linearidade física de forma aproximada especificados na NBR 6118. Note que se trata de correções diretas no valor da rigidez.

A NBR 6118:2014, item 15.7.3 ("Consideração aproximada da não linearidade física"), define uma correção de rigidez de forma aproximada na análise da estabilidade global de um edifício da seguinte forma:

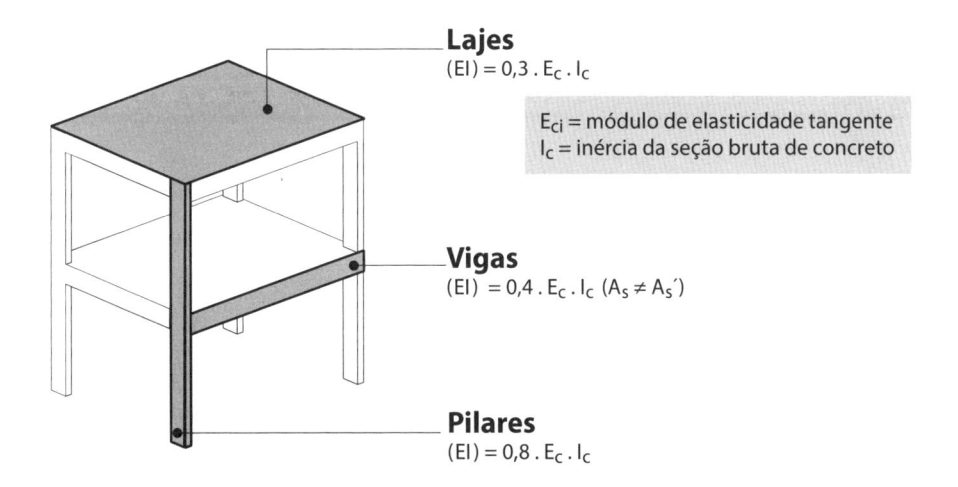

Lajes
$(EI) = 0,3 \cdot E_c \cdot I_c$

E_{ci} = módulo de elasticidade tangente
I_c = inércia da seção bruta de concreto

Vigas
$(EI) = 0,4 \cdot E_c \cdot I_c \ (A_s \neq A_s')$

Pilares
$(EI) = 0,8 \cdot E_c \cdot I_c$

A NBR 6118:2014, no item 17.3.2.1.1 ("Flecha imediata em vigas de concreto armado"), permite a avaliação aproximada das flechas imediatas em vigas pela rigidez equivalente $(EI)_{eq}$, de tal modo a considerar a não linearidade física ocasionada predominantemente pela fissuração do concreto.

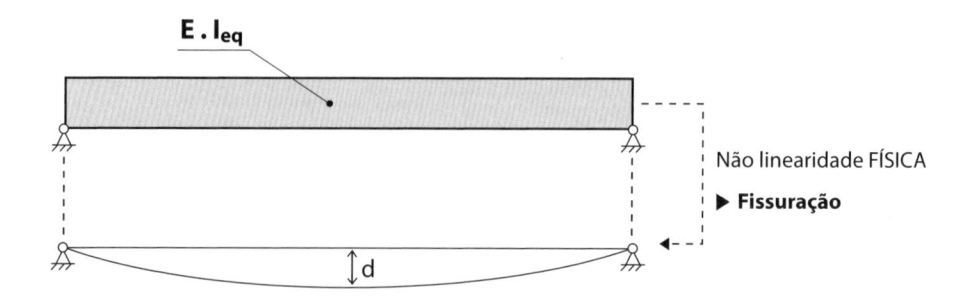

Não linearidade FÍSICA
▶ **Fissuração**

6.2.3 Exemplo 1

Vamos analisar a influência da consideração da não linearidade física de forma aproximada em uma estrutura calculada por um sistema computacional.

Trata-se de um edifício hipotético composto de quatro andares, sendo um pavimento-tipo com três repetições e uma cobertura.

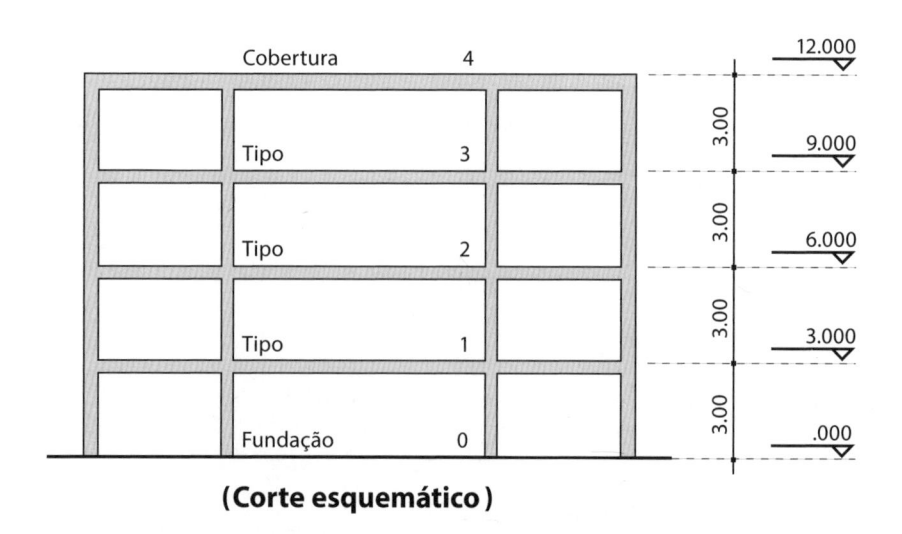

(Corte esquemático)

A distância entre os pisos é de 3,0 m. A geometria do pavimento-tipo e da cobertura é idêntica, e é mostrada na figura a seguir.

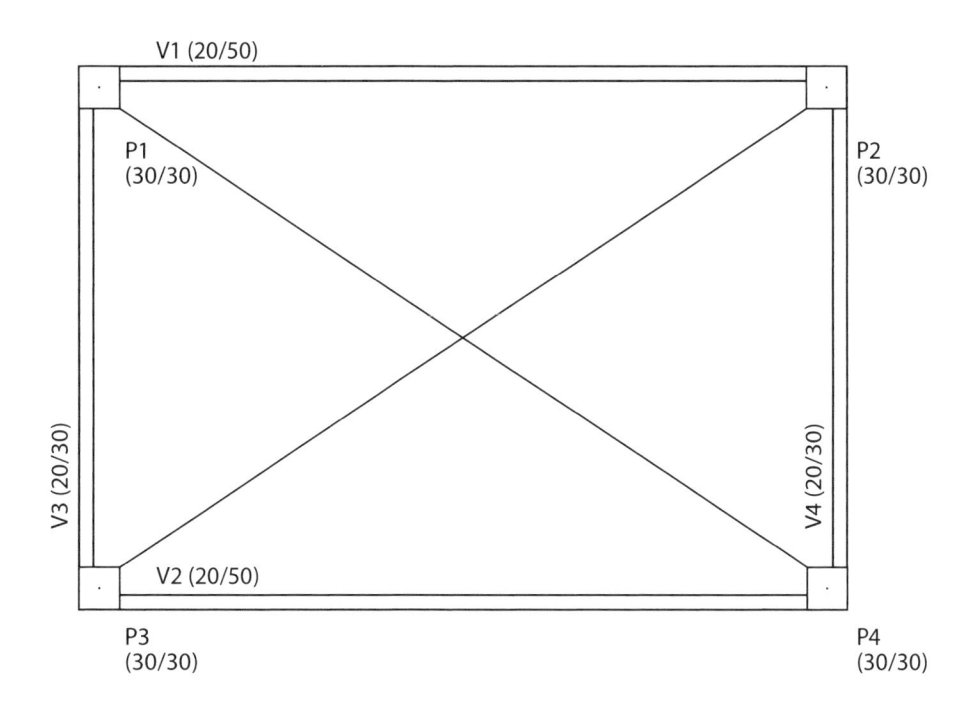

Todos os pilares possuem a mesma dimensão: 30 cm x 30 cm. As vigas horizontais têm seção transversal com dimensão de 20 cm x 50 cm. E as verticais, com dimensão de 20 cm x 30 cm. Não há lajes definidas.

O módulo de elasticidade adotado é 28.000 MPa.

DESCOMPACTANDO O EDIFÍCIO
▶ Descompacte o edifício "NLF1-A.TQS".

INICIANDO O TQS
▶ Inicie o TQS.

SELECIONANDO O EDIFÍCIO
▶ No "Gerenciador", na "Árvore de Edifícios", selecione o ramo "Espacial" do edifício "NLF1-A".

Vamos conferir a rigidez à flexão (EI) dos pilares e das vigas definida no modelo do pórtico espacial.

CARREGANDO O VISUALIZADOR DE PÓRTICO ESPACIAL
▶ No "Gerenciador", clique na aba "Sistemas".

- Na aba "Sistemas", no grupo "Análise estrutural", clique no botão "Pórtico-TQS".
- Na aba "Pórtico-TQS", no grupo "Visualizar", clique no botão "Visualizador de Pórticos", item "Estado Limite Último (ELU)".

Inicialmente, vamos verificar a rigidez dos pilares.

VERIFICANDO DADOS DO PILAR
- No "Visualizador de Pórticos", aproxime o *mouse* perto da barra que representa o pilar para obter suas informações.

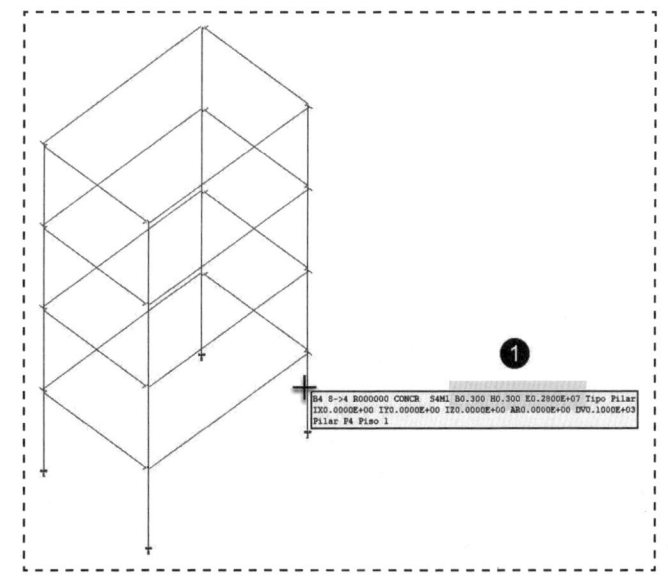

[1] Verifique os dados da barra selecionada.

Note que:
- A dimensão da seção do pilar é 30 cm x 30 cm.
- O valor do módulo de elasticidade é igual a:
  E_c = 2.800.000 tf/m²

Portanto, a rigidez à flexão dos pilares é igual a:

$$EI_{PILAR} = (0{,}28 \times 10^7) \times \left[(0{,}3 \times 0{,}3^3)/12\right] = 1890 \, tf \cdot m^2$$

Em seguida, vamos conferir a rigidez das vigas horizontais e verticais.

VERIFICANDO DADOS DA VIGA HORIZONTAL

▶ No "Visualizador de Pórticos", aproxime o *mouse* perto da barra que representa a viga horizontal para obter suas informações.

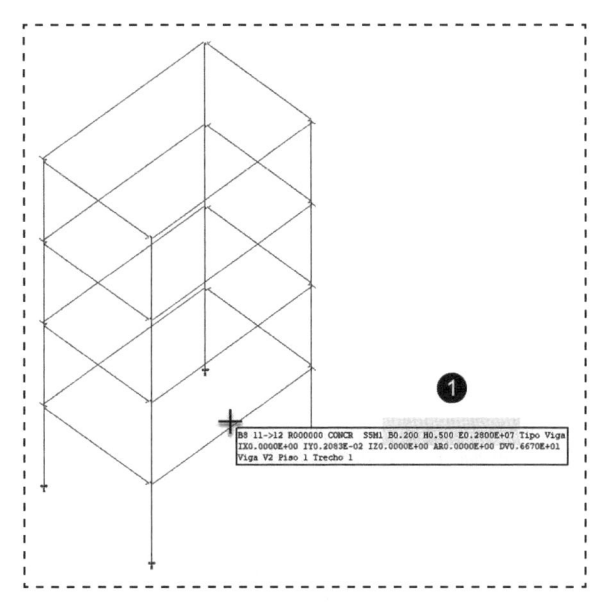

[1] Verifique os dados da barra selecionada.

Note que:
- A dimensão da seção da viga horizontal é 20 cm x 50 cm.
- O valor do módulo de elasticidade é igual a:
  $E_c = 2.800.000$ tf/m²

Portanto, a rigidez à flexão das vigas horizontais é igual a:

$$EI_{VIGAS\ HORIZONTAIS} = (0{,}28 \times 10^7) \times [(0{,}2 \times 0{,}5^3)/12] = 5.833{,}3\ tf \cdot m^2$$

Repita o mesmo procedimento para conferir a rigidez das vigas verticais.

$$EI_{VIGAS\ VERTICAIS} = (0{,}28 \times 10^7) \times [(0{,}2 \times 0{,}3^3)/12] = 1260\ tf \cdot m^2$$

Depois, verifique o deslocamento no topo do edifício provocado pela ação do vento frontal (caso 05).

VERIFICANDO DESLOCAMENTOS

- No "Visualizador de Pórticos", clique na aba "Selecionar".
- Na aba "Selecionar", no grupo "Pisos/Casos", selecione o caso "05 - Vento (1)".
- No grupo "Diagramas", clique no botão "Deslocamento".
- No grupo "Tamanhos", ajuste a escala do diagrama e textos.
- Dê um *zoom* no canto superior esquerdo.

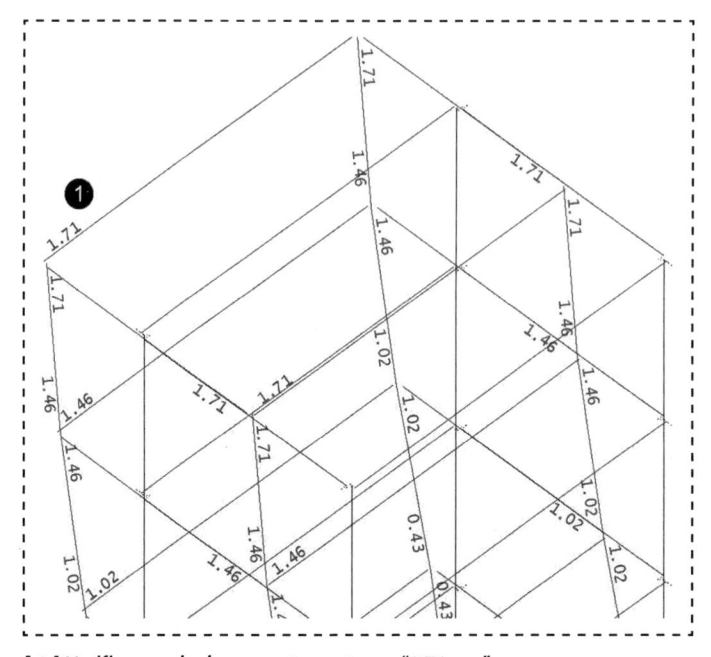

[1] Verifique o deslocamento no topo: "1,71 cm".

Feche o visualizador de pórtico espacial.

Observe que o deslocamento no topo do edifício provocado pela ação do vento frontal foi de 1,7 cm.

Até então, todo o edifício foi calculado com a rigidez integral dos elementos. Vamos, agora, analisar o mesmo edifício considerando a não linearidade física de forma aproximada, segundo o item 15.7.3 da NBR 6118:2014. Isso significa reduzir a rigidez dos pilares e das vigas conforme mostra a figura a seguir.

Pilares
$(EI) = 0,8 \cdot E_{ci} \cdot I_c$

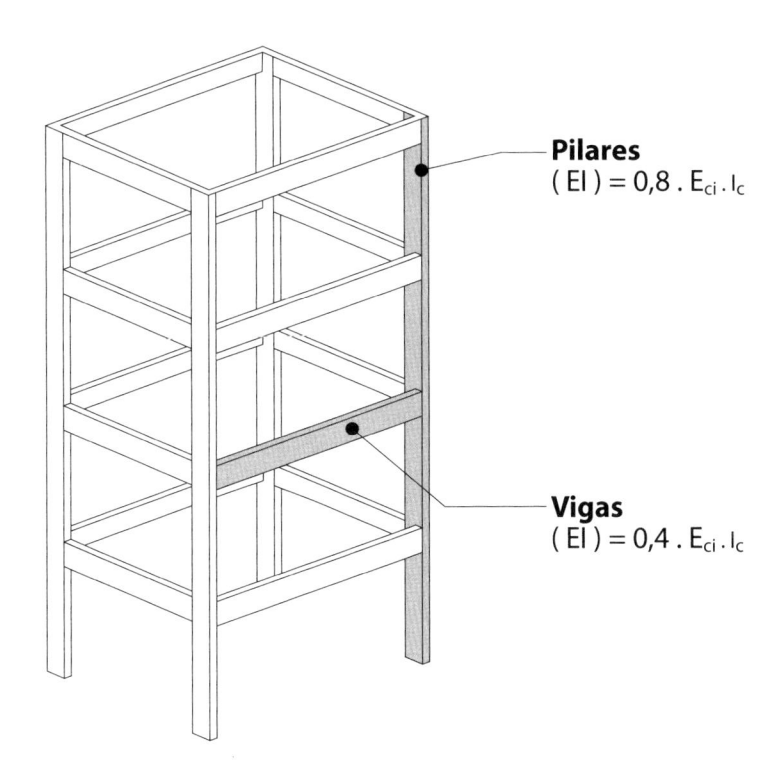

Vigas
$(EI) = 0,4 \cdot E_{ci} \cdot I_c$

Qual será a influência da consideração da não linearidade física nos resultados?

DESCOMPACTANDO O EDIFÍCIO
- Descompacte o edifício "NLF1-B.TQS".

SELECIONANDO O EDIFÍCIO
- No "Gerenciador", aperte a tecla "F5" para atualizar a árvore de edifícios.
- Na "Árvore de Edifícios", selecione o ramo "Espacial" do edifício "NLF1-B".

Vamos verificar os critérios de projeto que definem a redução de rigidez dos elementos.

VERIFICANDO CRITÉRIOS
- No "Gerenciador", clique na aba "Sistemas".
- Na aba "Sistemas", no grupo "Análise estrutural", clique no botão "Pórtico-TQS".
- Na aba "Pórtico-TQS", no grupo "Editar", clique no botão "Critérios", item "Critérios Gerais".
- Na janela "Critérios de geração...", clique no botão "OK".
- Na janela "Editor de critérios...", clique no ramo "NLF".
- No item "Coeficiente de não linearidade física p/ vigas", verifique o valor "0,4".

- No item "Coeficiente de não linearidade física p/ pilares", verifique o valor "0,8".
- Feche a janela do "Editor de Critérios".

CARREGANDO O VISUALIZADOR DE PÓRTICO ESPACIAL
- No "Gerenciador", na aba "Pórtico-TQS", no grupo "Visualizar", clique no botão "Visualizador de Pórticos", item "Estado Limite Último (ELU)".

VERIFICANDO DADOS DO PILAR
- No "Visualizador de Pórticos", aproxime o *mouse* perto da barra que representa o pilar para obter suas informações.

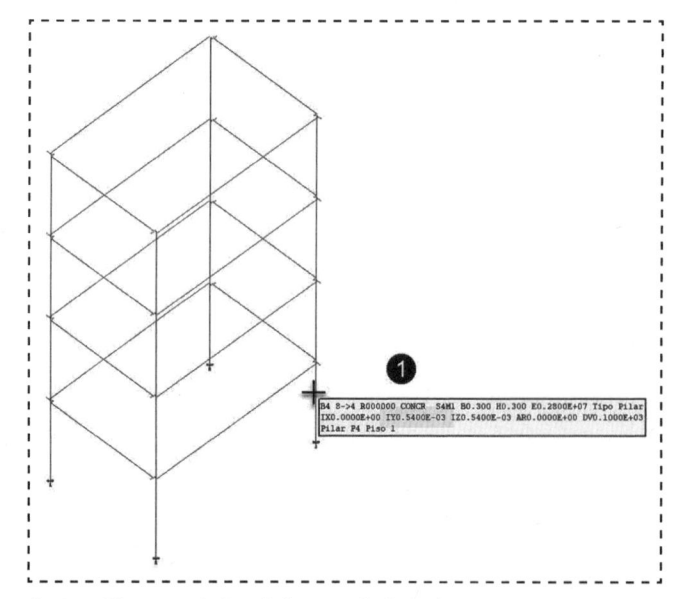

[1] Verifique os dados da barra selecionada.

Repare que:
- Apesar de as dimensões da seção serem 30 cm x 30 cm, foram definidos valores de inércias reduzidas nas duas direções.

$$I_y = 0{,}8\left[(0{,}3 \times 0{,}3^3)/12\right] = 0{,}54 \times 10^{-3} m^4$$

- O valor do módulo de elasticidade é igual a $E_c = 0{,}28 \cdot 10^7$ tf/m².

E, portanto, a rigidez à flexão dos pilares ficou reduzida a:

$$EI_{pilar} = (0{,}28 \times 10^7) \times (0{,}54 \times 10^{-3}) = 1512 \; tf \cdot m^2$$

Repita o mesmo procedimento para conferir a rigidez das vigas horizontais e verticais.

```
B8 11->12 R000000 CONCR  S5M1 B0.200 H0.500 E0.2800E+07 Tipo Viga
IX0.0000E+00 IY0.8333E-03 IZ0.0000E+00 AR0.0000E+00 DV0.6670E+01
Viga V2 Piso 1 Trecho 1

B14 15->16 R000000 CONCR  S6M1 B0.200 H0.300 E0.2800E+07 Tipo Viga
IX0.0000E+00 IY0.1800E-03 IZ0.0000E+00 AR0.0000E+00 DV0.6670E+01
Viga V4 Piso 1 Trecho 1
```

- Nas vigas horizontais: $I_y = 0,4 \; [(0,2 \cdot 0,5^3) / 12] = 0,83 \cdot 10^{-3} m^4$.

$$EI_{VIGAS\;HORIZONTAIS} = (0,28 \times 10^7) \times (0,83 \times 10^{-3}) = 2333,3 \; tf.m^2$$

- Nas vigas verticais: $I_y = 0,4 \; [(0,2 \cdot 0,3^3) / 12] = 0,18 \cdot 10^{-3} m^4$.

$$EI_{VIGAS\;VERTICAIS} = (0,28 \times 10^7) \times (0,18 \times 10^{-3}) = 504 \; tf.m^2$$

Veja na figura a seguir a variação das rigidezes dos pilares e das vigas adotada no modelo do pórtico espacial.

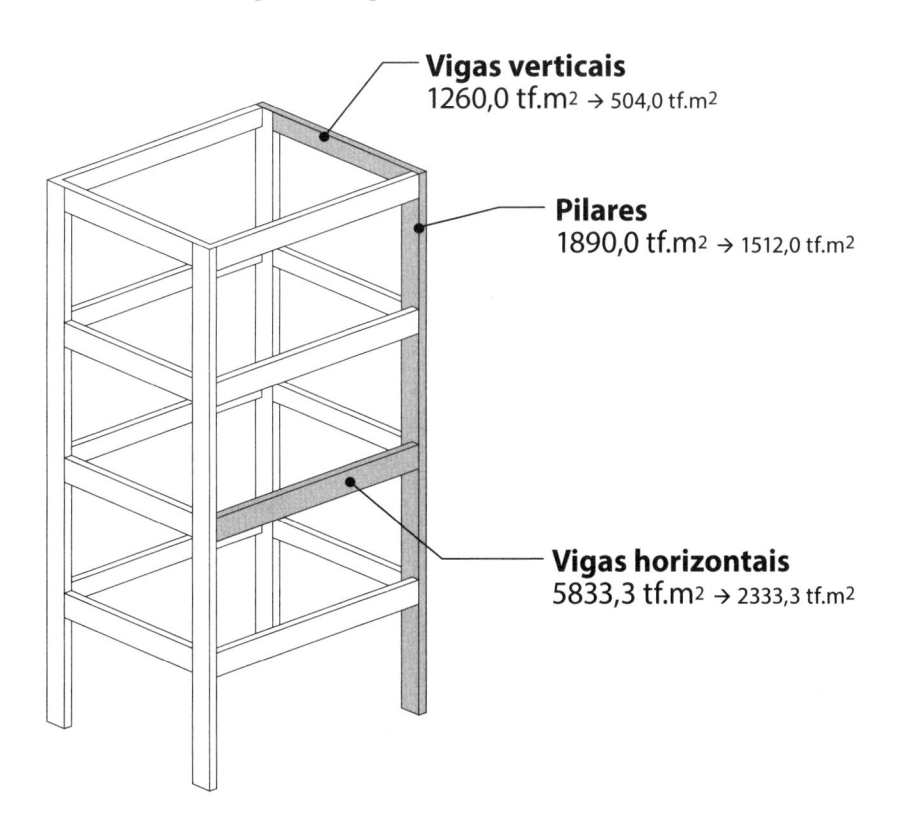

Vigas verticais
1260,0 tf.m² → 504,0 tf.m²

Pilares
1890,0 tf.m² → 1512,0 tf.m²

Vigas horizontais
5833,3 tf.m² → 2333,3 tf.m²

A estrutura, com a consideração da não linearidade física de forma aproximada, tornou-se menos rígida.

Finalmente, verifique como ficou o deslocamento no topo do edifício provocado pela ação do vento frontal (caso 05).

VERIFICANDO DESLOCAMENTOS
- ▶ No "Visualizador de Pórticos", clique na aba "Selecionar".
- ▶ Na aba "Selecionar", no grupo "Pisos/Casos", selecione o caso "05 - Vento (1)".
- ▶ No grupo "Diagramas", clique no botão "Deslocamento".
- ▶ No grupo "Tamanhos", ajuste a escala do diagrama e textos.
- ▶ Dê um *zoom* no canto superior esquerdo.

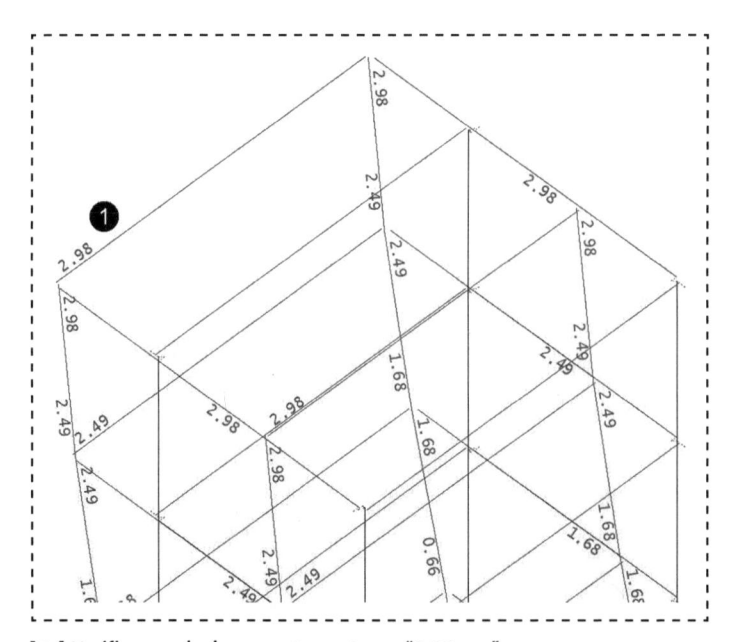

[1] Verifique o deslocamento no topo: "2,98 cm".

Feche o visualizador de pórtico espacial.

Veja que o deslocamento provocado pelo vento frontal aumentou de 1,7 cm para 3,0 cm (+76%), devido à consideração da não linearidade física.

6.2.4 Diagrama momento-curvatura

No exemplo anterior, foi demonstrado como é possível considerar a não linearidade física na análise de uma estrutura pela manipulação direta do valor da rigidez dos elementos. Trata-se de uma forma prática e aproximada, que pode ser adotada em casos específicos.

É possível, no entanto, obter valores mais precisos de rigidez, e portanto aprimorar a consideração da não linearidade física, por meio de diagramas chamados momento-curvatura, ou "M x 1/r".

O que é curvatura?

Primeiramente, é necessário entender o que é curvatura. Muitas vezes, ela é equivocadamente confundida com rotação. Por isso, é importante compreender seu conceito claramente. Vejamos um exemplo.

Sejam dois segmentos curvos de mesmo comprimento "s", conforme mostra a figura a seguir.

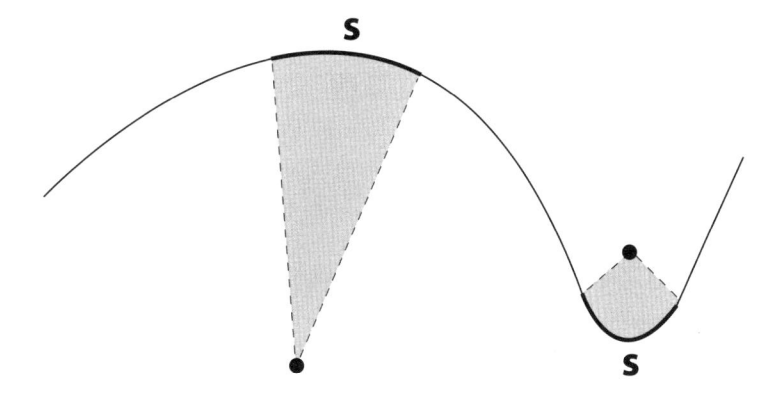

Intuitivamente, sem fazer nenhuma conta, é possível perceber que um trecho é mais curvo do que o outro, isto é, possui uma curvatura maior do que a outra.

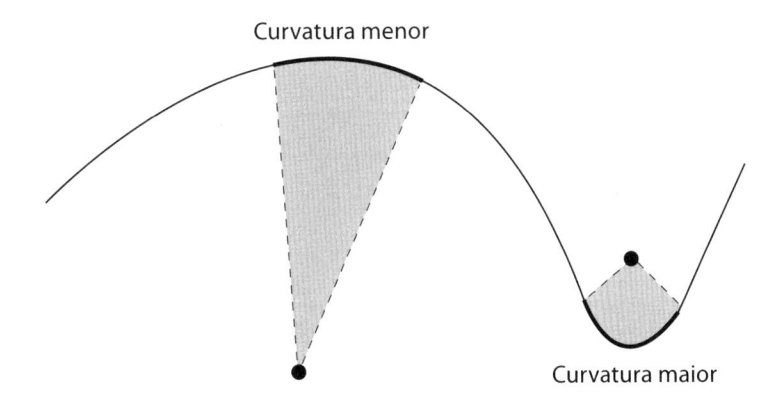

Note que, apesar de os trechos possuírem o mesmo comprimento "s", o ângulo definido ao longo deles é bem diferente.

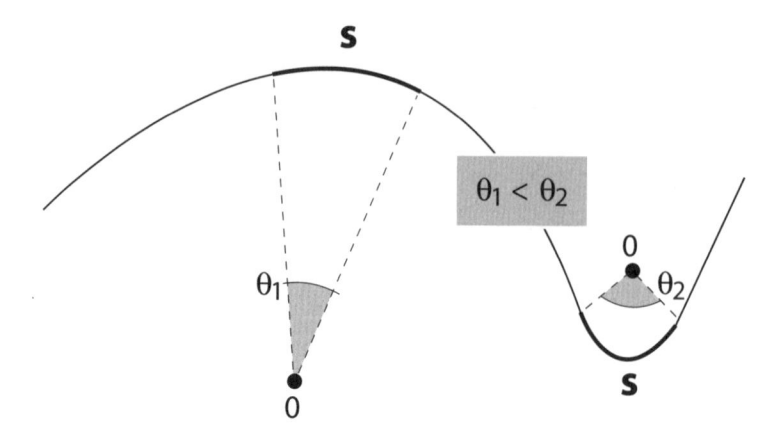

Vem daí uma primeira definição: curvatura é a variação do ângulo ao longo de um segmento.

$$\text{curvatura} = d\theta / ds$$

▶ Curvatura é a variação de um ângulo e, por isso, não é rotação.

A definição confirma que a curvatura do trecho à esquerda (ângulo menor) é inferior à curvatura do trecho à direita (ângulo maior), pois $(\theta_1/s) < (\theta_2/s)$.

Observe também o seguinte: os raios formados pelos dois segmentos são bem diferentes. O raio definido no trecho à esquerda é bem maior do que o do trecho à direita.

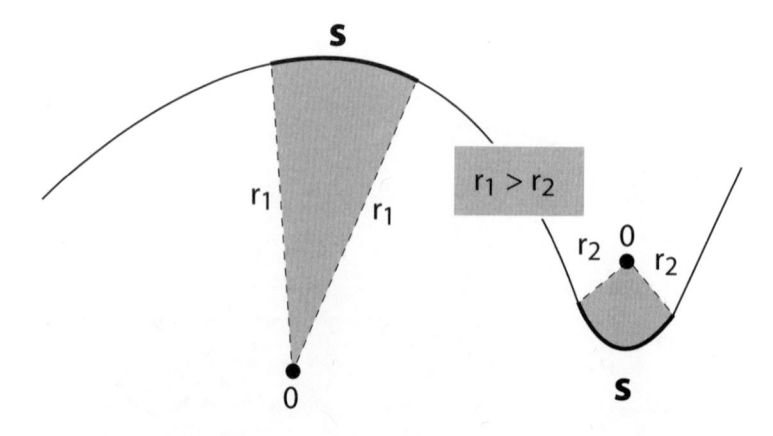

Com isso, surge uma segunda definição (a mais comum): curvatura é o inverso do raio definido por um segmento curvo.

$$\text{curvatura} = 1 / r \text{ (sendo ``r'' chamado de ``raio de curvatura'')}$$

▶ **Curvatura é o inverso do raio de curvatura.**

A segunda definição também confirma que a curvatura do trecho à esquerda (raio maior) é inferior à curvatura do trecho à direita (raio menor), pois $(1/r_1) < (1/r_2)$.

Curvatura numa seção de concreto armado

O conceito de curvatura que acabou de ser apresentado pode ser estendido para a seção de uma peça de concreto armado.

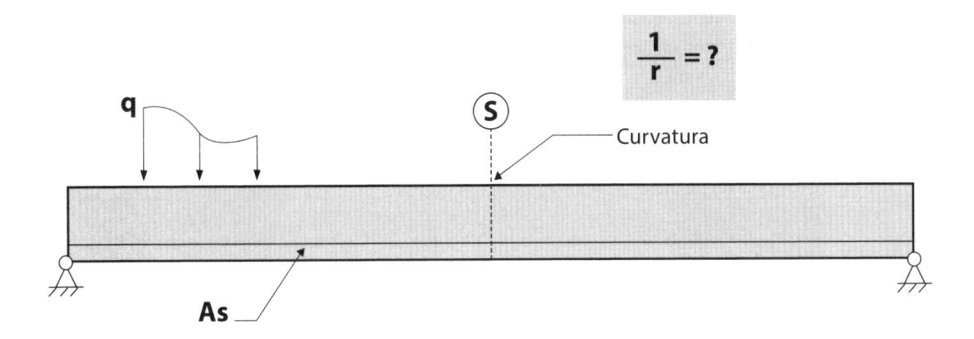

$$\frac{1}{r} = ?$$

Partindo das mesmas definições anteriores, curvatura = $(d\theta/ds) = 1/r$, e admitindo a manutenção da seção plana após as deformações, pode-se demonstrar a validade da seguinte expressão:

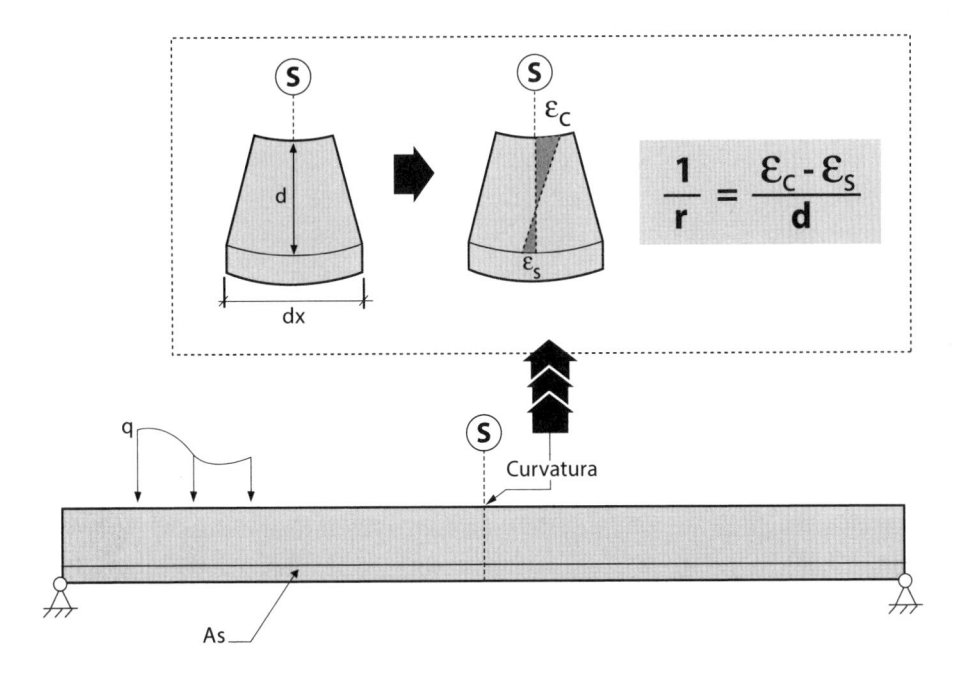

$$\frac{1}{r} = \frac{\varepsilon_c - \varepsilon_s}{d}$$

▶ Pelas deformações no concreto e no aço, ε_c e ε_s, e da altura útil d, é possível calcular a curvatura em uma seção de concreto armado.

Relação momento-curvatura

De forma aproximada, é possível relacionar a curvatura de uma seção com o momento fletor atuante nela. Para isso, utiliza-se a seguinte formulação:

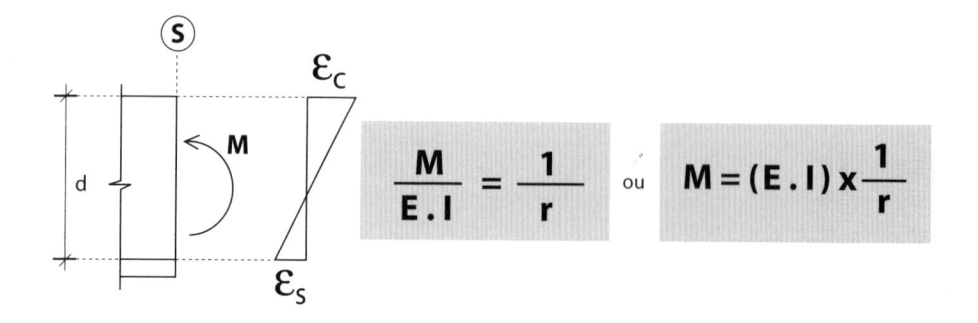

$$\frac{M}{E \cdot I} = \frac{1}{r} \quad \text{ou} \quad M = (E \cdot I) \times \frac{1}{r}$$

Note que o que relaciona o momento com a curvatura é exatamente a rigidez EI que utilizamos para considerar a não linearidade física no primeiro exemplo.

$$M = \underbrace{(E \cdot I)}_{\text{Rigidez}} \times 1/r \quad \text{(Relação momento-curvatura)}$$

▶ A relação entre o momento fletor e a curvatura de uma seção é definida pela rigidez EI.

A relação momento-curvatura (M x 1/r) é análoga à expressão que relaciona tensão com deformação ($\sigma \times \varepsilon$), frequentemente mencionada ao longo da graduação. Porém, tem uma grande vantagem: permite que a não linearidade física seja acoplada aos cálculos de uma forma mais fácil e direta. Na análise de edifícios de concreto armado, é mais comum trabalharmos com momentos fletores em vez de tensões.

Diagrama momento-curvatura

Quando a relação momento-curvatura de uma seção é definida para diferentes níveis de solicitação, obtém-se, então, o diagrama "M x 1/r".

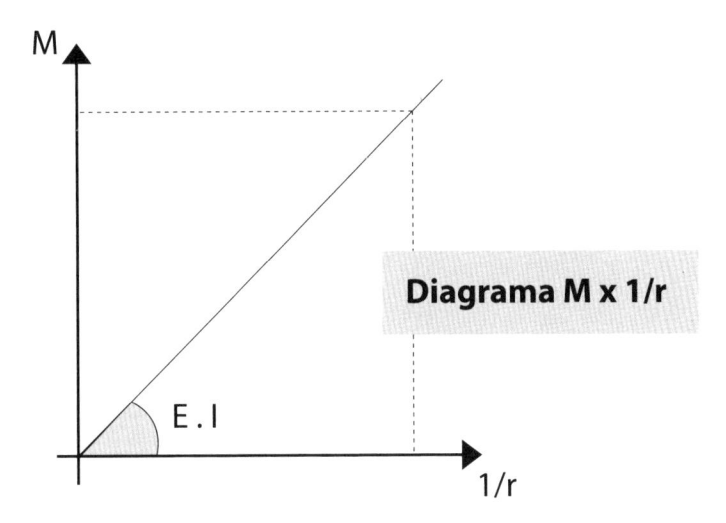

Diagrama M x 1/r

Veja a seguir o exemplo de um diagrama momento-curvatura que representa o comportamento idealizado de um trecho de concreto armado submetido à flexão. Trata-se de um diagrama comumente adotado em análises não lineares de pavimentos, mais especificamente no cálculo de flechas.

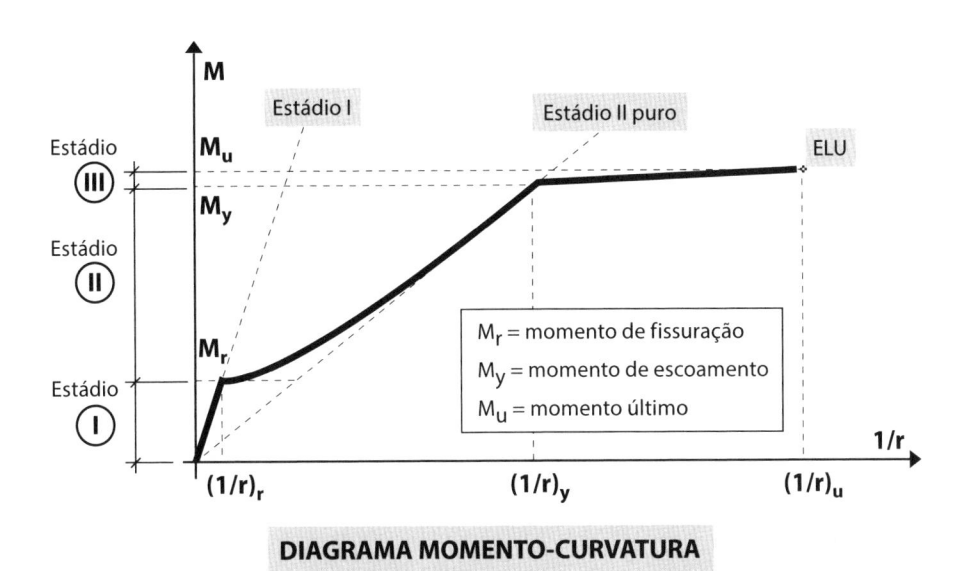

M_r = momento de fissuração
M_y = momento de escoamento
M_u = momento último

DIAGRAMA MOMENTO-CURVATURA

Não se pretende aqui estudar o diagrama de forma minuciosa, porém, com uma simples observação dele, é possível assimilar algumas características importantes:

- Somente um pequeno trecho inicial do diagrama é linear, determinado por uma rigidez EI constante. Compreende o estado no qual o concreto ainda resiste à tração e está isento de fissuras, chamado Estádio I, e é delimitado pelo momento de fissuração (Mr), momento fletor que gera a primeira fissura no concreto (é o momento fletor que faz com que a fibra mais tracionada da seção atinja a resistência à tração do concreto).

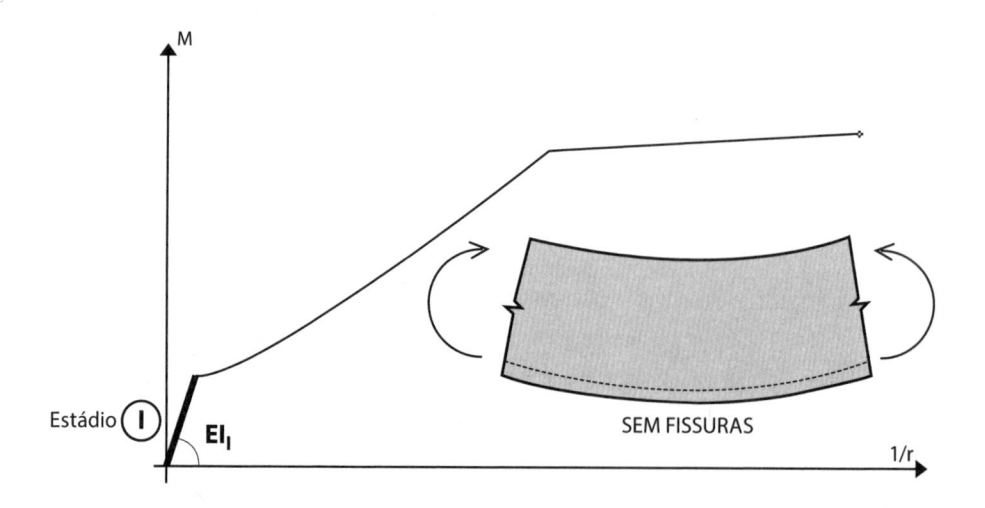

- O trecho mais longo, chamado Estádio II, é curvo (rigidez EI variável) e representa a transição gradativa entre o estádio I (seção não fissurada) e o estádio II puro (seção fissurada), condição em que há regiões que ainda não fissuraram entre as seções fissuradas. É usualmente delimitado pelo momento de escoamento (My), momento fletor que provoca o escoamento da armadura tracionada.

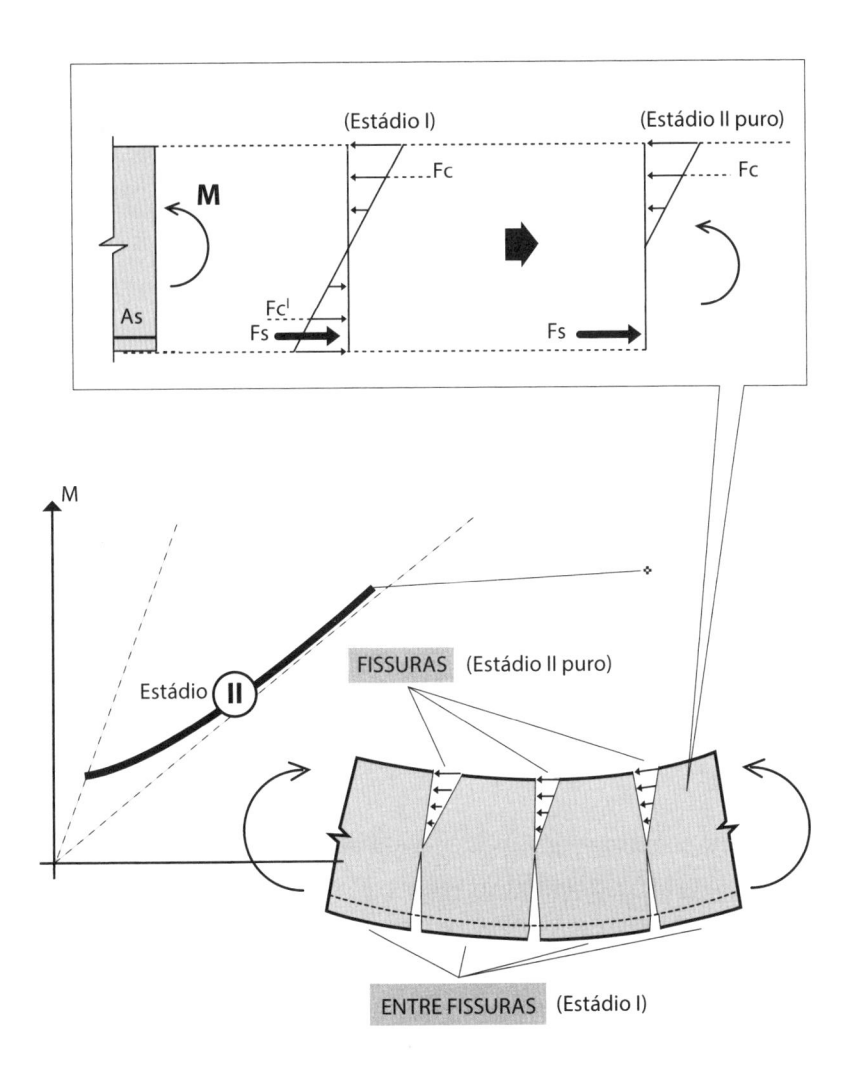

- O último trecho, chamado Estádio III, é caracterizado pelo grande aumento de curvatura para pequeno acréscimo de momentos (rigidez EI baixa). É delimitado pelo momento último (Mu), momento fletor em que se atinge o estado-limite último.

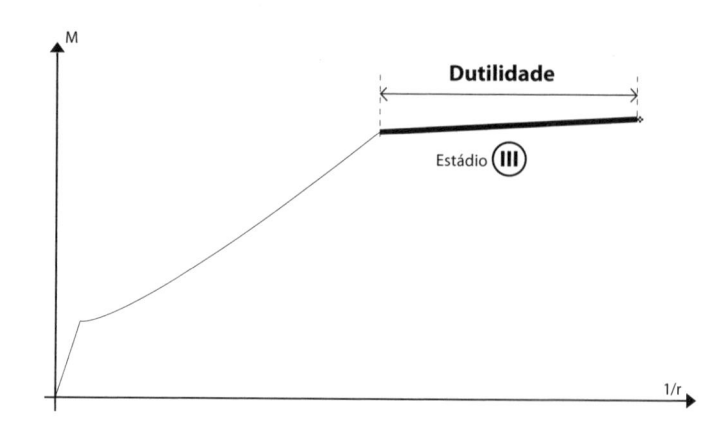

Algumas observações fundamentais:

a. A montagem de um diagrama M x 1/r necessita do conhecimento prévio da configuração da armadura na seção de concreto.

▶ Não existe diagrama momento-curvatura sem a definição prévia da armadura! Dessa forma, toda análise não linear baseada nesse tipo de diagrama necessita da presença de armaduras preestabelecidas.

b. O estádio I, embora seja influenciado pela armadura existente, é predominantemente dependente da seção de concreto.

c. A configuração da armadura tem grande influência nos estádios II e III, sendo o grande responsável pelo patamar de dutilidade no estádio III.

d. O diagrama momento-curvatura nem sempre tem o formato apresentado anteriormente, e pode sofrer variações bruscas. Por exemplo: pode-se chegar em situações em que o momento Mu é inferior a Mr. Depende da configuração de armadura definida.

e. De um modo geral, as estruturas de concreto armado em serviço trabalham parte no estádio I e parte no estádio II.

ANÁLISE NÃO LINEAR: UMA VISÃO PRÁTICA

DIAGRAMA MOMENTO-CURVATURA

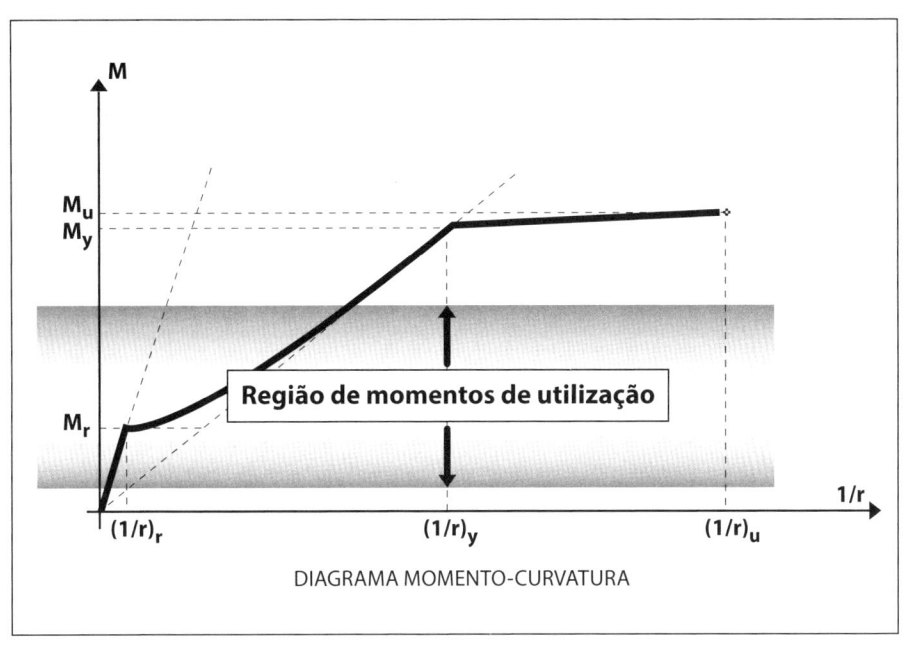

Fonte: FRANÇA, 2003.

▸ Na prática atual, a utilização de diagramas momento-curvatura, "M x 1/r", é muito comum em projetos de estruturas de concreto armado.

6.2.5 Exemplo 2

Neste exemplo, vamos analisar a influência da não linearidade física baseada em diagramas "M x 1/r" no cálculo das flechas em um pavimento de concreto armado. Trata-se de uma estrutura hipotética com geometria bem simples, composta de quatro pilares de 20 cm x 20 cm, quatro vigas de 20 cm x 40 cm e uma laje de 14 cm.

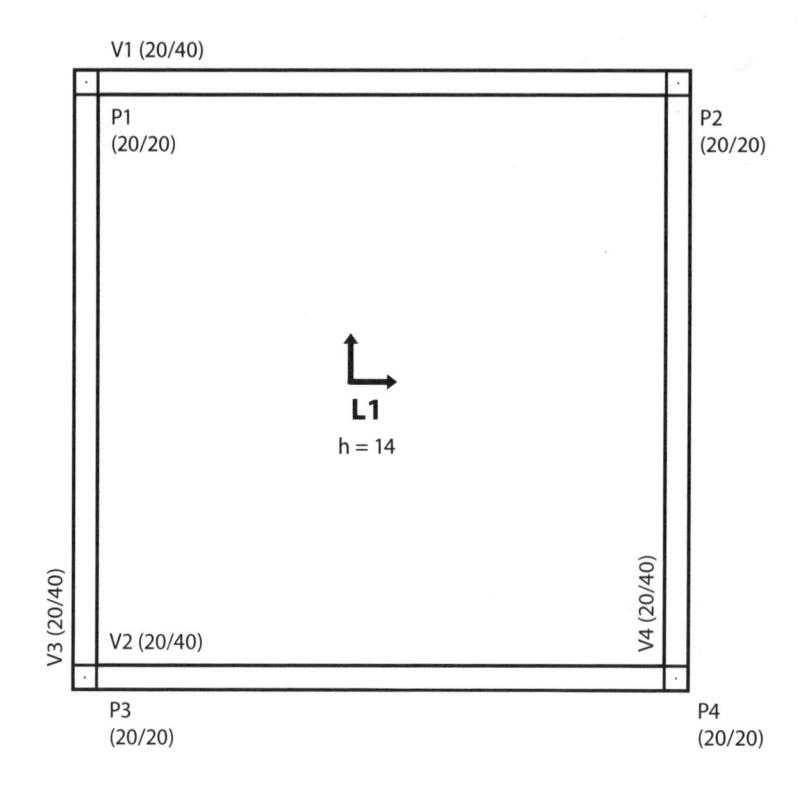

```
                    V1 (20/40)
        P1                                    P2
        (20/20)                               (20/20)




                         ┌─→
                         L1
                        h = 14




V3 (20/40)                               V4 (20/40)
        V2 (20/40)
        P3                                    P4
        (20/20)                               (20/20)
```

DESCOMPACTANDO O EDIFÍCIO

- Descompacte o edifício "NLF2.TQS".

SELECIONANDO O EDIFÍCIO

- No "Gerenciador", aperte a tecla "F5" para atualizar a "Árvore de Edifícios".
- Na "Árvore de Edifícios", selecione o pavimento "Tipo" do edifício "NLF2".

Vamos analisar as flechas no pavimento "Tipo" por meio do visualizador de grelha não linear.

CARREGANDO O VISUALIZADOR DE GRELHA NÃO LINEAR

- No "Gerenciador", clique na aba "Sistemas".
- Na aba "Sistemas", no grupo "Análise estrutural", clique no botão "Grelha-TQS".
- Na aba "Grelha-TQS", no grupo "Visualizar", clique no botão "Grelha Não Linear".

Na janela aberta, é possível perceber graficamente que há regiões fissuradas e outras não fissuradas.

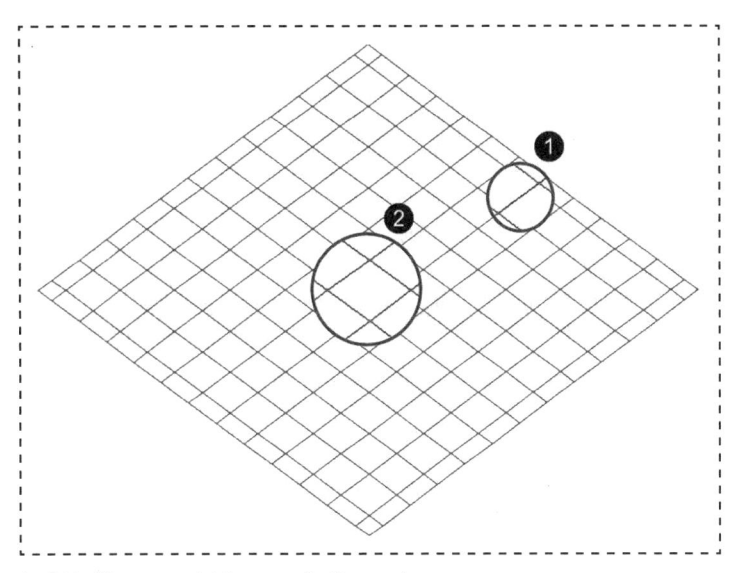

[1] Verifique que há barras não fissuradas.
[2] Verifique que há barras fissuradas.

Vamos verificar como ocorreu a propagação da fissuração no pavimento à medida que o carregamento foi aplicado à estrutura por meio de uma animação.

DESATIVANDO GRADIENTE DE CORES E VALORES
- No "Visualizador de Grelha Não Linear", clique no menu "Exibir".
- No menu "Exibir", clique em "Parâmetros de visualização...".
- Na janela "Parâmetros de visualização", no grupo "Gradiente de cores", desative a opção "Utilizar na visualização de deslocamentos".
- No grupo "Valores", desative a opção "Mostrar valores".
- Clique no botão "OK".

VISUALIZANDO FLECHAS TOTAIS
- No "Visualizador de Grelha Não Linear", clique no menu "Visualizar".
- No menu "Visualizar", no item "Deslocamentos (flechas)", clique em "Flechas totais (imediatas + progressivas)".
- Na janela aberta, clique no botão "OK".

VISUALIZANDO ANIMAÇÃO
- No "Visualizador de Grelha Não Linear", clique no menu "Visualizar".
- No menu "Visualizar", clique em "Animação".
- Na janela aberta, clique no botão "OK".

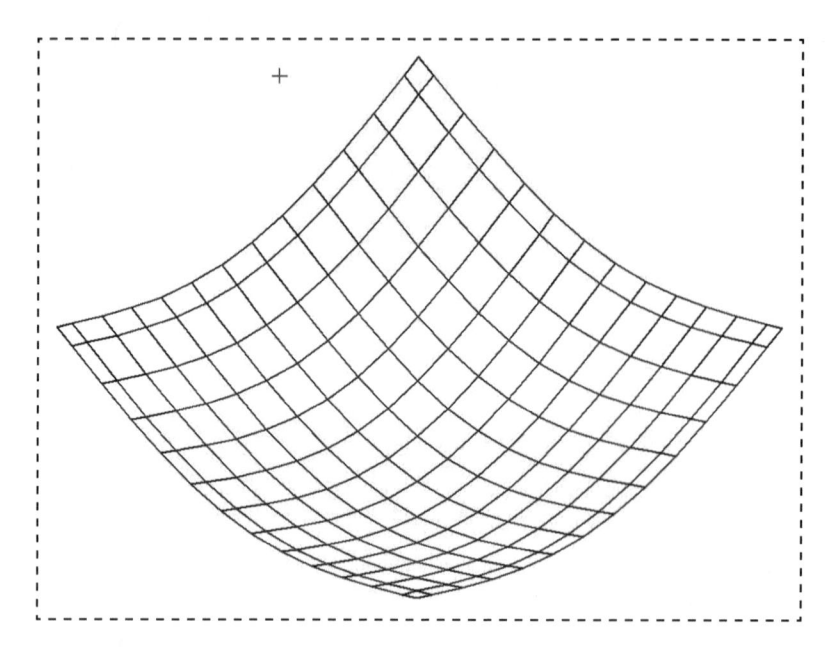

Vamos verificar a variação de inércia em uma barra da grelha.

LISTANDO INÉRCIAS
- No "Visualizador de Grelha Não Linear", clique no menu "Listar".
- No menu "Listar", clique em "Inércias...".

Na janela aberta, perceba que as inércias das barras (I_y) e, consequentemente, seus níveis de rigidez EI_y variaram à medida que o carregamento foi aplicado à estrutura. Essa variação foi definida de acordo com o diagrama M x 1/r montado para cada barra.

LOCALIZANDO INÉRCIAS DA BARRA 11
- Na janela "Inércias", clique no botão "Localizar Barra".
- Na janela "Localizar barra", no item "Barra", digite o valor "11".
- Clique no botão "Localizar".

ANÁLISE NÃO LINEAR: UMA VISÃO PRÁTICA

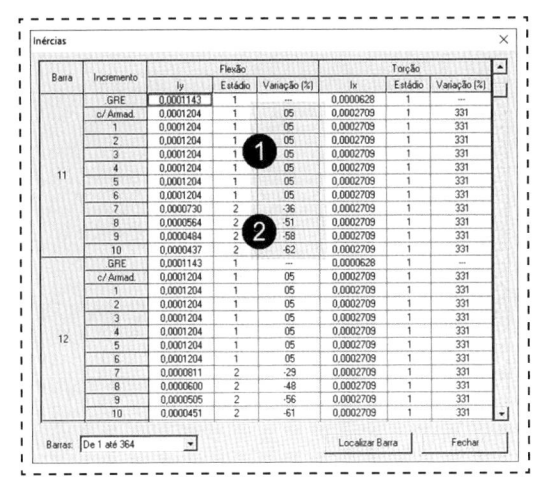

Barra	Incremento	Flexão			Torção		
		ly	Estádio	Variação (%)	Ix	Estádio	Variação (%)
11	GRE	0,0001143	1	---	0,0000628	1	---
	c/ Armad.	0,0001204	1	05	0,0002709	1	331
	1	0,0001204	1	05	0,0002709	1	331
	2	0,0001204	1	05	0,0002709	1	331
	3	0,0001204	1	05	0,0002709	1	331
	4	0,0001204	1	05	0,0002709	1	331
	5	0,0001204	1	05	0,0002709	1	331
	6	0,0001204	1	05	0,0002709	1	331
	7	0,0000730	2	-36	0,0002709	1	331
	8	0,0000564	2	-51	0,0002709	1	331
	9	0,0000484	2	-58	0,0002709	1	331
	10	0,0000437	2	-62	0,0002709	1	331
12	GRE	0,0001143	1	---	0,0000628	1	---
	c/ Armad.	0,0001204	1	05	0,0002709	1	331
	1	0,0001204	1	05	0,0002709	1	331
	2	0,0001204	1	05	0,0002709	1	331
	3	0,0001204	1	05	0,0002709	1	331
	4	0,0001204	1	05	0,0002709	1	331
	5	0,0001204	1	05	0,0002709	1	331
	6	0,0001204	1	05	0,0002709	1	331
	7	0,0000811	2	-29	0,0002709	1	331
	8	0,0000600	2	-48	0,0002709	1	331
	9	0,0000505	2	-56	0,0002709	1	331
	10	0,0000451	2	-61	0,0002709	1	331

[1] Verifique um aumento de inércia inicial devido às armaduras.
[2] Verifique uma queda brusca de inércia devido à fissuração.

Feche a janela com a listagem de inércias.

Em seguida, vamos verificar a variação dos deslocamentos em um nó da grelha.

LISTANDO DESLOCAMENTOS
▶ No "Visualizador de Grelha Não Linear", clique no menu "Listar".
▶ No menu "Listar", clique em "Deslocamentos (flechas)...".

Na janela aberta, veja que o aumento do deslocamento à medida que o carregamento foi aplicado à estrutura não foi linear. Trata-se de uma consequência direta da consideração da não linearidade física.

VISUALIZANDO DIAGRAMA DO NÓ 35
▶ Na janela "Deslocamentos totais", clique no botão "Localizar Nó".
▶ Na janela "Localizar Nó", no item "Nó", digite o valor "35".
▶ Clique no botão "Localizar".
▶ Clique no botão "Diagrama".

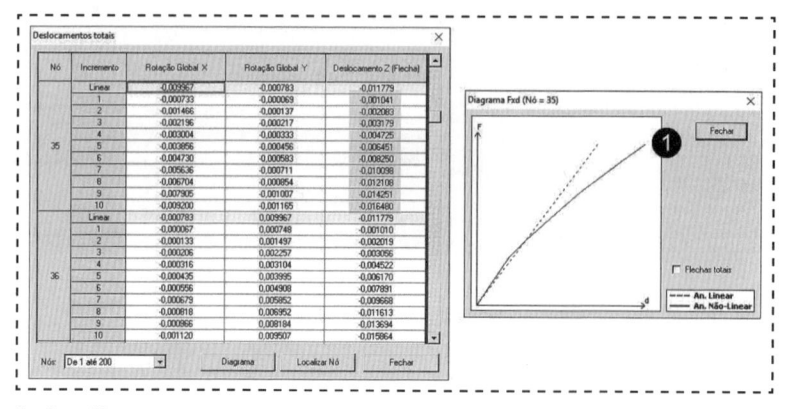

[1] Verifique que o comportamento não linear resulta numa flecha final maior.

Perceba também que o deslocamento final obtido pela análise não linear (curva) foi maior do que o obtido pela linear (linha). Feche o visualizador de grelha não linear.

6.2.6 Diagrama normal-momento-curvatura

Todos os conceitos apresentados anteriormente são válidos no que será exposto de agora em diante. A definição da curvatura em uma seção de concreto armado, bem como sua relação com o momento fletor, continua valendo.

A única diferença é o acréscimo de uma força normal na seção.

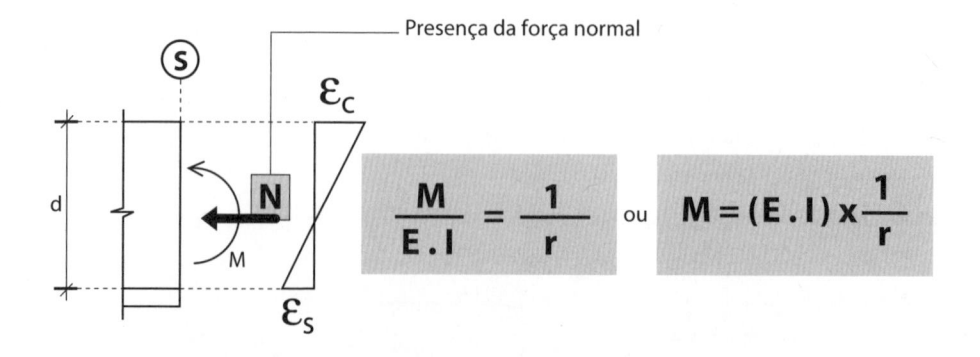

$$\frac{M}{E \cdot I} = \frac{1}{r} \quad \text{ou} \quad M = (E \cdot I) \times \frac{1}{r}$$

Com a presença dessa força normal, o diagrama "M x 1/r" passa a ser chamado de normal-momento-curvatura, ou "N, M, 1/r".

Diagrama N, M, 1/r

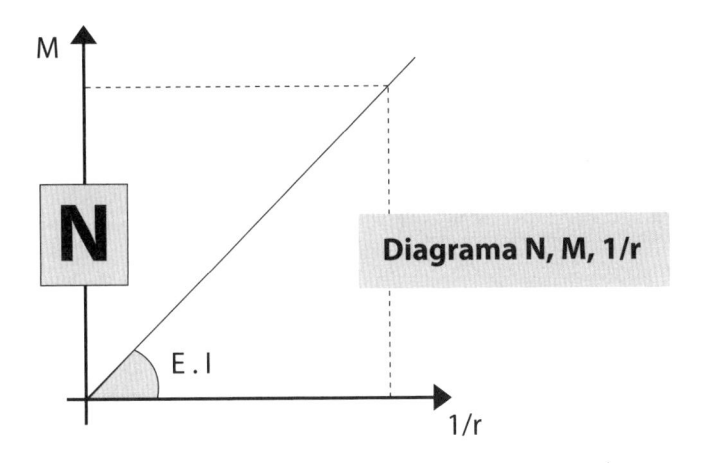

O conceito é exatamente o mesmo: dada uma força normal atuante, a curvatura na seção se altera de acordo com o momento fletor solicitante. Essa variação é determinada por uma rigidez EI.

A compreensão do diagrama "N, M, 1/r" é extremamente importante no cálculo de pilares. Lembre-se de que eles estão submetidos à atuação conjunta de momentos fletores e da força normal de compressão.

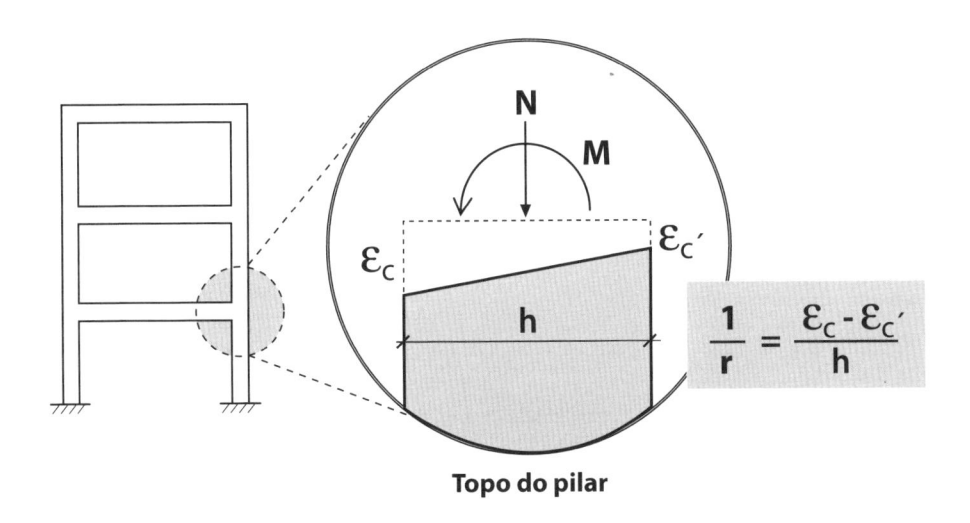

$$\frac{1}{r} = \frac{\varepsilon_c - \varepsilon_c'}{h}$$

Topo do pilar

Veja, a seguir, o exemplo de um diagrama "N, M, 1/r" para uma seção retangular de concreto (60 cm x 30 cm) composta de 16 barras de 20 mm e submetida a uma força normal de compressão igual a 150 tf.

```
        Mx (tf . m)
           ▲
           │
     24,6 ┤- - Mrd - - - - - - - - - - - - - - - - 0,85 . fcd
           │          ╱─────────────────┐
           │        ╱                    │
           │      ╱    ┌─────────┐       │
           │    ╱      │ N = 150 tf│     │
           │   ╱       └─────────┘       │
           │  ╱                          │
           │ ╱                           │
           │╱                            │   1 / rx (1/m)
           └─────────────────────────────┴──────►
                                    1,97E-2
```

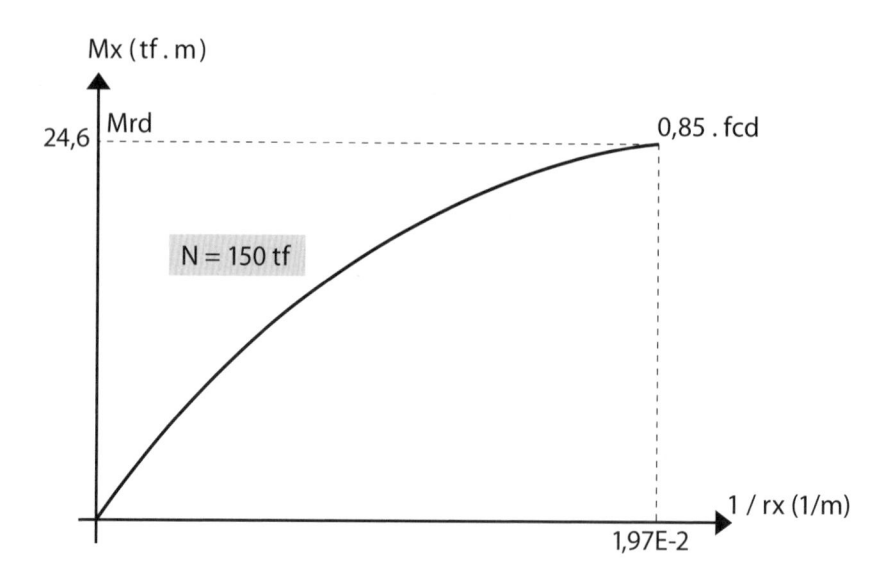

Note que a variação da curvatura (1/rx), à medida que o momento fletor (Mx) aumenta, não é linear: é uma curva.

▶ Pelo diagrama "N, M, 1/r", é possível obter a rigidez de elementos submetidos à flexão composta (por exemplo, pilares) de forma mais refinada.

É importante ter ciência de um seguinte aspecto fundamental: o diagrama "N, M, 1/r" é montado para uma determinada força normal e configuração de armadura existente na seção. Qualquer alteração em algum desses dois itens, N ou As, provoca uma mudança no diagrama.

A montagem de diagramas "N, M, 1/r" para uma seção de concreto armado somente é viável pelo computador. Fazê-la manualmente é praticamente impossível.

▶ Cabe ao Engenheiro Estrutural saber interpretar o diagrama gerado por um sistema computacional. Compreender bem conceitos como rigidez e relação momento-curvatura é imprescindível.

ANÁLISE NÃO LINEAR: UMA VISÃO PRÁTICA | 353

6.2.7 Exemplo 3

Vamos colocar em prática um pouco da teoria exposta anteriormente.

CARREGANDO CALCULADORA

- No "Gerenciador", clique na aba "Ferramentas".
- Na aba "Ferramentas", clique no botão "Calculadoras".
- Na janela "Calculadoras", clique no botão "Flexão composta oblíqua".

Na janela aberta, é possível identificar que existem os seguintes dados já definidos:
- Seção transversal retangular com dimensão de 60 cm x 30 cm.
- Armadura composta de 16 barras com diâmetro de 20 mm.
- Concreto C20 e aço CA50.

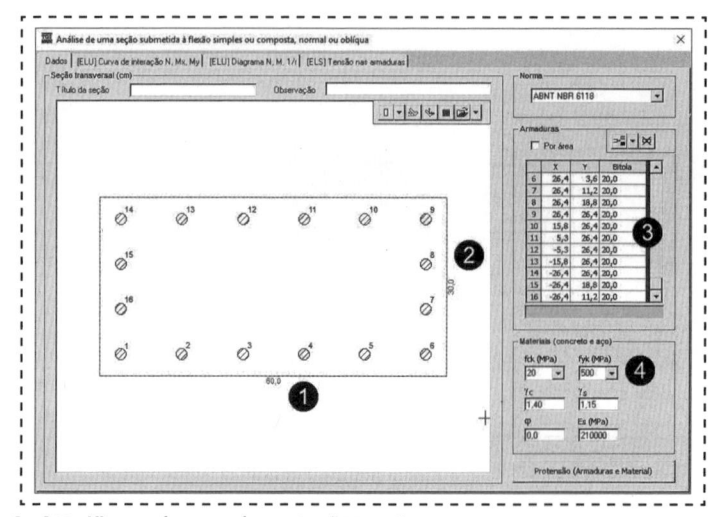

[1] Verifique a largura da seção: "60 cm".
[2] Verifique a altura da seção: "30 cm".
[3] Verifique as armaduras: "16 ϕ 20 mm".
[4] Verifique as resistências dos materiais: "fck = 20 MPa" e "fyk = 500 MPa".

Vamos montar um diagrama "N, M, 1/r" para uma das direções (em torno do eixo de menor inércia), fixando uma força normal de compressão igual a 150 tf.

MONTANDO DIAGRAMA
- Na janela "Análise de uma seção...", clique na aba "[ELU] Diagrama N, M, 1/r".
- No grupo "Força normal", no item "NSd (tf)", digite o valor "150".
- Clique no botão "Montar diagramas".

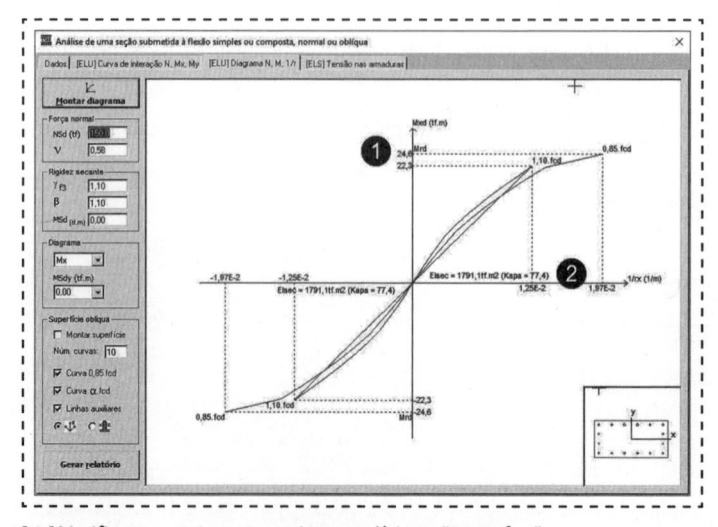

[1] Verifique o momento resistente último: "24,6 tf.m".
[2] Verifique a rigidez secante obtida: "1.791,1 tf.m^2".

ANÁLISE NÃO LINEAR: UMA VISÃO PRÁTICA

Note que uma rigidez chamada secante, EI_{sec}, fica definida a partir de uma reta. Essa é a rigidez citada pela NBR 6118:2014, item 15.3.1 ("Relações momento-curvatura"), que pode ser utilizada no dimensionamento de pilares.

Se comparada com a tradicional rigidez elástica da seção "$E_{cs} \cdot I_c$" que usualmente calculamos (módulo de elasticidade do concreto multiplicado pela inércia bruta da seção), a rigidez secante EI_{sec} é bem menor:

$$E_{cs} \cdot I_c = (0,85 \times 5600 \times \sqrt{20} \times 100) \times (0,6 \times 9,3^3/12) = 2873, 8\,tf\,m^2$$

$$EI_{sec} = 1791,1\,tf.m^2 = 62\%\,E_{cs}\,I_c$$

Essa redução de rigidez reflete exatamente o comportamento não linear do concreto armado.

Na sequência, vamos montar o diagrama "N, M, 1/r" para uma força normal igual a 300 tf.

MONTANDO DIAGRAMA PARA OUTRO VALOR DE FORÇA NORMAL

▶ Na janela "Análise de uma seção...", no grupo "Força normal", no item "NSd (tf)", digite o valor "300".
▶ Clique no botão "Montar diagramas".

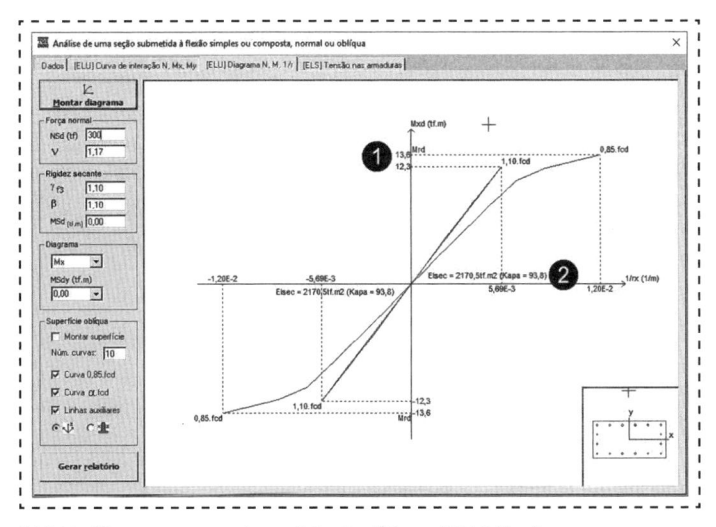

[1] Verifique o momento resistente último: "13,6 tf.m".
[2] Verifique a rigidez secante obtida: "2.170,5 tf.m²".

Repare que o diagrama "N, M, 1/r" para a mesma seção e armaduras variou significativamente, alterando a força normal de 150 tf para 300 tf:
- A rigidez EI_{sec} aumentou de 1.791,1 tf.m² para 2.170,5 tf.m².
- O momento resistente último de cálculo (M_{Rd}) da seção, por sua vez, diminuiu de 24,6 tf.m para 13,6 tf.m.

▶ Esse conceito de que o diagrama "N, M, 1/r" varia de acordo com a força normal "N" deve ser sempre lembrado.

Agora, vamos alterar as armaduras para um diâmetro de 25 mm e recalcular o diagrama.

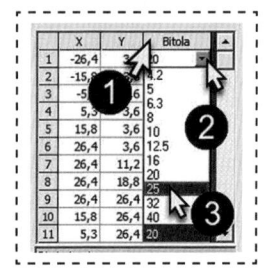

[1] Clique no título da coluna "Bitola".
[2] Clique no botão com a seta.
[3] Selecione a opção "25".

ALTERANDO ARMADURAS
- ▶ Na janela "Análise de uma seção...", clique na aba "Dados".
- ▶ No grupo "Armaduras", clique no título da coluna "Bitola".
- ▶ Clique na seta da caixa de lista.
- ▶ Selecione o valor "25".

MONTANDO DIAGRAMA
- ▶ Na janela "Análise de uma seção...", clique na aba "[ELU] Diagrama N, M, 1/r".
- ▶ No grupo "Força normal", no item "NSd (tf)", digite o valor "300".
- ▶ Clique no botão "Montar diagramas".

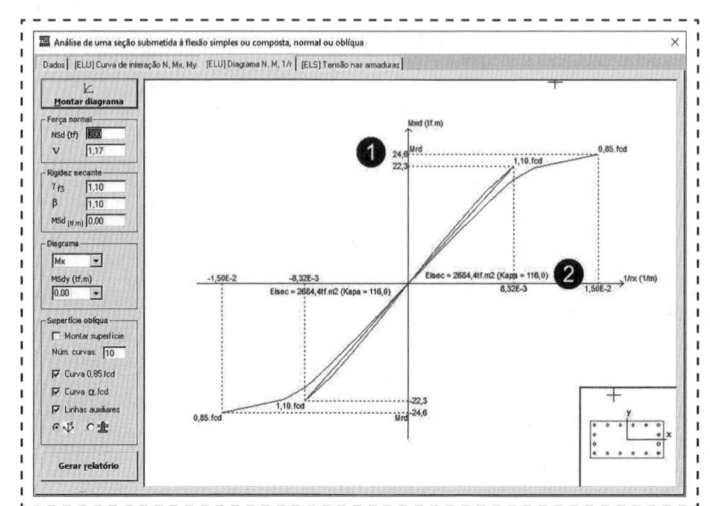

[1] Verifique o momento resistente último: "24,6 tf.m".
[2] Verifique a rigidez secante obtida: "2.684,4 tf.m²".

Perceba novamente que o diagrama se alterou com o aumento da bitola das armaduras de 20 mm para 25 mm. O momento resistente último de cálculo (M_{Rd}) e a a rigidez EI_{sec} aumentaram.

▶ Grave na memória: o diagrama "N, M, 1/r" varia de acordo com a configuração das armaduras.

Se quiser, monte novos diagramas "N, M, 1/r" variando a força normal, as armaduras e as resistências dos materiais (fck e fyk) para verificar a sua influência na rigidez EIsec. Procure adquirir uma certa "sensibilidade" diante dos resultados mostrados na tela. Depois, feche a janela.

6.2.8 Comentários

Com o exemplo que acabou de ser resolvido, foi possível conhecer alguns dos fatores que interferem diretamente na montagem do diagrama "N, M, 1/r". A compreensão de todos os conceitos envolvidos não é fácil. É necessário estudar bastante.

É exatamente nessas horas que a utilização de sistemas computacionais torna-se fundamental, pois facilita e acelera o aprendizado da teoria. Sem um computador, ficaria muito mais complicado compreender os conceitos envolvidos. Lembre-se do seguinte: montar um diagrama "N, M, 1/r" para uma seção de concreto armado de forma manual é praticamente impossível.

Aproveite a agilidade proporcionada pelo computador para estudar e entender melhor a não linearidade física. Há algum tempo, isso era impossível!

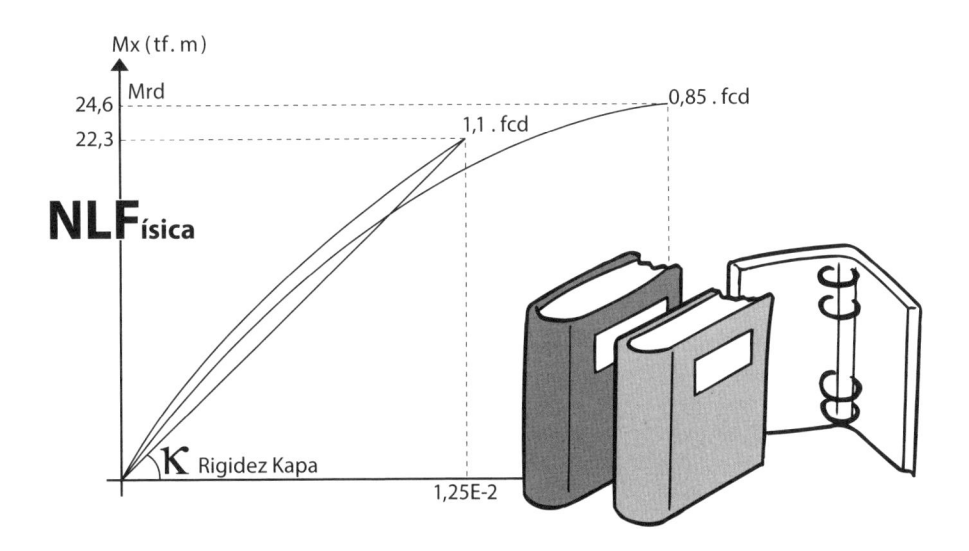

▶ Pelo diagrama "N, M, 1/r", é possível obter o valor de uma rigidez (EIsec), que pode ser utilizada no cálculo de pilares, de tal forma a retratar a não linearidade física de forma mais refinada.

▶ Tanto a força normal como os materiais concreto e aço e a quantidade de armadura exercem influência direta na montagem do diagrama "N, M, 1/r".

6.3 Não linearidade geométrica

Assim como a não linearidade física estudada anteriormente, a não linearidade geométrica também gera uma resposta não linear de uma estrutura. Porém, esse comportamento não ocorre mais devido a alterações no material que a compõe, mas sim em razão de mudanças na geometria dos elementos estruturais à medida que um carregamento é aplicado ao edifício.

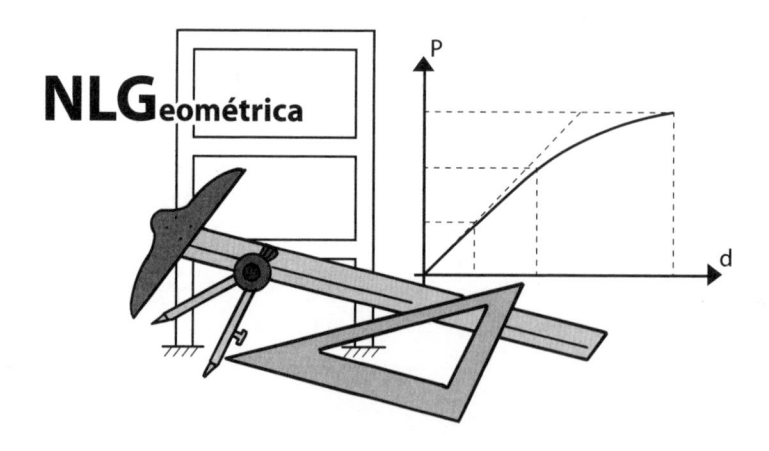

6.3.1 Efeitos de segunda ordem

Para que a influência da não linearidade geométrica na análise de um edifício seja plenamente compreendida, é necessário entender o que são os efeitos de segunda ordem.

Durante toda a graduação, sempre consideramos o equilíbrio de forças e momentos como uma das condições básicas para o cálculo de uma estrutura. Dessa forma, nos diversos exercícios que resolvemos, admitidos as seguintes premissas:

$\sum F = 0$
(Somatória de forças)

Equilíbrio

$\sum M_O = 0$
(Somatória de momentos)

(Estrutura)

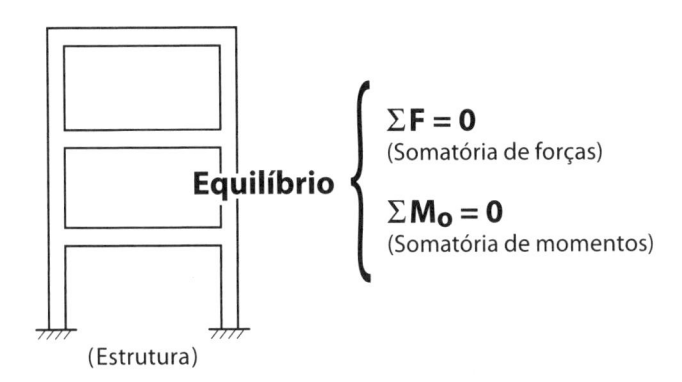

Essa condição de equilíbrio sempre fora considerada na configuração geométrica inicial da estrutura, isto é, na sua posicão não defomada. Esse tipo de análise é denominado de "análise em primeira ordem" e os seus efeitos (deslocamentos e esforços resultantes) são chamadas de "efeitos de primeira ordem". Enfim, trata-se do cálculo tradicional que estamos acostumados a realizar.

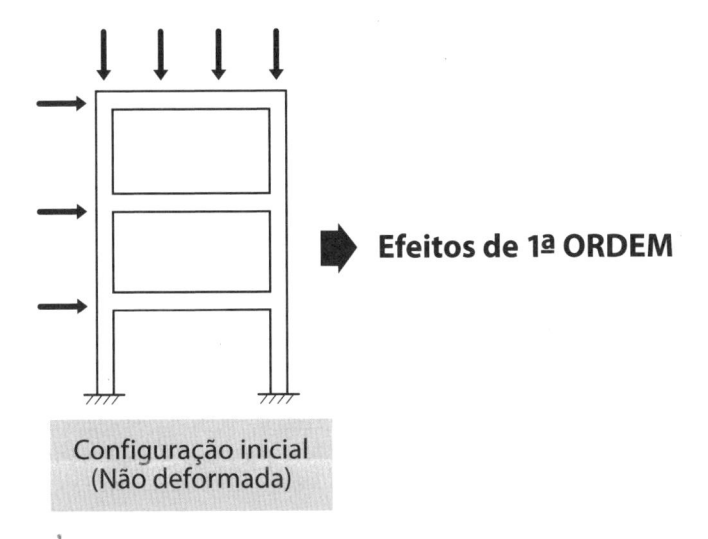

Efeitos de 1ª ORDEM

Configuração inicial
(Não deformada)

No entanto, ao admitir o equilíbrio na configuração indeformada, estamos fazendo uma aproximação. O correto seria considerar o equilíbrio após as deformações geradas pelo carregamento, isto é, na posição deformada. Pense bem: na realidade, o equilíbrio de uma estrutura sempre se dá numa configuração deformada.

Efeitos de 2ª ORDEM

Configuração deformada

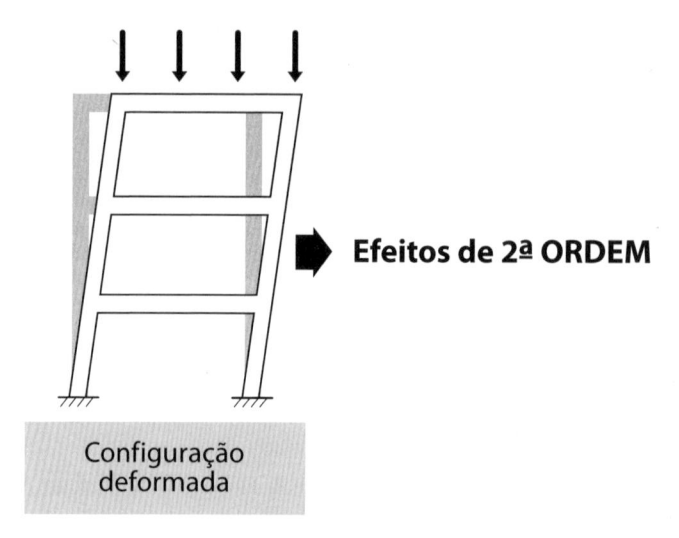

É possível fazer o estudo do equilíbrio de uma estrutura na sua posição deformada. Esse tipo de análise é denominado de "análise em segunda ordem" e os seus efeitos (deslocamentos e esforços resultantes) são chamados de "efeitos de segunda ordem".

Então, quer dizer que todo cálculo que aprendemos durante a graduação, no qual consideramos o equilíbrio na posição indeformada, está incorreto?

Não, não é bem isso. A análise em primeira ordem é uma aproximação que pode ser perfeitamente utilizada pelo fato de os efeitos de segunda ordem, em muitos casos, serem desprezíveis em relação aos efeitos de primeira ordem. Além disso, a análise em segunda ordem, na grande maioria das vezes, é muito mais trabalhosa e impossível de ser efetuada manualmente.

No entanto, existem certas situações no projeto de edifícios de concreto armado em que os efeitos de segunda ordem necessitam, obrigatoriamente, ser considerados. Dois exemplos clássicos são: a análise da estabilidade global e o cálculo dos esforços para o dimensionamento de pilares.

No Cap. 7, os efeitos globais de segunda ordem serão analisados de forma mais detalhada.

▶ No momento, é preciso apenas assimilar que esses efeitos de segunda ordem, obtidos na análise com a configuração deformada da estrutura, geram uma resposta não linear da estrutura.

O exemplo a seguir ilustrará claramente o efeito da não linearidade geométrica em uma estrutura.

6.3.2 Exemplo 4

Seja uma barra vertical engastada na base com comprimento igual a 5 m, com seção transversal quadrada de 30 cm x 30 cm, módulo de elasticidade igual a 28.000 MPa, submetida a uma força horizontal constante (Fh = 10 tf) e a uma força vertical variável (Fv = 0 tf a 100 tf) em seu topo, conforme mostra a figura a seguir.

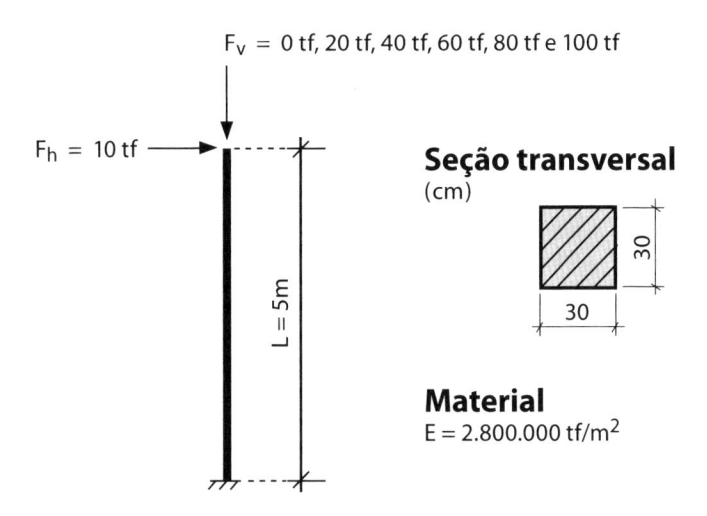

Pelo cálculo linear tradicional em primeira ordem, isto é, na configuração geométrica inicial indeformada, obtemos as seguintes reações e esforços – força normal, força cortante e momento fletor.

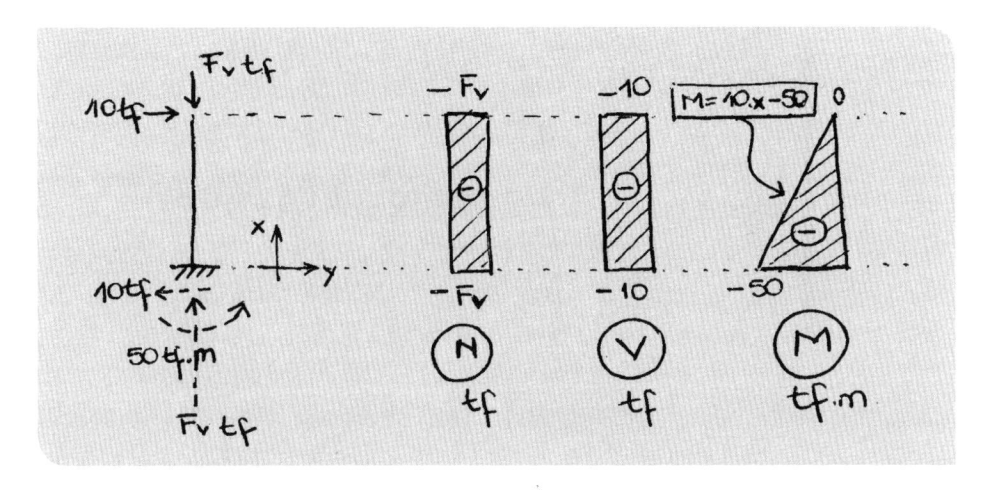

Observe que a força normal depende da força vertical aplicada (Fv), porém a força cortante e o momento fletor são constantes e exclusivamente originados pela aplicação da força horizontal (Fh).

Os deslocamentos de primeira ordem são obtidos pela equação da linha elástica (decorrente da integração dos momentos fletores). A flecha no topo também pode ser obtida utilizando-se uma fórmula simples (y_t).

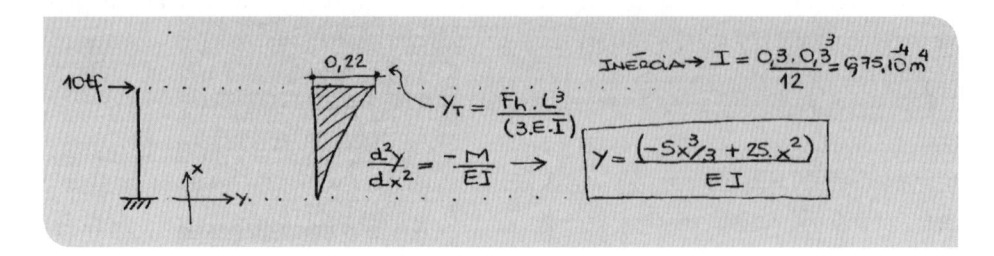

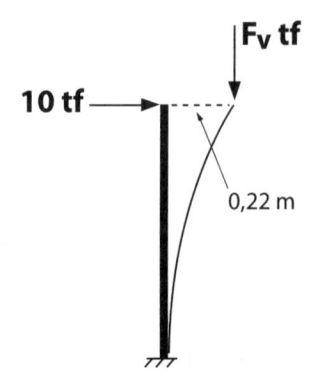

$$\text{INÉRCIA} \rightarrow I = \frac{0{,}3 \cdot 0{,}3^3}{12} = 675{,}10^{-4}\ m^4$$

$$y_T = \frac{F_h \cdot L^3}{(3 \cdot E \cdot I)}$$

$$\frac{d^2y}{dx^2} = -\frac{M}{EI} \rightarrow y = \frac{(-5x^3/3 + 25 \cdot x^2)}{EI}$$

Note que os deslocamentos dependem exclusivamente da força horizontal (F_h), e que a flecha de primeira ordem no topo (0,22 m) altera o ponto de aplicação da carga vertical.

O cálculo nessa nova posição deformada gera acréscimos de esforços, deslocamentos e reações na barra, que dependem do valor da carga vertical aplicada.

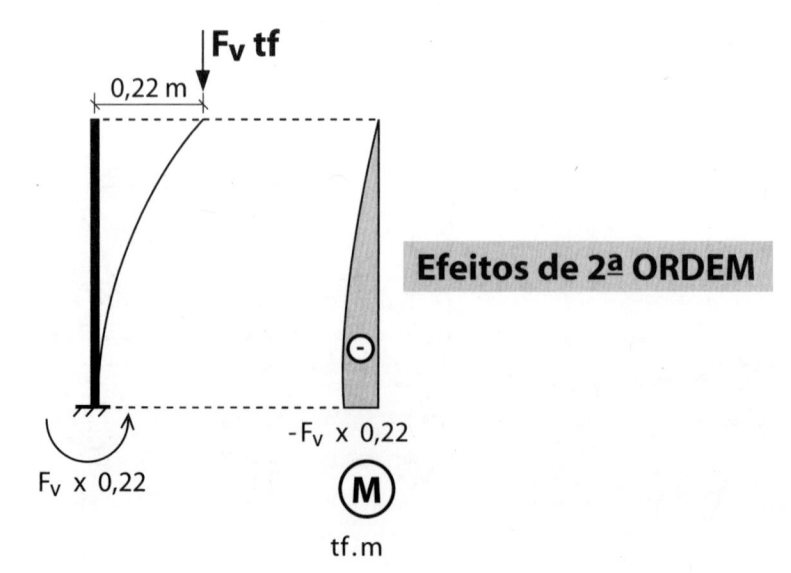

Efeitos de 2ª ORDEM

Esses são os famosos efeitos de segunda ordem, que devem ser calculados até que a posição final de equilíbrio da estrutura seja encontrada.

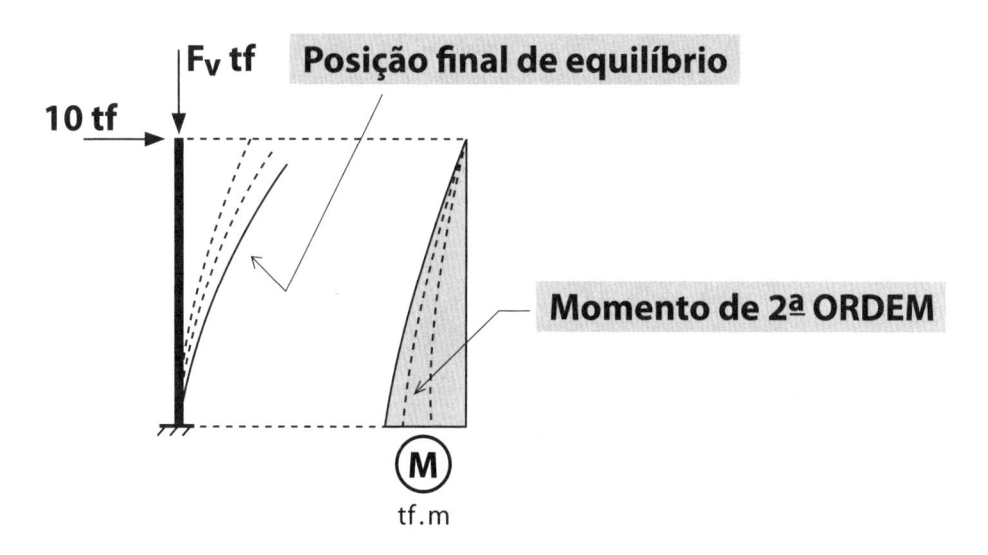

```
         F_v tf    Posição final de equilíbrio
10 tf
                                Momento de 2ª ORDEM
                        (M)
                        tf.m
```

▶ Repetindo: os efeitos de segunda ordem são efeitos adicionais à estrutura, gerados a partir de sua deformação. Eles são responsáveis por provocar um comportamento não linear da estrutura (não linearidade geométrica).

Agora, vamos calcular a barra em questão considerando a não linearidade geométrica com o auxílio de um sistema computacional.

DESCOMPACTANDO O EDIFÍCIO
▶ Descompacte o edifício "NLG.TQS".

SELECIONANDO O EDIFÍCIO
▶ No "Gerenciador", na "Árvore de Edifícios", selecione o ramo "Espacial" do edifício "NLG".

Vamos analisar todos os resultados pelo visualizador de pórtico espacial.

CARREGANDO O VISUALIZADOR DE PÓRTICO ESPACIAL
▶ No "Gerenciador", clique na aba "Sistemas".
▶ Na aba "Sistemas", no grupo "Análise estrutural", clique no botão "Pórtico-TQS".
▶ Na aba "Pórtico-TQS", no grupo "Visualizar", clique no botão "Visualizador de Pórticos", item "Estado Limite Último (ELU)".

Num primeiro momento, visualizaremos os valores obtidos pela análise linear. Depois, os resultados da análise não linear.

Análise linear

Na janela aberta, visualize as forças horizontais (constantes) e verticais (variáveis) aplicadas.

AJUSTANDO NÚMERO DE CASAS DECIMAIS
- ▶ No "Visualizar de Pórticos", clique na aba "Visualizar".
- ▶ Na aba "Visualizar", no grupo "Visualização", clique no botão "Parâmetros".
- ▶ Na janela "Parâmetros de visualização", clique na aba "Diagramas".
- ▶ Na aba "Diagramas", no grupo "Valores", no item "Número de casas", defina o valor "1".
- ▶ Clique no botão "OK".

VISUALIZANDO CARREGAMENTOS
- ▶ Na aba "Visualizar", no grupo "Vista", clique no botão "Vista frontal".
- ▶ Clique na aba "Selecionar".
- ▶ Na aba "Selecionar", no grupo "Casos/Pisos", selecione o caso "02 - Análise linear (tradicional)".
- ▶ No grupo "Diagramas", clique no botão "Carregamento".
- ▶ No grupo "Tamanhos", ajuste a escala dos textos.

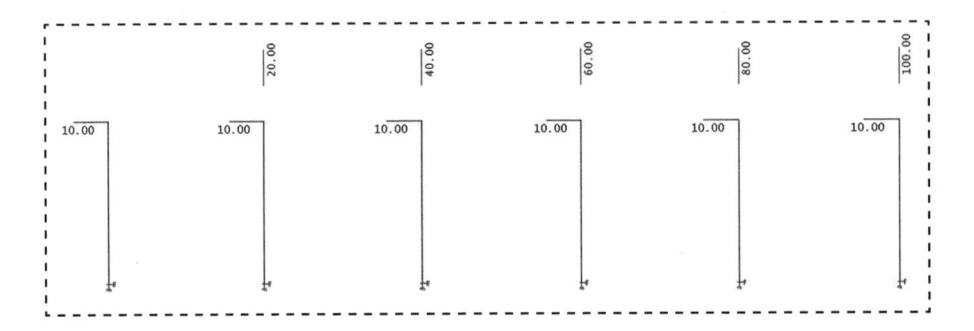

Depois, visualize os esforços (força normal, força cortante e momento fletor) e deslocamentos obtidos pela análise linear.

Perceba que os resultados são idênticos aos valores calculados de forma manual anteriormente.

VISUALIZANDO FORÇAS NORMAIS
- ▶ Na aba "Selecionar", no grupo "Diagramas", clique no botão "Força Fx".
- ▶ No grupo "Tamanhos", ajuste a escala dos diagramas e textos.

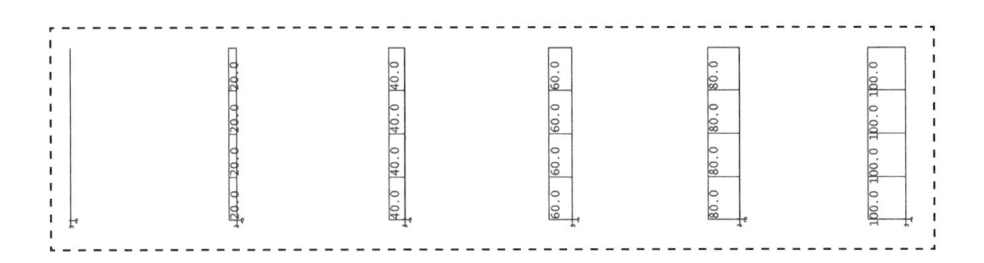

VISUALIZANDO FORÇAS CORTANTES

▶ Na aba "Selecionar", no grupo "Diagramas", clique no botão "Força Fy".

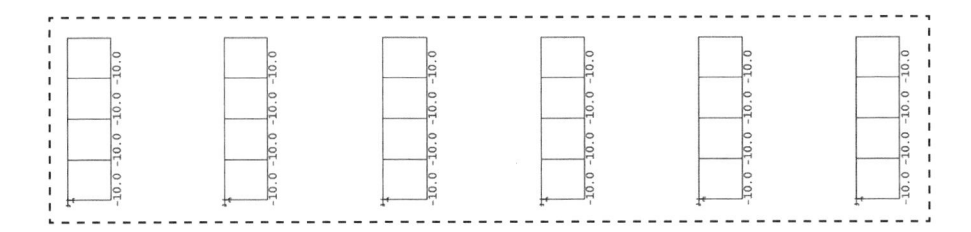

VISUALIZANDO MOMENTOS FLETORES

▶ Na aba "Selecionar", no grupo "Diagramas", clique no botão "Momento Mz".

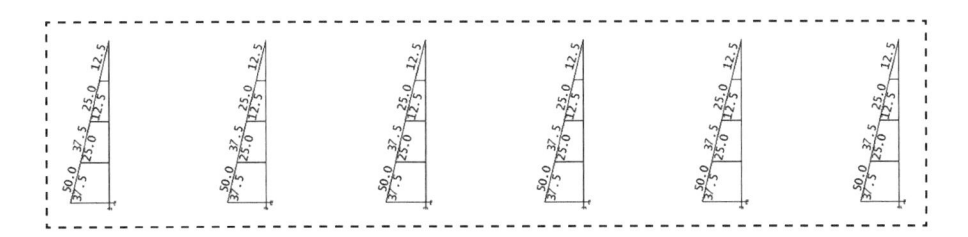

VISUALIZANDO DESLOCAMENTOS

▶ Na aba "Selecionar", no grupo "Diagramas", clique no botão "Deslocamento".

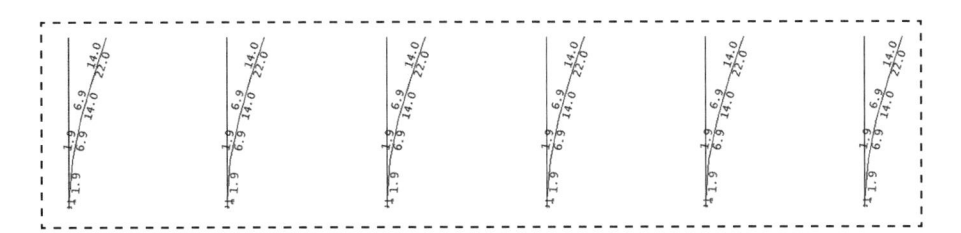

Foi possível perceber, de forma bem clara, que tanto os deslocamentos como os momentos fletores, na análise linear, não variaram com o aumento da carga vertical.

▶ E na análise considerando a não linearidade geométrica, como serão os resultados?

É o que iremos verificar agora.

Análise não linear
Inicialmente, visualize as forças horizontais (constantes) e verticais (variáveis) aplicadas. São exatamente as mesmas utilizadas na análise linear.

VISUALIZANDO CARREGAMENTOS DA ANÁLISE NÃO LINEAR
- ▶ Na aba "Selecionar", no grupo "Casos/Pisos", selecione o caso "03 - Análise com a não linearidade geométrica".
- ▶ No grupo "Diagramas", clique no botão "Carregamento".

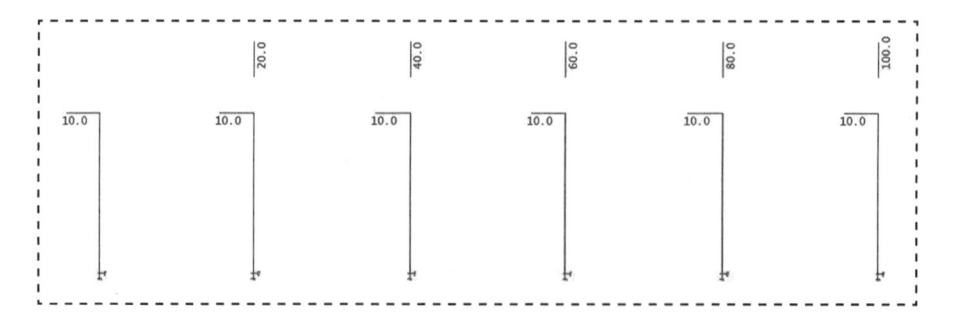

Depois, visualize os esforços (força normal, força cortante e momento fletor) e deslocamentos obtidos pela análise não linear.

Perceba que certos resultados (deslocamentos e momento fletor) são totalmente diferentes dos valores obtidos pela análise linear.

VISUALIZANDO FORÇAS NORMAIS
- ▶ Na aba "Selecionar", no grupo "Diagramas", clique no botão "Força Fx".

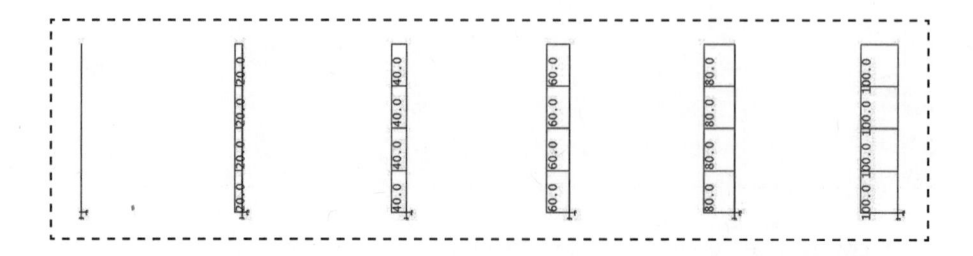

VISUALIZANDO FORÇAS CORTANTES
- ▶ Na aba "Selecionar", no grupo "Diagramas", clique no botão "Força Fy".

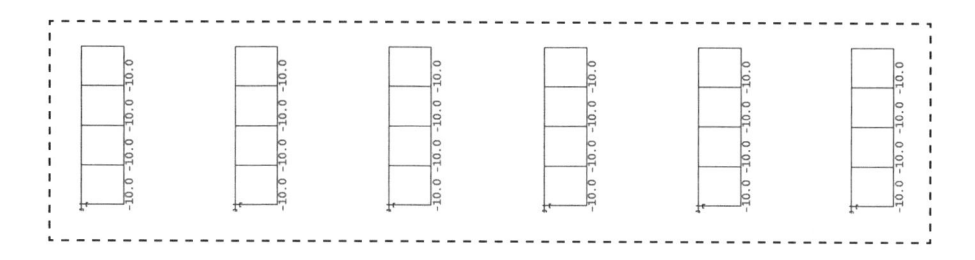

VISUALIZANDO MOMENTOS FLETORES

▶ Na aba "Selecionar", no grupo "Diagramas", clique no botão "Momento Mz".

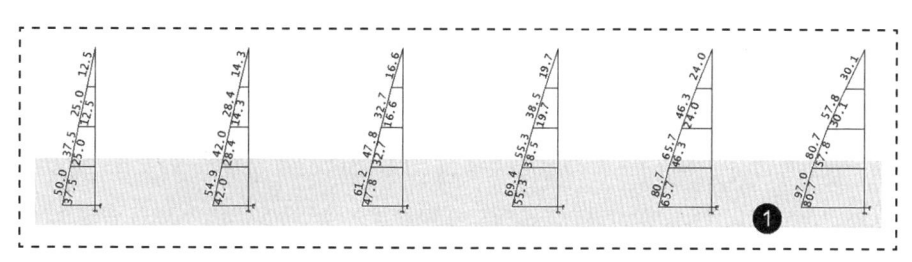

[1] Verifique que houve variação dos momentos fletores.

VISUALIZANDO DESLOCAMENTOS

▶ Na aba "Selecionar", no grupo "Diagramas", clique no botão "Deslocamento".

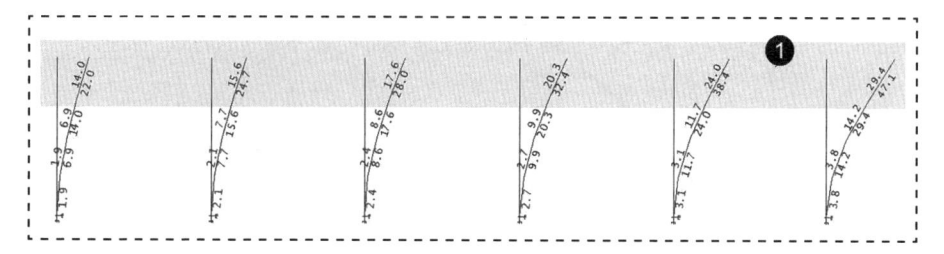

[1] Verifique que houve variação dos deslocamentos.

Feche o visualizador de pórtico espacial.

Tanto os deslocamentos como os momentos fletores variaram com carga vertical aplicada no topo, pois, na análise não linear, os efeitos de segunda ordem foram incorporados nos cálculos até que a posição final de equilíbrio fosse encontrada para cada um dos casos.

Desenhando em gráficos as variações de deslocamentos e momentos fletores em função das cargas verticais aplicadas (Fv), fica evidente a existência do comportamento não linear da estrutura.

Gráfico 1: Deslocamento

Eixo Y: F_v (tf), valores 0, 20, 40, 60, 80, 100
Eixo X: d (cm), valores 22, 27, 32, 37, 42, 47
Curva com indicação "Comportamento não linear"

Gráfico 2: Momento fletor

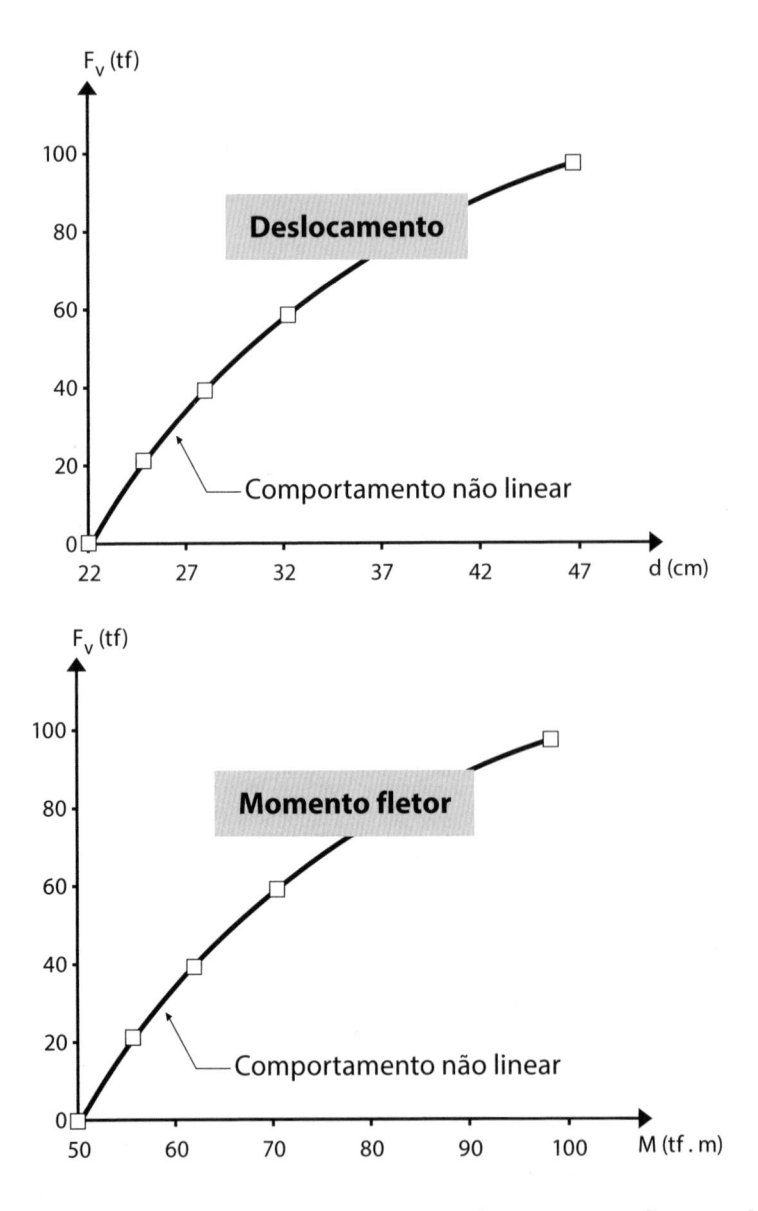

Eixo Y: F_v (tf), valores 0, 20, 40, 60, 80, 100
Eixo X: M (tf.m), valores 50, 60, 70, 80, 90, 100
Curva com indicação "Comportamento não linear"

Note que, para uma força vertical Fv = 100 tf, o momento fletor na base da barra foi igual a 97,0 tf.m. Ou seja, 94% a mais que o esforço obtido pela análise linear (50,0 tf.m).

Cabe ressaltar que o efeito provocado pela não linearidade geométrica que acabou de ser calculado faz parte do problema analisado. Não é algo que pode acontecer, mas sim uma situação que realmente acontece.

Imagine então se a barra em questão fosse apenas calculada por uma análise puramente linear. O dimensionamento das armaduras longitudinais baseado no momento fletor de primeira ordem (M = 50,0 tf.m) ficaria totalmente contra a segurança!

6.4 Não linearidade nos edifícios de concreto armado

Pelos exemplos analisados anteriormente, foi possível distinguir a não linearidade física da não linearidade geométrica. Uma está relacionada com o material empregado na estrutura e a outra, com a influência da análise com a geometria na posição deformada.

Ambas as não linearidades, NLF e NLG, flagraram situações em que o comportamento da estrutura tornou-se tipicamente não linear, isto é, a sua resposta perante o nível de carregamento aplicado passou a se comportar de forma desproporcional.

Vamos recapitular de forma resumida os exemplos até então analisados, com o objetivo de reforçar a assimilação dos principais conceitos apresentados, bem como de fazer uma extrapolação para situações reais de projeto de edifícios de concreto armado.

No primeiro edifício estudado, a consideração da não linearidade física de forma aproximada nas vigas e pilares de um pórtico espacial, isto é, pela correção direta das rigidezes "EI", ocasionou um grande aumento na deformabilidade da estrutura, levando a uma elevação da flecha no topo devida ao vento de 1,7 cm para 3,0 cm (+76%).

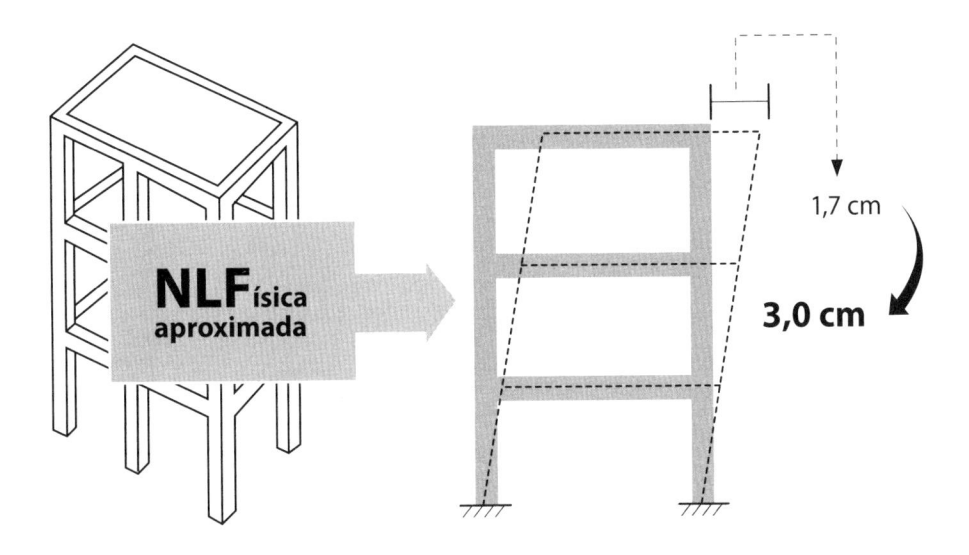

▶ Na prática atual, a consideração da não linearidade física de forma aproximada é utilizada na avaliação da estabilidade global de edifícios de concreto.

No segundo exemplo, por meio da consideração da não linearidade física baseada em diagramas momento-curvatura "M x 1/r", as flechas calculadas em um pavimento de concreto armado foram maiores quando comparadas com a análise linear tradicional. Nesse caso, a presença da fissuração foi preponderante.

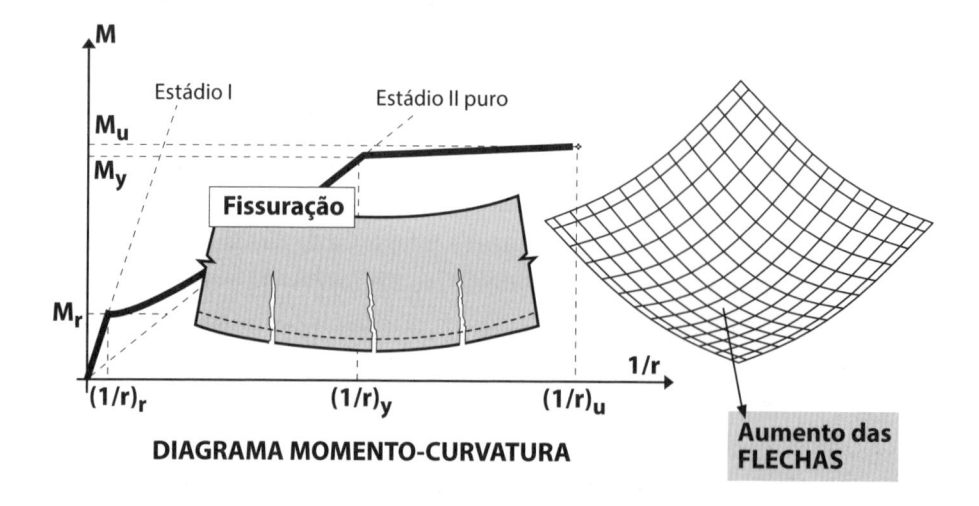

DIAGRAMA MOMENTO-CURVATURA

Aumento das FLECHAS

▶ Na prática atual, a consideração da não linearidade física baseada em diagramas momento-curvatura, "M x 1/r", é adotada na análise mais refinada de flechas em pavimentos de concreto armado.

Posteriormente, com a ajuda de uma calculadora, foram montados diagramas normal-momento-curvatura, ou "N, M, 1/r", nos quais as rigidezes chamadas "EIsec" foram calculadas considerando a não linearidade do concreto armado. Foi possível perceber que tais rigidezes, adequadas para o dimensionamento de pilares, possuem valores inferiores às rigidezes "$E_{cs} \cdot I_c$" calculadas de forma usual.

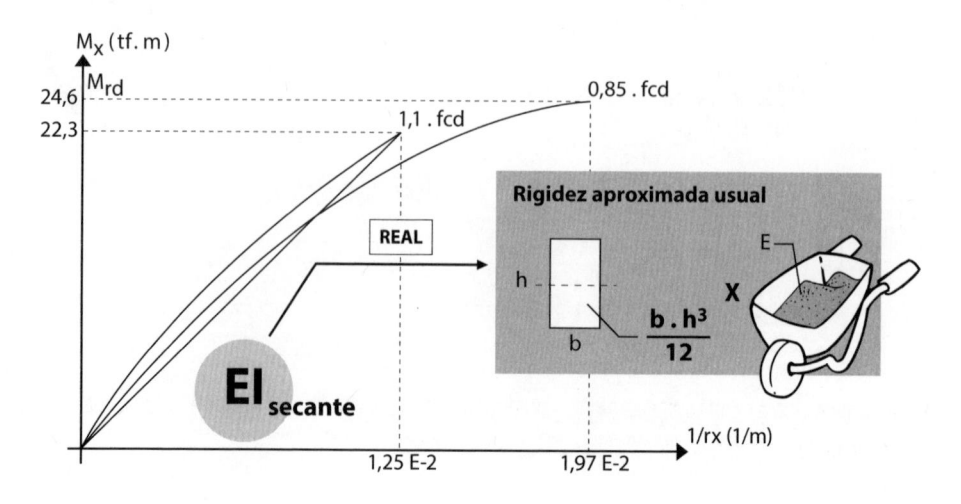

Rigidez aproximada usual

$$E \times \frac{b \cdot h^3}{12}$$

ANÁLISE NÃO LINEAR: 371
UMA VISÃO PRÁTICA

▶ Na prática atual, a consideração da não linearidade física baseada em diagramas normal-momento-curvatura, "N, M, 1/r", é fundamental na análise dos esforços locais utilizados no dimensionamento de pilares.

Finalmente, pela análise de uma barra vertical engastada submetida a forças horizontal e vertical em seu topo, demonstrou-se a enorme influência que a não linearidade geométrica pode ocasionar. Os deslocamentos e esforços finais obtidos pela análise não linear foram bem maiores que os valores obtidos pela análise linear tradicional.

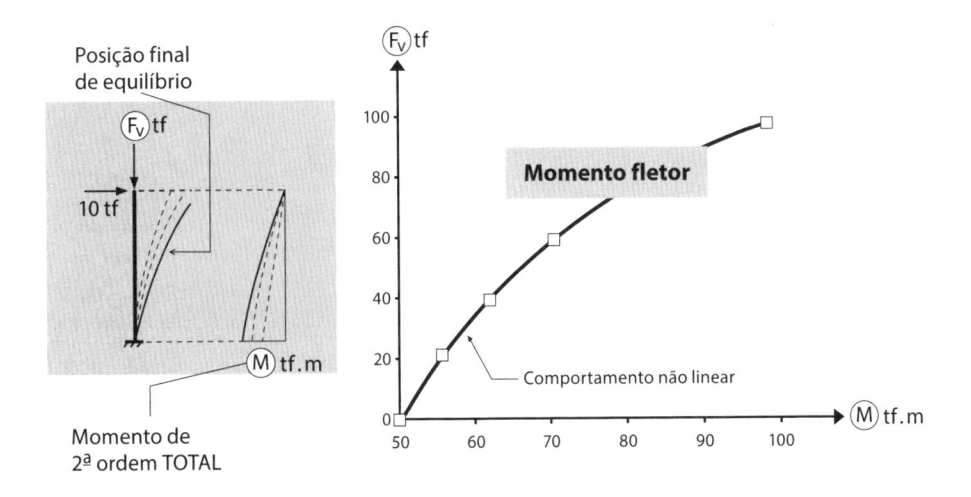

▶ Na prática atual, a consideração da não linearidade geométrica é fundamental na avaliação da estabilidade global de um edifício, bem como na análise local de pilares.

Nos exemplos anteriores, muito embora a não linearidade física tenha sido estudada de forma independente da não linearidade geométrica, é conveniente deixar claro que ambas sempre atuam de forma conjunta. Isto é, uma estrutura de concreto armado, ao ser carregada, sofre influência tanto da não linearidade física (alteração no material) como da não linearidade geométrica (alteração da geometria), de forma simultânea.

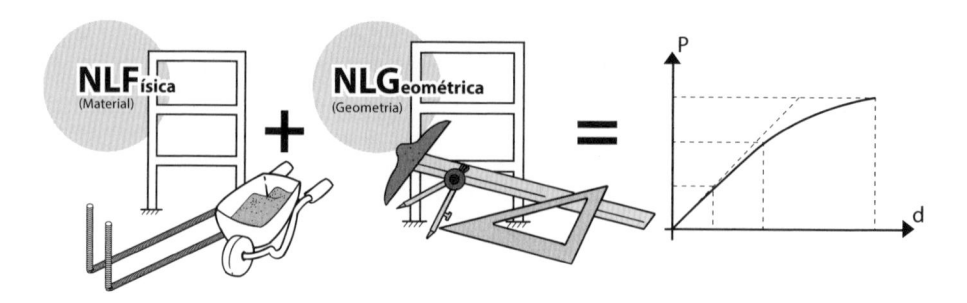

▶ É importante estar ciente de que tanto a não linearidade física como a não linearidade geométrica, na vida real, estão sempre presentes nos edifícios de concreto armado. E, por isso, torna-se fundamental considerá-las no cálculo da estrutura.

▶ Não se esqueça: a análise não linear é um paradigma nos dias atuais!

6.5 Considerações finais

O tema "análise não linear" não é fácil de ser inteiramente compreendido logo na primeira vez. É necessário estudar. Existem diversos livros e apostilas que tratam desse tema com bastante profundidade. Nos cursos de pós-graduação em Engenharia de Estruturas, é muito comum ter uma disciplina específica desse assunto. Nela, todas as formulações são apresentadas com detalhes.

O que foi exposto neste capítulo é apenas uma introdução básica às não linearidades presentes num edifício de concreto armado. O objetivo foi o de demonstrar de forma prática a influência delas na estrutura.

▶ Com a compreensão dos conceitos apresentados neste capítulo, torna-se possível ao menos ter uma noção da influência, bem como da importância, da análise não linear no cálculo de uma estrutura de concreto armado.

Estabilidade global e efeitos de segunda ordem | 7

O objetivo deste capítulo é apresentar conceitos básicos referentes à avaliação da estabilidade global de edifícios de concreto armado, item de grande importância na elaboração de projetos desse tipo de estrutura, mas que comumente não é abordado durante a graduação em Engenharia Civil.

Com um exemplo bem simples, procuraremos demonstrar toda a teoria que envolve o assunto de forma bastante didática, de tal modo que os conceitos possam ser plenamente compreendidos e extrapolados paras os casos de edificações reais.

Além disso, será feita uma introdução de como os principais efeitos de segunda ordem existentes em um edifício de concreto armado podem ser calculados e avaliados.

Na NBR 6118:2014, esse assunto é abordado na seção 15 ("Instabilidade e efeitos de segunda ordem").

Durante este capítulo, serão discutidas e esclarecidas questões como:

- O que são efeitos de segunda ordem?
- Como verificar a estabilidade global de um edifício?
- O que é coeficiente γ_z?
- Quais fatores influenciam a estabilidade de um edifício?

Pré-requisitos

Para que os conceitos apresentados neste capítulo sejam plenamente compreendidos, é necessário que os Caps. 2 a 6 tenham sido previamente estudados. Diversos assuntos já abordados nesses capítulos não serão novamente explicados com detalhes.

7.1 Introdução

Imagine duas esferas, A e B, posicionadas em locais distintos, conforme mostra a figura a seguir.

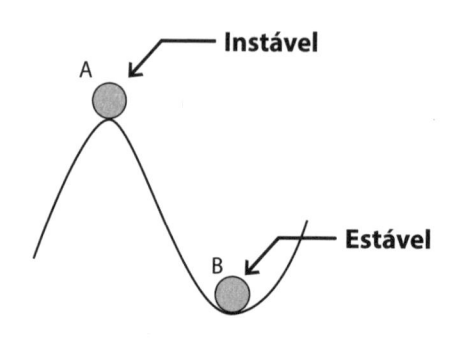

É fácil perceber que a esfera A está numa condição de equilíbrio totalmente oposta à da esfera B. Uma vez deslocada para qualquer um dos lados, a esfera A não é capaz de voltar à sua posição original. A esfera B, por sua vez, tende a retornar à sua condição inicial mesmo sendo movimentada.

Nesse caso das esferas, a avaliação da sua estabilidade pôde ser realizada de forma direta e intuitiva. O conceito de equilíbrio estável e instável é facilmente definido por uma simples observação.

Agora, imagine um edifício real. Muito embora seja análoga ao exemplo das esferas que acabou de ser apresentado, a verificação da estabilidade de uma estrutura de concreto armado não é intuitiva nem tão simples assim.

É necessário conhecer bem o problema e criar subsídios para que se possa checar a sua condição de equilíbrio de forma mais consistente e confiável.

Um projeto estrutural de qualidade deve garantir sempre que todo edifício, ou qualquer parte isolada dele, nunca atinja o estado-limite último de instabilidade, isto é, a perda da capacidade resistente da estrutura causada pelo aumento das deformações.

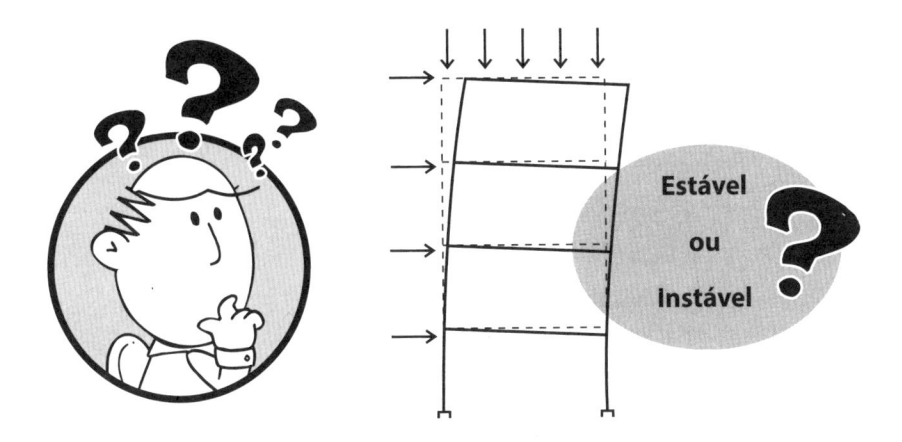

7.2 Efeitos de segunda ordem

Antes de apresentar como efetivamente é avaliada a estabilidade global de um edifício, é fundamental entender o que são os efeitos de segunda ordem. Esse assunto já foi previamente abordado no capítulo anterior.

7.2.1 Definições

Análise em primeira ordem

É aquela em que o cálculo da estrutura é realizado na sua configuração geométrica inicial não deformada, gerando os chamados "efeitos de primeira ordem". Trata-se da análise tradicional que realizamos durante a graduação para calcular uma estrutura.

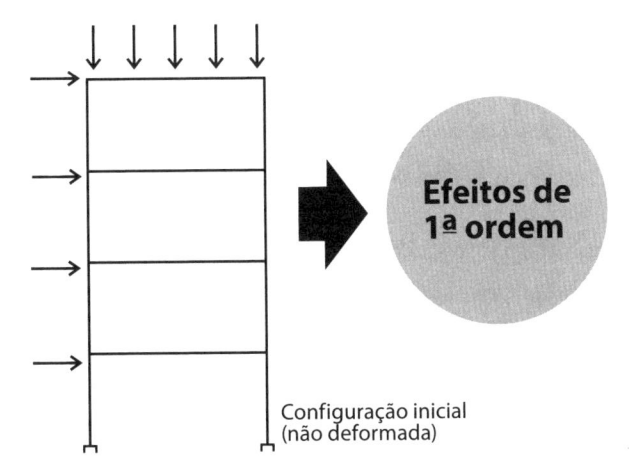

Análise em segunda ordem

É aquela em que o cálculo da estrutura é realizado na sua posição deformada, ocasionando o aparecimento de efeitos adicionais chamados "efeitos de segunda ordem", que tendem a desestabilizar a edificação. Usualmente, esse tipo de análise é abordado ao longo da graduação de forma superficial, muito embora tenha uma grande importância no projeto estrutural de edifícios de concreto armado.

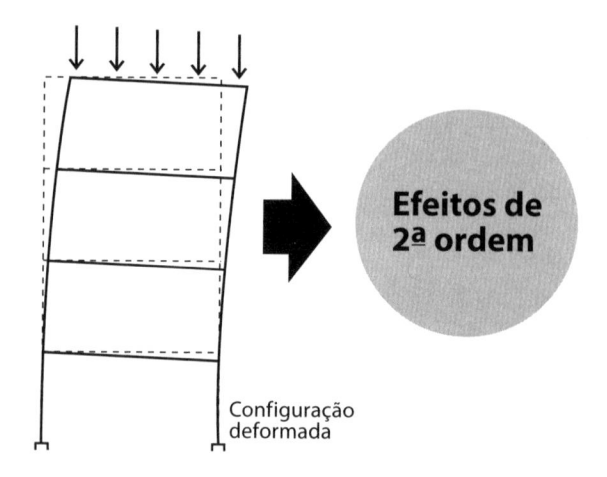

Efeitos de 2ª ordem

Configuração deformada

7.2.2 Exemplo 1

A compreensão das definições anteriores, bem como de todos os conceitos que serão apresentados ao longo deste capítulo, ficará mais clara com a resolução passo a passo do exemplo simples mostrado a seguir.

Seja uma barra vertical engastada na base com comprimento igual a 5 m, com seção transversal quadrada 30 cm x 30 cm, módulo de elasticidade igual a 28.000 MPa, submetida a forças horizontal (F_h) e vertical (F_v) em seu topo, conforme mostra a figura a seguir.

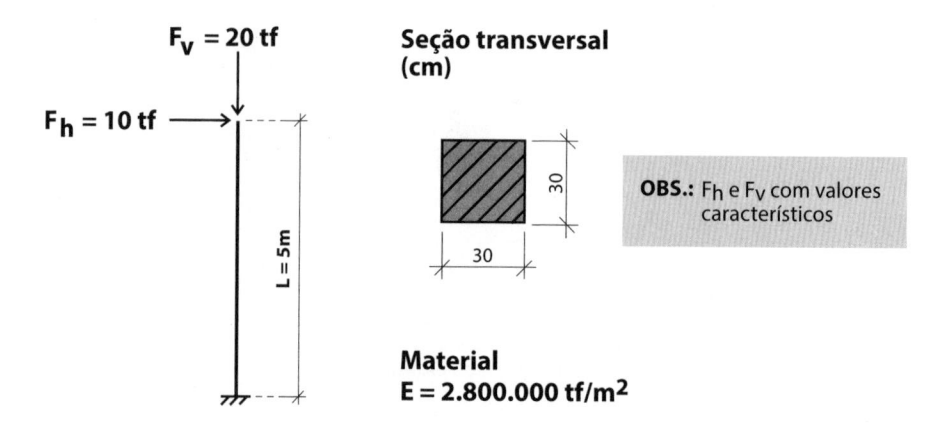

F_v = 20 tf

F_h = 10 tf

L = 5m

Seção transversal (cm)

30 x 30

OBS.: F_h e F_v com valores característicos

Material
E = 2.800.000 tf/m²

Com o cálculo tradicional em primeira ordem, isto é, na configuração geométrica inicial, temos as seguintes reações e esforços: força normal, força cortante e momento fletor.

ESTABILIDADE GLOBAL E EFEITOS DE SEGUNDA ORDEM

Os deslocamentos de primeira ordem são obtidos pela equação da linha elástica (a qual é determinada pela integração do diagrama de momentos fletores). A flecha no topo, nesse caso, também pode ser determinada com a utilização de uma fórmula simples (y_t), apresentada a seguir.

$$y_T = \frac{F_h \cdot L^3}{(3 \cdot E \cdot I)}$$

$$\frac{d^2y}{dx^2} = \frac{-M}{EI} \rightarrow y = \frac{(-5x^3/3 + 25 \cdot x^2)}{EI}$$

$$\text{INÉRCIA} \rightarrow I = \frac{0{,}3 \cdot 0{,}3^3}{12} = 6{,}75 \cdot 10^{-4} \, m^4$$

Note, então, que a flecha de primeira ordem no topo (0,22 m), gerada pela carga horizontal, altera o ponto de aplicação da carga vertical.

O cálculo nessa nova posição deformada produz acréscimos de esforços, deslocamentos e reações na barra. Esses são os famosos "efeitos de segunda ordem".

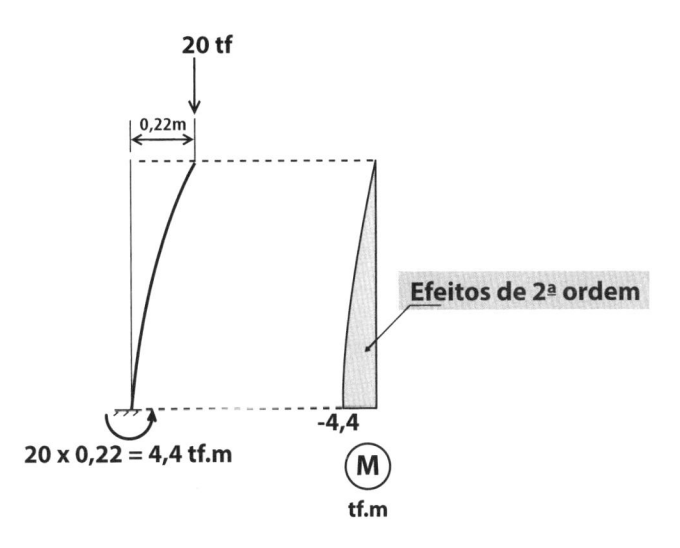

20 × 0,22 = 4,4 tf.m

Efeitos de 2ª ordem

Mas a análise não para por aqui. Perceba que, a cada novo incremento de um efeito de segunda ordem, aparecerá um outro acréscimo adicional de deslocamentos. E, assim, sucessivamente, até que a posição final de equilíbrio da estrutura seja encontrada.

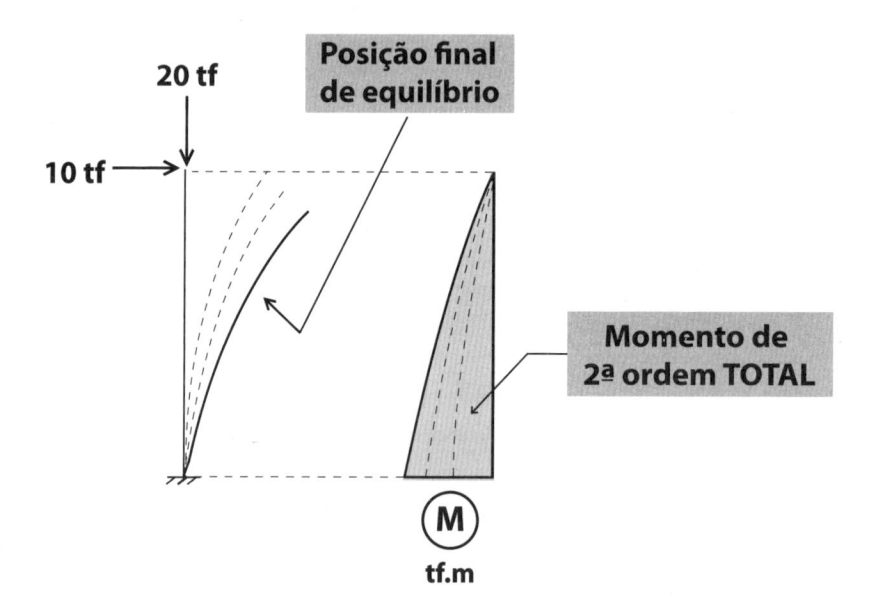

Isso significa dizer que, neste exemplo, o momento de segunda ordem total não é 4,4 tf.m, mas sim um valor maior. Seria necessário realizar mais iterações para se chegar ao resultado final. Trata-se de um cálculo iterativo, que veremos com mais detalhes a seguir. O importante, nesse momento, é assimilar o que são os efeitos de segunda ordem.

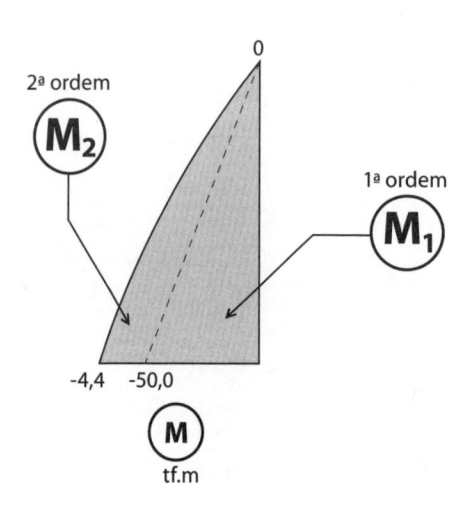

Repetindo: efeitos de segunda ordem são efeitos adicionais à estrutura, que são gerados a partir de suas deformações.

Usualmente, costuma-se designar o momento fletor de primeira ordem como M_1, e o momento fletor de segunda ordem como M_2.

ESTABILIDADE GLOBAL E EFEITOS DE SEGUNDA ORDEM

DESCOMPACTANDO O EDIFÍCIO
▶ Descompacte o edifício "GamaZ-1.TQS".

INICIANDO O TQS
▶ Inicie o TQS.

SELECIONANDO O EDIFÍCIO
▶ No "Gerenciador", na "Árvore de Edifícios", selecione o ramo "Espacial" do edifício "GamaZ-1".
▶ Na aba "Sistemas", no grupo "Análise Estrutural", clique no botão "Pórtico-TQS".

CARREGANDO VISUALIZADOR DE PÓRTICO ESPACIAL
▶ Na aba "Pórtico-TQS", no grupo "Visualizar", clique no botão "Visualizador de Pórticos", item "Estado Limite Último (ELU)".

Vamos checar os resultados obtidos pelo sistema computacional.

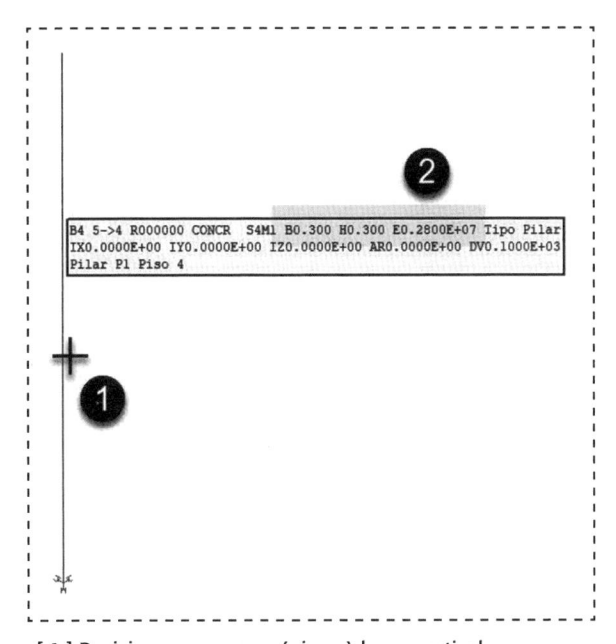

```
B4 5->4 R000000 CONCR  S4M1 B0.300 H0.300 E0.2800E+07 Tipo Pilar
IX0.0000E+00 IY0.0000E+00 IZ0.0000E+00 AR0.0000E+00 DV0.1000E+03
Pilar P1 Piso 4
```

[1] Posicione o cursor próximo à barra vertical.
[2] Verifique os dados da seção e do material.

Confira os valores das cargas aplicadas.

VISUALIZANDO CARGAS

▶ No "Visualizador de Pórtico Espacial", na aba "Selecionar", no grupo "Casos/Pisos", selecione o caso de carregamento "03 - ELU1/ACIDCOMB/TODAS+VENT".
▶ Na aba "Selecionar", no grupo "Visualizar", clique no botão "Carregamento".
▶ Na aba "Selecionar", no grupo "Tamanhos", ajuste o tamanho dos textos.

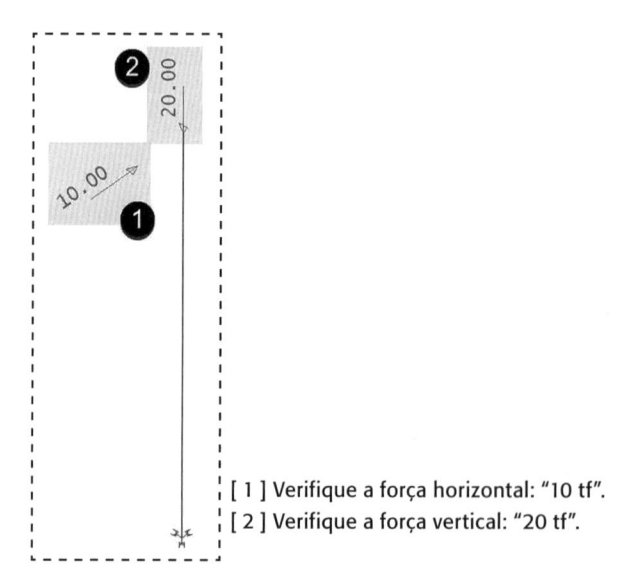

[1] Verifique a força horizontal: "10 tf".
[2] Verifique a força vertical: "20 tf".

Confira o diagrama de força normal. (Convenção: valor positivo é compressão).

VISUALIZANDO DIAGRAMA DE FORÇA NORMAL

▶ Na aba "Selecionar", no grupo "Visualizar", clique no botão "Força Fx".

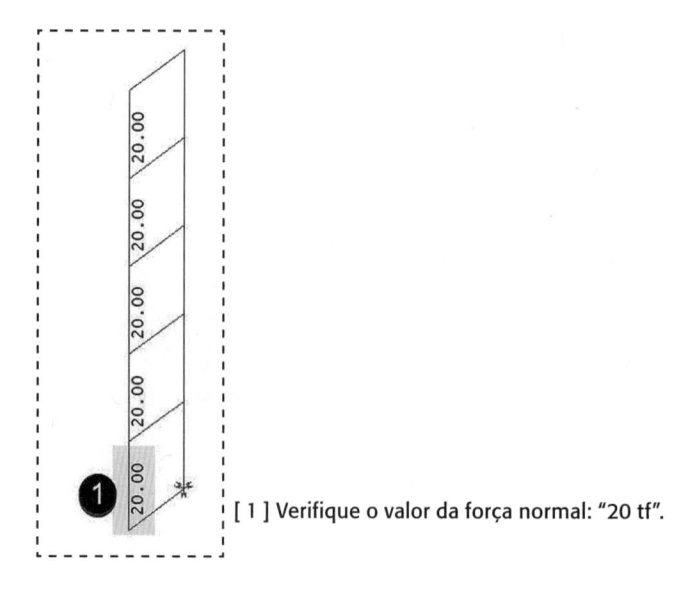

[1] Verifique o valor da força normal: "20 tf".

Confira o diagrama de força cortante.

VISUALIZANDO DIAGRAMA DE FORÇA CORTANTE
- Na aba "Selecionar", no grupo "Visualizar", clique no botão "Força Fy".

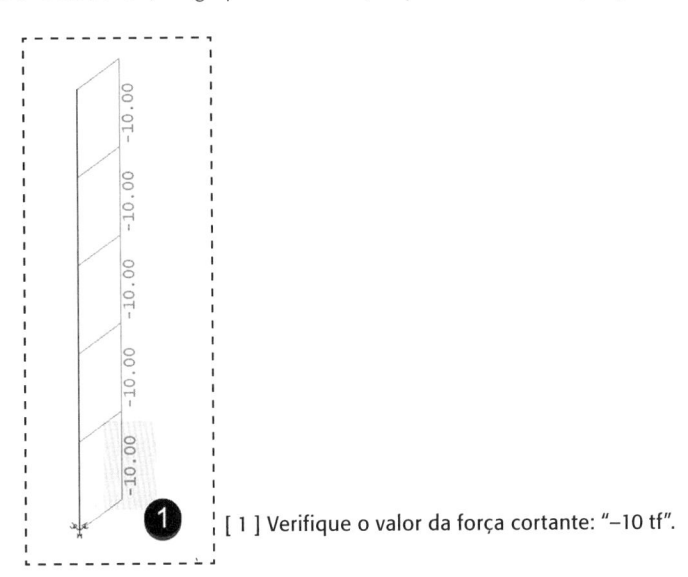

[1] Verifique o valor da força cortante: "–10 tf".

Confira o diagrama de momento fletor.

VISUALIZANDO DIAGRAMA DE MOMENTO FLETOR
- Na aba "Selecionar", no grupo "Visualizar", clique no botão "Momento Mz".
- Na aba "Selecionar", no grupo "Tamanhos", ajuste o tamanho do diagrama.

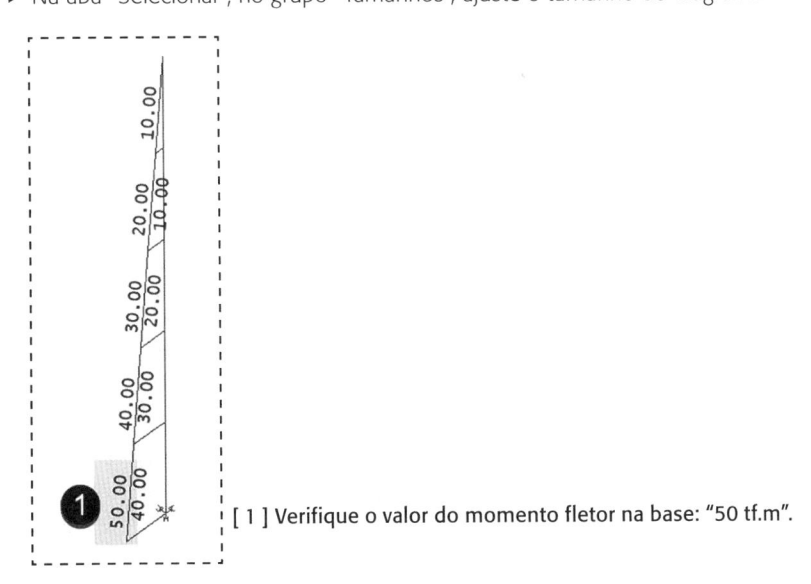

[1] Verifique o valor do momento fletor na base: "50 tf.m".

Finalmente, confira os deslocamentos (unidade em cm).

VISUALIZANDO DESLOCAMENTOS
▶ Na aba "Selecionar", no grupo "Visualizar", clique no botão "Deslocamento".

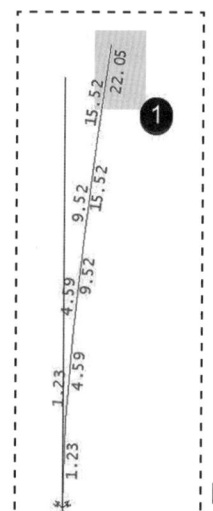

[1] Verifique o valor do deslocamento no topo: "22 cm".

Note que todos os resultados visualizados (esforços e deslocamentos) correspondem exatamente aos valores calculados manualmente na análise em primeira ordem, isto é, realizada na posição indeformada.

A análise dos resultados em segunda ordem, ou seja, na posição deformada, será vista posteriormente.

FECHANDO O VISUALIZADOR DE PÓRTICO ESPACIAL
▶ Feche o visualizador de pórtico espacial.

7.2.3 Nas estruturas de concreto
Neste item, vamos mostrar em quais situações reais surgem os efeitos de segunda ordem nos edifícios de concreto armado.

Importância

Os efeitos de segunda ordem existem, são reais. E, acima de tudo, estão presentes em qualquer estrutura de concreto armado. Por isso, é extremamente importante saber calcular e avaliar a sua magnitude de forma precisa.

Dispensa

A NBR 6118:2014, item 15.2 ("Campo de aplicação e conceitos fundamentais"), permite desprezar os efeitos de segunda ordem somente após a constatação de que a sua magnitude não representará um acréscimo de 10% nas reações e nas solicitações relevantes da estrutura.

Caso contrário, esses efeitos precisam, obrigatoriamente, ser considerados no dimensionamento e verificação de todos os elementos da estrutura.

Classificação

A NBR 6118:2014, item 15.4.1 ("Efeitos globais, locais e localizados de segunda ordem"), classifica os efeitos de segunda ordem presentes numa estrutura de concreto em três tipos:
1. Efeitos globais de segunda ordem.
2. Efeitos locais de segunda ordem.
3. Efeitos localizados de segunda ordem.

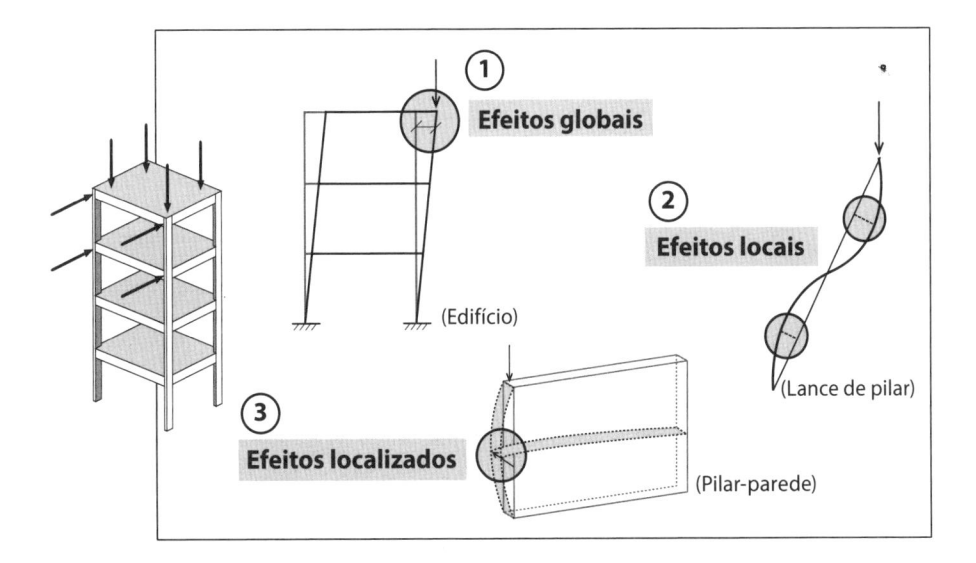

① Efeitos globais (Edifício)

② Efeitos locais (Lance de pilar)

③ Efeitos localizados (Pilar-parede)

Os efeitos globais estão relacionados ao edifício como um todo, isto é, ao conjunto completo formado pelos pilares, vigas e lajes. Por exemplo: um edifício submetido à ação do vento se desloca horizontalmente. E, por essa razão, geram-se efeitos de segunda ordem devidos à presença simultânea de cargas verticais (peso próprio + sobrecarga).

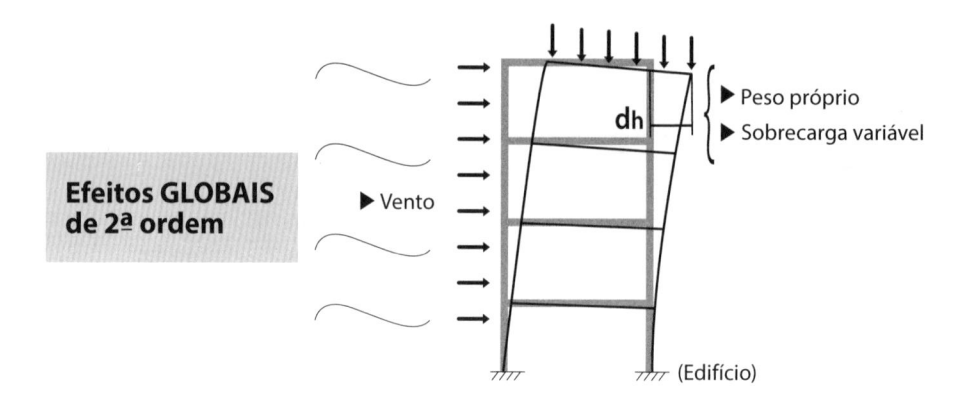

Efeitos GLOBAIS de 2ª ordem

▶ Vento

dh

▶ Peso próprio
▶ Sobrecarga variável

(Edifício)

Já os efeitos locais estão associados a uma parte isolada da estrutura. Por exemplo: um lance de pilar sob a atuação de momentos fletores no seu topo e na sua base se deforma. Com isso, são produzidos efeitos de segunda ordem devidos à presença simultânea da carga normal de compressão.

Efeitos LOCAIS de 2ª ordem

d_h

(Lance de pilar)

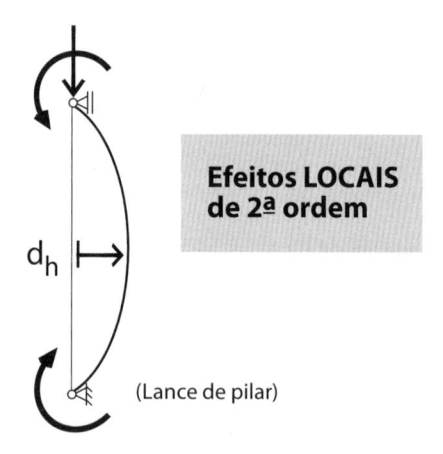

Os efeitos localizados, por sua vez, referem-se a uma região específica de um elemento na qual se concentram tensões. Exemplo: um pilar-parede sob a atuação de momento fletor segundo sua direção mais rígida se deforma mais em uma de suas extremidades (região comprimida). O resultado é o desenvolvimento de efeitos de segunda ordem devidos à presença de uma carga normal de compressão mais significativos nessa região.

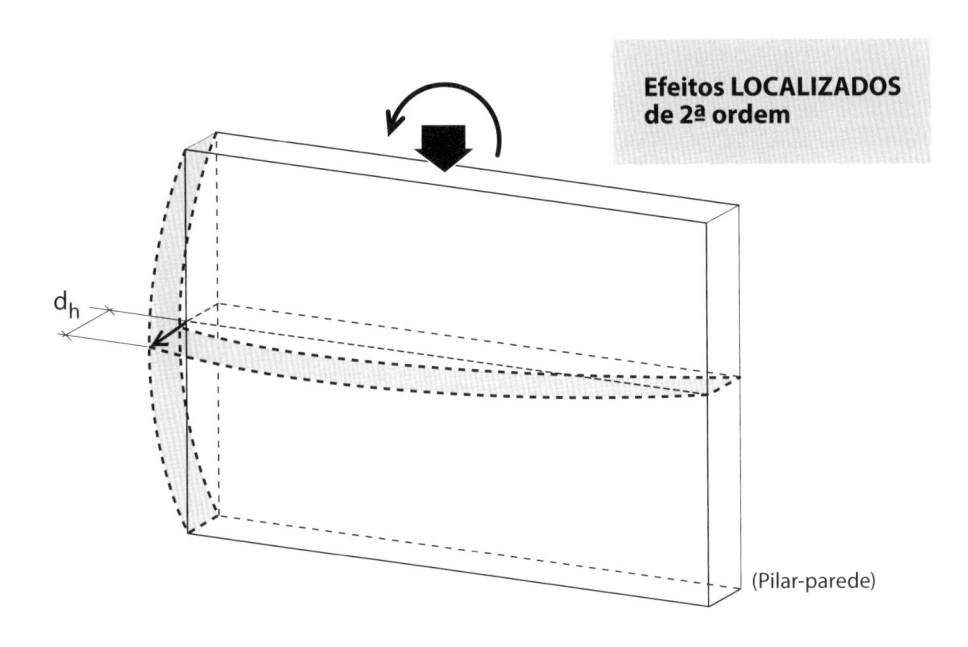

ESTABILIDADE GLOBAL E EFEITOS DE SEGUNDA ORDEM | 385

Efeitos LOCALIZADOS de 2ª ordem

d_h

(Pilar-parede)

Cálculo
Embora ocorram de forma simultânea no edifício, os efeitos globais, locais e localizados de segunda ordem são analisados separadamente. Existem diversos métodos para calculá-los.

Nos itens seguintes, vamos demonstrar como avaliar somente os efeitos globais em uma estrutura. Os efeitos locais e localizados, específicos para pilares e pilares-parede, não serão abordados neste capítulo.

7.3 Estabilidade global
Como a própria nomenclatura já deixa evidente, a estabilidade global de um edifício se refere à estrutura como um todo. Portanto, está relacionada aos efeitos globais de segunda ordem que acabaram de ser apresentados.

A estabilidade global de uma estrutura é inversamente proporcional à sua sensibilidade perante os efeitos de segunda ordem. Em outras palavras, quanto mais estável for a estrutura, menores serão os efeitos de segunda ordem. Ou ainda, quanto maiores forem os efeitos de segunda ordem, menos estável será a estrutura.

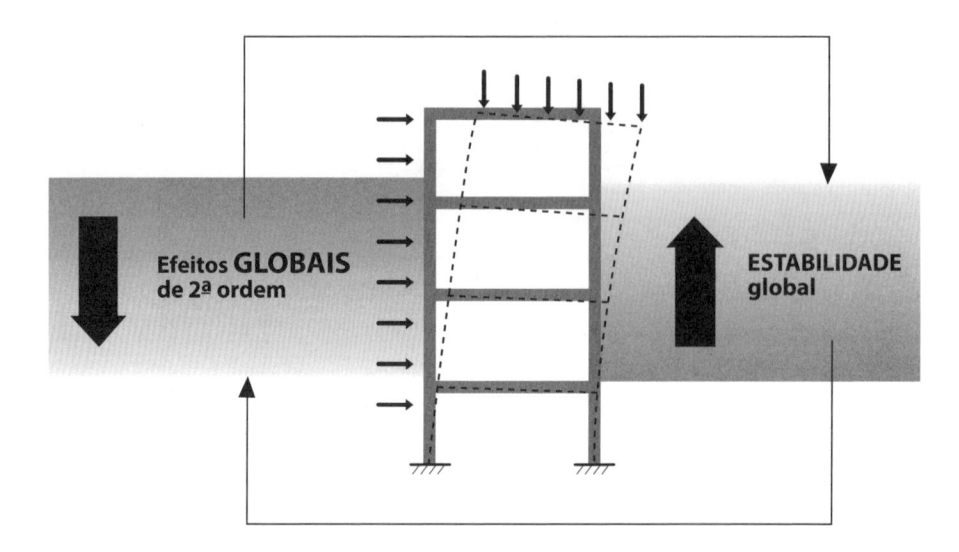

Dessa forma, é possível distinguir um edifício estável de um instável por meio de um cálculo, ou mesmo de uma estimativa, dos efeitos globais de segunda ordem que estarão presentes na estrutura.

▶ A verificação da estabilidade global de um edifício de concreto armado é fundamental. Trata-se de um requisito que deve ser avaliado logo no início da elaboração do projeto estrutural.

7.3.1 Coeficiente γ_z
O que é?

É um parâmetro que avalia a estabilidade global de um edifício de concreto armado de forma simples, rápida e bastante eficiente. Sua formulação foi inteiramente deduzida e criada por engenheiros brasileiros (Engº. Augusto Carlos de VASCONCELOS e Engº. Mário FRANCO).

▶ O coeficiente γ_z é um parâmetro que "mede" a estabilidade global de um edifício.

Atualmente, a avaliação da estabilidade global de um edifício pelo coeficiente γ_z é uma prática muito comum no dia a dia de um Engenheiro Estrutural.

Valores comuns
Primeiramente, antes mesmo de apresentar sua fórmula de cálculo, vamos entender como interpretar o seu resultado, isto é, o significado do coeficiente γ_z.

ESTABILIDADE GLOBAL E EFEITOS DE SEGUNDA ORDEM

1. Valores coerentes e comuns de γ_z são números um pouco maiores do que 1. Por exemplo: 1,10, 1,15, 1,20 etc.
2. Valores superiores a 1,5 revelam que a estrutura é instável e impraticável. Por exemplo: 1,8, 1,9, 2,0, 3,0, 10,0 etc.
3. Valores inferiores a 1, ou mesmo negativos, são incoerentes e indicam que a estrutura é totalmente instável ou que houve algum erro durante o cálculo ou análise estrutural.

▶ Edifícios de concreto armado com valores de γ_z superiores a 1,3 possuem um grau de instabilidade elevado. O ideal é projetar estruturas com um γ_z inferior ou igual a 1,2.

Para valores coerentes de γ_z, isto é, um pouco superiores a 1, de forma aproximada, pode-se relacionar a parte decimal do número obtido com a magnitude dos efeitos globais de segunda ordem na estrutura, conforme mostra a tabela a seguir:

γ_z	Significado
$\cong$ **1,00**	Efeitos de 2ª ordem praticamente **inexistentes**
1,10	Efeitos de 2ª ordem em torno de **10%** dos efeitos de 1ª ordem
1,15	Efeitos de 2ª ordem em torno de **15%** dos efeitos de 1ª ordem
1,20	Efeitos de 2ª ordem em torno de **20%** dos efeitos de 1ª ordem
...	Assim por diante

Veja, então, que, quanto maior é o valor de γ_z, maiores são os efeitos de segunda ordem e, portanto, mais instável é a estrutura.

Formulação

A NBR 6118:2014, item 15.5.3 ("Coeficiente γz"), define o cálculo do valor de γ_z para uma determinada combinação de carregamento pela expressão a seguir, em que:

$$\gamma_z = \frac{1}{1 - \dfrac{\Delta M_{tot,d}}{M_{1,tot,d}}}$$

- $\Delta M_{tot,d}$ é a soma dos produtos de todas as forças verticais atuantes na estrutura, com seus valores de cálculo, pelos deslocamentos horizontais de seus respectivos pontos de aplicação, obtidos em primeira ordem.

- $M_{1,tot,d}$ é o momento de tombamento, ou seja, a soma dos momentos de todas as forças horizontais, com seus valores de cálculo, em relação à base da estrutura.

Embora pareçam procedimentos complicados, a interpretação e o cálculo dos termos da fórmula do γ_z são bem simples. O termo $\Delta M_{tot,d}$ procura retratar a magnitude do esforço de segunda ordem inicial, enquanto o termo $M_{1,tot,d}$ representa a magnitude do esforço de primeira ordem. Por essa razão, pode-se simplificar a notação da fórmula conforme exibido abaixo:

$$\gamma_z = \frac{1}{1 - \dfrac{M_{2d}}{M_{1d}}}$$

Isso se tornará mais claro com o exemplo que será apresentado a seguir.

Exemplo 1: continuação

Vamos calcular o valor do coeficiente γ_z para o exemplo da barra engastada na base, apresentado logo no início deste capítulo.

OBS.: embora é um exemplo em que a aplicação do γ_z não seja tão indicada (o coeficiente γ_z é mais direcionado para o caso de edifícios compostos de múltiplos pavimentos regulares), a sua resolução servirá para tornar mais claros todos os conceitos envolvidos.

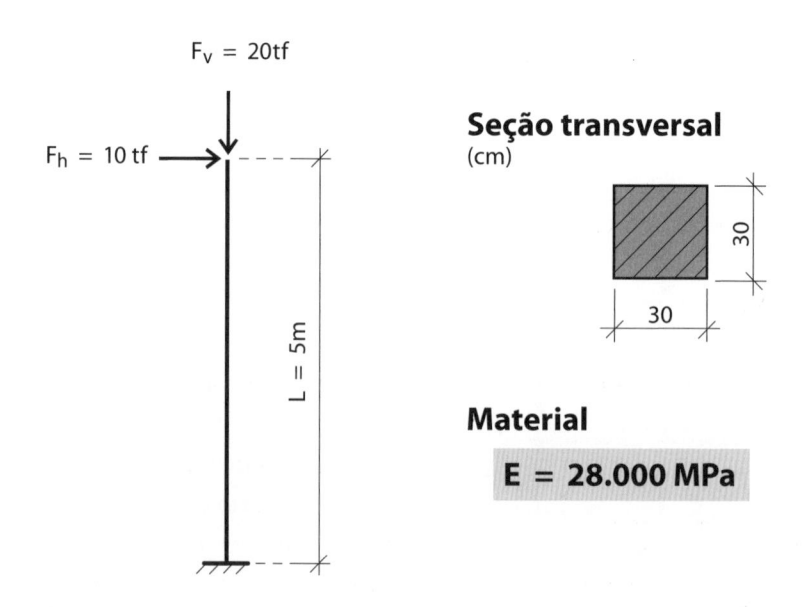

F_v = 20tf

F_h = 10 tf

L = 5m

Seção transversal (cm)

30

30

Material
E = 28.000 MPa

ESTABILIDADE GLOBAL E EFEITOS DE SEGUNDA ORDEM

A flecha de primeira ordem no topo gerada pela carga horizontal (já calculada anteriormente) é igual a 0,22 m.

Estabelecendo um coeficiente de segurança (γ_f) igual a 1,4, temos então os seguintes valores de cálculo:

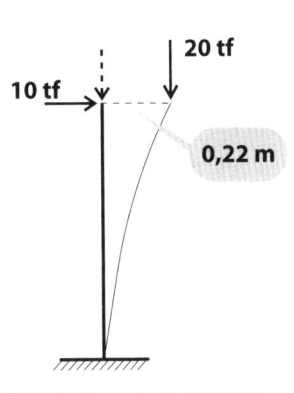

$$F_{Hd} = 10 \times 1,4$$
$$F_{Hd} = 14\ tf$$
$$F_{Vd} = 20 \times 1,4 = 28\ tf$$
$$Y_{Td} = 0,22 \times 1,4 = 0,308\ m$$

Definidos esses valores e lembrando que a altura do ponto de aplicação da força horizontal em relação à base é igual a 5 m, veja como fica fácil calcular o γ_z:

$$\Delta M_{tot,d} = 28 \times 0,308 = 8,624$$
$$M_{1,tot,d} = 14 \times 5 = 70$$

$$\gamma_z = \frac{1}{1 - \frac{8,62}{70}} = 1,14 \rightarrow \boxed{\gamma_z = 1,14}$$

Não linearidade física e formulação de segurança

Existem duas considerações importantes definidas na NBR 6118:2014 que alteram o valor do γ_z que acabou de ser calculado. São elas:
- Consideração da não linearidade física.
- Consideração da formulação de segurança.

Veja, a seguir, a influência de cada uma delas nos resultados.

Não linearidade física

A NBR 6118:2014, item 15.7.3 ("Consideração aproximada da não linearidade física"), define uma correção de rigidez em pilares, vigas e lajes para simular a não linearidade física de forma aproximada na análise dos esforços globais de segunda ordem. A rigidez dos elementos pode ser atribuída de duas formas:

$$(EI)_{sec} = 0,4 E_{ci} I_c \quad \text{(para vigas)}$$

$$(EI)_{sec} = 0,8 E_{ci} I_c \quad \text{(para pilares)}$$

No capítulo anterior foi explicado com detalhes o que é a não linearidade física. Recapitulando: trata-se de um comportamento presente em estruturas de concreto armado, influenciado principalmente pelas características intrínsecas dos materiais (concreto e aço), que provoca uma certa diminuição na rigidez da estrutura.

Como resultado direto dessa consideração, os deslocamentos de primeira ordem aumentam (foi constatado isso no primeiro exemplo resolvido no capítulo anterior), majorando assim os efeitos de segunda ordem e, consequentemente, o valor do coeficiente γ_z.

▶ A consideração da não linearidade física na avaliação dos efeitos globais num edifício de concreto é obrigatória. A redução de rigidez nos elementos ocasiona uma diminuição da estabilidade da estrutura.

Retornemos ao nosso exemplo, agora com a consideração da não linearidade física. Vamos adotar uma rigidez igual a 0,7.EI. Repare como o deslocamento no topo aumenta adotando uma redução da inércia da barra de 30%.

$$y_T = \frac{F_H \cdot L^3}{3(0,7EI)}$$

$$0,7 I = 0,7 \cdot (6,75 \times 10^{-4})$$

$$0,7 I = 4,725 \times 10^{-4} \, m^4$$

Vamos recalcular o coeficiente γ_z com a flecha corrigida:

$$F_H = 10 \times 1{,}4$$
$$F_H = 14\,tf$$
$$F_V = 20 \times 1{,}4 = 28\,tf$$
$$0{,}7\,EI$$
$$y_{Td} = 0{,}32 \times 1{,}4$$
$$y_{Td} = 0{,}44$$

$$\Delta M_{TOT,d} = 28 \times 0{,}44 = 12{,}3$$
$$M_{1,TOT,d} = 14 \times 5 = 70$$

$$\gamma_z = \frac{1}{1 - \dfrac{12{,}3}{70}} = 1{,}21 \;\rightarrow\; \boxed{\gamma_z = 1{,}21}$$

Observe que a consideração da não linearidade física aumentou o valor do coeficiente γ_z de 1,14 para 1,21.

Formulação de segurança

A NBR 6118:2014, item 15.3.1 ("Relações momento-curvatura"), permite que os efeitos de segunda ordem sejam calculados com cargas majoradas por γ_f/γ_{f3}, com a posterior complementação dos resultados com γ_{f3}, sendo que o valor do coeficiente γ_{f3} pode ser adotado como 1,1.

Essa consideração faz com que a formulação do γ_z apresentada anteriormente sofra uma pequena modificação, como mostra a fórmula a seguir:

$$\gamma_z = \frac{1}{1 - \dfrac{\Delta M_{tot,d}}{M_{1,tot,d}} \times \dfrac{1}{\gamma_{f3}}}$$

O objetivo dessa formulação é suprimir, inicialmente, o fator de segurança que considera as aproximações de projeto (γ_{f3}) da análise dos esforços de segunda ordem, que possui uma resposta não linear, de tal forma que eles resultem em valores menores, complementando-os posteriormente com o γ_{f3} para a obtenção do resultado final.

▶ A consideração da formulação de segurança diminui ligeiramente o valor final do coeficiente γ_z.

Vamos recalcular o valor do coeficiente γ_z do exemplo com essa nova consideração.

$$\gamma_z = \frac{1}{1 - \frac{12,3}{70} \times \frac{1}{1,1}} = 1,19 \rightarrow \boxed{\gamma_z = 1,19}$$

Note que a consideração da formulação de segurança diminuiu o valor do coeficiente γ_z de 1,21 para 1,19.

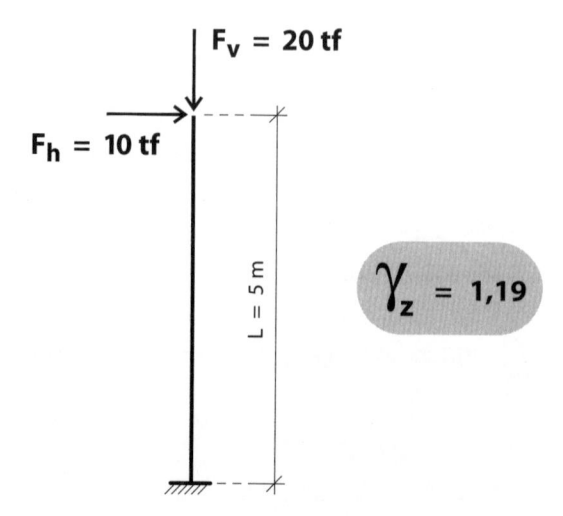

$F_v = 20$ tf

$F_h = 10$ tf

$L = 5$ m

$\gamma_z = 1,19$

Concluindo: o parâmetro de estabilidade γ_z para a barra analisada, considerando a não linearidade física e a formulação de segurança, é igual a 1,19.

7.3.2 Coeficiente α

Além do coeficiente γ_z apresentado anteriormente, existe um outro parâmetro capaz de avaliar a magnitude dos esforços globais de segunda ordem em um edifício de concreto armado. Trata-se do coeficiente α. Segundo a NBR 6118:2014, item 15.5.2 ("Parâmetro de instabilidade"), seu valor é calculado pela seguinte fórmula:

$$\alpha = H_{tot} \times \sqrt{\frac{N_k}{E_c \times I_c}}$$

Em que:
- H_{tot} é a altura total da estrutura, medida a partir da fundação ou de um nível pouco deslocável do subsolo.
- N_k é a somatória de todas as cargas verticais atuantes na estrutura (a partir do nível considerado para o cálculo de H_{tot}), com seu valor característico.
- $E_c \cdot I_c$ representa o somatório dos valores de rigidez de todos os pilares na direção considerada.

Na prática, o coeficiente α é bem menos utilizado que o coeficiente γ_z, principalmente pelo fato de que, com o valor deste último, é possível obter os esforços globais finais, 1ª + 2ª ordem, de forma direta por uma simples majoração dos efeitos de primeira ordem (isso ainda será abordado neste capítulo).

Vamos calcular o coeficiente α para o exemplo que estamos analisando.

$$N_k = 20\,tf$$

$$EI_c = 2.800.000 \times 6{,}75 \times 10^{-4}$$
$$EI_c = 1.890\,tf \cdot m^2$$

5m

$$\alpha = 5 \cdot \sqrt{\frac{20}{1890}} = 0{,}51$$

F_v = 20 tf

F_h = 10 tf

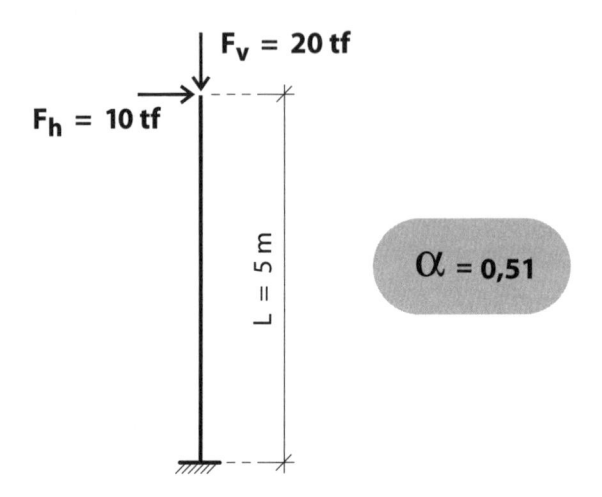

L = 5 m

α = 0,51

7.3.3 Exemplo 1: continuação

Prosseguindo com a análise dos resultados desse exemplo no computador, vamos verificar os valores dos parâmetros de estabilidade, γ_z e α, calculados pelo sistema computacional. Será que eles conferem com os valores calculados manualmente?

SELECIONANDO O EDIFÍCIO
- No "Gerenciador", na "Árvore de Edifícios", selecione o ramo "Espacial" do edifício "GamaZ-1".
- Na aba "Sistemas", no grupo "Análise Estrutural", clique no botão "Pórtico-TQS".

Primeiramente, vamos checar alguns critérios utilizados.

CARREGANDO CRITÉRIOS DE PÓRTICO ESPACIAL
- Na aba "Pórtico-TQS", no grupo "Editar", clique no botão "Critérios", item "Critérios Gerais".
- Na janela "Critérios de geração...", clique no botão "OK".

Em certas versões do sistema computacional ("Estudante", "EPP"), as janelas seguintes são diferentes.

VISUALIZANDO CRITÉRIOS
- Na janela "Editor de critérios", selecione o ramo "Estabilidade global".
- No grupo "Cálculo de gamaz", verifique que "Valores dos esforços" = "Esforços de cálculo".
- No grupo "Cálculo de gamaz", verifique que "Coeficiente de não linearidade física" = "0,7".
- Feche o "Editor de critérios".

Agora, sim, vamos visualizar os resultados obtidos pelo sistema computacional.

CARREGANDO RELATÓRIO DE ESTABILIDADE GLOBAL

▶ No "Gerenciador", na aba "Pórtico-TQS", no grupo "Visualizar", clique no botão "Estabilidade Global".

Note que os parâmetros de estabilidade calculados pelo sistema computacional foram idênticos aos valores obtidos manualmente.

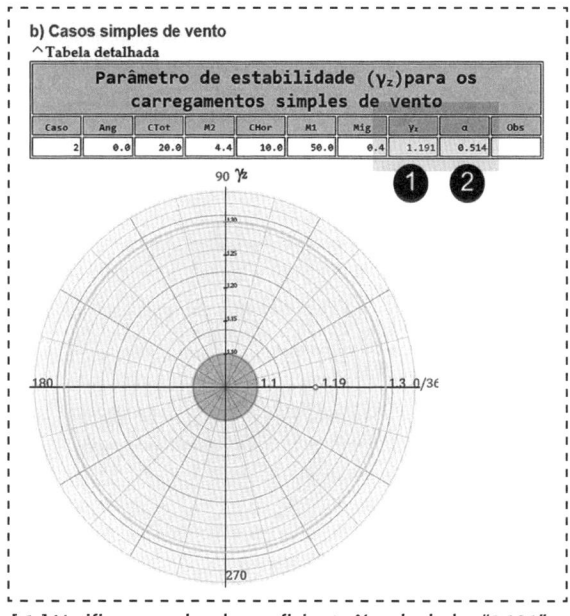

[1] Verifique o valor do coeficiente γ_z calculado: "1,191".
[2] Verifique o valor do coeficiente α calculado: "0,514".

Feche o relatório de estabilidade global.

7.3.4 Estruturas de nós fixos e nós móveis

A NBR 6118:2014, item 15.4.2 ("Estruturas de nós fixos e estruturas de nós móveis"), classifica dois tipos de estruturas segundo os efeitos globais de segunda ordem:

- Estrutura de nós fixos: é aquela em que os deslocamentos horizontais são pequenos e, por decorrência, os efeitos de segunda ordem são desprezíveis (inferiores a 10% dos respectivos esforços de primeira ordem).
- Estrutura de nós móveis: é aquela em que os deslocamentos horizontais não são pequenos e, portanto, os efeitos de segunda ordem são importantes (superiores a 10% dos respectivos esforços de primeira ordem).

A definição do tipo da estrutura, segundo essa classificação, pode ser facilmente efetuada com os valores dos coeficientes γ_z e α calculados:

$$\gamma_z \begin{cases} \leq 1{,}1 \longrightarrow \text{Estrutura de \textbf{Nós Fixos}} \\ > 1{,}1 \longrightarrow \text{Estrutura de \textbf{Nós Móveis}} \end{cases}$$

$$\alpha \begin{cases} < \alpha_1 \longrightarrow \text{Estrutura de \textbf{Nós Fixos}} \\ \geq \alpha_1 \longrightarrow \text{Estrutura de \textbf{Nós Móveis}} \end{cases} \quad \text{Sendo: } \alpha_1 = \begin{cases} 0{,}2 + 0{,}1n \longrightarrow n \leq 3 \\ 0{,}6 \longrightarrow n \geq 4 \end{cases}$$

n: número de pisos

No exemplo da barra que estamos analisando, a estrutura é então considerada de nós móveis:

$$\begin{cases} \gamma_z = 1{,}19 > 1{,}1 \\ a = 0{,}51 > a_1 = 0{,}3 \end{cases}$$

Estrutura de NÓS MÓVEIS

7.3.5 Em um edifício de concreto armado

No exemplo anterior, foi apresentado com detalhes como calcular o valor do coeficiente γ_z para uma estrutura bem simples, composta de uma única barra. Como efetuar, então, o cálculo do γ_z num edifício de concreto armado, onde existem diversos pilares e vigas?

Vamos relembrar a formulação do coeficiente γ_z:

$$\gamma_z = \frac{1}{1 - \dfrac{\Delta M_{tot,d}}{M_{1,tot,d}}}$$

Leia novamente a definição dos termos existentes na fórmula:

- $\Delta M_{tot,d}$ é a soma dos produtos de todas as forças verticais atuantes na estrutura, com seus valores de cálculo, pelos deslocamentos horizontais de seus respectivos pontos de aplicação, obtidos em primeira ordem.

- $M_{1,tot,d}$ é o momento de tombamento, ou seja, a soma dos momentos de todas as forças horizontais, com seus valores de cálculo, em relação à base da estrutura.

Uma nova representação para a fórmula do γ_z é apresentada na figura a seguir.

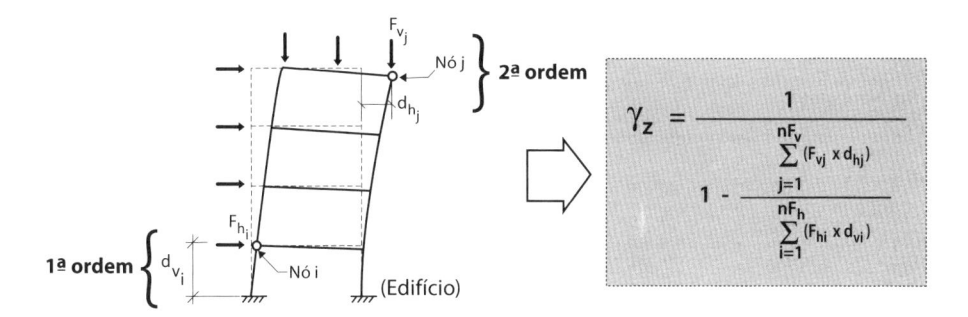

$$\gamma_z = \cfrac{1}{1 - \cfrac{\sum_{j=1}^{nF_v}(F_{vj} \times d_{hj})}{\sum_{i=1}^{nF_h}(F_{hi} \times d_{vi})}}$$

Repare que tudo que foi calculado para a simples barra em balanço submetida a uma força horizontal e outra vertical pode ser extrapolado para o caso real de um edifício. A interpretação e o raciocínio dos problemas são exatamente os mesmos.

No entanto, dependendo do porte da edificação, o número de contas exigidas é enorme. Imagine o trabalho de multiplicar cada uma das cargas pelo seu respectivo deslocamento!

É nesse contexto que entra o auxílio e a eficiência de um computador, isto é, automatizando os cálculos.

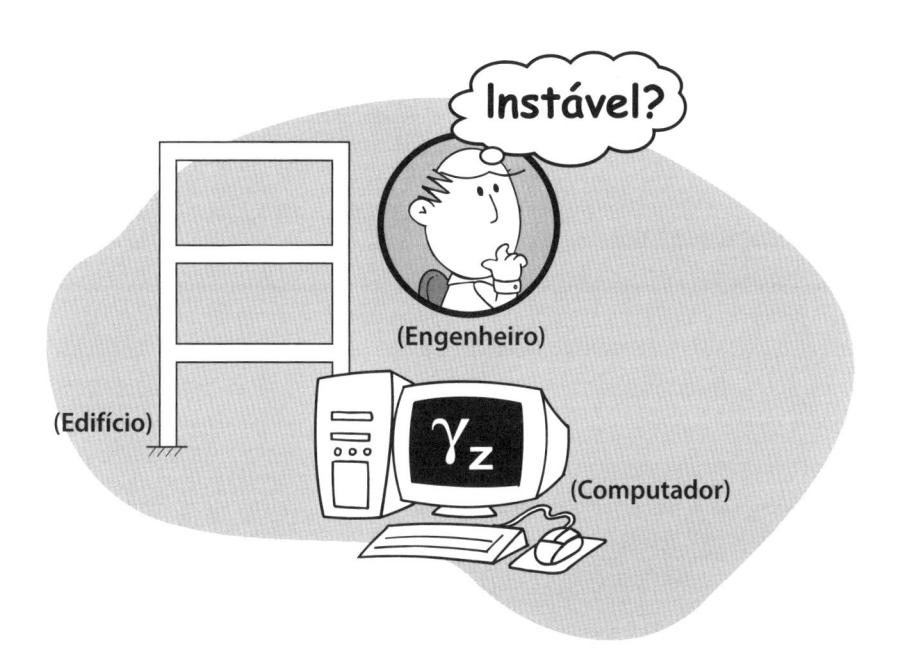

> Para calcular o coeficiente γ_z de um edifício, o computador realiza inúmeras contas. Cabe ao Engenheiro saber interpretar os resultados e fazer, então, uma avaliação correta da estabilidade global da estrutura.

Vários coeficientes γ_z

Na prática, os *softwares* utilizam os resultados obtidos no processamento do pórtico espacial para calcular os coeficientes γ_z de um edifício.

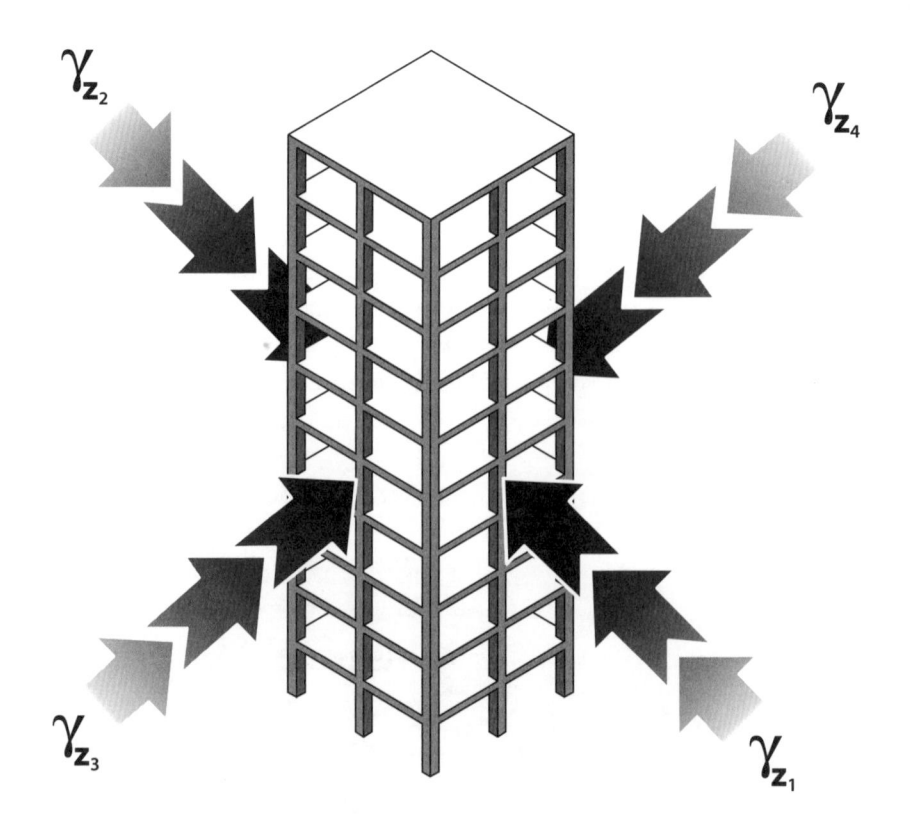

Usualmente, é calculado um valor de γ_z para cada combinação ELU que contenha uma ação de vento. Isso é apenas um artifício para aproveitar os deslocamentos horizontais decorrentes dessa ação, pois o coeficiente γ_z nada tem a ver com a magnitude das cargas horizontais (essa afirmação se tornará clara mais adiante neste capítulo).

Para cada combinação, na realidade, os fatores que influem diretamente na avaliação da estabilidade global são: a magnitude das ações verticais, cada qual com as suas respectivas ponderações, e a rigidez da estrutura no sentido analisado (que coincide com o sentido do vento que está presente na combinação).

> A verificação da estabilidade global de um edifício de concreto armado deve ser realizada para todas as combinações de carregamento ELU. Em todas elas, deve-se garantir a estabilidade da estrutura.

7.3.6 Exemplo 2

Vamos verificar a estabilidade global do edifício "Primeiro", já processado e analisado nos Caps. 4 e 5, respectivamente.

DESCOMPACTANDO O EDIFÍCIO
▶ Descompacte o edifício "Verificação.TQS".

Vamos, inicialmente, carregar o resumo estrutural.

SELECIONANDO O EDIFÍCIO
▶ No "Gerenciador", na "Árvore de Edifícios", selecione o ramo "Espacial" do edifício "Verificação".
▶ Na aba "Sistemas", no grupo "Análise Estrutural", clique no botão "Pórtico-TQS".

CARREGANDO RESUMO ESTRUTURAL
▶ No "Gerenciador", na aba "Edifício", no grupo "Listagens de projeto", clique no botão "Resumo Estrutural".

Na janela aberta, localize o item "Estabilidade global".

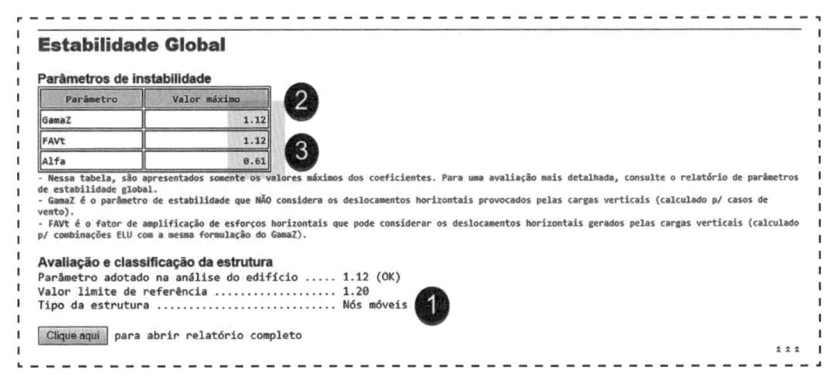

[1] Verifique que a estrutura foi classificada como "Nós móveis".
[2] Verifique o valor máximo do coeficiente γ_z: "1,12".
[3] Verifique o valor máximo do coeficiente α: "0,61".

Não feche o resumo estrutural por enquanto, pois ainda iremos utilizá-lo, e retorne à tela do gerenciador.

CARREGANDO RELATÓRIO DE ESTABILIDADE GLOBAL
▶ No "Gerenciador", na aba "Sistemas", no grupo "Análise Estrutural", clique no botão "Pórtico-TQS".
▶ Na aba "Pórtico-TQS", no grupo "Visualizar", clique no botão "Estabilidade Global".

Note que a estrutura possui os maiores coeficientes γ_z e α nos sentidos definidos pelos ângulos 0° e 180°, ou seja, na direção em que o vento incide nas faces laterais.

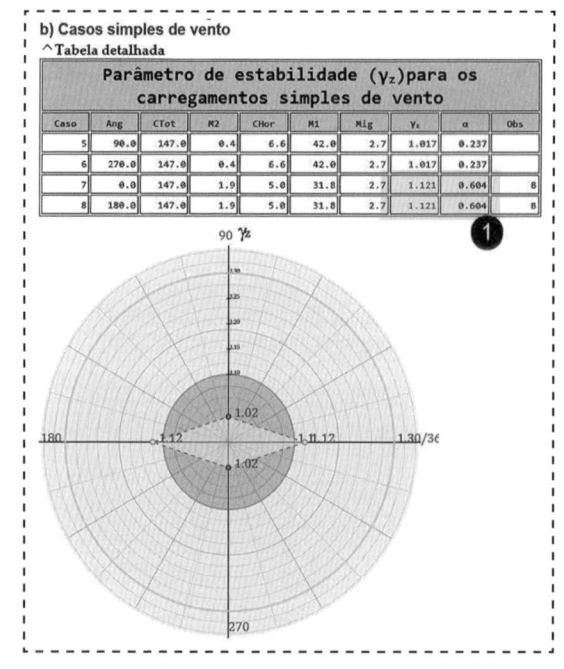

[1] Verifique os valores dos coeficientes para ângulos 0° e 180°: "$\gamma_z \approx 1{,}12$" e "$\alpha \approx 0{,}61$".

Clique para fechar a janela.

Será que é possível validar esses resultados manualmente de forma aproximada? Sim, para este exemplo simples, é viável. Veja a seguir.

Primeiramente, é necessário obter a carga vertical total por piso. Para isso, utilizaremos a janela do resumo estrutural (item "Parâmetros Quantitativos"), que já foi carregada.

ESTABILIDADE GLOBAL E EFEITOS DE SEGUNDA ORDEM

Parâmetros Quantitativos

Distribuição de cargas
Soma de reações do pórtico espacial (tf) 147.0

Pavimento	Piso	Carga aplicada (tf)	Área (m2)	Carga média (tf/m2)	Soma de reações (tf)
Cobertura	4	20.1 - 2.7 = 17.4	27.4	0.73	16.3
Tipo	3	44.5 - 2.7 = 41.9	27.4	1.62	40.0
Tipo	2	44.5 - 2.7 = 41.9	27.4	1.62	40.0
Tipo	1	44.5 - 2.7 = 41.9	27.4	1.62	40.0
Fundacao	0	0.0 - 0.0 = 0.0	0.0	.0	0.0
		153.6 - 10.8 = 143.0	109.8	1.40	136.4

A carga aplicada é estimada e exclusiva para o processo simplificado. O valor subtraído corresponde ao peso-próprio dos pilares.
A soma de reações é obtida no modelo da grelha (não inclui o peso-próprio dos pilares).
Todos os valores incluem 100% das cargas variáveis (caso 1).
Todos os valores são característicos (não majorados).

[1] Verifique as cargas por piso (sem o peso próprio dos pilares): "Cobertura = 16,3 tf" e "Tipo = 40 tf".
[2] Verifique a carga referente ao peso próprio dos pilares por piso: "2,7 tf".

Clique para fechar a janela.

Com isso, temos as seguintes cargas verticais totais aplicadas no modelo:
- Pavimento "Cobertura": 16,3 + 2,7 = 19 tf.
- Pavimento "Tipo" em cada um dos três pisos: 40 + 2,7 = 42,7 tf.

Agora, vamos utilizar o visualizador de pórticos para obter as cargas horizontais e os deslocamentos por piso.

CARREGANDO VISUALIZADOR DE PÓRTICO ESPACIAL
▶ No "Gerenciador", na aba "Pórtico-TQS", no grupo "Visualizar", clique no botão "Visualizador de Pórticos", item "Estado Limite Último (ELU)".

CONFIGURANDO NÚMERO DE CASAS DECIMAIS
▶ No "Visualizador de Pórtico Espacial", na aba "Visualizar", no grupo "Visualização", clique no botão "Parâmetros".
▶ Na janela "Parâmetros de visualização", na aba "Diagramas", no grupo "Valores", defina "Número de casas" = "3".
▶ Clique no botão "OK".

VISUALIZANDO FORÇAS NO PISO 1
▶ Na aba "Selecionar", no grupo "Casos/Pisos", selecione caso de carregamento "07 - Vento (3)".
▶ Na aba "Selecionar", no grupo "Casos/Pisos", selecione pisos "01" a "01".
▶ Na aba "Selecionar", no grupo "Diagramas", clique no botão "Carregamento".
▶ Na aba "Selecionar", no grupo "Tamanhos", ajuste o tamanho dos textos.

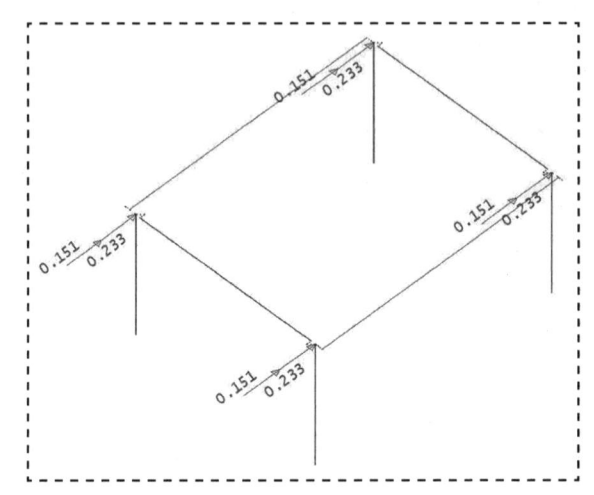

[1] Verifique a somatória das cargas aplicadas: "(4 x 0,151) + (4 x 0,233) = 1,536 tf".

VISUALIZANDO FORÇAS NO PISO 2
▶ Na aba "Selecionar", no grupo "Casos/Pisos", selecione pisos "02" a "02".

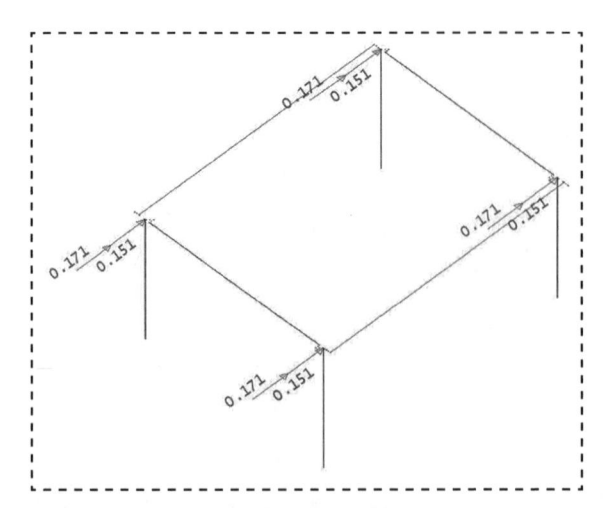

[1] Verifique a somatória das cargas aplicadas: "(4 x 0,151) + (4 x 0,171) = 1,288 tf".

VISUALIZANDO FORÇAS NO PISO 3
▶ Na aba "Selecionar", no grupo "Casos/Pisos", selecione pisos "03" a "03".

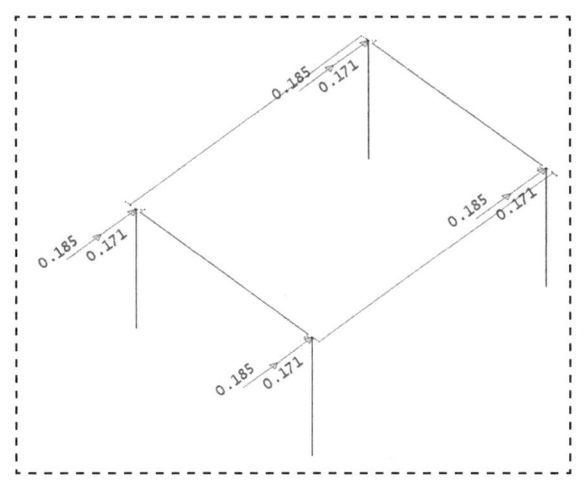

ESTABILIDADE GLOBAL E EFEITOS DE SEGUNDA ORDEM | 403

[1] Verifique a somatória das cargas aplicadas: "(4 x 0,171) + (4 x 0,185) = 1,424 tf".

VISUALIZANDO FORÇAS NO PISO 4

▶ Na aba "Selecionar", no grupo "Casos/Pisos", selecione pisos "04" a "04".

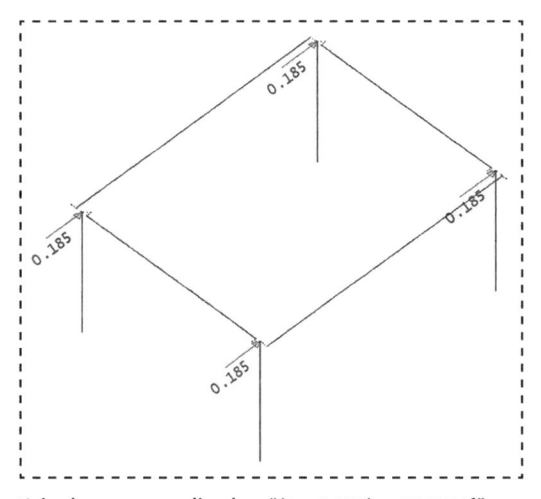

[1] Verifique a somatória das cargas aplicadas: "(4 x 0,185) = 0,740 tf".

Finalmente, vamos visualizar os deslocamentos horizontais médios por piso.

DESATIVANDO COMPONENTE Z DOS DESLOCAMENTOS
▶ Na aba "Visualizar", no grupo "Visualização", clique no botão "Parâmetros".
▶ Na janela "Parâmetros de visualização", na aba "Elementos", no grupo "Deslocamentos", desative a opção "Mostrar componente Z".
▶ Clique no botão "OK".

VISUALIZANDO DESLOCAMENTOS

- Na aba "Visualizar", no grupo "Vista", clique no botão "Vista frontal".
- Na aba "Selecionar", no grupo "Casos/Pisos", selecione pisos "00" a "04".
- Na aba "Selecionar", no grupo "Diagramas", clique no botão "Deslocamento".
- Na aba "Selecionar", no grupo "Tamanhos", ajuste o tamanho do diagrama e textos.

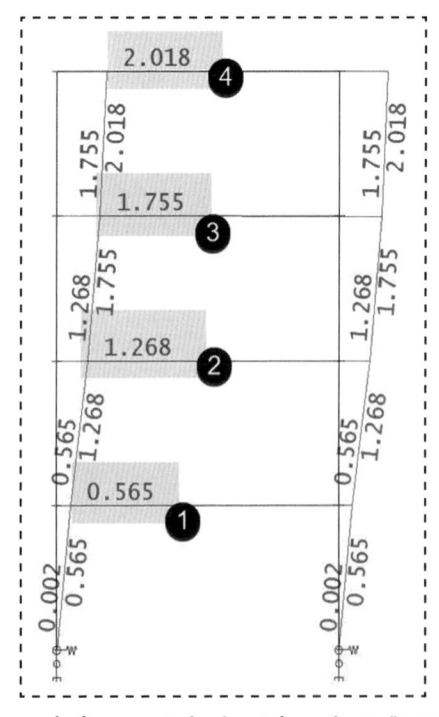

[1] Verifique o deslocamento horizontal no piso 1: "0,00565 m".
[2] Verifique o deslocamento horizontal no piso 2: "0,01268 m".
[3] Verifique o deslocamento horizontal no piso 3: "0,01755 m".
[4] Verifique o deslocamento horizontal no piso 4: "0,02018 m".

Feche o visualizador de pórtico espacial.

Com todos os dados em mãos, isto é, cargas verticais totais por piso, cargas horizontais por piso e deslocamentos horizontais por piso, é possível então fazer uma conta aproximada para calcular o γ_z.

Lembrando que a distância entre pisos é de 2,8 m, podemos então calcular o momento total de primeira ordem, com seu valor de cálculo, pela somatória das multiplicações entre as cargas horizontais e as respectivas distâncias até a base do edifício, por piso.

ESTABILIDADE GLOBAL E EFEITOS DE SEGUNDA ORDEM

$F_{h4} = 0,74 \times 1,4$
$F_{h3} = 1,424 \times 1,4$
$F_{h2} = 1,288 \times 1,4$
$F_{h1} = 1,536 \times 1,4$

$M_{1d} = (1,536 \times 1,4) \times 2,8 + (1,288 \times 1,4) \times 5,6 + (1,424 \times 1,4) \times 8,4 + (0,74 \times 1,4) \times 11,2$

$$\boxed{M_{1d} = 44,46 \text{ tf·m}}$$

Para calcular o momento total de segunda ordem, com seu valor de cálculo, é necessário somar as multiplicações entre as cargas verticais e os deslocamentos horizontais (lembrando que foi considerada uma rigidez igual a 0,7.EI para contemplar a não linearidade física), por piso.

$d_4 = 0,02018$
$d_3 = 0,01756$
$d_2 = 0,01268$
$d_1 = 0,00565$

$19 \text{ tf} \times 1,4$
$42,7 \text{ tf} \times 1,4 =$
$42,7 \text{ tf} \times 1,4 =$
$42,7 \text{ tf} \times 1,4 =$

$0,7 EI$

$d_4 = \dfrac{0,02018}{0,7} = 0,02883 \times 1,4$
$d_3 = \dfrac{0,01756}{0,7} = 0,02509 \times 1,4$
$d_2 = \dfrac{0,01268}{0,7} = 0,01811 \text{ m} \times 1,4$
$d_1 = \dfrac{0,00565}{0,7} = 0,00807 \text{ m} \times 1,4$

$$M_{2d} = (42,7 \times 1,4 \times 0,00807 \times 1,4) + \\ (42,7 \times 1,4 \times 0,01811 \times 1,4) + \\ (42,7 \times 1,4 \times 0,2509 \times 1,4) + \\ (19 \times 1,4 \times 0,02883 \times 1,4) =$$

$$M_{2d} = 5,37 \text{ tf}$$

Com isso, podemos então calcular o coeficiente γ_z para a estrutura em questão:

$$\gamma_z = \dfrac{1}{1 - \dfrac{1}{1,1} \cdot \dfrac{5,37}{44,46}} = 1,12 \rightarrow \boxed{\gamma_z = 1,12}$$

Note que o valor calculado é exatamente igual ao resultado obtido pelo sistema computacional.

Para calcular manualmente o valor do coeficiente α, já dispomos da carga total característica aplicada no edifício, bem como da altura total da estrutura: N_k = 19 + 42,7 x 3 = 147 tf e H_{tot} = 11,2 m, respectivamente.

$$\alpha = H \cdot \sqrt{\frac{N_k}{EI}} \quad ; \quad H = 11,2 \text{m}$$
$$N_k = 42,7 \times 3 + 19 \text{tf} = 147 \text{tf}$$
$$\boxed{N_k = 147 \text{tf}}$$

Falta apenas calcular a rigidez EI. Para isso, utilizaremos a fórmula que relaciona o deslocamento horizontal no topo, que nesse caso é de 0,02018 m, com a força horizontal em cada piso.

$$d = 0,02018 \text{m}$$
$$\ell = 11,2 \text{m}$$
$$d = \frac{F \cdot x^2 (\ell - x/3)}{2EI}$$
$$EI = \frac{F \cdot x^2 (\ell - x/3)}{2d}$$

$$\sum EI = \left\{ \left[1,536 \cdot 2,8^2 \cdot (11,2 - 2,8/3) \right] + \left[1,288 \cdot 5,6^2 \cdot (11,2 - 5,6/3) \right] + \right.$$
$$\left. + \left[1,424 \cdot 8,4^2 \cdot (11,2 - 8,4/3) \right] + \left[0,74 \cdot 11,2^2 \cdot (11,2 - 11,2/3) \right] \right\} / (2 \cdot 0,02018)$$

$$\sum EI = 50488,9 \text{ tf} \cdot \text{m}^2$$

Com esses dados em mãos, isto é, carga total aplicada, altura total da estrutura e somatória de rigidezes, o cálculo do coeficiente α sai direto:

$$\alpha = 11,2 \cdot \sqrt{\frac{147}{50488,9}} = 0,604$$

Note que o valor calculado é exatamente igual ao resultado obtido pelo sistema computacional.

7.4 Fatores que influenciam a estabilidade global

Até o momento, já foi mostrado como a estabilidade global de uma estrutura pode ser avaliada pelos coeficientes γ_z e α. Dois exemplos foram inteiramente resolvidos de forma manual.

Existem inúmeros fatores que influenciam a estabilidade global de um edifício. Alguns são mais significativos, outros perfeitamente desprezíveis. A seguir, serão estudados com detalhes alguns deles, tais como: as cargas atuantes e a rigidez dos elementos que compõem a estrutura.

7.4.1 Cargas atuantes

Cargas horizontais

A magnitude das cargas horizontais aplicadas à estrutura, tais como o vento, não tem influência na estabilidade da estrutura.

Essa afirmação, a princípio, pode parecer equivocada. Afinal de contas, uma vez aumentadas as cargas horizontais, elevam-se os deslocamentos nessa direção.

O primeiro exemplo da barra engastada na base será novamente retomado para analisar o assunto.

Relembrando: o γ_z calculado com a carga horizontal (F_h) igual a 10 tf havia sido de 1,19.

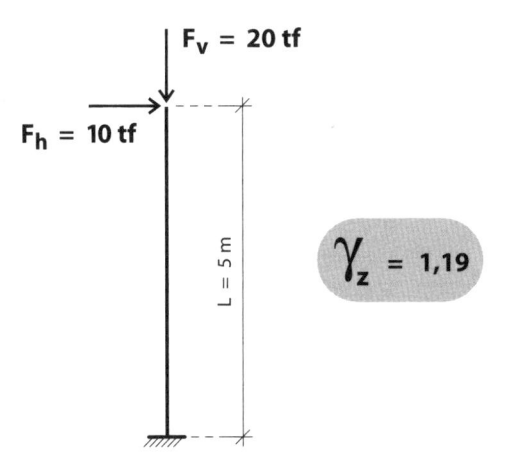

F_v = 20 tf
F_h = 10 tf
L = 5 m
γ_z = 1,19

Vamos recalcular o valor do coeficiente γ_z com o dobro da carga horizontal, isto é, 20 tf:

- Força horizontal de cálculo = F_{Hd} = 20 x 1,4 = 28 tf.
- Força vertical de cálculo = F_{Vd} = 20 x 1,4 = 28 tf.
- Deslocamento horizontal no topo gerado pela força de cálculo = y_{td} = 0,63 x 1,4 = 0,88 m.

$$\Delta M_{tot,d} = 28 \times 0{,}88 = 24{,}7$$
$$M_{1,tot,d} = 28 \times 5 = 140$$

$$\gamma_z = \frac{1}{1 - \frac{24{,}7}{140} \times \frac{1}{1{,}1}} = 1{,}19 \rightarrow \boxed{\gamma_z = 1{,}19}$$

Repare que o coeficiente γ_z é o mesmo! Isso aconteceu porque, quando dobramos a força horizontal F_{Hd}, o deslocamento y_{td} também dobrou, mantendo a relação $\Delta M_{tot,d}/M_{1,tot,d}$ com o mesmo valor.

Note que, quando aumentamos a força horizontal, elevamos os esforços de primeira ordem (M_{1d}) na mesma proporção dos esforços de segunda ordem (M_{2d}).

Isso confirma que a estabilidade global da estrutura não depende da magnitude das cargas horizontais.

▶ A estabilidade global do edifício independe da magnitude das forças de vento. Por exemplo, se aumentarmos a velocidade do vento de 38 m/s para 40 m/s numa mesma estrutura, o valor do coeficiente γ_z não mudará.

Cargas verticais

Ao contrário das cargas horizontais, a magnitude das cargas verticais aplicadas à estrutura, tais como o peso próprio e a sobrecarga acidental, influencia diretamente a estabilidade da estrutura.

Vamos recalcular o coeficiente γ_z para o mesmo exemplo anterior, aumentando a carga vertical (F_V), no exemplo da barra engastada, de 20 tf para 30 tf:
- Força horizontal de cálculo = F_{Hd} = 10 x 1,4 = 14 tf.
- Força vertical de cálculo = F_{Vd} = 30 x 1,4 = 42 tf.
- Deslocamento horizontal no topo gerado pela força de cálculo = y_{td} = 0,31 x 1,4 = 0,44 m.

$$\Delta M_{TOT,d} = 42 \times 0{,}44 = 18{,}5$$

$$M_{1,TOT,d} = 14 \times 5 = 70$$

$$\gamma_z = \frac{1}{1 - \frac{18{,}5}{70} \times \frac{1}{1{,}1}} = 1{,}32 \quad \rightarrow \quad \boxed{\gamma_z = 1{,}32}$$

Perceba que o valor do γ_z para a carga vertical igual a 30 tf aumentou para 1,32, tornando a estrutura instável.

▶ Quanto maior for a magnitude da carga vertical, maior será o valor do coeficiente γ_z.

7.4.2 Rigidez da estrutura
Laje

A influência da rigidez das lajes na estabilidade global de um edifício é muito pequena e, na grande maioria das vezes, pode ser desprezada.

▶ Se um edifício está com graves problemas de estabilidade, não adianta aumentar a altura das lajes!

Vigas e pilares

Tanto as vigas como os pilares têm influência significativa na estabilidade global de um edifício. Porém, é preciso ter "sensibilidade" para identificar quais desses elementos são preponderantes no comportamento global da estrutura.

A seguir, serão retratadas algumas situações importantes por meio de exemplos.

7.4.3 Exemplo 3

DESCOMPACTANDO O EDIFÍCIO
▶ Descompacte o edifício "GamaZ-2.TQS".

Reative o gerenciador TQS e selecione o edifício "GamaZ-2".

SELECIONANDO O EDIFÍCIO
▶ No "Gerenciador", na "Árvore de Edifícios", selecione o ramo "Espacial" do edifício "GamaZ-2".
▶ Na aba "Sistemas", no grupo "Análise Estrutural", clique no botão "Pórtico-TQS".

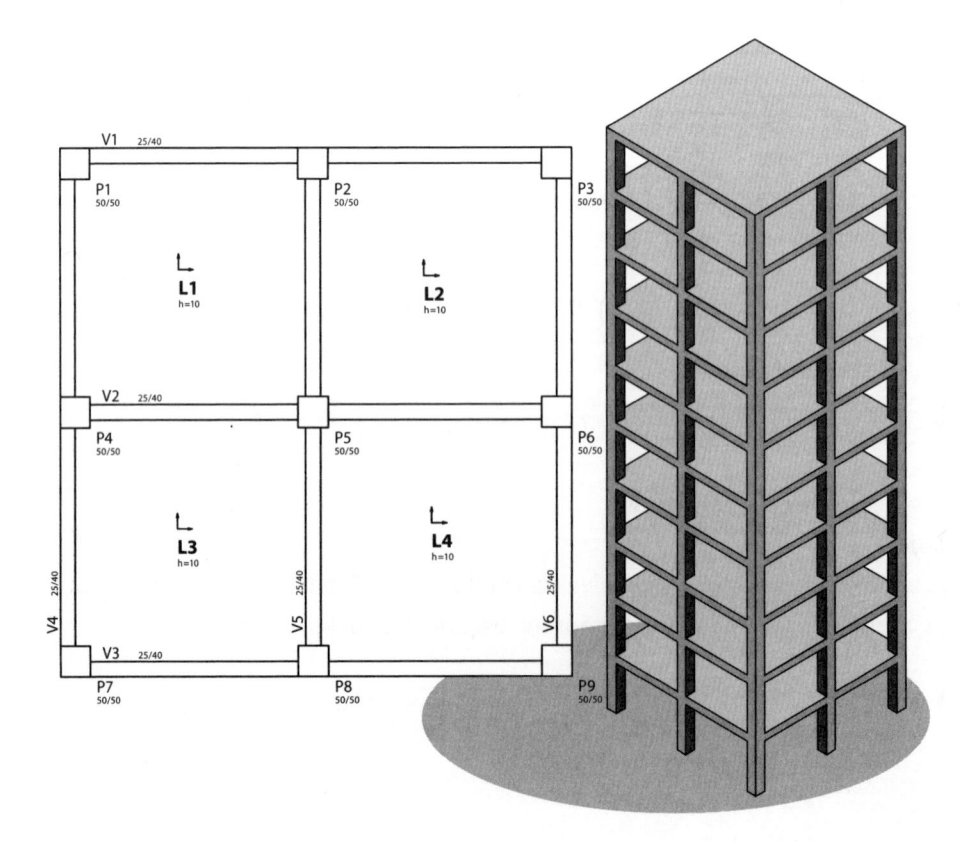

Resumo da estrutura que será analisada:
- Pavimento-tipo com nove repetições e uma cobertura.
- Geometria totalmente simétrica.
- 9 pilares com 50 cm x 50 cm, que vão da base ao topo do edifício.
- 6 vigas com 25 cm x 40 cm.
- 4 lajes com altura de 10 cm.
- 4 ventos ortogonais (0°, 90°, 180° e 270°) de mesma magnitude.

CARREGANDO RELATÓRIO DE ESTABILIDADE GLOBAL

▶ Na aba "Pórtico-TQS", no grupo "Visualizar", clique no botão "Estabilidade Global".

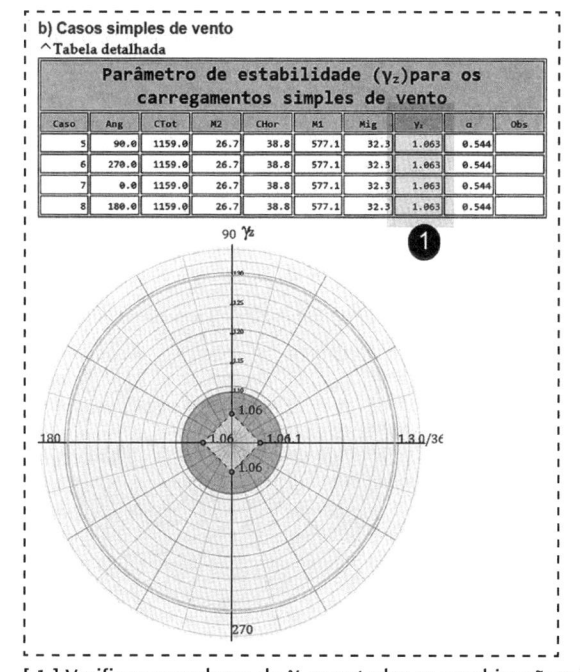

b) Casos simples de vento
^Tabela detalhada

Parâmetro de estabilidade (γ_z) para os carregamentos simples de vento								
Caso	Ang	CTot	M2	CHor	M1	Mig	γ_z	α	Obs
5	90.0	1159.0	26.7	38.8	577.1	32.3	1.063	0.544	
6	270.0	1159.0	26.7	38.8	577.1	32.3	1.063	0.544	
7	0.0	1159.0	26.7	38.8	577.1	32.3	1.063	0.544	
8	180.0	1159.0	26.7	38.8	577.1	32.3	1.063	0.544	

[1] Verifique os valores do γ_z para todas as combinações: "1,063".

Feche a janela do relatório.

Perceba que o γ_z é igual a 1,06 para todas as combinações, ou seja, o edifício é bem estável.

Mas vamos analisar o comportamento global da estrutura com mais detalhes. Quais são os elementos mais importantes? Como o edifício está sendo estabilizado?

Conforme já foi dito, as lajes praticamente não têm nenhuma influência na estabilidade do edifício. Ou seja, é o conjunto de vigas e pilares, formando pórticos, que estabiliza a estrutura. Veja a figura a seguir.

Existem **3** pórticos **travando** a estrutura

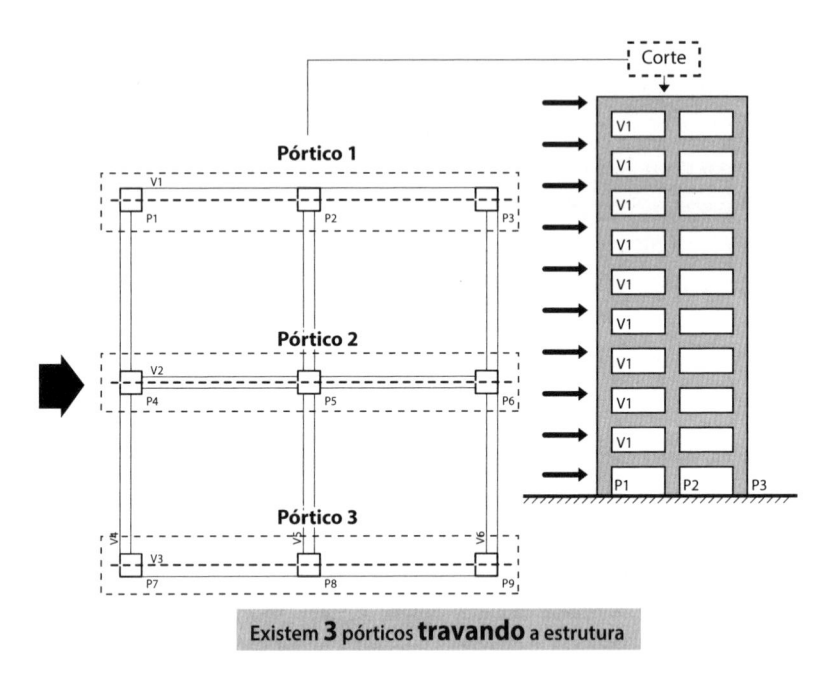

É possível observar que, por meio dos alinhamentos dos pilares interligados pelas vigas, são formados três pórticos que estabilizam a estrutura na direção horizontal.

Na direção vertical, também existem os mesmos três pórticos estabilizando a estrutura.

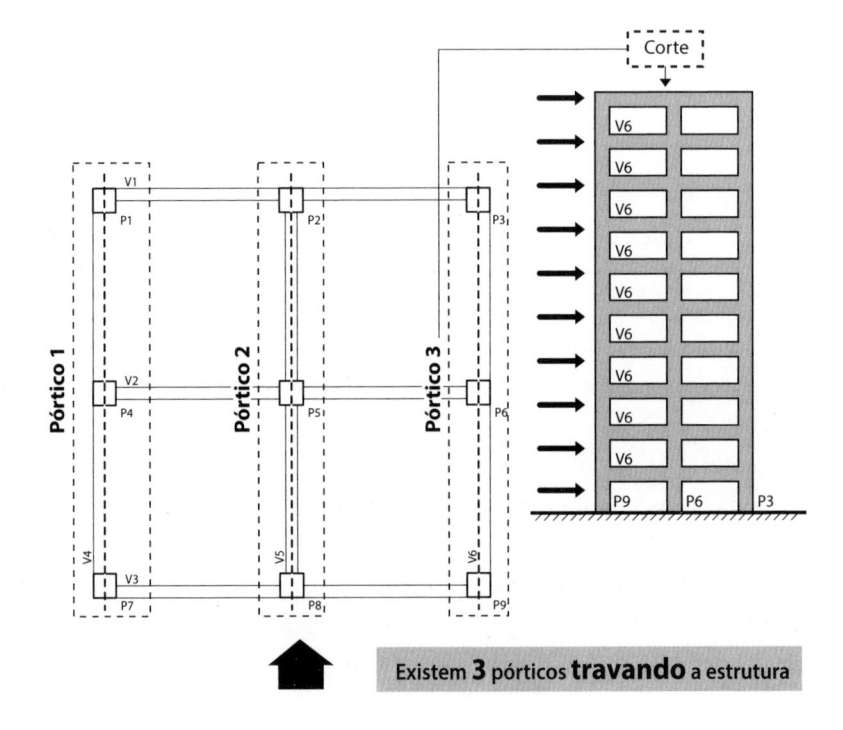

Existem **3** pórticos **travando** a estrutura

▶ A existência de pórticos (vigas + pilares) tem influência direta na estabilidade global da estrutura.

Consequentemente, qualquer alteração na rigidez desses pórticos terá influência direta na estabilidade global da estrutura. Vejamos um exemplo.

Vamos analisar a mesma estrutura anterior com as rigidezes das vigas horizontais (V1, V2 e V3) do pavimento-tipo reduzidas. A altura delas será diminuída para 30 cm.

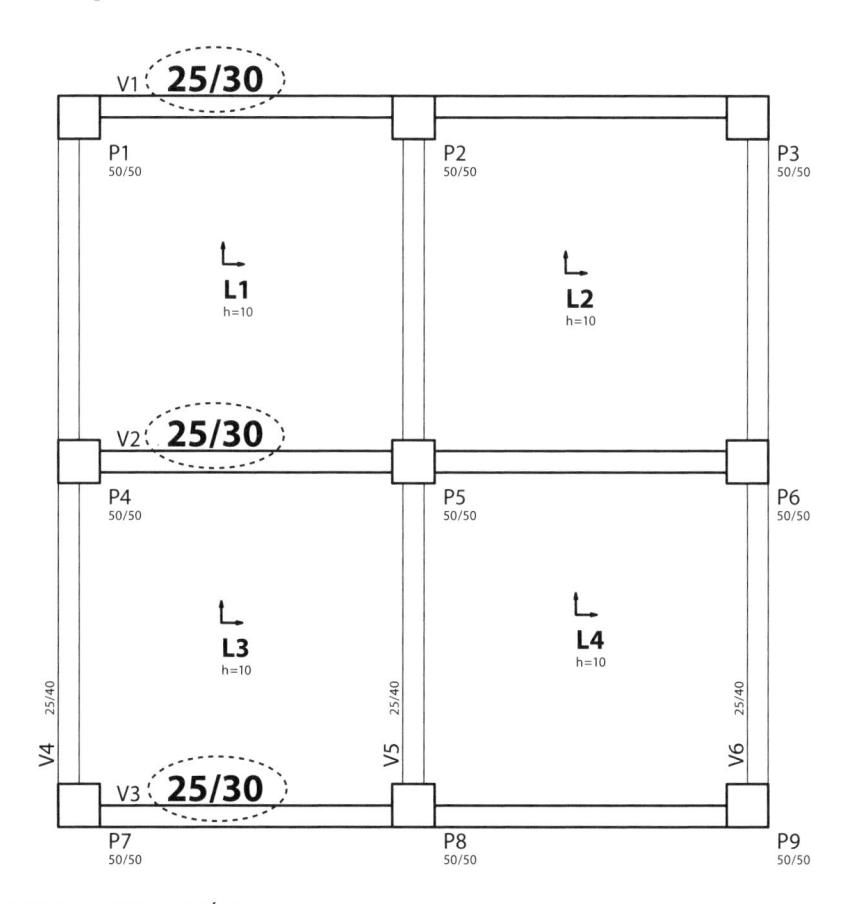

DESCOMPACTANDO O EDIFÍCIO
▶ Descompacte o edifício "GamaZ-2A.TQS".

SELECIONANDO O EDIFÍCIO
▶ No "Gerenciador", na "Árvore de Edifícios", selecione o ramo "Espacial" do edifício "GamaZ-2A".
▶ Na aba "Sistemas", no grupo "Análise Estrutural", clique no botão "Pórtico-TQS".

CARREGANDO RELATÓRIO DE ESTABILIDADE GLOBAL

▶ Na aba "Pórtico-TQS", no grupo "Visualizar", clique no botão "Estabilidade Global".

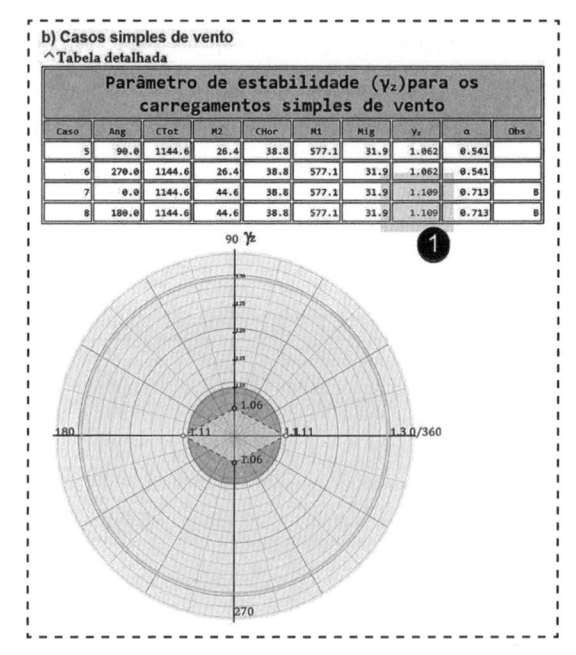

b) Casos simples de vento
^Tabela detalhada

Caso	Ang	CTot	M2	CHor	M1	Mig	γ_z	α	Obs
5	90.0	1144.6	26.4	38.8	577.1	31.9	1.062	0.541	
6	270.0	1144.6	26.4	38.8	577.1	31.9	1.062	0.541	
7	0.0	1144.6	44.6	38.8	577.1	31.9	1.109	0.713	B
8	180.0	1144.6	44.6	38.8	577.1	31.9	1.109	0.713	B

[1] Verifique que o γ_z nos sentidos 0° e 180° aumentou: "1,109".

Feche a janela do relatório.

Note que o valor do coeficiente γ_z na direção horizontal (0° e 180°) aumentou para 1,109 (menos estável), enquanto que na direção vertical (90° e 270°) permaneceu com 1,06. Isso é uma consequência direta da redução do enrijecimento dos pórticos horizontais, ocasionada pela diminuição na altura das vigas nessa direção.

▶ É importante visualizar e definir quais são os pórticos (vigas + pilares) responsáveis pela estabilidade global da estrutura em cada uma das direções. Isso fornece subsídios para tomar as providências corretas visando à melhoria do comportamento global do edifício.

Imagine, agora, um edifício com as mesmas características do exemplo anterior, porém sem nenhuma viga, isto é, com a estrutura somente composta de pilares e lajes.

É o caso típico de edifícios de concreto armado compostos exclusivamente de lajes lisas ou lajes-cogumelo.

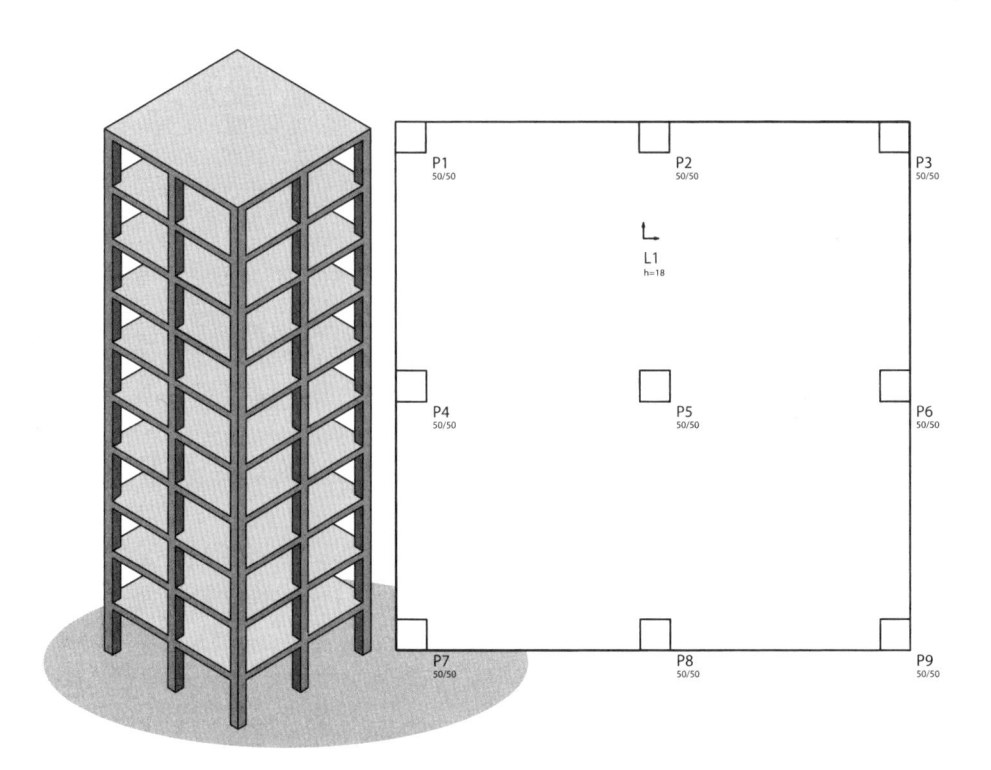

Nesse caso, não haveria definição de pórticos de travamento, e os pilares praticamente seriam os únicos responsáveis por toda a estabilidade global.

7.4.4 Exemplo 4

Vamos analisar um outro exemplo bastante interessante, e que retrata um caso muito comum de estruturas de edifícios reais, conforme mostra a figura a seguir.

Resumo da estrutura que será analisada:
- Pavimento-tipo com nove repetições e uma cobertura.
- A dimensão horizontal do edifício é bem maior do que a dimensão vertical.
- 8 pilares com 20 cm x 80 cm, que vão da base ao topo do edifício.
- 6 vigas com 20 cm x 40 cm.
- 3 lajes com altura de 10 cm.
- 4 ventos ortogonais (0°, 90°, 180° e 270°) de mesma magnitude.

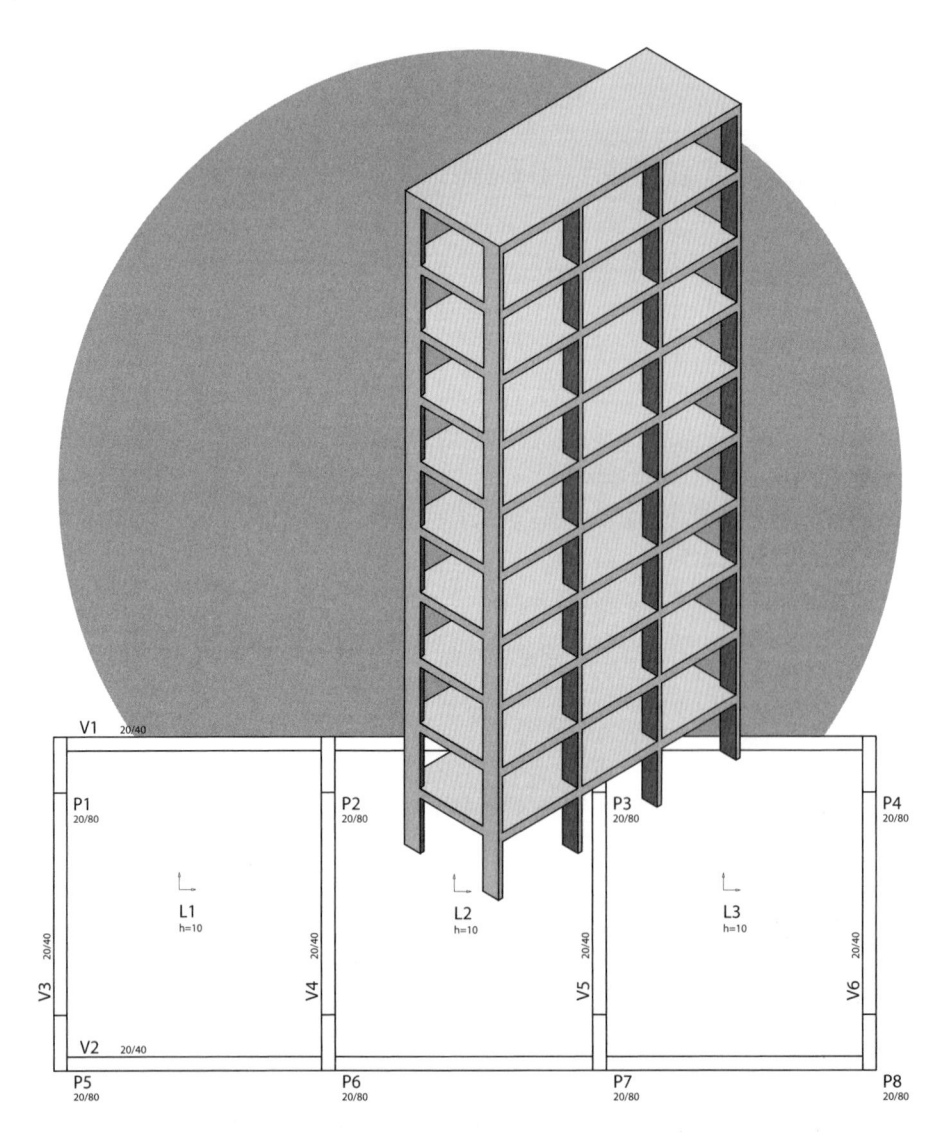

É fácil perceber que existem dois pórticos de travamento na direção horizontal, e quatro na direção vertical.

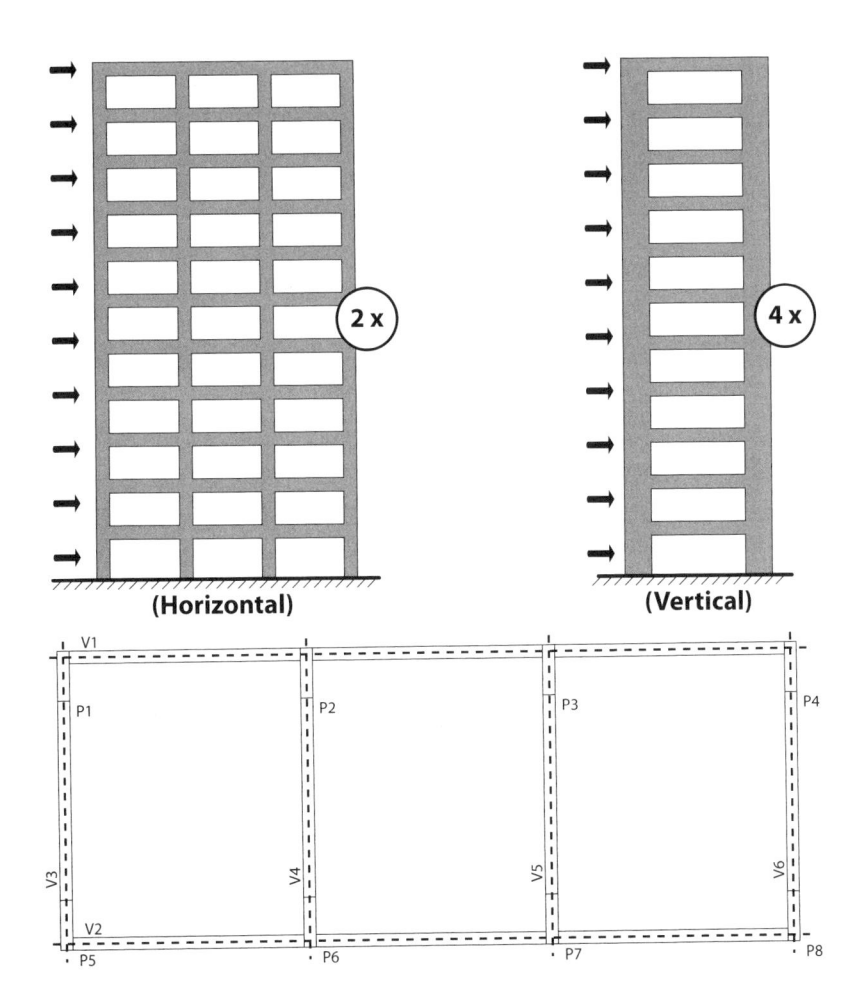

ESTABILIDADE GLOBAL E EFEITOS DE SEGUNDA ORDEM

(Horizontal) 2 x

(Vertical) 4 x

DESCOMPACTANDO O EDIFÍCIO
▶ Descompacte o edifício "GamaZ-3.TQS".

Reative o gerenciador TQS e selecione o edifício "Gama Z-3".

SELECIONANDO O EDIFÍCIO
▶ No "Gerenciador", na "Árvore de Edifícios", selecione o ramo "Espacial" do edifício "GamaZ-3".
▶ Na aba "Sistemas", no grupo "Análise Estrutural", clique no botão "Pórtico-TQS".

CARREGANDO RELATÓRIO DE ESTABILIDADE GLOBAL
▶ Na aba "Pórtico-TQS", no grupo "Visualizar", clique no botão "Estabilidade Global".

b) Casos simples de vento
^Tabela detalhada

Parâmetro de estabilidade (γ_z) para os carregamentos simples de vento								
Caso	Ang	CTot	M2	CHor	M1	Rig	γ_z	α	Obs
5	90.0	902.7	32.7	55.7	827.8	25.1	1.053	0.521	
6	270.0	902.7	32.7	55.7	827.8	25.1	1.053	0.521	
7	0.0	902.7	65.5	21.9	325.5	25.1	1.344	1.111	AB E
8	180.0	902.7	65.5	21.9	325.5	25.1	1.344	1.111	AB E

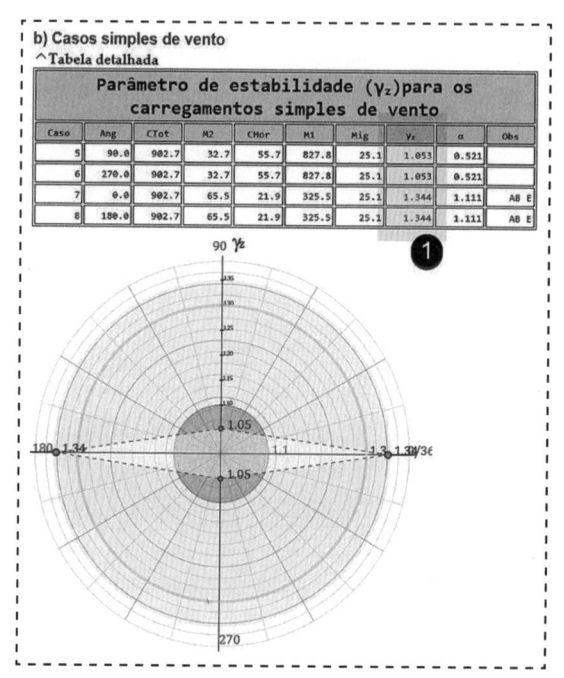

[1] Verifique os valores do coeficiente γ_z: "1,053" (90° e 270°) e "1,344" (0° e 180°).

Feche a janela do relatório.

Observe que o valor do γ_z na direção vertical (90° e 270°) é igual a 1,05, ou seja, o edifício é bem estável ($\gamma_z < 1,2$). Porém, na direção horizontal (0° e 180°), a estrutura é instável, pois o γ_z é aproximadamente 1,35.

Não deveria ser o contrário? Resposta: NÃO.

À primeira vista, muitos Engenheiros imaginam que o comportamento global da estrutura do exemplo mencionado é mais instável na direção vertical devido à maior esbeltez do edifício nessa direção. É um engano bastante comum.

O que acontece, na realidade, é que, apesar de os dois pórticos horizontais serem maiores (mais largos), os pilares nessa direção têm uma rigidez muito baixa. Além disso, as ligações deles com as vigas são bem flexíveis e não conferem um "travamento" adequado entre os elementos (vigas e pilares).

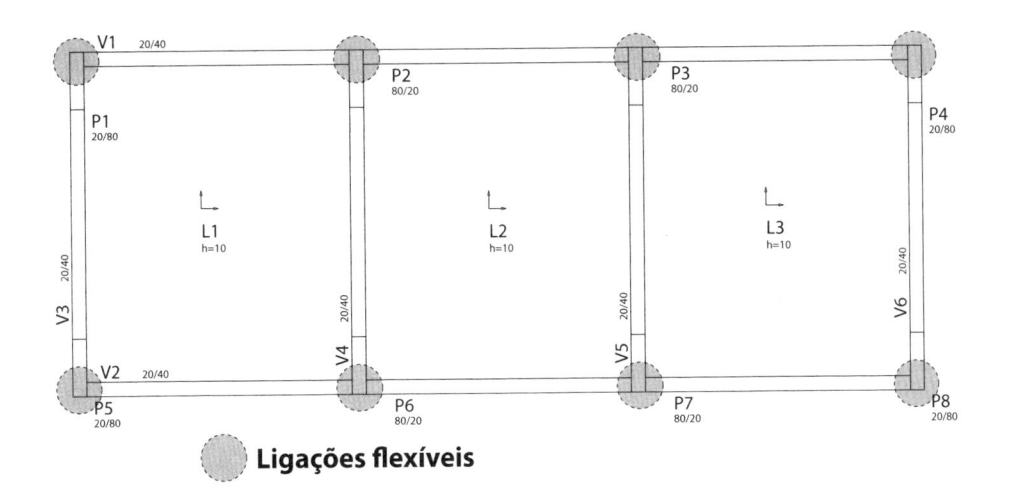

Nesse caso, ainda que a rigidez das vigas horizontais – V1 e V2 – seja aumentada, não será suficiente para estabilizar o edifício nessa direção. O ideal é elevar a rigidez dos pilares.

Vamos analisar o mesmo edifício rotacionando os pilares de extremidade P2, P3, P6 e P7, conforme mostra a figura a seguir.

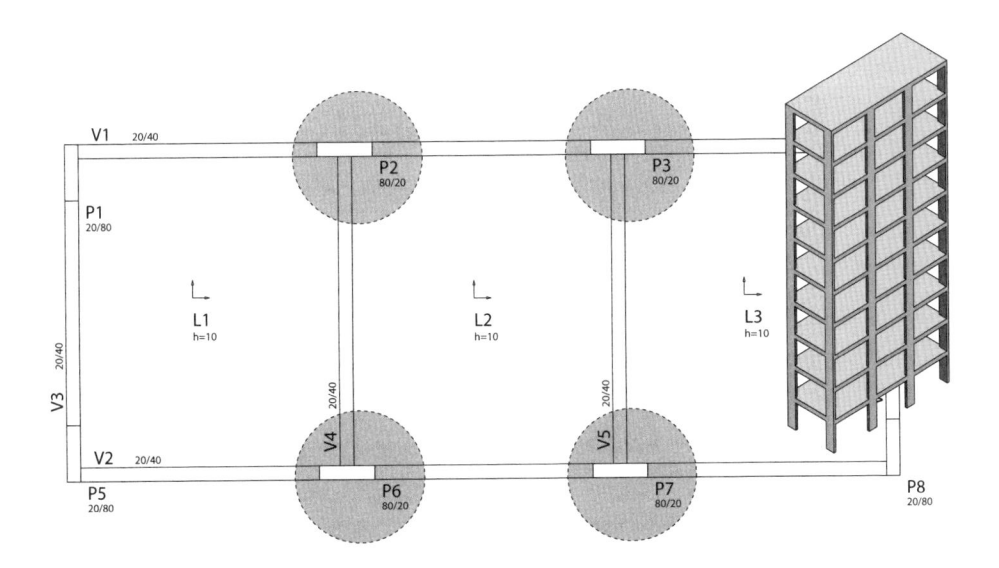

Com isso, estaremos enrijecendo os dois pórticos horizontais responsáveis pela estabilidade global da estrutura na direção horizontal (0° e 180°).

DESCOMPACTANDO O EDIFÍCIO
▶ Descompacte o edifício "GamaZ-3A.TQS".

Reative o gerenciador TQS e selecione o edifício "GamaZ-3A".

SELECIONANDO O EDIFÍCIO
▶ No "Gerenciador", na "Árvore de Edifícios", selecione o ramo "Espacial" do edifício "GamaZ-3A".
▶ Na aba "Sistemas", no grupo "Análise Estrutural", clique no botão "Pórtico-TQS".

CARREGANDO RELATÓRIO DE ESTABILIDADE GLOBAL
▶ Na aba "Pórtico-TQS", no grupo "Visualizar", clique no botão "Estabilidade Global".

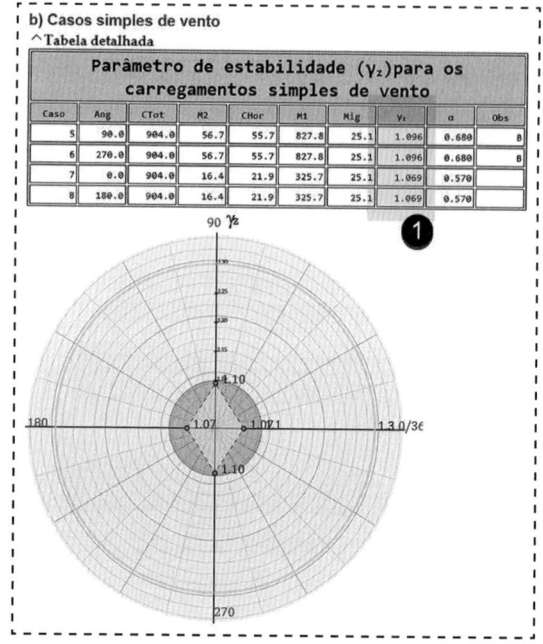

b) Casos simples de vento
△ Tabela detalhada

Parâmetro de estabilidade (γ_z) para os carregamentos simples de vento

Caso	Ang	CTot	M2	CHor	M1	Mig	γ_z	α	Obs
5	90.0	904.0	56.7	55.7	827.8	25.1	1.096	0.680	B
6	270.0	904.0	56.7	55.7	827.8	25.1	1.096	0.680	B
7	0.0	904.0	16.4	21.9	325.7	25.1	1.069	0.570	
8	180.0	904.0	16.4	21.9	325.7	25.1	1.069	0.570	

[1] Verifique os valores do coeficiente γ_z: "1,096" (90° e 270°) e "1,069" (0° e 180°).

Feche a janela do relatório.

Note que o valor do γ_z na direção horizontal (0° e 180°) passou de 1,35 para 1,07, ou seja, o edifício se estabilizou ($\gamma_z < 1,2$). Na direção vertical (90° e 270°), o γ_z aumentou um pouco, de 1,05 para 1,09, e ainda continua numa condição estável.

Caixa de elevador

Um elemento significativo na estabilidade global de uma estrutura é o pilar com formato não retangular (geralmente em forma de "U" ou "L") definido junto aos elevadores ou escadas de um edifício.

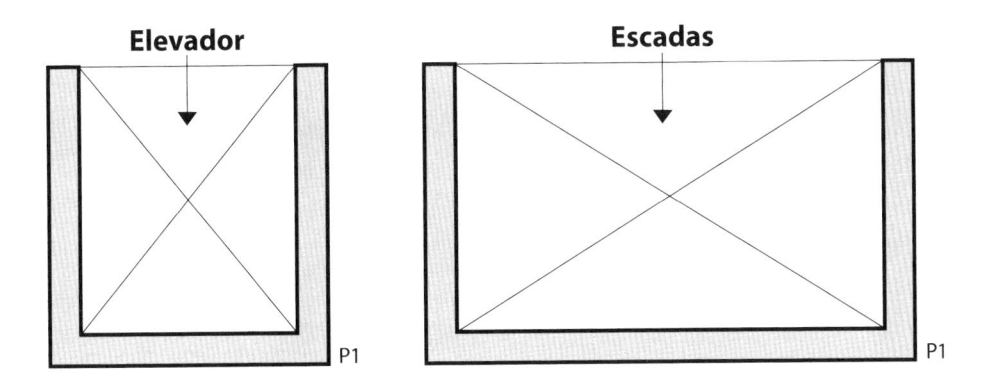

Esses pilares normalmente possuem uma elevada rigidez à flexão e contribuem muito para a estabilidade global da edificação.

▶ Uma solução bastante eficiente e comum em projetos de edifícios altos é a definição de estruturas compostas de linhas de pórticos (vigas+pilares) aliadas à existência de caixas de elevadores. Trata-se de uma ótima alternativa para obter uma estabilidade global adequada.

7.5 Esforços globais finais

Logo no início deste capítulo, quando calculamos a barra engastada na base para demonstrar o surgimento dos esforços adicionais de segunda ordem, ficou aberta uma questão: qual o momento fletor total (primeira ordem + segunda ordem), uma vez que a posição de equilíbrio final da barra é obtida de forma iterativa?

▶ Lembre-se: os esforços de segunda ordem existem, são reais. E, portanto, os elementos da estrutura devem ser dimensionados obrigatoriamente com os esforços totais (primeira ordem + segunda ordem).

A seguir, será apresentado como calcular esses esforços totais por meio de duas metodologias:
- Análise aproximada pelo coeficiente γ_z.
- Análise P-Δ.

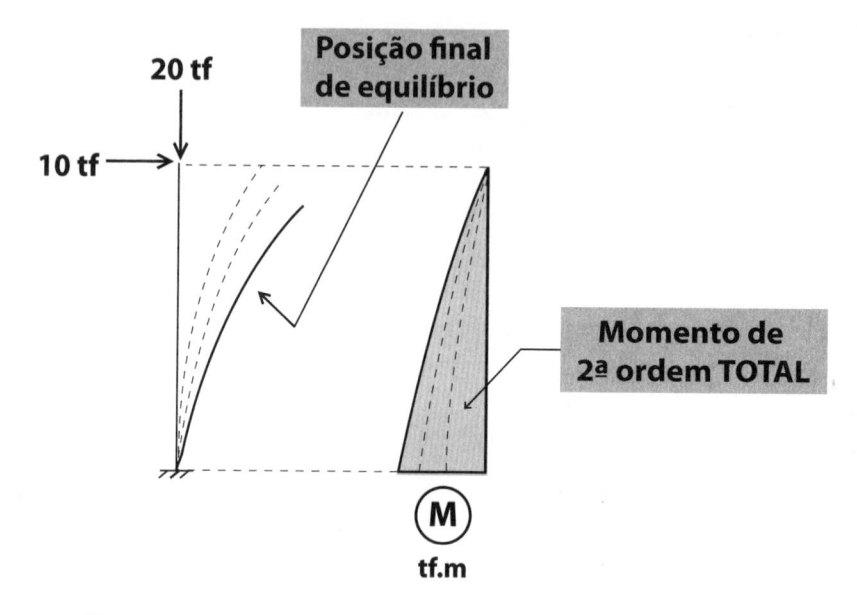

20 tf

10 tf →

Posição final de equilíbrio

Momento de 2ª ordem TOTAL

(M) tf.m

7.5.1 Análise aproximada pelo coeficiente γ_z

Pelos vários exemplos anteriores, foi demonstrada toda a eficiência do γ_z na avaliação da estabilidade global de um edifício. Uma vez obtido o valor desse coeficiente, é possível definir se uma estrutura é estável ou não de forma bastante fácil.

Além da capacidade de "medir" o grau de instabilidade, o γ_z tem uma outra grande utilidade: com ele é possível calcular os esforços totais da estrutura, de forma aproximada, já incluindo todos os esforços adicionais de segunda ordem.

A NBR 6118:2014, item 15.7.2 ("Análise não linear com 2ª ordem"), permite o cálculo dos esforços finais a partir da majoração dos esforços horizontais para a combinação de carregamento considerada por $0{,}95{.}\gamma_z$, válido somente quando $\gamma_z \leq 1{,}3$.

Em outras palavras, basta majorar os esforços de primeira ordem provenientes da aplicação das cargas horizontais para obter os esforços totais finais.

No exemplo da barra engastada que analisamos no início deste capítulo, temos então:

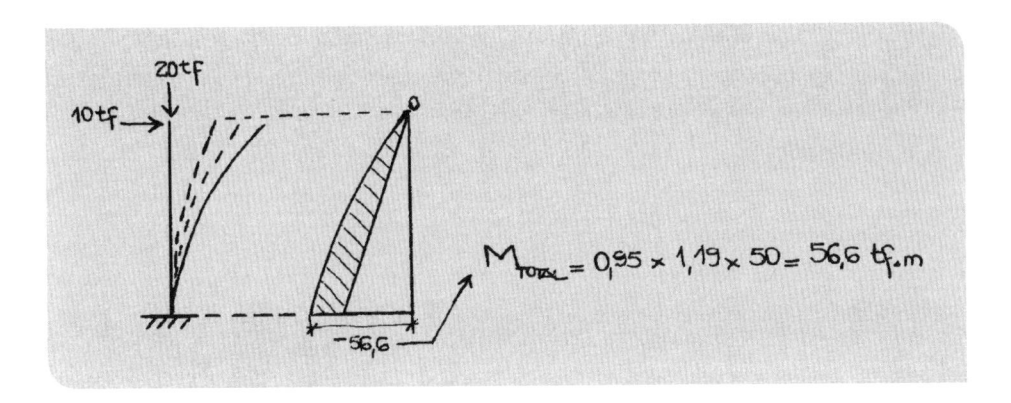

ESTABILIDADE GLOBAL E EFEITOS DE SEGUNDA ORDEM

$$M_{TOTAL} = 0{,}95 \times 1{,}19 \times 50 = 56{,}6 \text{ tf.m}$$

No dimensionamento das armaduras necessárias nessa barra, portanto, deverá ser levado em consideração um momento fletor máximo na base igual a 56,6 tf.m, e não apenas 50 tf.m provenientes da análise em primeira ordem.

▶ É importante lembrar que estruturas com $\gamma_z > 1{,}3$ não podem ser dimensionadas com esforços totais obtidos por esse método aproximado.

Vamos conferir os esforços que efetivamente iriam ser utilizados no dimensionamento da barra, que é tratada como um pilar pelo sistema computacional.

SELECIONANDO O EDIFÍCIO

- ▶ No "Gerenciador", na "Árvore de Edifícios", selecione o ramo "Pilares" do edifício "GamaZ-1".
- ▶ No "Painel Central", no grupo "Relatórios", dê um duplo clique no item "Montagem de carregamentos".

```
PILAR:P1
LANCE:  1

ESFORÇOS CARACTERÍSTICOS ( Eixos XYZ no Sistema Global )
         FZ base    MX(topo/base)   MY(topo/base)
CASO  1    20.00       0.00            0.00
                       0.00            0.00
*!!*AVISO:lambda  115.5 maior que o lambda limite   90.0 definido para cálculo pelo N,M,1/r ou Método Geral.
Será utilizado o N,M,1/r ou Método Geral para cálculo deste lance, conforme critérios e versão do sistema.
CASO  3    20.00       0.00            0.00
                       0.00         5655.00
*!!*AVISO:lambda  115.5 maior que o lambda limite   90.0 definido para cálculo pelo N,M,1/r ou Método Geral.
Será utilizado o N,M,1/r ou Método Geral para cálculo deste lance, conforme critérios e versão do sistema.
```

[1] Verifique o valor a ser utilizado no dimensionamento: "56,550 tf".

Feche a janela com a listagem.

Note que, coerentemente, o sistema computacional transferiu os esforços totais finais, e não apenas os esforços de primeira ordem, para as armaduras no pilar em questão serem então dimensionadas.

7.5.2 Análise P-Δ

Além do cálculo aproximado pelo coeficiente γ_z, uma outra alternativa para a obtenção dos esforços totais numa estrutura levando-se em conta a presença dos efeitos globais de segunda ordem é a análise P-Δ. Trata-se de um método bastante refinado no qual a posição final de equilíbrio do edifício é obtida iterativamente. Sua formulação é complexa e não será apresentada neste capítulo.

No entanto, vamos calcular a mesma barra engastada utilizando a análise P-Δ pelo computador.

7.5.3 Exemplo 5

DESCOMPACTANDO O EDIFÍCIO
- Descompacte o edifício "PDelta.TQS".

Reative o gerenciador TQS e selecione o edifício "PDelta".

SELECIONANDO O EDIFÍCIO
- No "Gerenciador", na "Árvore de Edifícios", selecione o ramo "Espacial" do edifício "PDelta".
- Na aba "Sistemas", no grupo "Análise Estrutural", clique no botão "Pórtico-TQS".

CARREGANDO VISUALIZADOR DE PÓRTICO ESPACIAL
- Na aba "Pórtico-TQS", no grupo "Visualizar", clique no botão "Visualizador de Pórticos", item "Estado Limite Último (ELU)".

Na janela aberta, vamos inicialmente conferir a posição final de equilíbrio.

VISUALIZANDO DESLOCAMENTOS
- Na aba "Selecionar", no grupo "Visualizar", clique no botão "Deslocamento".
- Na aba "Selecionar", no grupo "Casos/Pisos", selecione o caso de carregamento "03 - ELU1/ACIDCOMB/TODAS+VENT".
- Na aba "Selecionar", no grupo "Tamanhos", ajuste o tamanho dos textos.

ESTABILIDADE GLOBAL E EFEITOS DE SEGUNDA ORDEM

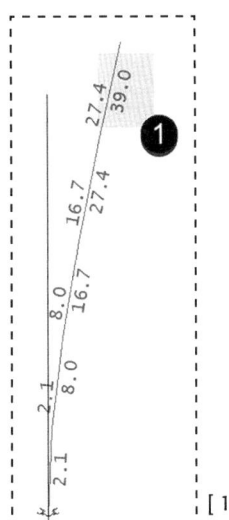

[1] Verifique o valor do deslocamento no topo: "39,0 cm".

Note que, até atingir o equilíbrio, o topo da barra se deslocou 39,0 cm. Visualize, agora, o diagrama de momentos fletores.

VISUALIZANDO MOMENTOS FLETORES

▶ Na aba "Selecionar", no grupo "Visualizar", clique no botão "Momento Mz".

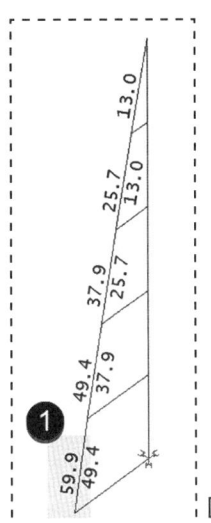

[1] Verifique o momento fletor na base: "59,9 tf.m".

Feche o visualizador de pórtico espacial.

Note que o momento fletor total na base é de 59,9 tf.m, maior que o valor obtido pela análise aproximada pelo coeficiente γ_z (56,6 tf.m). A diferença é de aproximadamente 5%. Se fosse utilizada a formulação original do γ_z, que não incluía o fator 0,95 definido pela NBR 6118:2014 para o cálculo dos esforços finais, os resultados seriam praticamente iguais.

De maneira geral, para edifícios compostos de múltiplos pavimentos regulares, os resultados obtidos pela análise P-Δ e pela análise aproximada pelo coeficiente γ_z (para $\gamma_z \leq 1,3$) tendem a ser próximos.

7.6 Considerações finais

Durante este capítulo, foram apresentados diversos conceitos relativos à estabilidade global e aos efeitos de segunda ordem existentes em um edifício de concreto armado.

Com um simples exemplo de uma barra engastada na base, submetida a uma força vertical e outra horizontal, foi possível abordar com detalhes toda a teoria que envolve o assunto, desde o coeficiente γ_z até a análise P-Δ.

Foram apresentados também, de forma prática, quais os principais fatores que influenciam diretamente a estabilidade global do edifício, tais como a rigidez dos elementos da estrutura e a magnitude das cargas verticais.

▶ A estabilidade global de um edifício deve ser avaliada sempre, e logo no início do projeto. Jamais deixe de verificar o coeficiente γ_z da estrutura.

▶ Evite adotar soluções estruturais com valores de γ_z elevados.

É importante salientar que, sob o ponto de vista global, além da estabilidade global do edifício, é fundamental também avaliar os deslocamentos e as vibrações geradas pelas ações horizontais na estrutura. Essas verificações em serviço não foram discutidas neste capítulo.

Referências bibliográficas

"Ninguém está apto para criar nada de novo! Tudo é um plágio! Mesmo as grandes inovações, no fundo, são cópias! A nossa mente somente está preparada para criar algo a partir de situações já vivenciadas e armazenadas em nosso cérebro!"

Este livro é mais uma prova destas sábias afirmações do Engº. Augusto Carlos de Vasconcelos.

Todas as publicações que já tive a oportunidade de ler sobre os diversos assuntos correlacionados com a Engenharia de Estruturas foram, de alguma forma, importantes para a elaboração deste livro. Algumas mais, outras menos, evidentemente.

Trata-se então de uma coletânea de todo o aprendizado que tive ao longo dos meus anos de Engenharia, extraído de livros, normas, apostilas, revistas, artigos, aulas, cursos, palestras, conversas com colegas em congressos e no ambiente de trabalho na TQS.

Listo, a seguir, apenas algumas referências bibliográficas que julgo serem mais pertinentes aos assuntos abordados no livro, muito embora, enfatizo e repito, todas as publicações que já li tenham sido importantes na sua elaboração.

ASSOCIAÇÃO BRASILEIRA DE NORMAS TÉCNICAS, Projetos de estruturas de concreto – Procedimento, NBR 6118, 238 páginas, Rio de Janeiro, 2014.

ASSOCIAÇÃO BRASILEIRA DE NORMAS TÉCNICAS, Forças devidas ao vento em edificações, NBR 6123, 110 páginas, Rio de Janeiro, 1988.

CARVALHO, R. C., Análise não linear de pavimentos de edifícios de concreto através da analogia de grelha, Tese de doutorado, Escola de Engenharia de São Carlos da Universidade de São Paulo, São Carlos, 1994.

COVAS, N., Da viga contínua ao pórtico espacial Palestra proferida no Instituto de Engenharia, São Paulo, 2002.

EMKIN, L. Z., Misuse of computers by structural engineers – a clear and present danger, Structural Engineers World Congress, Califórnia (EUA), 1998.

FRANÇA, R. L. S., Relações momento-curvatura em peças de concreto armado submetidas à flexão oblíqua composta, Dissertação de mestrado, Escola Politécnica da Universidade de São Paulo, São Paulo, 1984.

FUSCO, P. B., Estruturas de concreto – Fundamentos do projeto estrutural, Ed. McGraw-Hill do Brasil, 298 páginas, São Paulo, 1976.

INSTITUTO BRASILEIRO DO CONCRETO, Prática recomendada Ibracon – Comentários técnicos NB-1, 70 páginas, São Paulo, 2003.

ROCHA, A. M., Concreto armado, Ed. Nobel, Vol. 1, 484 páginas, São Paulo, 1987.

RUSCH, H., Concreto – Armado e protendido – Propriedades dos materiais e dimensionamento, Editora Campus Ltda., 396 páginas, Rio de Janeiro, 1981.

SANTOS, L. M., Estado limite último de instabilidade, Apostila do curso de atualização - USP, São Paulo, 1987.

STUCCHI, F. R., Tendências da engenharia estrutural pós NBR 6118 de 2003, Encontro Nacional da Engenharia e Consultoria Estrutural (ENECE), São Paulo, 2005.

TQS, Manuais teóricos, de critérios, de comandos e funções, São Paulo, 2005.

VASCONCELOS, A. C., O Engenheiro digital, TQSNews n. 15, São Paulo, 2001.

VASCONCELOS, A. C., O Engenheiro de estruturas se beneficia com o computador?, TQSNews n.18, São Paulo, 2003.

Sobre o autor

Alio Ernesto Kimura é graduado em Engenharia Civil pela Universidade Estadual Paulista (Unesp-Bauru). É sócio-diretor da TQS Informática, onde atua no setor de desenvolvimento de sistemas computacionais para cálculo de estruturas de concreto, e secretário da revisão das normas ABNT NBR 6.118:2014 e ABNT NBR 15.200:2012.